精彩实例

美化照片背景

石刻文字

中国风剪纸

抽奖界面

手写书法字

人物图像的美化处理

更换人物衣服颜色

钢纹字

企业名片

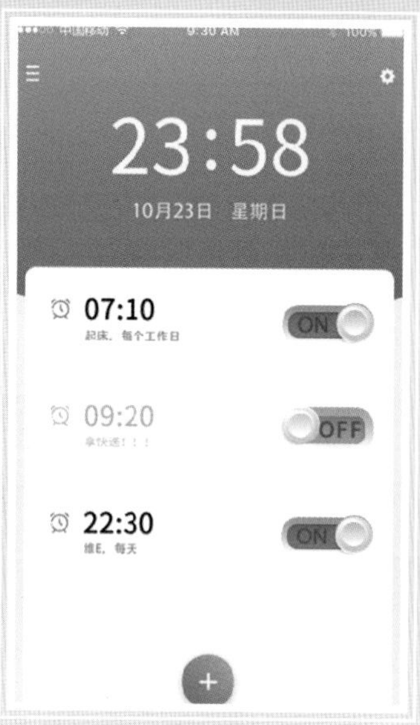

开关按钮

商品详情页面 UI 界面

视频录制 UI 界面

旅游海报

招聘海报

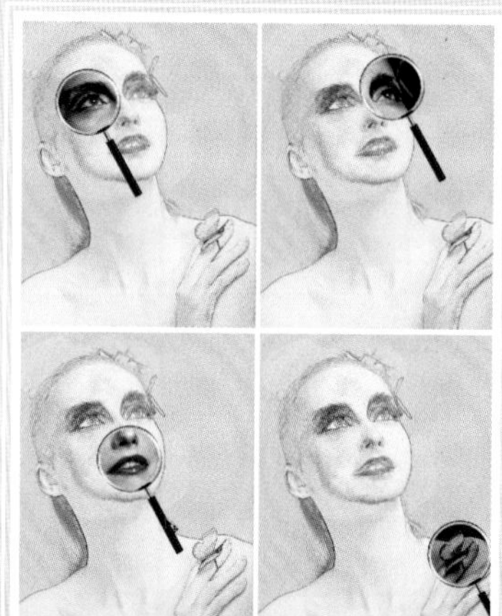

神奇放大镜

企业工作牌

德州匠品文化传媒

企业 Logo

模拟焦距脱焦效果

将照片调整为古铜色

手表网站宣传广告

护肤品网站宣传广告

Photoshop CC
平面设计与配色

张淋欣 著

清华大学出版社
北 京

内 容 简 介

本书以平面设计与制作流程为主线，从实战角度介绍Photoshop软件在相关行业的具体应用。

本书采用“软件知识 +上机练习+项目实战指导”的组织，详细介绍了Photoshop图像处理软件的使用方法和操作技巧。

全书共分14章，按照平面设计工作的实际需求组织内容，基础知识以实用、够用为原则。其中，第1~10章主要内容包括平面设计与配色知识、Photoshop基础入门、图像选区的创建与编辑、图像的绘制与修饰、图层的应用与编辑、文本及常用广告艺术字特效、路径的创建与编辑、蒙版与通道在设计中的应用、图像色彩及处理、滤镜在设计中的应用；第11~14章介绍Photoshop在各个专业领域中的大型项目练习案例，包括CI设计、宣传海报设计、网页宣传图设计以及手机UI界面设计等内容。

本书结构清晰、内容翔实，特别适合应用型本科院校、示范性高职高专院校以及计算机培训学校作为相关课程的教材，也可供平面设计从业人员学习参考。

图书在版编目(CIP)数据

Photoshop CC平面设计与配色 / 张淋欣著. —北京：清华大学出版社，2024.3

ISBN 978-7-302-65639-5

Ⅰ. ①P…　Ⅱ. ①张…　Ⅲ. ①平面设计—图像处理软件　Ⅳ. ①TP391.413

中国国家版本馆CIP数据核字（2024）第048609号

责任编辑：张彦青
封面设计：李　坤
责任校对：李玉萍
责任印制：沈　露
出版发行：清华大学出版社
网　　址：https://www.tup.com.cn，https://www.wqxuetang.com
地　　址：北京清华大学学研大厦A座　　**邮　　编：**100084
社 总 机：010-83470000　　**邮　　购：**010-62786544
投稿与读者服务：010-62776969，c-service@tup.tsinghua.edu.cn
质量反馈：010-62772015，zhiliang@tup.tsinghua.edu.cn
印 装 者：北京同文印刷有限责任公司
经　　销：全国新华书店
开　　本：185mm×260mm　　**印　　张：**20　　**彩　　插：**2　　**字　　数：**485千字
版　　次：2024年4月第1版　　**印　　次：**2024年4月第1次印刷
定　　价：70.00 元

产品编号：080095-01

Photoshop 是 Adobe 公司旗下最为出名的图像处理软件之一，是集图像扫描、编辑修改、图像制作、广告创意、图像输入与输出于一体的图形图像处理软件，深受广大平面设计人员和电脑美术爱好者的喜爱。

多数人对于 Photoshop 的了解仅限于“是一个很好的图像编辑软件”，却并不知道它的诸多应用方面，实际上，Photoshop 的应用领域是很广泛的，在图形图像、文字、视频、出版等方面都有涉及。它体现了 Adobe 公司一贯为广大用户考虑的方便性和高效率，为多用户合作提供了便捷的工具与规范的标准，以及方便的管理功能，因此，用户可以与设计组密切而高效地共享信息。

本书内容

全书共分 14 章，其中，第 1~10 章主要内容包括平面设计与配色知识、Photoshop 基础入门、图像选区的创建与编辑、图像的绘制与修饰、图层的应用与编辑、文本及常用广告艺术字特效、路径的创建与编辑、蒙版与通道在设计中的应用、图像色彩及处理、滤镜在设计中的应用；第 11~14 章介绍 Photoshop 在各个专业领域中的大型项目练习案例，包括 CI 设计、宣传海报设计、网页宣传图设计以及手机 UI 界面设计等内容。

第 1 章简单介绍平面设计与配色知识，让读者在积累中不断提高自己的审美能力。

第 2 章主要对 Photoshop 进行简单的介绍，包括 Photoshop 的安装、启动与退出，然后对其工作环境进行介绍，并介绍了多种图形图像处理软件及图像的类型和格式等知识，通过对本章的学习，用户可对 Photoshop 有一个初步的认识，为后面章节的学习奠定良好的基础。

第 3 章主要介绍如何使用各种工具为图像创建几何选区、不规则选区，及如何使用命令创建选区，以便用户对 Photoshop 进行熟练操作。

第 4 章通过对图像的移动、裁剪、绘画、修复，来介绍基础工具的应用，为后面的综合实例学习奠定良好的基础。

第 5 章对图层的功能与操作方法进行更为详细的讲解；图层是 Photoshop 最为核心的功能之一，它承载了几乎所有的图像效果。它的引入改变了图像处理的工作方式。而【图层】面板则为图层提供了每一个图层的信息，结合【图层】面板，可以灵活地进行图层处理，实现各种特殊效果。

第 6 章介绍点文本、段落文本和蒙版文本的创建及对文本的编辑；在平面设计作品中，文字不仅可以传达信息，还能起到美化版面、强化主题的作用。Photoshop 的工具箱中包含 4 种文字工具，可以创建不同类型的文字。

第 7 章主要对路径的创建、编辑和修改进行介绍，Photoshop 中的路径主要用来精确地选择图像和绘制图形，是工作中用得比较多的一种方法。

第 8 章主要介绍蒙版在设计中的应用。Photoshop 提供了 4 种蒙版，分别是图层蒙版、快速蒙版、矢量蒙版和剪贴蒙版，这些蒙版都有各自的用途和特点。蒙版是进行图像合成的重要手法，它可以控制部分图像的显示与隐藏，还可以对图像进行抠图处理。

第 9 章主要介绍图像色彩与色调的调整方法及技巧，通过对本章的学习，读者可以根据不同的需要应用多种调整命令，对图像色彩和色调进行细微的调整，还可以对图像进行特殊颜色的处理。

第 10 章介绍滤镜在设计中的应用。在使用 Photoshop 中的滤镜特效处理图像的过程中，可能会发现滤镜特效太多了，不容易把握，也不知道这些滤镜特效究竟适合处理什么样的图片；滤镜是Photoshop中独特的工具，其菜单中有一百多种滤镜，利用它们可以制作出各种各样的效果。

第 11 章主要介绍 CI 设计，主要包括 Logo、名片、工作证和会员卡的设计，CI 是指企业形象的视觉识别，也就是说，将 CI 的非可视内容转换为静态的视觉识别符号，以无比丰富多样的应用形式，在最为广泛的层面上，进行最为直接的传播。

第 12 章将制作两个宣传海报：旅游海报和招聘海报，通过这两个海报的制作，读者可以深入了解海报的基本要求和制作技巧。

第 13 章介绍网页宣传图设计。网页宣传图设计通常利用图片、文字等元素进行画面构成，并且通过视觉元素传达信息，将真实的图片展现在人们面前，让观赏者一目了然，使信息传递得更为准确，给人一种真实、直观、形象的感觉，使信息具有说服力，在很多网站的宣传图中，为了增添艺术效果，使用多种颜色与复杂的图形相结合，让画面看起来色彩斑斓、光彩夺目，从而吸引大众的购买欲，增加网页的点击率。

第 14 章介绍手机 UI 界面设计。UI 即 User Interface（用户界面）的简称，泛指用户的实际操作界面，包含移动 App、网页、智能穿戴设备等。UI 设计主要指界面的样式、美观程度上的设计。而实际使用中，对软件的人机交互、操作逻辑、界面美观的整体设计则是同等重要的。

本书特色

1. 本书采用“软件知识 + 上机练习 + 项目实战指导”的组织介绍软件，案例精美、数量多。
2. 为了便于读者在网上查询，本书制作了精美详尽的网页。
3. 本书采用店销书的模式来写作，摒弃传统中的枯燥教材模式。

配套资源

1. 包含书中所有实例的素材源文件。
2. 包含书中实例的视频教学文件。

读者对象

本书适合下列人员阅读使用。

1. 平面设计和制作的初学者。
2. 大中专院校和社会培训班平面设计及其相关专业的学生。
3. 平面设计从业人员。

本书主要由张淋欣老师编写，参加编写的人员还有朱晓文、刘蒙蒙、李少勇等。在编写过程中，我们竭尽所能地将最好的讲解呈现给读者，但也难免有疏漏和不妥之处，敬请读者指正。若您在学习中遇到困难或疑问，或有任何意见或建议，可写信至邮箱 190194081@qq.com。

场景

素材

效果

第 1 章　平面设计与配色知识

第 2 章　Photoshop 基础入门

第 3 章　图像选区的创建与编辑

第 4 章　图像的绘制与修饰

第 5 章 图层的应用与编辑

第 6 章　文本及常用广告艺术字特效

第 7 章　路径的创建与编辑

第 8 章　蒙版与通道在设计中的应用

第 9 章 图像色彩及处理

第 10 章 滤镜在设计中的应用

第 11 章 项目实战指导—CI 设计

第 12 章 项目实战指导—宣传海报

第 13 章 项目实战指导—网页宣传图

第 14 章 项目实战指导—手机 UI 界面

第 1 章

平面设计与配色知识

平面设计涉及的范围比较广，大家在学习平面设计时，应掌握好基本的理论知识，在积累中不断提高自己的能力。下面讲解平面设计的基本配色知识。

1.1 色彩与生活

色彩是人们生活中必不可少的元素，大自然也正是因为有了色彩才千变万化、丰富多彩。色彩作为平面设计中的重要元素，更是艺术专业不可缺少的研究题材。人们通过色彩的视觉语言与外界沟通，通过色彩的心理效应获得丰富的感受，如图 1-1 所示。

图 1-1 生活中的色彩

在色彩的运用上，可以根据内容的需要，分别采用不同的主色调。因为色彩具有象征性，例如嫩绿色、翠绿色、金黄色、灰褐色就可以分别象征春、夏、秋、冬。

其次还有职业的标志色，例如军警的橄榄绿、医疗卫生的白色等。色彩还具有明显的心理感受，例如冷、暖的感觉，进、退效果等。另外，色彩还有民族性，各个民族由于环境、文化、传统等因素的影响，对于色彩喜好也存在着较大的差异。充分运用色彩的这些特性，可以使我们的设计具有深刻的艺术内涵，从而提升文化品位。

1.2　色彩与设计

随着时代的发展，色彩的应用范围逐渐延伸到设计的各个领域，服装设计、工业设计、视觉传达设计、室内设计、建筑设计等设计领域都离不开色彩的搭配。

1.2.1　色彩的艺术性

色彩的艺术性是由主色调的突出、各种关系的协调处理、规划色彩区域、细节表现、肌理等要素共同构成的。主色调的突出和色彩关系的处理都与规划色彩区域密不可分，通过区域的划分，可增加色彩的韵律感和生动性。两个色区之间的色彩对比关系，因色调不同而不同，由此带来的视觉效果也不尽相同，如图 1-2 所示。比如，苹果 iPod MP3 播放器主打色彩战略，主体结构由铝合金材质精密打造，抛光处理的精致机身呈现出绚烂的色彩，突出了产品的设计品位。多彩的颜色选择，也让它成为绝好的时尚配饰。

图 1-2　产品色彩的艺术性

1.2.2 色彩的功能性

色彩具有信息传达功能、视觉识别功能、生理调节功能、专属象征功能。

1. 信息传达功能

色彩是独特的视觉语言，也是一种信息刺激。在设计中，利用色彩的直观性、情感倾向性，可以促使人们增强对设计对象信息的理解和记忆，因为视觉符号的产生也是由不同色彩组成的。如图 1-3 所示，在冰红茶广告设计中，彩色画面比无画面的文字描述更能体现商品的真实感。彩色画面在信息传达上更直观、更具说服力。画面亮丽多彩的配色，强化了广告语中关键信息的传达，人们通过产品的色调，就可以理解产品的类别、性质、使用对象等信息。

（a）效果图

康师傅
冰红茶ICE TEA
冰力十足

（b）文字描述

图 1-3 广告设计信息传达功能

2. 视觉识别功能

某些色彩如同鲜明的信号，能在最短的时间内吸引受众的注意，迅速完成视觉信息传达，如警示信息往往采用高纯度的红色或黄色，而某些色彩组合可以降低人们的视觉注意力，让人难以辨认。

设计中，利用色彩关系对视觉识别的影响，能有效避免信息间不必要的干扰与误会，提高或降低视觉信息的传达效率。如图 1-4 所示，迷彩服利用色彩的近似调和关系，降低视觉识别功能，在战场中达到很好的隐蔽效果；红绿灯利用红色、黄色、绿色的高识别性，可有效避免城市交通各种视觉信息及天气等复杂条件的干扰；门头店招利用高纯度色彩吸引受众的视线，能够实现视觉识别的高效性。

图 1-4 视觉识别信息

3. 生理调节功能

色彩作用于人的生理，可以直接影响人的身体状况和精神状态，合理的色彩配置可以改善人与环境的关系，缓解紧张情绪，消除外界的不良刺激。德国慕尼黑的一家科研所曾对色彩与人体生理调节的相互作用进行研究。研究表明：紫色可以使怀孕妇女安定；绿色可以缓解疲劳；橙色最能引起食欲，如图 1-5 所示。

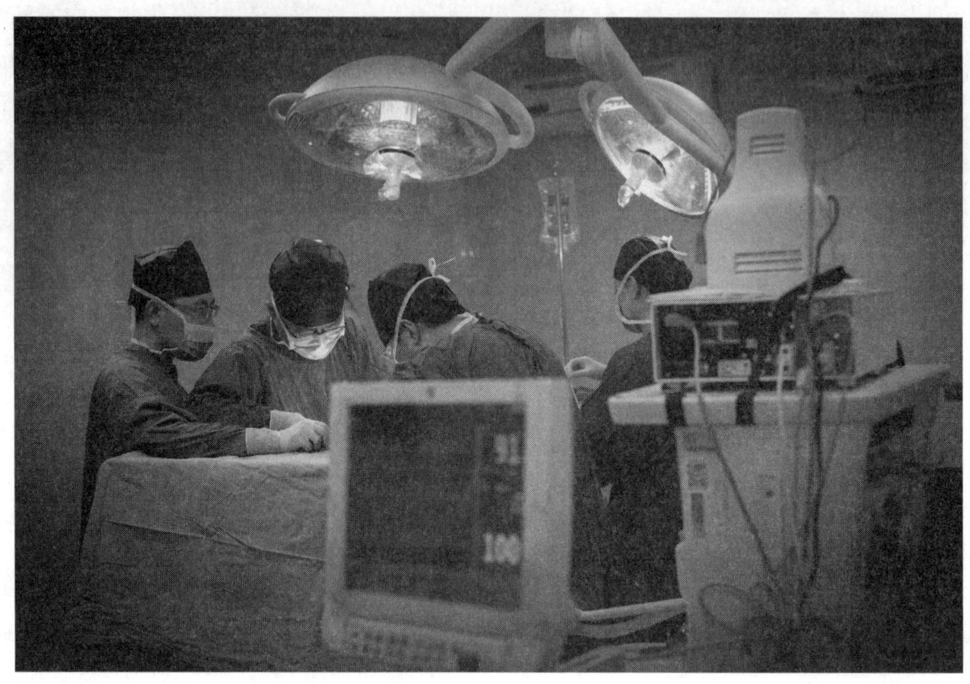

图 1-5　生理调节功能

4. 专属象征功能

某些色彩经过长时间被人们普遍认知与接受，会形成明确而稳定的理解定式，具有了某种心理上或习惯上的象征意义和社会属性。设计中可以利用色彩的专属象征功能，表现民族、地域、行业、社会团体等形象的象征含义，引发受众对设计主题的共鸣。如图 1-6 所示，红色在中国代表喜庆，绿色代表环保，黄色代表警告等。

（a）红色—喜庆

（b）绿色—环保

（c）黄色—警告

图 1-6　专属象征功能

1.3 色彩的构成体系

颜色可以修饰图像，使图像显得更加绚丽多彩。不同的颜色能表达不同的情感和思想，正确地运用颜色，能使黯淡的图像明亮，使毫无生气的图像充满活力。颜色的三要素为色相、饱和度和亮度，这三种要素以人类对颜色的感觉为基础，构成视觉中完整的颜色表象。

1.3.1 色相区分

色相（Hue，简写为H）是颜色三要素之一，即色彩相貌，也就是每种颜色的固有颜色表相，是每种颜色相互区别的最显著特征。

在通常的使用中，颜色的名称就是根据其色相来决定的，例如红色、橙色、蓝色、黄色、绿色。赤、橙、黄、绿、蓝、紫是6种基本色相，将这些色相相互混合，可以产生许多不同色相的颜色。

色轮是研究颜色相加混合的颜色表，通过色轮可以展现各种色相之间的关系，如图1-7所示。

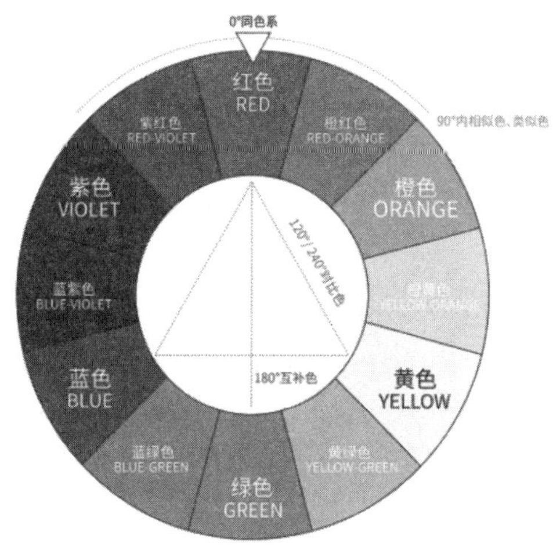

图1-7 色轮

除了以颜色固有的色相来命名颜色外，还经常以植物所具有的颜色（如青绿）命名，以动物所具有的颜色（如鸽子灰）命名，以及以颜色的深浅和明暗（如暗红）命名。

1.3.2 明度标准

图像的亮度（Value，简写为V，又被称为“明度”）是指图像中颜色的明暗程度，通常使用百分比来度量。在正常强度的光线照射下的色相，被定义为“标准色相”。

亮度高于标准色相的，被称为该色相的“高光”，反之被称为该色相的“阴影”。

不同亮度的颜色给人的视觉感受各不相同，高亮度颜色给人以明亮、纯净、唯美等感觉，如图1-8所示；中亮度颜色给人以朴素、稳重、亲和等感觉；低亮度颜色则让人感觉压抑、沉重、神秘，如图1-9所示。

图1-8 高亮度颜色

图 1-9　低亮度颜色

1.3.3　色彩饱和度

图像的饱和度（Chroma，简写为 C，又被称为“彩度”）是指颜色的强度或纯度，它表示色相中颜色本身色素分量所占的比例，使用百分比来度量。在标准色轮上，饱和度从中心到边缘逐渐递增，颜色的饱和度越高，其鲜艳程度也就越高，反之颜色因包含其他颜色而显得陈旧或混浊。

不同饱和度的颜色会给人带来不同的视觉感受。高饱和度的颜色给人以积极、冲动、活泼、有生气、喜庆的感觉，如图 1-10 所示；低饱和度的颜色给人以消极、无力、安静、沉稳、厚重的感觉，如图 1-11 所示。

图 1-10　高饱和度颜色

图 1-11　低饱和度颜色

1.4　配色设计思路

人常常感受到色彩对自己心理的影响，这些影响总是在不知不觉中发挥着作用，左右我们的情绪。色彩的心理效应发生在不同层次中。有些属于直接的刺激，有些要通过间接的联想，更高层次则涉及人的观念、信仰，对于艺术家和设计者来说，无论哪一层次的作用都是不能忽视的。

1.4.1　色彩的搭配思路

色彩的搭配是一门艺术，灵活运用它，能让你的设计更具亲和力。要想制作出漂亮的设计，需要灵活运用色彩，再加上自己的创意和技巧。下面是色彩搭配的一些常用技巧。

- 相近色：色环中相邻的 3 种颜色。相近色的搭配给人的视觉效果很舒适、很自然，所以相近色在设计中极为常用。如图 1-12 所示为相近色。

- 互补色：色环中相对的两种色彩。对互补色调整一下补色的亮度，有时候是一种很好的搭配，如图 1-13 中所示的互补颜色。

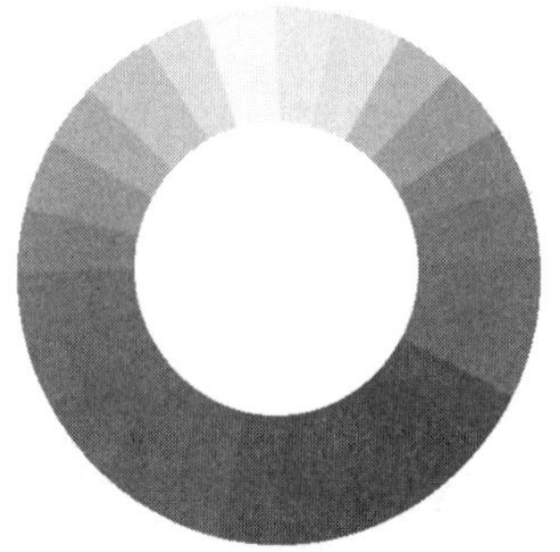

图 1-12 相近色

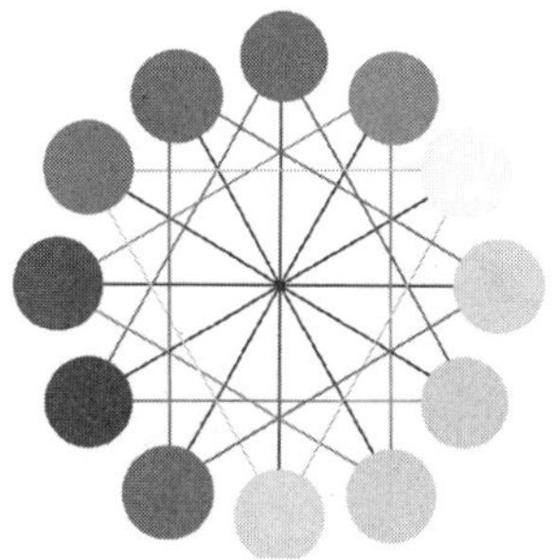

图 1-13 相对的互补色

- 暖色：黄色、橙色、红色和紫色等都属于暖色系列。暖色一般应用于购物类设计、电子商务设计、儿童类设计等，用以体现商品的琳琅满目，儿童类设计的活泼、温馨等效果，如图 1-14 所示。

图 1-14 暖色系设计

- 冷色：绿色、蓝色和蓝紫色等都属于冷色系列。冷色一般跟白色调和，可以达到一种很好的效果。冷色一般应用于一些高科技、游戏类设计中，主要表达严肃、稳重等效果，绿色、蓝色、蓝紫色等都属于冷色系列，如图 1-15 所示。

图 1-15 冷色系设计

- 色彩均衡：为了使设计让人看上去舒适、协调，除了文字、图片等内容的合理排版外，色彩均衡也是相当重要的一部分，比如一个设计不可能只运用一种颜色，所以色彩的均衡问题是设计者必须考虑的问题。

> 提示：色彩的均衡包括色彩的位置，每种色彩所占的比例、面积等，比如鲜艳明亮的色彩面积应小一点，让人感觉舒适，不刺眼，这就是一种均衡的色彩搭配，如图 1-16 所示。

图 1-16 色彩的均衡效果

- 非彩色的搭配：黑白是最基本和最简单的搭配，白字黑底、黑底白字都非常清晰明了。灰色是万能色，可以和任何色彩搭配，也可以帮助两种对立的色彩和谐过渡。如果实在找不出合适的色彩，那么用灰色试试，效果绝对不会太差。
- 使用单色：尽管设计要避免采用单一色彩，以免产生单调的感觉，但通过调整色彩的饱和度和透明度，也可以产生变化，使设计避免单调，做到色彩统一，有层次感，如图 1-17 所示。
- 使用邻近色：所谓邻近色，就是在色带上相邻近的颜色，如绿色和蓝色、红色和黄色就互为邻近色。采用邻近色进行广告设计，可以避免广告设计色彩杂乱，以达到页面元素的和谐统一，如图 1-18 所示。

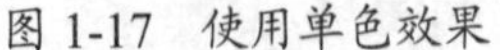
图 1-17 使用单色效果

图 1-18 使用邻近色效果

- 使用对比色：对比色可以突出重点，产生强烈的视觉效果，通过合理使用对比色，能够让设计特色鲜明、重点突出。在设计时，一般以一种颜色为主色调，用对比色作为点缀，可以起到画龙点睛的作用，如图 1-19 所示。

- 黑色的使用：黑色是一种特殊的颜色，如果使用恰当、设计合理，往往能产生很强的艺术效果。黑色一般用作背景色，与其他纯度色彩搭配使用，如图 1-20 所示。

图 1-19　使用对比色效果

图 1-20　黑色的使用效果

- 背景色的使用：背景的颜色不要太深，否则会显得过于厚重，一般采用素淡清雅的色彩，避免采用花纹复杂的图片和纯度很高的色彩作为背景色，同时，背景色要与文字的色彩搭配好，使之与文字色彩对比强烈一些，如图 1-21 所示。
- 色彩的数量：一般初学者在进行广告设计时往往使用多种颜色，使广告设计变得很花，缺乏统一性和协调性，缺乏内在的美感，给人一种繁杂的感觉。实质上，设计用色并不是越多越好，一般应控制在三种色彩以内，可以通过调整色彩的各种属性来产生颜色的变化，让整个设计保持色调统一，如图 1-22 所示。

图 1-21　背景色的使用效果

图 1-22　色彩的使用数量

- 与设计内容匹配：了解设计所要传达的信息和品牌，选择可以加强这些信息的颜色，如在强调一个稳健的金融机构时，就要选择冷色系、柔和的颜色，像蓝、灰或绿。此时如果使用暖色系或活泼的颜色，可能会破坏该品牌的设计。
- 围绕广告设计主题：色彩要能烘托出主题。根据主题确定设计颜色，同时还要考虑设计的目标对象，文化的差异也会使色彩产生非预期的反应。此外，不同地区与不同年龄段对颜色的反应亦会有所不同。年轻人一般比较喜欢饱和色，但这样的颜色却引不起老年人的兴趣。

1.4.2　色彩的特征及配色

在设计中，可以根据设计主题确定色调，再根据色调选择色彩，不同的颜色会给浏览者不同的心理感受，为使设计的色彩配置与设计主题能够契合，设计师需要了解基本色调的共性特征。

1. 红色的特征及配色

红色是一种激奋的色彩，代表热情、活泼、温暖、幸福和吉祥。红色的色感温暖，性格刚烈而外向，是一种对人刺激性很强的颜色。红色容易引起人们的注意，也容易使人兴奋、激动、热情、紧张和冲动，如图 1-23 所示为以红色为主色调的广告设计。

图 1-23　以红色为主色调的广告设计

2. 橙色的特征及配色

橙色是十分活泼的光辉色彩，与红色同属暖色，具有红与黄之间的色性，它使人联想起火焰、灯光、霞光、水果等物象，是最温暖、响亮的色彩。感觉活泼、华丽、辉煌、跃动、甜蜜、愉快。如图 1-24 所示为以橙色为主色调的广告设计。

图 1-24　以橙色为主色调的广告设计

3. 黄色的特征及配色

黄色是亮度最高的颜色，在高明度下能够保持很强的纯度，是各种色彩中最为娇气的一种颜色，它具有快乐、希望、智慧和轻快的个性，它的明度最高，代表明朗、愉快和高贵。如图 1-25 所示为以黄色为主色调的广告设计。

图 1-25　以黄色为主色调的广告设计

4. 绿色的特征及配色

绿色是一种表达柔顺、恬静、满足、优美的颜色，代表新鲜、充满希望、和平、柔和、安逸和青春，显得和睦、宁静、健康。在绿色中，将黄色的扩张感和蓝色的收缩感中和，并将黄色的温暖感与蓝色的寒冷感相抵消。绿色和金黄、淡白搭配，可产生优雅、舒适的气氛，如图 1-26 所示为以绿色为主色调的广告设计。

图 1-26　以绿色为主色调的广告设计

5. 蓝色的特征及配色

蓝色与红、橙色相反，是典型的寒色，代表深远、永恒、沉静、理智、诚实、公正、权威，是最具凉爽、清新特点的色彩。浅蓝色系明朗而富有青春朝气，为年轻人所钟爱，但也有不够成熟的感觉。深蓝色系沉着、稳定，是中年人普遍喜爱的色彩。其中略带暧昧的群青色，充满着动人的深邃魅力，藏青则给人以大度、庄重的印象。靛蓝、普蓝因在民间广泛应用，似乎成了民族特色的象征。在蓝色中分别加入少量的红、黄、黑、橙、白等色，均不会对蓝色的表达效果构成较明显的影响，如图 1-27 所示为以蓝色为主色调的广告设计。

6. 紫色的特征及配色

紫色具有神秘、高贵、优美、庄重、奢华的气质，有时也显得孤寂、消极。尽管它不像蓝色那样冷，但红色的渗入使它显得复杂、矛盾，处于冷暖之间游离不定的状态。如图 1-28 所示是以紫色为主色调的广告设计。

图 1-27　以蓝色为主色调的广告设计

图 1-28　以紫色为主色调的广告设计

7. 黑色的特征及配色

黑色是具有收敛性的、沉郁的、难以捉摸的色彩，给人以一种神秘感。同时黑色还表达凄凉、悲伤、忧愁、恐怖，甚至死亡，但若运用得当，还能产生黑铁金属质感，可表达时尚前卫、科技等，如图 1-29 所示为以黑色为主色调的广告设计。

图 1-29　以黑色为主色调的广告设计

8. 白色的特征及配色

白色的色感光明，代表纯洁、纯真、朴素、神圣和明快，具有洁白、明快、纯真、清洁的感觉。如果在白色中加入其他任何色，都会影响其纯洁性，使其性格变得含蓄，如图 1-30 所示为以白色为主色调的广告设计。

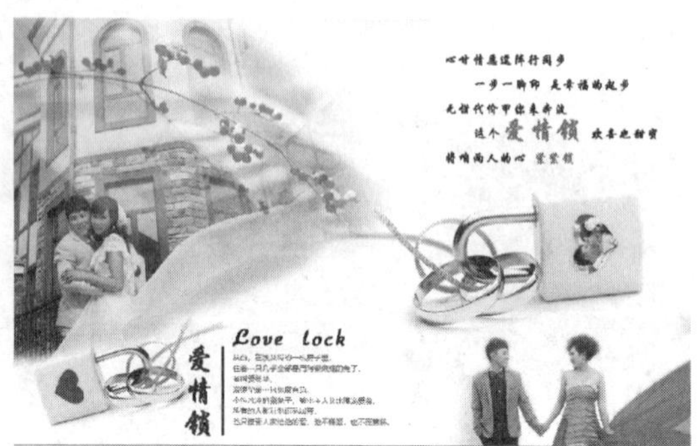

图 1-30　以白色为主色调的广告设计

9. 灰色的特征及配色

灰色在商业设计中具有柔和、高雅的意象，属中性色彩，男女皆能接受，所以灰色也是永远流行的主要颜色。使用灰色时，利用不同的层次变化组合或搭配其他色彩，才不会产生过于平淡、沉闷、呆板、僵硬的感觉。如图 1-31 所示为以灰色为主色调的广告设计。

图 1-31　以灰色为主色调的广告设计

第2章

Photoshop 基础入门

本章主要对 Photoshop 进行简单的介绍，包括 Photoshop 的安装、启动与退出，然后对其工作环境进行介绍，并介绍多种图形图像的处理软件及图像的类型和格式。通过对本章的学习，使用户对 Photoshop 有一个初步的认识，为后面章节的学习奠定良好的基础。

2.1 平面专业就业前景

平面设计的就业单位包括广告公司、印刷公司、教育机构、媒体机构、电视台等，选择面比较广，就业职位主要有美术排版、平面广告、海报、灯箱等的设计制作。

- 市场前景：

平面设计与商业活动紧密结合，在国内的就业范围非常广泛，与各行业密切相关，同时也是其他各设计门类（诸如网页设计、展览展示设计、三维设计、影视动画等）的基石。

- 前景分析：

该专业学习进入得比较快，应用面也比较广，相应的人才供给和需求都比较旺盛，与之相关的报纸、杂志、出版、广告等行业的发展一直呈旺盛趋势，目前就业前景还不错。

平面设计是多年来逐步发展起来的新兴职业，涉及面广泛且发展迅速，它涵盖的职业范畴包括艺术设计、展示设计、广告设计、书籍装帧设计、包装与装潢设计、服装设计、工业产品设计、商业插画设计、标志设计、企业 CI 设计、网页设计等。

近年来人们对设计的重视早已深入人心。据不完全统计，仅以广告设计专业为例，目前仅福州市就有几千家登记注册的广告公司，每年对平面设计、广告设计等设计类人才的需求一直非常可观，再加上各化妆品公司、印刷厂和大量企业对广告设计类人才的需求，广告设计类人才的缺口至少高达上万名。此外，随着房地产业、室内装饰业等行业的迅速发展，形形色色的家居装饰公司数量也越来越多，使得平面设计人才的需求量呈迅速上升的趋势。

2.2 Photoshop 的应用领域

Photoshop 的应用领域是很广泛的，在图形图像、文字、视频、出版等方面都有所涉及。

1. 在平面设计中的应用

平面设计是 Photoshop 应用最为广泛的领域，无论是我们正在阅读的图书封面，还是大街上看到的招贴、海报，这些具有丰富图像的平面印刷品，基本上都需要 Photoshop 软件对图像进行处理，如图 2-1 所示。

图 2-1　宣传单

2. 在界面设计中的应用

界面设计是一个新兴的领域，已经受到越来越多的软件企业及开发者的重视，虽然暂时还未成为一种全新的职业，但相信不久一定会出现专业的界面设计师职业。当前还没有用于做界面设计的专业软件，绝大多数设计者使用的都是 Photoshop。

3. 在插画设计中的应用

由于 Photoshop 具有良好的绘画与调色功能，许多插画设计制作者往往先用铅笔绘制草稿，然后用 Photoshop 填色的方法来绘制插画，如图 2-2 所示。

图 2-2　在插画中的应用

4. 在网页设计中的应用

网络的普及是促使更多人想学习 Photoshop 的一个重要原因，因为在制作网页时，Photoshop 是必不可少的网页图像处理软件，如图 2-3 所示。

图 2-3　在网页中的应用

5. 在绘画与数码艺术中的应用

近些年来非常流行的像素画，也多为设计师用 Photoshop 创作的作品。

6. 在动画与 CG 设计中的应用

CG 设计几乎囊括了当今电脑时代中所有的视觉艺术创作活动，如平面印刷品的设计、网页设计、三维动画、影视特效、多媒体技术、以计算机辅助设计为主的建筑设计及工业造型设计等，如图 2-4 所示。

图 2-4　工作证

7. 在效果图后期制作中的应用

在制作三维场景时，最后的效果图会有所不足，我们可以通过 Photoshop 进行调整，如图 2-5 所示。

图 2-5　在效果图后期制作中的应用

8. 在视觉创意中的应用

视觉创意与设计是设计艺术的一个分支，此类设计通常没有非常明显的商业目的，但由于它为广大设计爱好者提供了广阔的设计空间，因此，越来越多的设计爱好者开始学习 Photoshop，并进行具有个人特色与风格的视觉创意设计。

2.3 Photoshop 的安装与启动

在学习 Photoshop 前，首先要安装 Photoshop 软件。下面介绍在 Microsoft Windows 系统中安装、启动与退出 Photoshop 的方法。

2.3.1 安装 Photoshop

Photoshop 是专业的设计软件，其安装方法比较标准，具体安装步骤如下。

（1）在相应的文件夹下选择下载后的安装文件，双击安装文件图标，如图 2-6 所示。

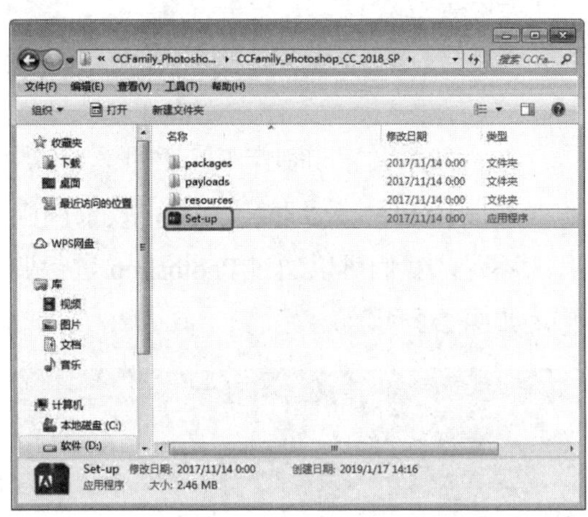

图 2-6 双击文件

（2）弹出【Adobe 安装程序】对话框，单击【忽略】按钮，如图 2-7 所示。

图 2-7 单击【忽略】按钮

（3）软件开始初始化安装程序，如图 2-8 所示。

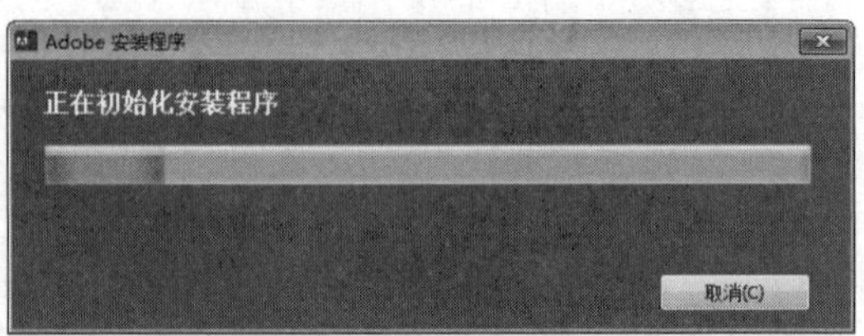

图 2-8 初始化安装程序

（4）在弹出的【选项】设置界面中指定安装的路径，根据自己的需要设置安装路径，单击【安装】按钮，如图 2-9 所示。

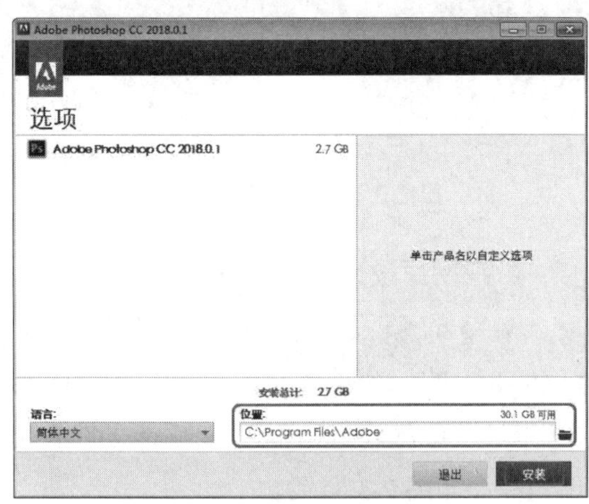

图 2-9 选择安装路径

（5）在弹出的【安装】设置界面中将显示安装进度，如图 2-10 所示。

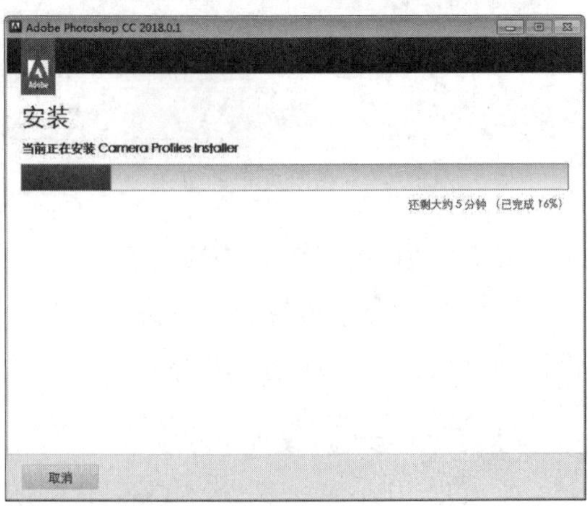

图 2-10 显示安装进度

（6）安装完成后，将会弹出【安装完成】设置界面，单击【关闭】按钮即可，如图 2-11 所示。

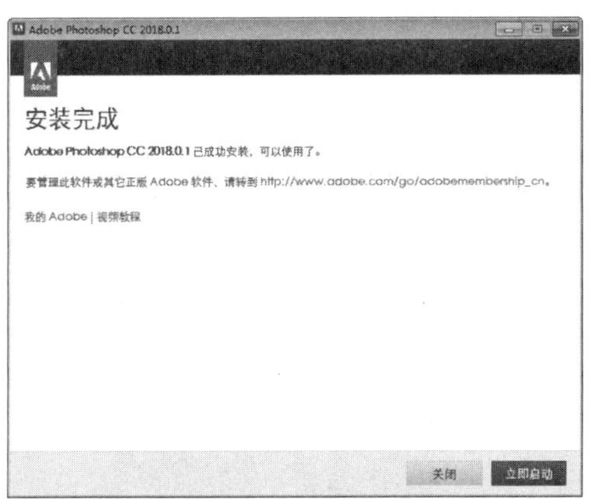

图 2-11 安装完成

2.3.2 卸载 Photoshop

卸载 Photoshop 的具体操作步骤如下。

（1）单击计算机左下角的【开始】按钮，选择【控制面板】命令，如图 2-12 所示。

图 2-12 选择【控制面板】命令

（2）在【程序】窗口中选择【卸载程序】选项，在打开的【程序和功能】窗口中选择 Adobe Photoshop 选项，单击【卸载】按钮，如图 2-13 所示。

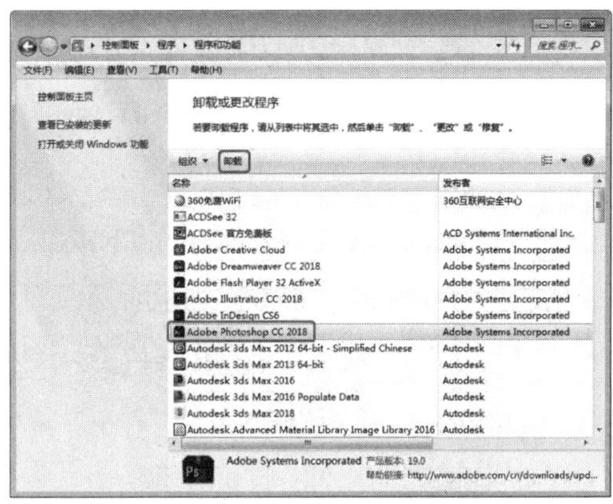

图 2-13 单击【卸载】按钮

（3）在【卸载选项】设置界面中，选中【删除首选项】复选框，单击【卸载】按钮，如图 2-14 所示。

图 2-14 选中【删除首选项】复选框

（4）显示出卸载进度，如图 2-15 所示。

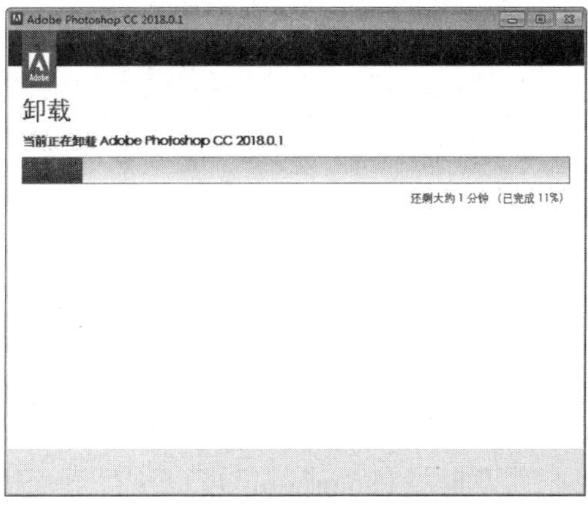

图 2-15 卸载进度

2.3.3 启动 Photoshop

要启动 Photoshop，可以执行下列操作之一。

- 选择【开始】|【程序】|Adobe Photoshop CC 2018 命令，如图 2-16 所示，即可启动 Photoshop，如图 2-17 所示为 Photoshop 的起始界面。

图 2-16　选择 Adobe Photoshop CC 2018 命令

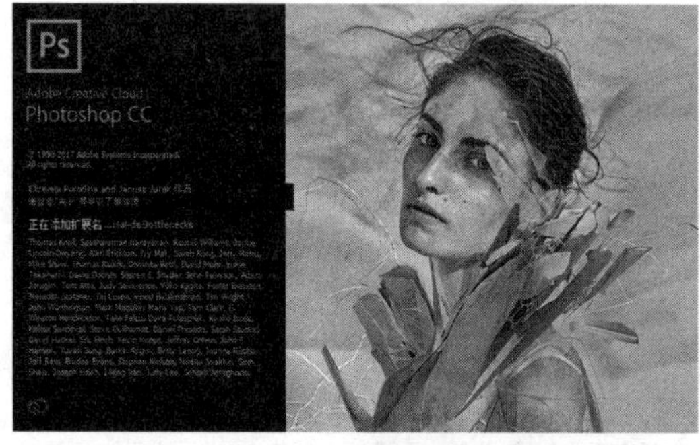

图 2-17　起始界面

- 直接在桌面上双击快捷图标。
- 双击与 Photoshop 相关联的文档。

2.3.4 退出 Photoshop

若要退出 Photoshop，可以执行下列操作之一。

- 单击 Photoshop 程序窗口右上角的【关闭】按钮 ×。
- 选择【文件】|【退出】菜单命令，如图 2-18 所示。

图 2-18　选择【退出】命令

- 单击 Photoshop 程序窗口左上角的 Ps 图标，在弹出的下拉菜单中选择【关闭】命令。
- 双击 Photoshop 程序窗口左上角的 Ps 图标。
- 按下 Alt+F4 组合键。
- 按下 Ctrl+Q 组合键。

如果当前图像是一个新建的或没有保存过的文件，则会弹出一个信息提示对话框，如图 2-19 所示，单击【是】按钮，打开【存储为】对话框；单击【否】按钮，则关闭文件，但不保存修改结果；单击【取消】按钮，则关闭该对话框，并取消关闭操作。

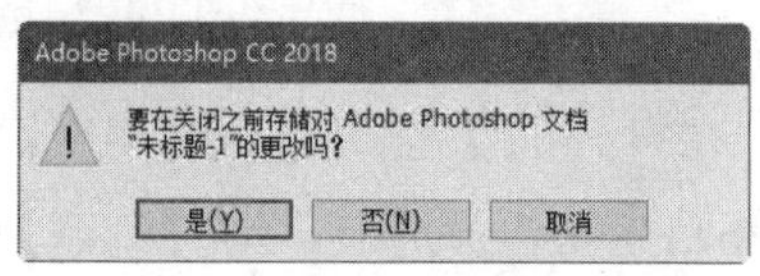

图 2-19　信息提示对话框

2.4　字体的安装

在 Windows XP 中安装字体非常方便，只需将字体文件复制到系统盘的字体文件夹中即可，但是在 Windows 7 及更高版本的系统中，安装字体的方法有了一些改变，不过操作显得更为简便，这里为大家介绍 Windows 7 中安装字体的方法。

（1）在字体文件上单击鼠标右键，在弹出的快捷菜单中选择【安装】命令，如图 2-20 所示。

（2）弹出【正在安装字体】对话框，如图 2-21 所示。

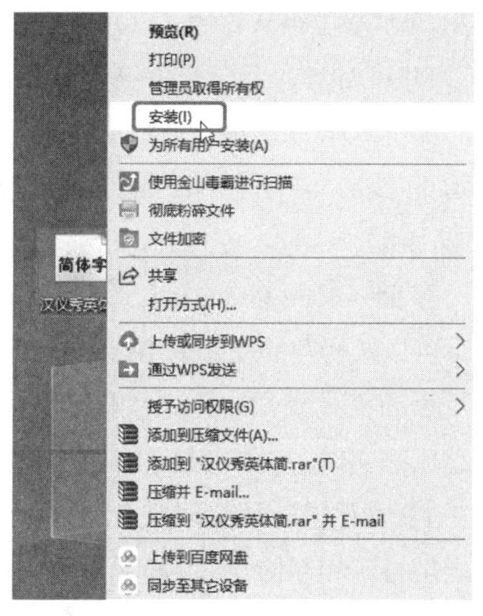

图 2-20　选择【安装】命令

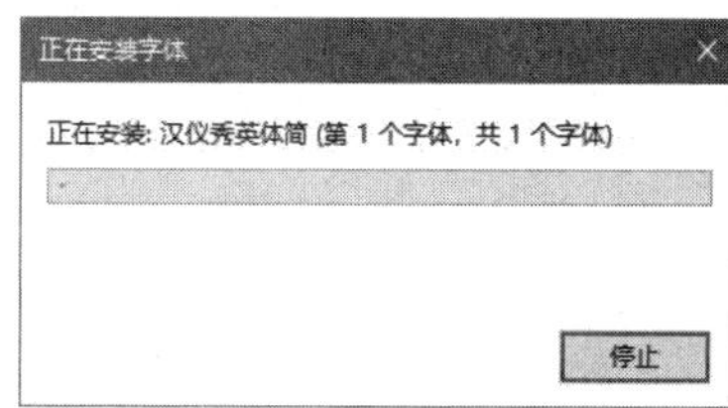

图 2-21　正在安装字体

2.5　图像格式的应用

要获得理想的图像效果，必须考虑图像的使用方式，例如，用于网页的图像一般使用 JPEG 和 GIF 格式，用于印刷的图像一般要保存为 TIFF 格式。最好将具有大面积平淡颜色的图像存储为 GIF 或 PNG-8 格式，而将那些具有颜色渐变或其他连续色调的图像存储为 JPEG 或 PNG-24 格式。

在没有正式进入主题之前，首先介绍一下有关计算机图形图像格式的相关知识，因为它在某种程度上将决定所设计作品输出质量的优劣。在制作影视广告片头时，会用到大量的图像作为素材、材质贴图或背景。当一个作品完成后，输出的文件格式也将决定所制作作品的播放品质。

在日常的工作和学习中，还需要收集和发现并积累各种文件格式的素材。需要注意的一点是，所收集的图片或图像文件各种格式的都有，这就涉及一个图像格式转换的问题，如果我们已经了解了图像格式的转换，在制作中就不会受到限制，可以轻松地将所收集的图像文件转为己用。

在作品的输出过程中，我们同样也可以从容地将它们存储为所需要的文件格式，而不再因为播放质量或输出品质的问题而烦恼了。

下面就对常用的图像格式进行简单介绍。

1. PSD 格式

PSD 是 Photoshop 软件专用的文件格式，它是 Adobe 公司优化格式后的文件，能够保存图像数据的每一个细小部分，包括图层、蒙版、通道以及其他一些内容，但这些内容在转存成其他格式时将会丢失。另外，因为这种格式是 Photoshop 所支持的自身格式文件，所以 Photoshop 能比其他格式更快地打开和存储这种格式的文件。

该格式唯一的缺点是：使用这种格式存储的图像文件特别大，尽管 Photoshop 在计算的过程中已经应用了压缩技术。但是因为这种格式不会造成任何的数据损失，所以在编辑的过程中最好还是选择这种格式进行存盘，直到最后编辑完成后，再转换成其他占用磁盘空间较小、存储质量较好的文件格式。在存储成其他格式的文件时，有时会合并图像中的各图层以及附加的蒙版通道，这会给再次编辑带来不少麻烦，因此，最好在存储一个 PSD 的文件备份后再进行转换。

PSD 格式支持所有的可用图像模式（位图、灰度、双色调、索引色、RGB、CMYK、Lab 和多通道等）、参考线、Alpha 通道、专色通道和图层（包括调整图层、文字图层和图层效果）等。

2. TIFF 格式

TIFF 格式即是标签图像文件格式，是 Aldus 为 Macintosh 开发的文件格式。

TIFF 用于在应用程序之间和计算机平台之间交换文件，被称为标签图像格式，是 Macintosh 和 PC 机上使用最广泛的文件格式。它采用无损压缩方式，与图像像素无关。TIFF 常用于彩色图片的扫描，它以 RGB 的全彩色格式存储。

TIFF 格式支持带 Alpha 通道的 CMYK、RGB 和灰度文件，支持不带 Alpha 通道的 Lab、索引色和位图文件，也支持 LZW 压缩。

存储 Adobe Photoshop 图像为 TIFF 格式，可以选择存储文件为 IBM-PC 兼容计算机可读的格式或 Macintosh 可读的格式。要自动压缩文件，可单击【LZM 压缩】注记框。对 TIFF 文件进行压缩可减少文件大小，但会增加打开和存储文件的时间。

TIFF 是一种灵活的位图图像格式，实际上被所有的绘画、图像编辑和页面排版应用程序所支持，而且几乎所有的桌面扫描仪都可以生成 TIFF 图像。Photoshop 可以在 TIFF 文件中存储图层，但是如果在另一个应用程序中打开该文件，则只有拼合图像是可见的。Photoshop 也能够以 TIFF 格式存储注释、透明度和分辨率等数据，TIFF 文件格式在实际工作中主要用于印刷。

3. JPEG 格式

JPEG 是 Macintosh 机上常用的存储类型，但是，无论你是从 Photoshop、Painter、FreeHand、Illustrator 等平面软件还是在 3ds Max 中都能够打开此类格式的文件。

JPEG 格式是所有压缩格式中最卓越的。在压缩前，你可以从对话框中选择所需图像的最终质量，这样，就能有效地控制 JPEG 在压缩时的数据量损失。并且可以在保持图像质量不变的前提下，产生惊人的压缩比率，在没有明显质量损失的情况下，它的体积能降到原 BMP 图片的 1/10，这样就不必再为图像文件的质量以及硬盘的大小而苦恼了。

另外，用 JPEG 格式，可以将当前渲染的图像输入到 Macintosh 机上做进一步处理，或将 Macintosh 机上制作的文件以 JPEG 格式再现于 PC 机上。总之 JPEG 是一种极具价值的文件格式。

4. GIF 格式

GIF 是一种压缩的 8 位图像格式。正因为它是经过压缩的，而且又是 8 位的，所以这种格式的文件大多用在网络传输上，速度要比传输其他格式的图像文件快得多。

此格式的文件最大的缺点是，最多只能处理 256 种色彩。它绝不能用于存储真彩的图像文件。也正因为其体积小，而曾经一度被应用在计算机教学、娱乐等软件中，也是人们较为喜爱的 8 位图像格式。

5. BMP 格式

BMP 全称为 Windows Bitmap。它是微软公司画图程序的自身格式，可以被多种 Windows 和 OS/2 应用程序所支持。Photoshop 中，最多可以使用 16 M 的色彩渲染 BMP 图像。因此，BMP 格式的图像具有极其丰富的色彩。

6. EPS 格式

EPS（Encapsulated PostScript）格式是专门为存储矢量图形而设计的，该格式用于在 PostScript 输出设备上打印。

Adobe 公司的 Illustrator 是绘图领域中一个极为优秀的程序，它既可用来创建流畅的曲线，简单图形，也可以用来创建专业级的精美图像。它的作品一般存储为 EPS 格式。EPS 通常也是 CorelDRAW 等软件支持的一种格式。

7. PDF 格式

PDF 格式主要用于 Adobe Acrobat 中，Adobe Acrobat 是 Adobe 公司用于 Windows、MacOS、UNIX 和 DOS 等操作系统中的一种电子排版软件。使用 Acrobat Reader 软件可以查看 PDF 文件。与 PostScript 页面一样，PDF 文件可以包含矢量图形和位图图形，还可以包含电子文档的查找和导航功能，如电子链接等。

PDF 格式支持 RGB、索引色、CMYK、灰度、位图和 Lab 等颜色模式，但不支持 Alpha 通道。PDF 格式支持 JPEG 和 ZIP 压缩，但位图模式文件除外。位图模式文件在存储为 PDF 格式时采用 CCITT Group 4 压缩。在 Photoshop 中打开其他应用程序创建的 PDF 文件时，Photoshop 会对文件进行栅格化处理。

8. PCX 格式

PCX 格式普遍用于 IBM PC 兼容计算机上。大多数 PC 软件支持 PCX 格式版本 5，版本 5 文件采用标准 VGA 调色板，该版本不支持自定义调色板。

PCX 格式可以支持 DOS 和 Windows 下绘图的图像格式。PCX 格式支持 RGB、索引色、灰度和位图颜色模式，不支持

Alpha 通道。PCX 支持 RLE 压缩方式，支持位深度为 1、4、8 或 24 的图像。

9. PNG 格式

现在越来越多的程序设计人员喜欢以 PNG 格式替代 GIF 格式了。像 GIF 一样，PNG 也使用无损压缩方式来减小文件的尺寸。

PNG 图像可以是灰阶的（位深可达 16bit）或彩色的（位深可达 48bit），为缩小文件尺寸，它还可以是 8bit 的索引色。PNG 使用新的高速交替显示方案，可以迅速地显示，只要下载 1/64 的图像信息，就可以显示出低分辨率的预览图像。与 GIF 格式不同，PNG 格式不支持动画。PNG 中的 Alpha 通道定义了文件中的透明区域。

2.6 Photoshop 的工作环境

下面介绍 Photoshop 工作区的工具、面板和其他元素。

2.6.1 Photoshop 的工作界面

Photoshop 工作界面的设计非常系统化，便于操作和理解，同时也易于用户接受，主要由菜单栏、工具箱、工具选项栏、图像窗口、状态栏、面板和工作界面等几个部分组成。如图 2-22 所示。

图 2-22 Photoshop 的工作界面

2.6.2 菜单栏

Photoshop 共有 11 个主菜单，如图 2-23 所示，每个主菜单内都包含相应类型的命令。例如，【文件】菜单中包含的是用于设置文件的各种命令，【滤镜】菜单中包含的是各种滤镜。

文件(F) 编辑(E) 图像(I) 图层(L) 文字(Y) 选择(S) 滤镜(T) 3D(D) 视图(V) 窗口(W) 帮助(H)

图 2-23 菜单栏

单击一个菜单的名称即可打开该菜单；在菜单中，不同功能的命令之间采用分隔线进行分隔，带有黑色三角标记的命令表示还包含子菜单，将光标移动到这样的命令上，即可显示子菜单，如图 2-24 所示为【模糊】的子菜单。

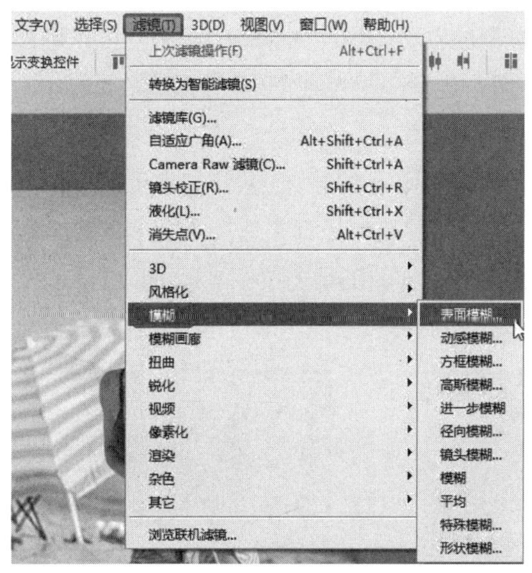

图 2-24 【模糊】子菜单

选择菜单中的一个命令便可以执行相应操作，如果命令后面附有快捷键，则无须打开菜单，直接按下快捷键即可执行该命令。例如，按 Alt+Ctrl+I 组合键可以执行【图像大小】命令，如图 2-25 所示。

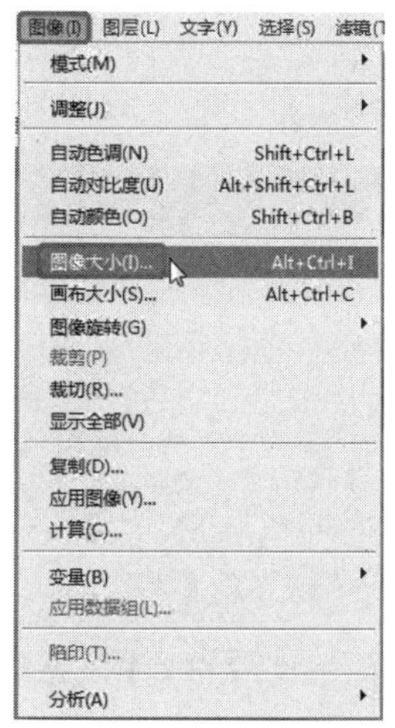

图 2-25 带有快捷键的菜单

有些命令只提供了字母，要通过快捷方式执行这样的命令，可以按下 Alt+ 主菜单的字母键，使用字母键执行命令的操作方法如下。

（1） 打开一个图像文件，按 Alt 键，然后按E键，打开【编辑】下拉菜单，如图2-26 所示。

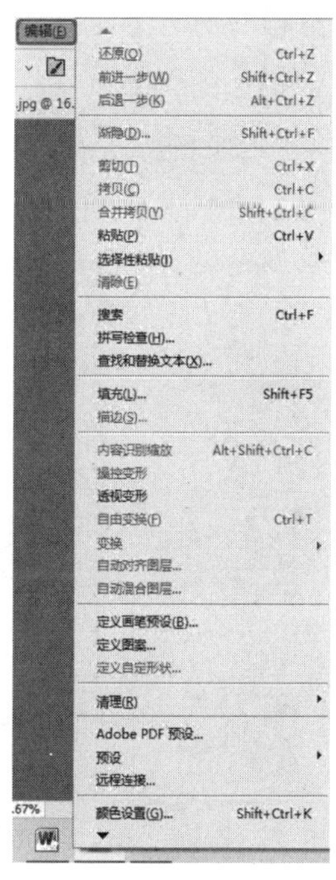

图 2-26 【编辑】下拉菜单

（2）按 L 键，打开【填充】对话框，如图 2-27 所示。

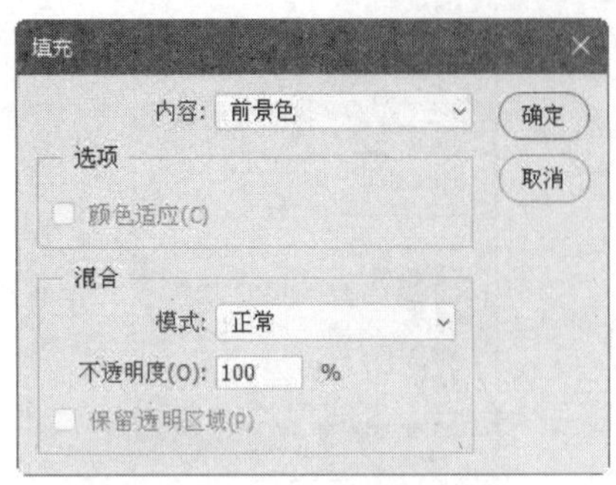

图 2-27 【填充】对话框

如果一个命令的名称后面带有“...”符号，表示执行该命令时将打开一个对话框，如图 2-28 所示。

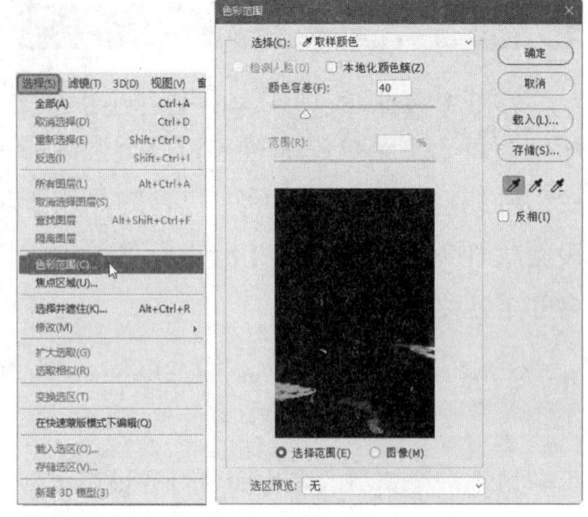

图 2-28 后面带有“...”符号的命令

如果菜单中的命令显示为灰色，则表示该命令在当前状态下不能使用。

2.6.3 工具箱

第一次启动应用程序时，工具箱将出现在屏幕的左侧，拖动工具箱的标题栏可以进行移动。通过选择【窗口】|【工具】菜单命令，用户也可以显示或隐藏工具箱；Photoshop 的工具箱如图 2-29 所示。

单击工具箱中的一个工具即可选择该工具，将光标停留在一个工具上，会显示该工具的名称和快捷键，如图 2-30 所示。我们也可以按下工具的快捷键来选择相应的工具。右下角带有三角形图标的工具表示这是一个工具组，在这样的工具上按住鼠标可以显示隐藏的工具，如图 2-31 所示；将光标移至隐藏的工具上然后释放鼠标，即可选择该工具。

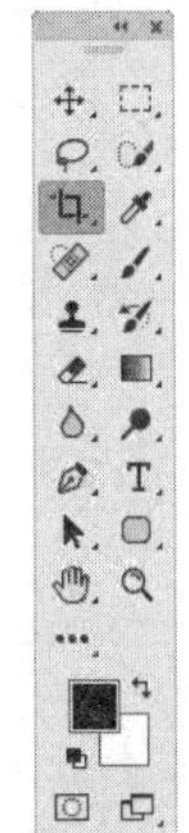

图 2-29 工具箱

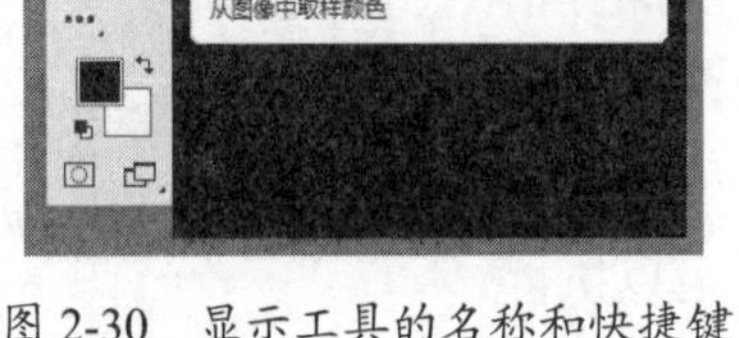

图 2-30 显示工具的名称和快捷键

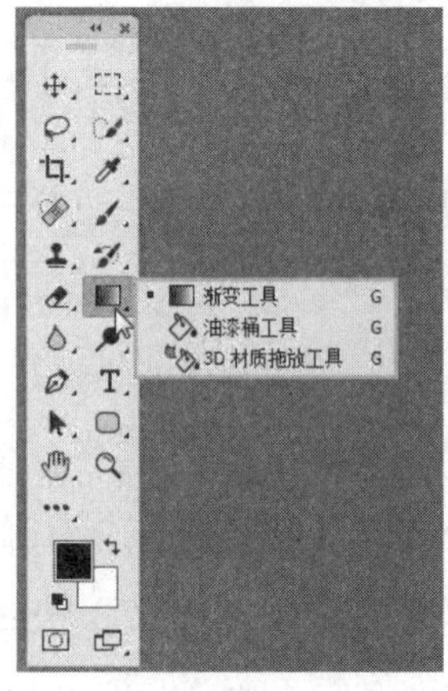

图 2-31 显示隐藏工具

2.6.4 工具选项栏

大多数工具的选项都会在该工具的选项栏中显示，例如，选中渐变工具时，其选项栏如图 2-32 所示。

模式： 正常
不透明度： 100%
反向
仿色
透明区域

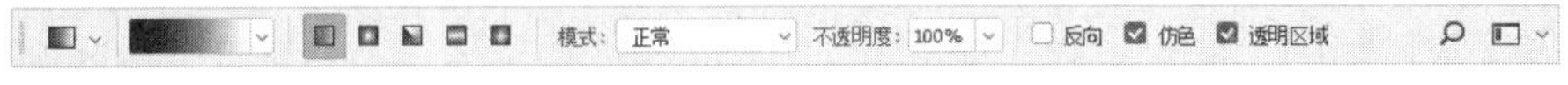

图 2-32 渐变工具选项栏

选项栏与工具相关，会随所选工具的不同而变化。选项栏中的一些设置对于许多工具都是通用的，但是有些设置则专用于某个工具。

2.6.5 面板

使用面板可以监视和修改图像。

选择【窗口】命令，可以控制面板的显示与隐藏。默认情况下，面板以组的方式堆叠在一起，用鼠标左键拖动面板的顶端可以移动面板组，还可以单击面板左侧的各类面板标签打开相应的面板。

用鼠标左键选中面板中的标签，然后拖动到面板以外，就可以从组中移去面板。

2.6.6 图像窗口

通过图像窗口可以移动整个图像在工作区中的位置。图像窗口显示图像的名称、百分比率、色彩模式以及当前图层等信息，如图 2-33 所示。

单击窗口右上角的 — 图标，可以最小化图像窗口，单击窗口右上角的 □ 图标，可以最大化图像窗口，单击窗口右上角的 × 图标，则可关闭整个图像窗口。

16.67%
文档:15.8M/31.7M

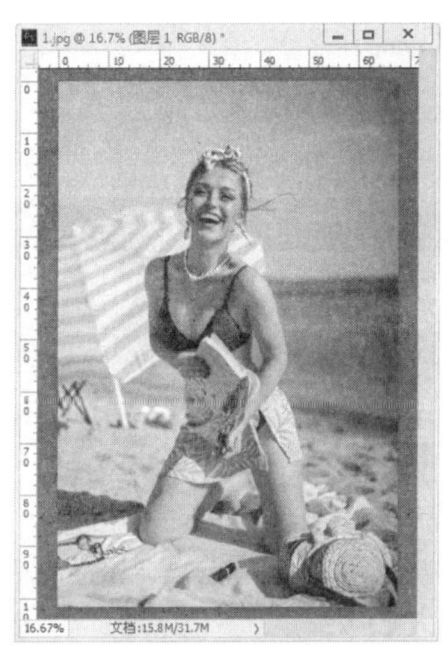

图 2-33 图像窗口

2.6.7 状态栏

状态栏位于图像窗口的底部，其左侧的文本框中显示了窗口的视图比例，如图 2-34 所示。

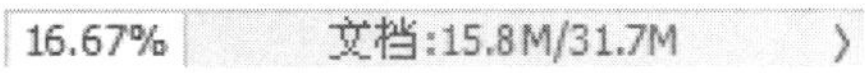

16.67%
文档:15.8M/31.7M

图 2-34 状态栏

在文本框中输入百分比值，然后按 Enter 键，可以重新调整视图比例。

在状态栏中单击时，可以显示图像的宽度、高度、通道数目、分辨率和颜色模式等信息，如图 2-35 所示。

如果按住 Ctrl 键单击（按住鼠标左键不放），可以显示图像的拼贴宽度、高度等信息，如图 2-36 所示。

单击状态栏中的 〉 按钮，弹出如图 2-37 所示的下拉菜单，在此菜单中可以选择状态栏中显示的内容。

图 2-35　图像的基本信息

图 2-36　图像的信息

图 2-37　下拉菜单

2.6.8　优化工作界面

Photoshop 提供标准屏幕模式、带有菜单栏的全屏模式和全屏模式，在工具箱中单击【更改屏幕模式】按钮 或按 F 快捷键来实现 3 种不同模式之间的切换。对于初学者来说，建议使用标准屏幕模式。三种模式的工作界面如图 2-38 ～图 2-40 所示。

图 2-38　标准模式

图 2-39　带有菜单栏的全屏模式

图 2-40 全屏模式

2.7 文件的相关操作

本节将讲解 Photoshop 中新建文档、打开文档、保存文档、关闭文档的方法。

2.7.1 新建文档

新建 Photoshop 文档的具体操作步骤如下。

（1）在菜单栏中选择【文件】|【新建】命令，打开【新建文档】对话框，将【宽度】和【高度】设置为 1100 像素，【分辨率】设置为 72 像素 / 英寸，【颜色模式】设置为 RGB 颜色 /8 位，【背景内容】设置为白色，如图 2-41 所示。

（2）设置完成后，单击【创建】按钮，即可生成空白文档，如图 2-42 所示。

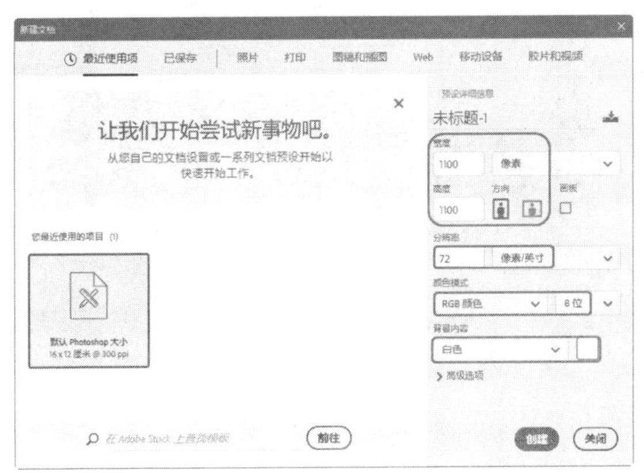

图 2-41 【新建文档】对话框

图 2-42 新建的空白文档

2.7.2 打开文档

下面介绍打开文档的具体操作步骤。

（1）按 Ctrl+O 快捷键，弹出【打开】对话框，选择“素材\Cha02\2.jpg”文件，如图 2-43 所示。

（2）单击【打开】按钮，或按 Enter 键，或双击鼠标，即可打开选择的素材图像，如图 2-44 所示。

图 2-43 【打开】对话框

图 2-44 打开素材文件

提示：在菜单栏中选择【文件】|【打开】命令，如图 2-45 所示。在工作区域内双击鼠标左键也可以打开【打开】对话框。按住 Ctrl 键单击需要打开的文件，可以打开多个不相邻的文件，按住 Shift 键单击需要打开的文件，可以打开多个相邻的文件。

图 2-45 选择【打开】命令

2.7.3 保存文档

保存文档的具体操作步骤如下。

（1）在菜单栏中选择【图像】|【调整】|【亮度/对比度】命令，选中【使用旧版】复选框，将【亮度】、【对比度】设置为 -15、6，单击【确定】按钮，如图 2-46 所示。

图 2-46 设置【亮度】和【对比度】参数

（2）在菜单栏中选择【文件】|【存储为】命令，如图 2-47 所示。

图 2-47　选择【存储为】命令

（3）在弹出的【另存为】对话框中设置保存路径、文件名以及文件类型，如图 2-48 所示，单击【保存】按钮。

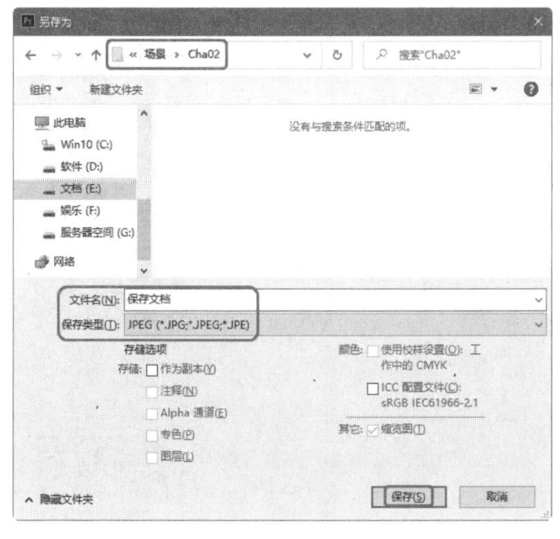

图 2-48　【另存为】对话框

（4）在弹出的【JPEG 选项】对话框中将【品质】设置为 12，单击【确定】按钮，如图 2-49 所示。

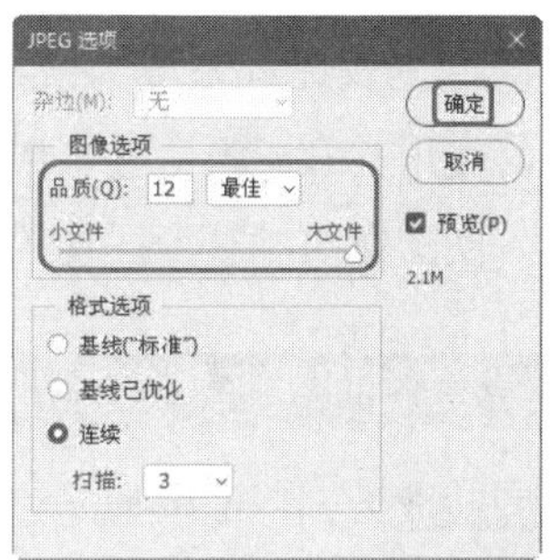

图 2-49　【JPEG 选项】对话框

2.7.4　关闭文档

关闭文档的方法有以下三种。

- 单击【保存文档】名称右侧的 × 按钮，即可关闭当前文档，如图 2-50 所示。

图 2-50　关闭文档

- 在菜单栏中选择【文件】|【关闭】命令，可关闭当前文档。
- 按 Ctrl+W 快捷键，可快速关闭当前文档。

2.8　查看图像

在 Photoshop 中处理图像时，会频繁地在图像的整体和局部之间来回切换，通过对局部的修改来达到最终的效果，该软件中提供了几种图像查看命令，用于完成这一系列的操作。

2.8.1 通过缩放工具查看图像

利用缩放工具可以实现对图像的缩放查看，使用缩放工具拖动想要查看的区域，即可对局部区域进行放大。

还可以通过快捷键来放大或缩小图像，例如，使用 Ctrl++ 组合键可以以画布为中心查看图像，使用 Ctrl+- 组合键可以以画布为中心缩小图像，使用 Ctrl+0 组合键可以最大化显示图像，使图像填满整个图像窗口。

2.8.2 通过抓手工具查看图像

当图像被放大到只能够显示局部图像的时候，可以使用【抓手工具】查看图像中的某一个部分。除了使用【抓手工具】查看图像外，在使用其他工具时，按空格键拖动鼠标，就可以显示所要显示的部分。用户还可以拖动水平和垂直滚动条来查看图像。

2.9 标尺

利用标尺可以精确地定位图像中的某一点以及创建参考线。

在菜单栏中选择【视图】|【标尺】命令，或者通过快捷键 Ctrl+R 打开标尺，如图 2-51 所示。

标尺会出现在当前窗口的顶部和左侧，标尺内的虚线可显示出当前鼠标所处的位置，如果想要更改标尺原点，可以从图像上的特定点开始度量，在左上角按住鼠标拖动到特定的位置后释放鼠标，即可改变原点的位置。

图 2-51　打开标尺

2.10 上机练习——制作生日贺卡

扫一扫，看视频

下面将通过实例来讲解置入 AI 格式文件完善生日贺卡的制作，效果如图 2-52 所示。

（1）打开“素材 \Cha02\ 生日贺卡 .jpg”文件，如图 2-53 所示。

（2）在菜单栏中选择【文件】|【置入嵌入对象】命令，如图 2-54 所示。

图 2-52 生日贺卡

图 2-53 打开素材文件

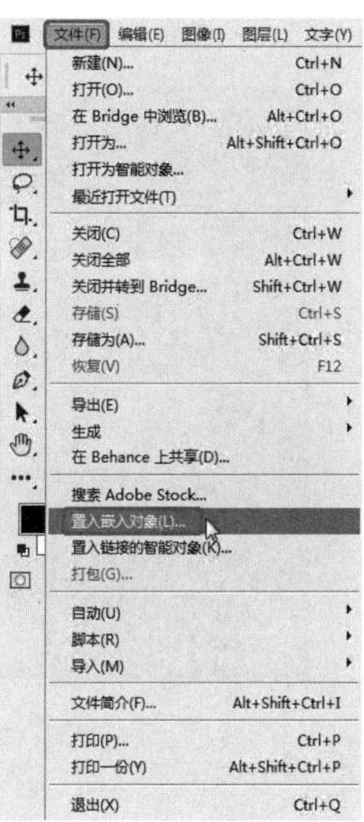

图 2-54 选择【置入嵌入对象】命令

（3）弹出【置入嵌入的对象】对话框，选择“素材 \Cha02\ 恐龙 .ai”文件，单击【置入】按钮，如图 2-55 所示。

（4）弹出【打开为智能对象】对话框，单击【确定】按钮，如图 2-56 所示。

图 2-55 选择素材文件

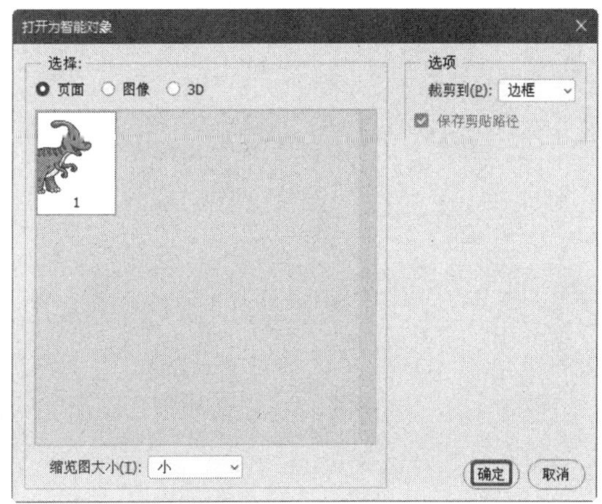

图 2-56 【打开为智能对象】对话框

（5）调整恐龙的位置，按 Enter 键，在【图层】面板中选中【恐龙】图层，按 Ctrl+J 快捷键复制图层，按 Ctrl+T 快捷键，在素材文件上单击鼠标右键，在弹出的快捷菜单中选择【水平翻转】命令，如图 2-57 所示。

（6）调整复制后的恐龙位置，按 Enter 键，效果如图 2-58 所示。

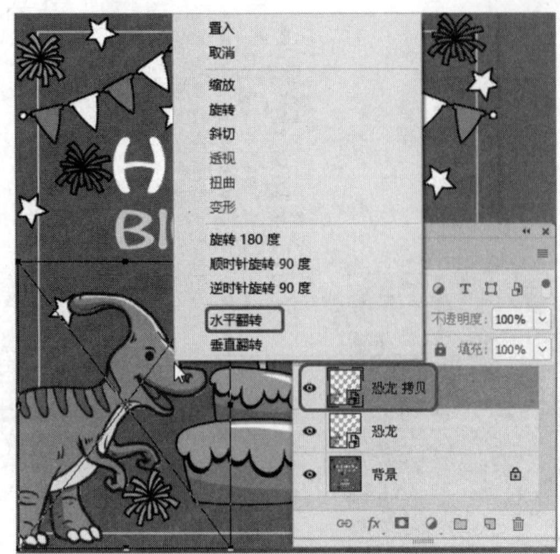

图 2-57　复制图层并水平翻转

图 2-58　调整恐龙的位置

第3章 图像选区的创建与编辑

本章主要介绍如何使用各种工具对图像创建几何选区、不规则选区，以及如何使用命令创建任意选区，从而熟练操作 Photoshop。

3.1 使用工具创建几何选区

Photoshop 中有很多创建选区的工具，其中包括矩形选框工具、椭圆选框工具、单行选框工具和单列选框工具。

3.1.1 矩形选框工具

【矩形选框工具】用来创建矩形和正方形选区，下面将介绍矩形选框工具的基本用法。

（1）启动 Photoshop，打开“素材 \Cha03\ 矩形选框素材 01.jpg”文件和“矩形选框素材 02.psd”文件，如图 3-1、图 3-2 所示。

图 3-1　矩形选框素材 01

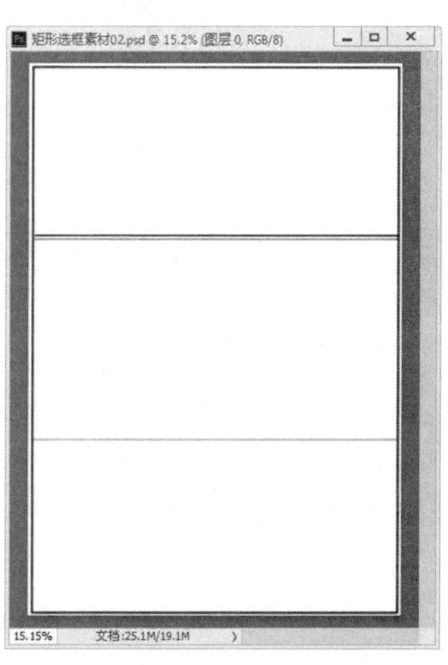

图 3-2　矩形选框素材 02

（2）在工具箱中选择【矩形选框工具】，在属性栏中使用默认参数设置，在“矩形选框素材 02.psd”文件左上角单击鼠标左键并向右下角拖动，框选第一个矩形空白区域，创建一个矩形选区，如图 3-3 所示。

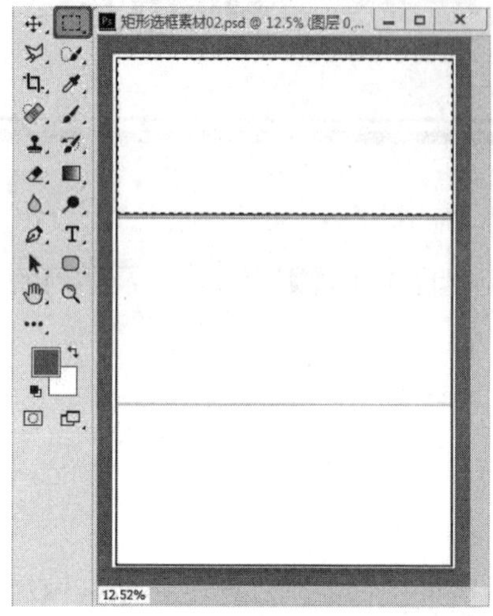

图 3-3　创建选区后的效果

（3）创建选区后，将鼠标移至选区中，当鼠标变为形状时，按住鼠标左键并拖曳，将其移动至“矩形选框素材 01.jpg”文件中，并调整其位置，如图 3-4 所示。

图 3-4　移动选区

（4）调整完成后，选中工具箱中的移动工具，将画面中矩形选区中的图像拖曳至白框中的合适位置，效果如图 3-5 所示。

图 3-5　调整图像位置

（5）使用相同的方法继续进行操作，完成后的效果如图 3-6 所示。

图 3-6　完成后的效果

提示：按M键，可以快速选择矩形选框工具；按住Alt键，即可以光标所在位置为中心绘制选区。

使用矩形选框工具也可以绘制正方形，下面介绍正方形的绘制方法。

（1）启动Photoshop，打开“素材\Cha03\绘制正方形选区.jpg”文件，如图3-7所示。

图3-7　打开素材文件

（2）单击工具箱中的【矩形选框工具】，可绘制矩形选区，如图3-8所示。

提示：配合键盘上的Shift键在图片中创建选区，可绘制正方形；按住Alt+Shift组合键，可以光标所在位置为中心创建正方形选区。

图3-8　绘制完成的正方形选区

提示：如果当前的图像中存在选区，就应该在创建选区的过程中再按下Shift键或Alt键；如果创建选区前按下按键，则新建的选区会与原有的选区发生运算。

3.1.2　椭圆选框工具

【椭圆选框工具】用于创建椭圆形和圆形选区，如篮球、乒乓球和盘子等。该工具的使用方法与矩形选框工具完全相同。椭圆选框工具选项栏与矩形选框工具选项栏中的选项相同，但是该工具增加了“消除锯齿”功能，由于像素为正方形并且是构成图像的最小元素，所以当创建圆形或者多边形等不规则图形选区时，很容易出现锯齿效果，此时选中【消除锯齿】复选框，会自动在选区边缘1像素的范围内添加与周围相近的颜色，这样就可以使产生锯齿的选区变得平滑。

下面通过实例，来具体地介绍一下椭圆选区工具的操作方法。

（1）启动Photoshop，打开“素材\Cha03\椭圆选框工具01.jpg”文件和“椭圆选框工具02.jpg”文件，如图3-9、图3-10所示。

图3-9　椭圆选框工具01

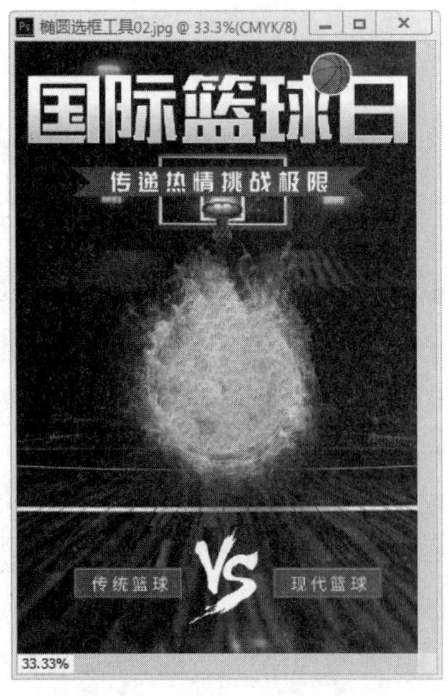

图3-10　椭圆选框工具02

（2）选择工具箱中的【椭圆选框工具】，在属性栏中使用默认参数设置，然后在“椭圆选框工具01.jpg”文件中按住Shift+Alt组合键沿球体绘制选区，绘制完成后，在选区中单击鼠标右键，在弹出的快捷菜单中选择【变换选区】命令，如图3-11所示。

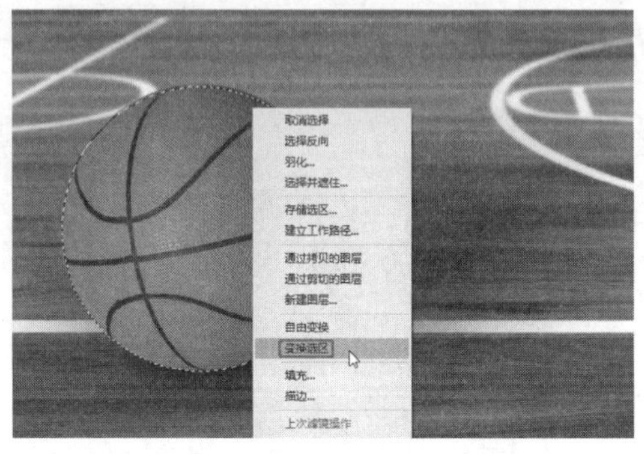

图3-11　选择【变换选区】命令

（3）选择【变换选区】命令后，选区四周会出现句柄，拖动句柄更改圆形选区大小并调整其位置，如图3-12所示。

图3-12　调整后的选区

> 提示：在绘制椭圆选区时，按住Shift键的同时拖动鼠标，可以创建圆形选区；按住Alt键的同时拖动鼠标，会以光标所在位置为中心创建选区，按住Alt+Shift组合键的同时拖动鼠标，会以光标所在位置点为中心绘制圆形选区。

（4）调整完成后，按Enter键，选中工具箱中的移动工具，将画面中圆形选区中的图像拖曳至“椭圆选框工具 02.jpg”文件中的合适位置，并按 Ctrl+T 组合键调整大小及位置，效果如图 3-13 所示。

图 3-13 调整后的效果

3.1.3 单行选框工具

【单行选框工具】只能创建高度为 1 像素的单行选区。下面我们通过实例来了解如何创建单行选区。

（1）启动 Photoshop，打开“素材\Cha03\单行选框工具.jpg”文件，如图 3-14 所示。

图 3-14 选择素材文件

（2）选择工具箱中的【单行选框工具】，在属性栏中使用默认参数设置，然后在素材图像上单击鼠标左键，即可创建水平选区，效果如图 3-15 所示。

图 3-15 创建单行选区

（3）选择工具箱中的【矩形选框工具】，然后在工具选项栏中单击【从选区减去】按钮，在图像编辑窗口中单击鼠标左键并拖动绘制选区，将不需要的选区用矩形框选中，如图 3-16 所示。

图 3-16 绘制矩形选区

（4）选择完成后释放鼠标，矩形框选中的选区即可被删除，然后框选右侧选区将其删除，如图 3-17 所示。

图 3-17 删除多余选区

（5）设置完成后，单击工具箱中的【前景色】色块，在弹出的【拾色器（前景色）】

对话框中，将 RGB 值设为 255、255、255，并单击【确定】按钮，如图 3-18 所示。

（6）按 Alt+Delete 组合键，填充前景色，然后再按 Ctrl+D 组合键取消选区，最终效果如图 3-19 所示。

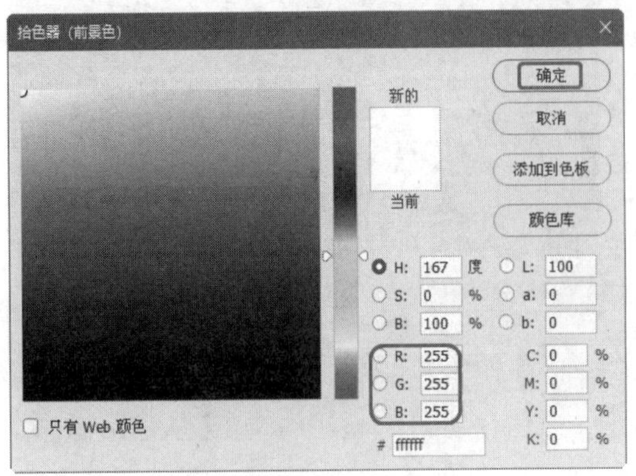

图 3-18 【拾色器（前景色）】对话框

图 3-19 填充颜色后的效果

3.1.4 单列选框工具

【单列选框工具】和单行选框工具的用法一样，可以精确地绘制一列像素，填充选区后能够得到一条垂直线，填充垂直线效果如图 3-20 所示。

图 3-20 填充颜色后的效果

知识链接：图像的颜色模式

颜色模式决定了显示和打印电子图像的色彩模型（简单地说，色彩模型是用于表现颜色的一种数学算法），即一幅电子图像用什么样的方式在计算机中显示或打印输出。

常见的颜色模式包括位图模式、灰度模式、双色调模式、HSB（表示色相、饱和度、亮度）模式、RGB（表示红、绿、蓝）模式、CMYK（表示青、洋红、黄、黑）模式、Lab 模式、索引色模式、多通道模式以及 8 位 /16 位模式，每种模式的图像描述、重现色彩的原理及所能显示的颜色数量是不同的。Photoshop 的颜色模式基于色彩模型，而色彩模型对于印刷中使用的图像非常有用，可以从以下模式中选取：RGB（红色、绿色、蓝色）、CMYK（青色、洋红、黄色、黑色）、Lab（基于 CIE L*a*b）和灰度。

选择【图像】|【模式】菜单命令，打开其子菜单，如图 3-21 所示。

【模式】子菜单中包含了各种颜色模式命令，如常见的灰度模式、RGB 模式、CMYK 模式及 Lab 模式等，Photoshop 也包含了用于特殊颜色输出的索引颜色模式和双色调模式。

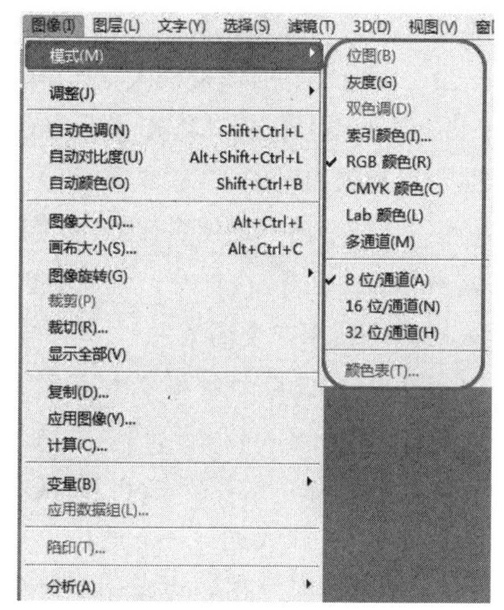

图 3-21 【模式】子菜单

1. RGB 颜色模式

Photoshop 的颜色使用 RGB 颜色模式，对于彩色图像中的每个 RGB（红色、绿色、蓝色）分量，为每个像素指定一个 0（黑色）～255（白色）之间的强度值。例如，亮红色的 R 值为 246、G 值为 20、B 值为 50。

不同图像的 RGB 各个成分也不尽相同，可能有的图像 R（红色）成分多一些，有的 B（蓝色）成分多一些。在计算机中，RGB 的所谓“多少”就是指亮度，并使用整数来表示。通常情况下，RGB 中有 256 级亮度，用数字表示为 0～255。

当所有分量的值均为 255 时，结果是纯白色，如图 3-22 所示；当所有分量的值都为 0 时，结果是纯黑色。如图 3-23 所示。

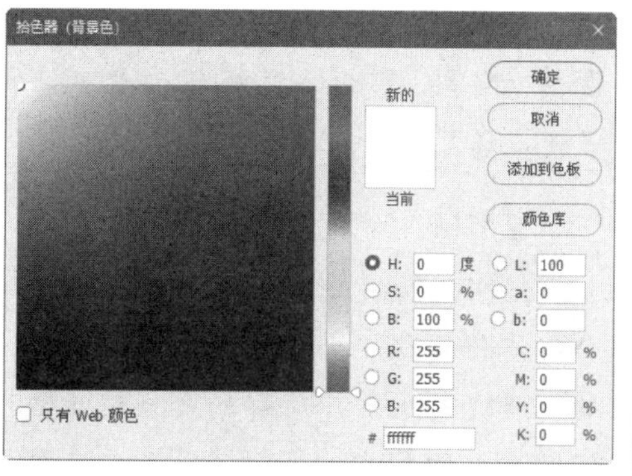

图 3-22 纯白色

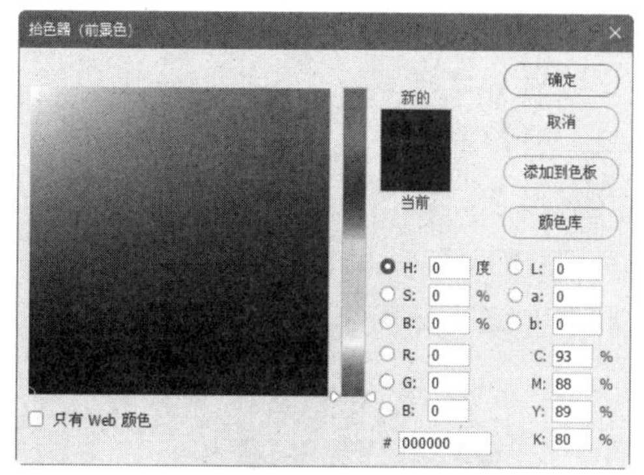

图 3-23 纯黑色

RGB 图像使用 3 种颜色或 3 个通道在屏幕上重现颜色，如图 3-24 所示。

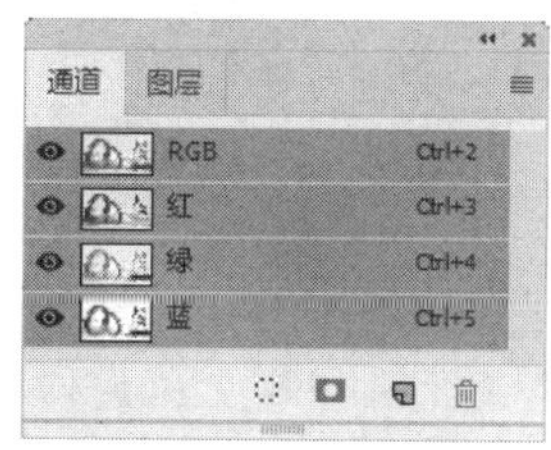

图 3-24 RGB 通道

这 3 个通道将每个像素转换为 24 位（8 位 ×3 通道）颜色信息。对于 24 位图像，可重现多达 1670 万种颜色；对于 48 位图像（每个通道 16 位），可重现更多的颜色。新建的 Photoshop 图像的默认模式为 RGB，计算机显示器、电视机、投影仪等均使用 RGB 模式显示颜色，这意味着在使用非 RGB

颜色模式（如 CMYK）时，Photoshop 会将 CMYK 图像插值处理为 RGB，以便在屏幕上显示。

2. CMYK 颜色模式

当阳光照射到一个物体上时，这个物体将吸收一部分光线，并对剩下的光线进行反射，反射的光线就是我们所看见的物体颜色。这是一种减色色彩模式，也是与 RGB 模式的根本不同之处。不但我们看物体的颜色时用到了这种减色模式，而且在纸上印刷时，应用的也是这种减色模式。按照这种减色模式，就演变出了适合印刷的 CMYK 色彩模式。Photoshop 中的 CMYK 通道如图 3-25 所示。

图 3-25　CMYK 通道

CMYK 代表印刷上用的四种颜色：C 代表青色，M 代表洋红色，Y 代表黄色，K 代表黑色。因为在实际应用中，青色、洋红色和黄色很难叠加形成真正的黑色，最多不过是褐色而已，因此才引入了 K——黑色。黑色的作用是强化暗调，加深暗部色彩。

CMYK 模式是最佳的打印模式，RGB 模式尽管色彩多，但不能完全打印出来。那么是不是在编辑的时候就采用 CMYK 模式呢？其实不是，用 CMYK 模式编辑虽然能够避免色彩的损失，但运算速度很慢。主要的原因如下。

（1）即使在 CMYK 模式下工作，Photoshop 也必须将 CMYK 模式转变为显示器所使用的 RGB 模式。

（2）对于同样的图像，RGB 模式只需要处理三个通道即可，而 CMYK 模式则需要处理四个通道。

由于用户使用的扫描仪和显示器都是 RGB 设备，所以无论什么时候使用 CMYK 模式工作都有把 RGB 模式转换为 CMYK 模式这样一个过程。

RGB 通道灰度图较白表示亮度较高，较黑则表示亮度较低，纯白表示亮度最高，纯黑表示亮度为零。图 3-26 所示为 RGB 模式下通道明暗的含义。

图 3-26　RGB 模式下通道明暗的含义

CMYK 通道灰度图较白表示油墨含量较低，较黑则表示油墨含量较高，纯白表示完全没有油墨，纯黑表示油墨浓度最高。图 3-27 所示为 CMYK 模式下通道明暗的实际情况。

图 3-27　CMYK 模式下通道明暗的实际情况

3. Lab 颜色模式

Lab 颜色模式是在 1931 年国际照明委员会（CIE）制定的颜色度量国际标准模型的基础上建立的，1976 年，该模型经过重新修订，被命名为 CIE L*a*b。

Lab 颜色模式与设备无关，无论使用何种设备（如显示器、打印机、计算机或扫描仪等）创建或输出图像，这种模式都能生成一致的颜色。

Lab 颜色模式是 Photoshop 在不同颜色模式之间转换时使用的中间颜色模式。

Lab 颜色模式将亮度通道从彩色通道中分离出来，成为一个独立的通道。将图像转换为 Lab 颜色模式，然后去掉色彩通道中的 a、b 通道而保留亮度通道，就能获得 100% 逼真的图像亮度信息，得到 100% 准确的黑白效果。

4. 灰度模式

所谓灰度图像，就是指纯白、纯黑以及两者中的一系列从黑到白的过渡色，大家平常所说的黑白照片、黑白电视实际上都应该是灰度。灰度中不包含任何色相，即不存在红色、黄色这样的颜色。灰度的表示方法通常是百分比，范围从 0% ～ 100%。在 Photoshop 中只能输入整数，百分比越高，颜色越偏黑，百分比越低，颜色越偏白。灰度最高相当于最高的黑，就是纯黑，灰度为 100% 时为黑色，如图 3-28 所示。

灰度最低相当于最低的黑，也就是没有黑色，那就是纯白，灰度为 0% 时为白色，如图 3-29 所示。

图 3-28　灰度为 100% 时呈黑色

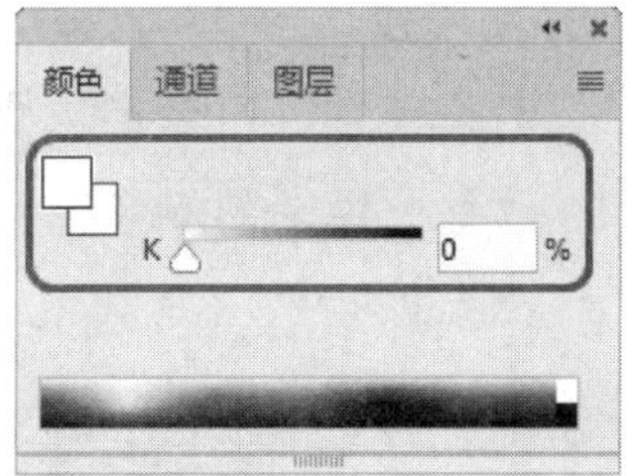

图 3-29　灰度为 0% 时呈白色

当灰度图像是从彩色图像模式转换而来时，灰度图像反映的是原彩色图像的亮度关系，即每个像素的灰阶对应着原像素的亮度，如图 3-30 所示。

图 3-30　RGB 图像与灰度图像

在灰度图像模式下，只有一个描述亮度信息的通道，即灰色通道，如图 3-31 所示。

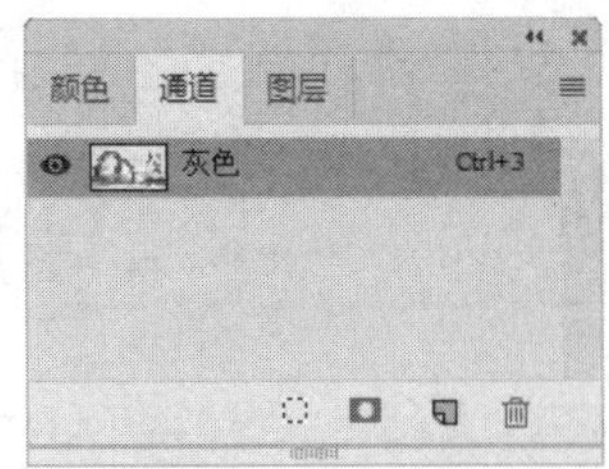

图 3-31　灰度模式下的通道

5. 位图模式

在位图模式下，图像的颜色容量是 1 位，即每个像素的颜色只能在两种深度的颜色中选择，不是黑就是白，其相应的图像也就是由许多个小黑块和小白块组成的。

确认当前图像处于灰度图像模式，在菜单栏中选择【图像】|【模式】|【位图】命令，打开【位图】对话框，如图 3-32 所示，在该对话框中可以设定转换过程中的减色处理方法。

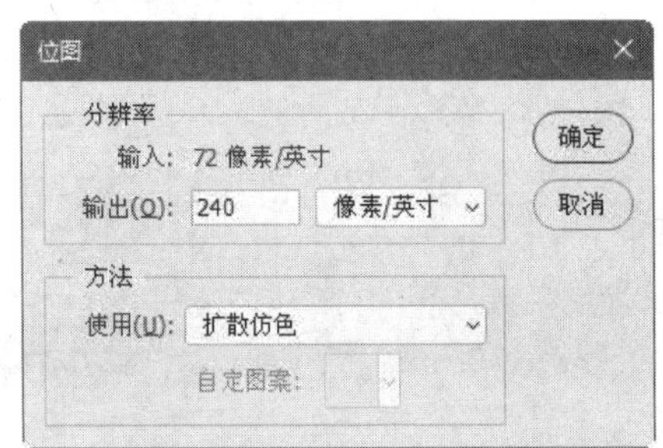

图 3-32　【位图】对话框

【位图】对话框中，各个选项介绍如下。

【分辨率】：用于在输出中设定转换后图像的分辨率。

【方法】：在转换的过程中，可以使用 5 种减色处理方法。选择【50%阈值】选项，会将灰度级别大于 50% 的像素全部转换为黑色，将灰度级别小于 50% 的像素转换为白色；选择【图案仿色】选项，会在图像中产生明显的较暗或较亮的区域；选择【扩散仿色】选项，会产生一种颗粒效果；【半调网屏】是商业中经常使用的一种输出模式；选择【自定图案】选项，可以根据定义的图案来减色，使得转换更为灵活、自由。图 3-33 为选择【扩散仿色】选项时的效果。

图 3-33　选择【扩散仿色】选项时的效果

在位图图像模式下，图像只有一个图层和一个通道，滤镜全部被禁用。

6. 索引颜色模式

索引颜色模式用最多 256 种颜色生成 8 位图像文件。当图像转换为索引颜色模式时，Photoshop 将构建一个 256 种颜色查找表，用以存放索引图像中的颜色。如果原图像中的某种颜色没有出现在该表中，程序将选取最接近的一种或使用仿色来模拟该颜色。

索引颜色模式的优点是，其文件可以做得非常小，同时保持视觉品质不单一，非常适合做多媒体动画和 Web 页面。在索引颜色模式下只能进行有限的编辑，若要进一步进行编辑，则应临时转换为 RGB 颜色模式。索引颜色文件可以存储为PSD、BMP、GIF、EPS、PSB、PCX、PDF、PICT、PNG、Targa或TIFF等格式。

在菜单栏中选择【图像】|【模式】|【索引颜色】命令，即可打开【索引颜色】对话框，如图3-34所示。

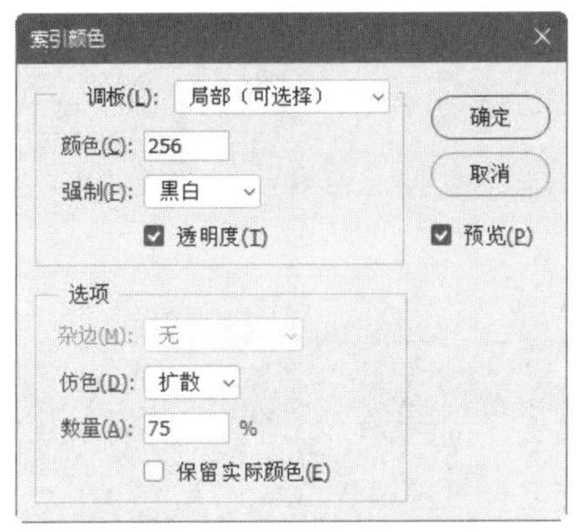

图3-34 【索引颜色】对话框

【调板】选项组：用于选择在转换为索引颜色时使用的调色板，例如需要制作Web网页时，则可选择Web调色板。还可以设置【强制】下拉列表框，将某些颜色强制加入颜色列表中，例如选择【黑白】选项，就可以将纯黑和纯白强制添加到颜色列表中。

【选项】选项组：在【杂边】下拉列表框中，可指定用于消除图像锯齿边缘的背景色。

在索引颜色模式下，图像只有一个图层和一个通道，滤镜全部被禁用。

7. 双色调模式

双色调模式可以弥补灰度图像的不足，灰度图像虽然拥有256种灰度级别，但是在印刷输出时，印刷机的每滴油墨最多只能表现出50种左右的灰度，这意味着如果只用一种黑色油墨打印灰度图像，图像将非常粗糙。

如果混合另一种、两种或三种彩色油墨，因为每种油墨都能产生50种左右的灰度级别，所以理论上至少可以表现出5050种灰度级别，这样打印出来的双色调、三色调或四色调图像就能表现得非常流畅了。这种靠几盒油墨混合打印的方法称为套印。

一般情况下，双色调套印应用较深的黑色油墨和较浅的灰色油墨进行印刷。黑色油墨用于表现阴影，灰色油墨用于表现中间色调和高光，但更多的情况是将一种黑色油墨与另一种彩色油墨配合，用彩色油墨来表现高光区。利用这一技术，能给灰度图像轻微上色。

由于双色调使用不同的彩色油墨重新生成不同的灰阶，因此在Photoshop中将双色调视为单通道、8位的灰度图像。在双色调模式中，不能像在RGB、CMYK和Lab模式中那样直接访问单个的图像通道，而是通过【双色调选项】对话框中的曲线来控制通道，如图3-35所示。

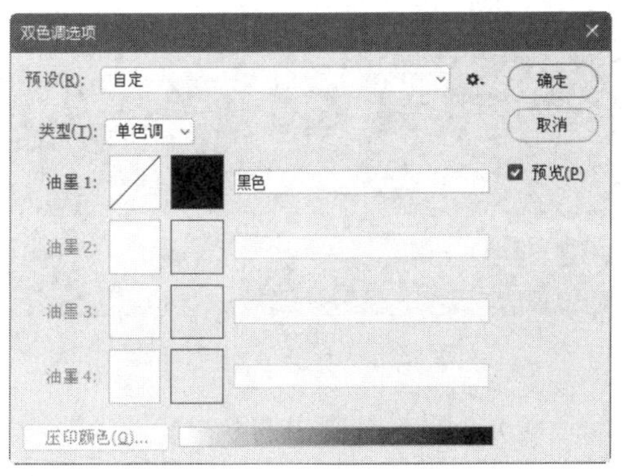

图3-35 【双色调选项】对话框

【类型】下拉列表框：用于从单色调、双色调、三色调和四色调中选择一种套印类型。

【油墨】设置项：选择了套印类型后，即可在各色通道中用曲线工具调节套印效果。

3.2 创建不规则选区

本节介绍不规则选区的创建方法，其中主要用到了套索工具、多边形套索工具、磁性套索工具和魔棒工具等。

3.2.1 套索工具

【套索工具】用来徒手绘制选区，因此创建的选区具有很强的随意性，无法使用它来准确地选择对象，但可以用它来处理蒙版，或者选择大面积区域内的漏选对象。如果没有移动到起点处就释放鼠标，则 Photoshop 会在起点与终点处连接一条直线来封闭选区。

下面来学习套索工具的使用方法。

（1）启动 Photoshop，打开“素材\Cha03\套索工具.jpg”文件，如图 3-36 所示。

图 3-36　打开素材文件

（2）选择工具箱中的【套索工具】，在属性栏中使用默认参数设置，然后在图片中进行绘制，如图 3-37 所示。

图 3-37　绘制选区

3.2.2 多边形套索工具

【多边形套索工具】可以创建由直线连接的选区，它适合选择边缘为直线的对象。下面通过实例来学习多边形套索工具的使用方法。

（1）启动 Photoshop，打开“素材\Cha03\多边形套索工具.jpg”文件，如图 3-38 所示。

（2）在工具箱中选择【多边形套索工具】，使用该工具属性栏中的默认设置值，然后在对象边缘的各个拐角处单击绘制选区，如图 3-39 所示。

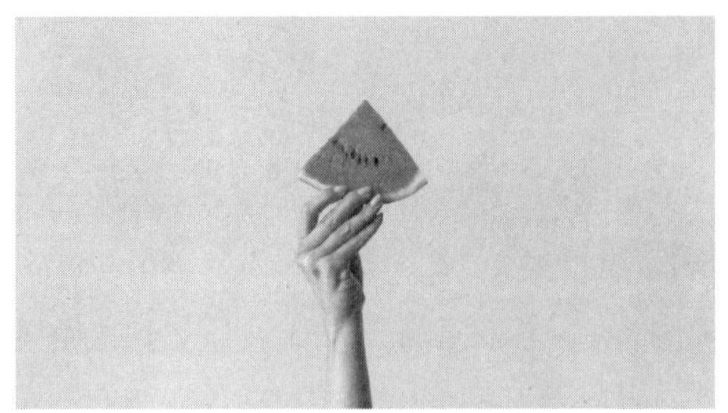

图 3-38 打开素材文件

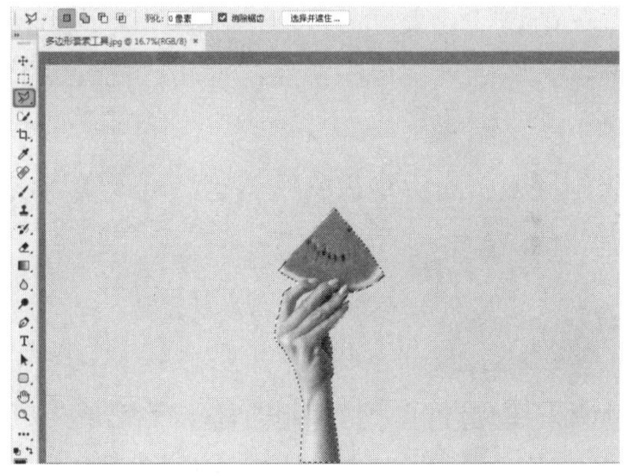

图 3-39 用多边形套索工具绘制选区

> 提示：如果在操作时绘制的直线不够准确，连续按下 Delete 键可依次向前删除，如果要删除所有直线段，可以按住 Delete 键不放，或者按下 Esc 键。

3.2.3 磁性套索工具

【磁性套索工具】能够自动检测和跟踪对象的边缘，如果对象的边缘较为清晰，并且与背景的对比也比较明显，使用它可以快速选择对象。

1. 绘制选区

下面来通过实例介绍磁性套索工具的使用方法。

（1）启动 Photoshop，打开“素材\Cha03\磁性套索工具.jpg”文件，如图 3-40 所示。

图 3-40 打开素材文件

（2）选择【磁性套索工具】，使用属性栏中的默认值，然后沿着图像边缘绘制选区，如图 3-41 所示，如果想要在某一位置放置一个锚点，可以在该处单击鼠标左键，按下Delete键可依次删除前面的锚点。

图 3-41 用磁性套索工具绘制选区

> 提示：在使用【磁性套索工具】时，按住 Alt 键在其他区域单击鼠标左键，可切换为多边形套索工具，创建直线选区；按住 Alt 键单击鼠标左键并拖动鼠标，则可以切换为套索工具，绘制自由形状的选区。

2. 磁性套索工具选项栏

如图 3-42 所示为磁性套索工具的选项栏。

图 3-42　磁性套索工具选项栏

- 【宽度】：宽度值决定了以光标为基准，周围有多少个像素能够被工具检测到，如果对象的边界清晰，可以选择较大的宽度值，如果边界不清晰，则选择较小的宽度值。
- 【对比度】：用来检测设置工具的灵敏度，较高的数值只检测与它们的环境对比鲜明的边缘；较低的数值则检测低对比度边缘。
- 【频率】：在使用磁性套索工具创建选区时，会跟随产生很多锚点，频率值就决定了锚点的数量，该值越大，设置的锚点数越多。
- 【使用绘图板压力以更改钢笔宽度】：如果电脑配置有手绘板和压感笔，可以激活该按钮，增大压力将会导致边缘宽度减小。

3.2.4　魔棒工具

【魔棒工具】能够基于图像的颜色和色调来建立选区，其使用方法非常简单，只需在图像上单击即可，适合选择图像中较大的单色区域或相近颜色，下面来介绍魔棒工具的使用。

（1）启动 Photoshop，打开“素材\Cha03\魔棒工具.jpg”文件，如图 3-43 所示。

（2）在工具栏中选择魔棒工具，然后在素材图片中单击鼠标左键，图片就会显示所选的区域了，如图 3-44 所示，单击的位置不同，所选的区域就不同。

图 3-43　打开素材文件

图 3-44　用魔棒工具绘制选区

> 提示：使用魔棒工具时，如图 3-44 所示，若取消选中【连续】复选框，则只对连续素材取样，若选中【连续】复选框，则只对当前单击位置取样，若在使用魔棒工具时按住 Shift 键的同时单击鼠标左键，可以添加选区，按住 Alt 键的同时单击鼠标左键，可以从当前选区中减去，按住 Shift+Alt 组合键的同时单击鼠标左键，可以得到与当前选区相交的选区。

3.2.5 快速选择工具

【快速选择工具】是一种非常直观、灵活和快捷的选择工具，适合选择图像中较大的单色区域。

（1）启动 Photoshop，打开“素材 \Cha03\ 快速选择工具 .jpg”文件，如图 3-45 所示。

（2）选取工具箱中的【快速选择工具】，在素材文件中单击鼠标左键并拖曳绘制选区，鼠标经过的区域即变为选区，如图 3-46 所示。

图 3-45 打开素材文件

图 3-46 用快速选择工具绘制选区

> 提示：使用快速选择工具时，除了拖动鼠标来选取图像外，还可以单击鼠标左键选取图像。如果有漏选的地方，可以按住 Shift 键的同时将其选区添加到选区中，如果有多选的地方，可以按住 Alt 键的同时单击选区，将其从选区中减去。

3.3 使用命令创建任意选区

本节介绍如何使用命令创建任意选区，主要讲解【色彩范围】命令、【全部选择】命令、【反向选择】命令、【变换选区】命令、【扩大选取】命令、【选取相似】命令、【取消选择】命令及【重新选择】命令的运用。

3.3.1 使用【色彩范围】命令创建选区

下面介绍如何使用【色彩范围】命令。让我们来通过实例了解一下它的使用方法。

（1）启动 Photoshop，打开“素材 \Cha03\ 色彩范围 .jpg”文件，如图 3-47 所示。

（2）在菜单栏中选择【选择】|【色彩范围】命令，打开【色彩范围】对话框，在该对话框中选中【选择范围】单选按钮，如图 3-48 所示，透白的部分为选择的区域。

图 3-47　打开素材文件

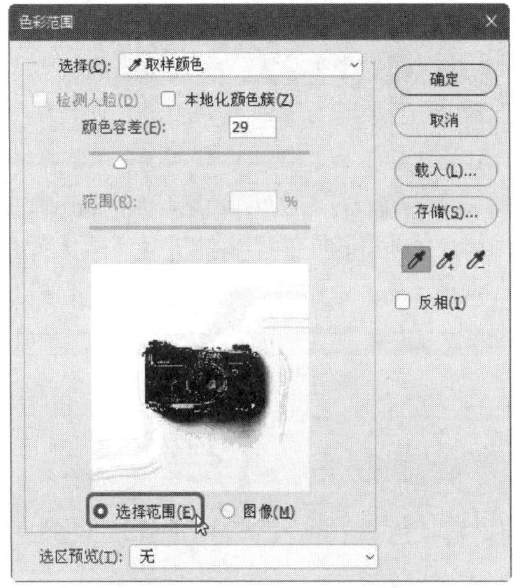

图 3-48　【色彩范围】对话框

（3）单击【色彩范围】对话框中的【添加到取样】按钮，将【颜色容差】文本框设置为 130，然后将鼠标拖至绿色区域中，多次单击鼠标左键，即可选中绿色的全部图像，如图 3-49 所示。

（4）选择完成后单击【确定】按钮，选择的绿色部分转换为选区，如图 3-50 所示。

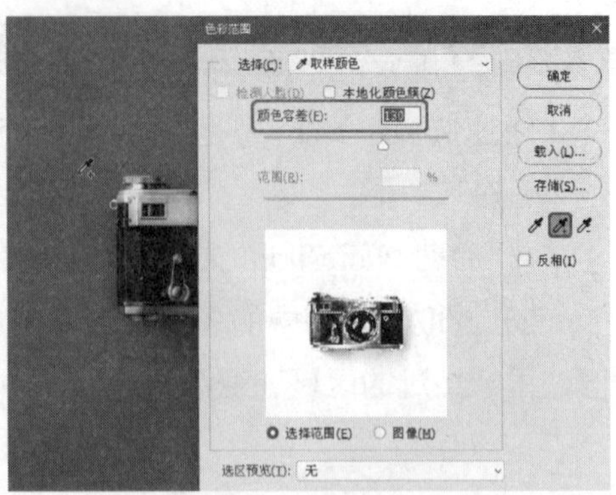

图 3-49　选择绿色区域

图 3-50　选择绿色区域后的效果

（5）在菜单栏中选择【图像】|【调整】|【色相 / 饱和度】命令，在打开的【色相 / 饱和度】对话框中，将【色相】文本框设置为 34，将【饱和度】文本框设置为 32，如图 3-51 所示。

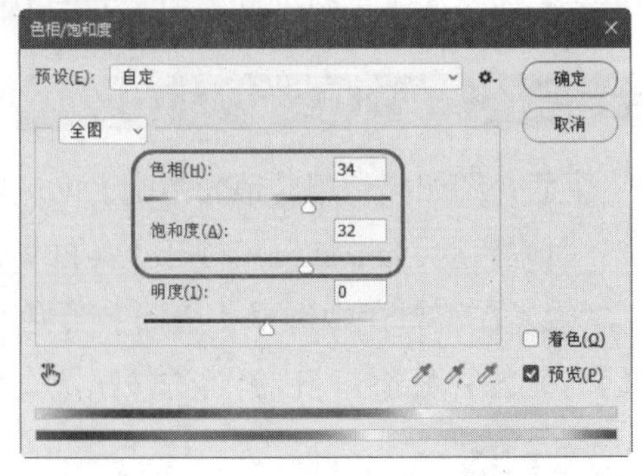

图 3-51　【色相 / 饱和度】对话框

（6）设置完成后，单击【确定】按钮，按 Ctrl+D 组合键取消选区，完成后的效果如图 3-52 所示。

图 3-52　完成后的效果

3.3.2　全部选择

【全部选择】命令主要是对图像进行全选，下面介绍【全部选择】命令的使用。

（1）打开"素材 \Cha03\ 全部选择 .jpg"文件，如图 3-53 所示。

图 3-53　打开素材文件

（2）选择菜单栏中的【选择】|【全部】命令，或按下 Ctrl+A 组合键，可以选择文档边界内的全部图像，如图 3-54 所示。

图 3-54　执行了【全部】命令后的效果

3.3.3　反向选择

【反向选择】命令主要是对创建的选区进行反向选择。下面介绍【反向选择】命令的使用。

（1）打开"素材 \Cha03\ 反向选择 .jpg"文件，选择【快速选择工具】，拖动鼠标在图中选取，选中人物之外的背景部分，如图 3-55 所示。

图 3-55　打开素材文件并选择

（2）选择菜单栏中的【选择】|【反向选择】命令，这样人物就被选中了，如图 3-56 所示。

图 3-56　执行了【反向选择】命令后的效果

> 提示：【反向选择】命令相对应的组合键是 Shift+Ctrl+I，如果想取消选择的区域，可以执行【选择】|【取消选择】命令，或按下 Ctrl+D 组合键。

3.3.4　变换选区

下面介绍【变换选区】命令的使用方法。

（1）打开“素材\Cha03\ 变换选区 .jpg”文件，在工具箱中选择矩形选框工具，在图像中创建选区，完成选区的创建后，执行【选择】|【变换选区】命令，或者在选区中单击鼠标右键，在弹出的快捷菜单中选择【变换选区】命令，如图 3-57 所示。

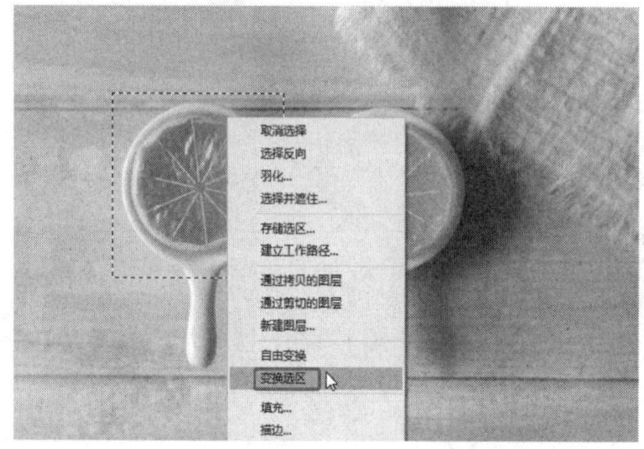

图 3-57　选择【变换选区】命令

（2）在出现的定界框中，移动定界点，变换选区。效果如图 3-58 所示。

图 3-58　变换选区后的效果

> 提示：定界框中心有一个图标状的参考点，所有的变换都以该点为基准来进行。默认情况下，该点位于变换项目的中心（变换项目可以是选区、图像或者路径），我们可以在工具选项栏的参考点定位符图标上单击，来修改参考点的位置，例如，要将参考点定位在定界框的左上角，可以单击参考点定位符左上角的方块。此外，也可以通过拖动的方式移动它。

3.3.5　使用【扩大选取】命令扩大选区

【扩大选取】命令可以对原选区进行扩大，但是该命令只扩大与原选区相连接的区域，并且会自动寻找与选区中相近的像素进行扩大，下面介绍该命令的使用。

（1）打开“素材\Cha03\ 扩大选取 .jpg”文件，在工具箱中选择【魔棒工具】，在图像中创建选区，完成选区的创建后，执行【选择】|【扩大选取】命令，或者在选区中单击鼠标右键，在弹出的快捷菜单中选择【扩大选取】命令，如图 3-59 所示。

（2）执行操作后，即可扩大选区，效果如图 3-60 所示。

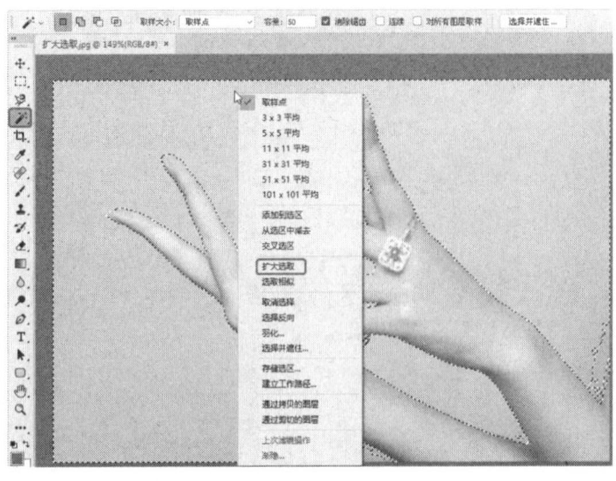

图 3-59　选择【扩大选取】命令

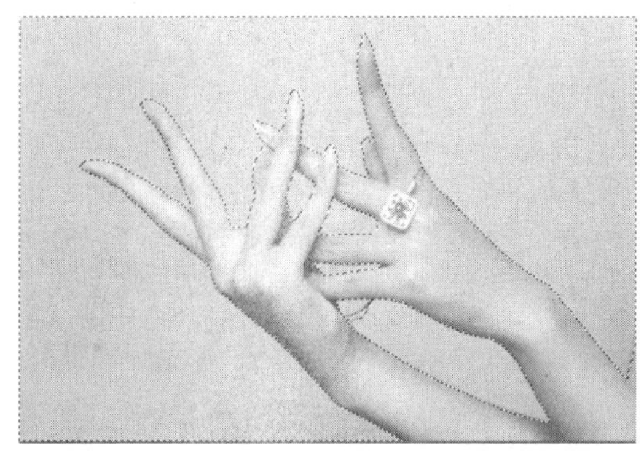

图 3-60　选取后的效果

3.3.6　使用【选取相似】命令创建相似选区

【选取相似】命令也可以扩大选区，它与【扩大选取】命令相似，但是该命令可以从整个文件中寻找相似的像素扩大选区。

3.3.7　取消选择与重新选择

执行【选择】|【取消选择】命令，或按 Ctrl+D 组合键可以取消选择。如果当前使用的工具是矩形选框、椭圆选框或套索工具，并且在工具选项栏中单击【新选区】按钮，则在选区外单击即可取消选择。

在取消选择后，如果需要恢复被取消的选区，可以执行【选择】|【重新选择】命令，或按下 Shift+Ctrl+D 组合键。但是，如果在执行该命令前修改了图像或是画布的大小，则选区记录将从 Photoshop 中删除，因此就无法恢复选区。

3.4　上机练习——制作撕纸效果

扫一扫，看视频

本例通过通道、套索工具、【晶格化】命令和【自由变换】命令制作出撕纸效果，如图 3-61 所示。

（1）按 Ctrl+O 组合键，打开“素材 \Cha03\ 撕纸效果 .jpg”文件。

（2）在【图层】面板中，双击【背景】图层，弹出【新建图层】对话框，保持默认设置，单击【确定】按钮，将【背景】图层转换为【图层 0】，如图 3-62 所示。

图 3-61　撕纸效果

图 3-62　将【背景】图层转换为【图层 0】

（3）在【图层】面板中单击【创建新图层】按钮 ，新建图层，将【图层 1】调整至【图层 0】下方，如图 3-63 所示。

图 3-63　调整图层顺序

（4）选择【图层 1】图层，在菜单栏中选择【图像】|【画布大小】命令，在弹出的【画布大小】对话框中将【宽度】和【高度】均设置为 3 厘米，并选中【相对】复选框，如图 3-64 所示。

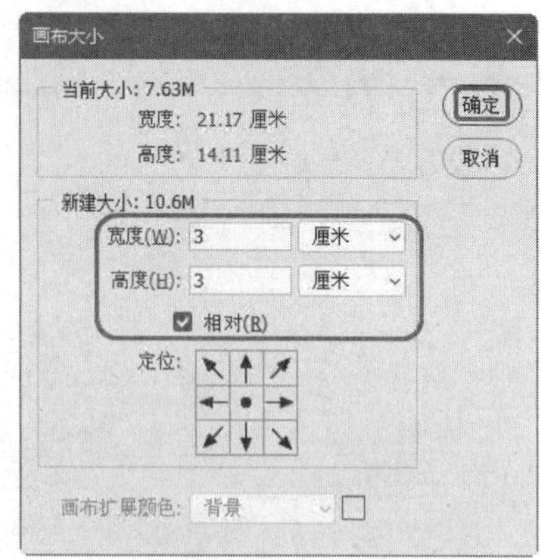

图 3-64　【画布大小】对话框

（5）设置完成后，单击【确定】按钮，效果如图 3-65 所示。

图 3-65　设置完成后的效果

（6）将前景色设置为白色，按 Alt+Delete 组合键，为【图层 1】填充背景颜色，如图 3-66 所示。

图 3-66　为【图层 1】填充颜色

（7）确认【图层 0】处于选中状态，在工具箱中选择套索工具，选取对象区域，效果如图 3-67 所示。

图 3-67　选取选区

（8）在工具箱中单击【以快速蒙版模式编辑】按钮，效果如图 3-68 所示。

图 3-68　使用蒙版效果

（9）在菜单栏中选择【滤镜】|【像素化】|【晶格化】命令，在弹出的【晶格化】对话框中将【单元格大小】设置为 60，如图 3-69 所示。

（10）设置完成后单击【确定】按钮，效果如图 3-70 所示。

图 3-69　【晶格化】对话框

图 3-70　设置晶格化参数后的效果

（11）在工具箱中单击【以标准模式编辑】按钮，效果如图 3-71 所示。

图 3-71　以标准模式编辑后的效果

（12）选择【图层 0】，按 Ctrl+T 组合键，自由变换选区，调整选区的位置，调整完成后按 Enter 键确认变换，按 Ctrl+D 组合键取消选区，如图 3-72 所示。

图 3-72　选区调整后的效果

第 4 章

图像的绘制与修饰

本章将通过对图像进行移动、裁剪、绘画、修复来学习基础工具的应用，为后面学习综合实例的应用奠定良好的基础。

4.1　图像的移动与裁剪

在 Photoshop 中经常要对图片进行移动、裁剪等处理，下面介绍如何使用移动、裁剪工具。

4.1.1　移动工具

在Photoshop中使用【移动工具】可以移动没有锁定的对象，以此来调整对象的位置，下面通过实际操作来学习移动工具的使用方法。

（1）打开“素材 \Cha04\ 背景 .jpg”文件和“树 .png”文件，如图 4-1、图 4-2 所示。

图 4-1　打开的素材图片

图 4-2　“树 .png”素材文件

（2）单击工具箱中的【移动工具】，在“树 .png”素材文件中选中树，按住鼠标左键向“背景 .jpg”素材文件中拖动，在合适的位置处释放鼠标左键，按 Ctrl+T 组合键调整大小位置即可，如图 4-3 所示。

图 4-3　完成移动后的效果

提示：使用移动工具选中对象时，每按一下键盘中的上、下、左、右方向键，图像就会移动一个像素的距离；按住 Shift 键的同时再按方向键，图像每次会移动 10 个像素的距离。

4.1.2　裁剪工具

使用【裁剪工具】可以保留图像中需要的部分，裁剪去不需要的内容。

下面学习如何使用裁剪工具。

（1）打开“素材 \Cha04\ 裁剪 .jpg”文件，如图 4-4 所示。

图 4-4　打开素材文件

（2）在工具箱中选择【裁剪工具】，在工作区中调整裁剪框的大小，在合适的位置处释放鼠标左键，如图 4-5 所示。

图 4-5　调整裁剪框

（3）按 Enter 键，即可对素材文件进行裁剪，如图 4-6 所示。

图 4-6　完成裁剪后的效果

如果要将裁剪框移动到其他位置，则可将指针放置在裁剪框内并拖动。在调整裁剪框时按住 Shift 键，则可以约束其裁剪比例。如果要旋转裁剪框，则可将指针放在裁剪框外（指针变为弯曲的箭头形状）并拖动。

4.2　画笔工具

在工具箱中设置前景色，并选择【画笔工具】，在工作区中单击或者拖动鼠标，即可绘制线条。

下面通过实际操作，来学习画笔工具的使用方法。

（1）打开“素材 \Cha04\ 雪花 .jpg”文件，在工具箱中设置前景色的 RGB 值为 255、255、255，在工具箱中选择【画笔工具】，如图 4-7 所示。

图 4-7 选择画笔工具

（2）打开【画笔设置】面板，在画笔列表框中选择【喷溅 ktw3】选项，设置【大小】文本框为 180 像素，【间距】设置为 70%，按 Enter 键确认，如图 4-8 所示。

（3）设置完成后，在工作区中拖动鼠标进行绘制，绘制后的效果如图 4-9 所示。

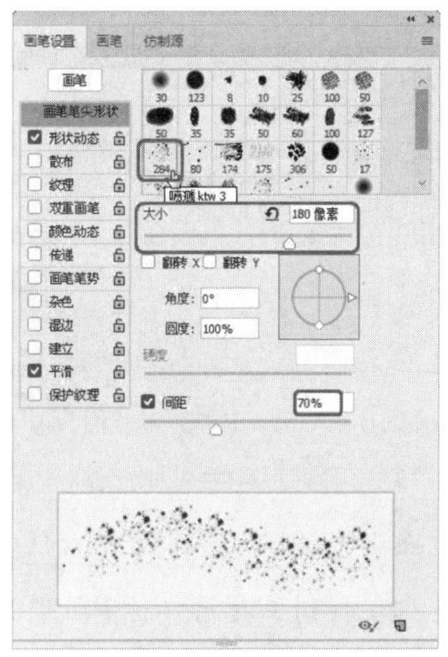

图 4-8 设置画笔及大小

图 4-9 绘制后的效果

提示：在使用画笔工具的过程中，按住 Shift 键可以绘制水平、垂直或者以 45 度为增量角的直线。如果在确定起点后，按住 Shift 键单击画布中的任意一点，则两点之间会以直线相连接。

知识链接：如何使用铅笔工具绘制直线

铅笔工具的使用方法与画笔工具基本相同，只是铅笔工具绘制的线条有棱角。下面通过实际的操作，来学习铅笔工具的使用方法。

（1）打开 Photoshop，在菜单栏中选择【文件】|【新建】命令，打开【新建文档】对话框设置参数，如图 4-10 所示。单击【创建】按钮，即可创建一个新文档。

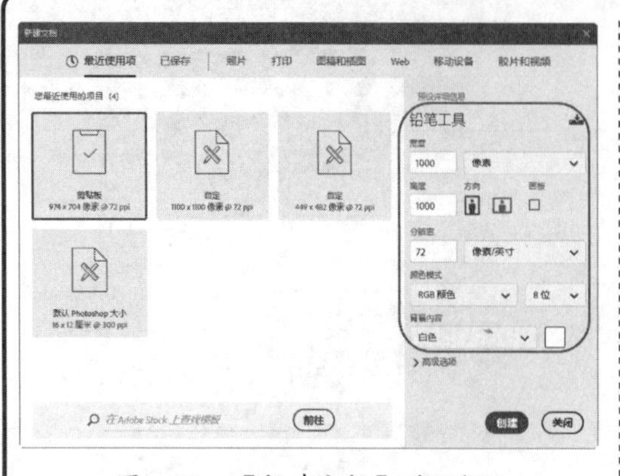
图 4-10 【新建文档】对话框

（2）找到工具箱中的【画笔工具】，右击，在弹出的快捷菜单中选择【铅笔工具】，将【前景色】设置为黑色，如图 4-11 所示。

（3）在空白画布上按住 Shift 键，拖动鼠标，直线便画好了，效果如图 4-12 所示。最后保存文档即可。

图 4-11 选择铅笔工具

图 4-12 绘制直线后的效果

4.3 图像修复工具

图像修复工具主要用来对图片中不协调的部分进行修复，在 Photoshop 中，用户可以使用多种图像修复工具对图像进行修复，其中包括污点修复画笔工具、修复画笔工具、修补工具等，本节将简单介绍图像修复工具的使用方法。

4.3.1 污点修复画笔工具

污点修复画笔工具可以快速移去照片中的污点和其他不理想的部分。污点修复画笔工具的使用方法与修复画笔工具类似，它使用图像或图案中的样本像素进行绘画，污点修复画笔工具不要求用户指定样本点，它将自动从所修饰区域的周围取样。下面来介绍污点修复画笔工具的使用方法。

（1）打开“素材 \Cha04\ 海边风景 .jpg”文件，如图 4-13 所示。

（2）在工具箱中单击【污点修复画笔工具】，在工作区中对左下角的文字部分进行涂抹，如图 4-14 所示。

图 4-13 打开素材图片

图 4-14 涂抹要移除的部分

（3）在释放鼠标后，文字被自动清除，修复后的效果如图 4-15 所示。

图 4-15 将文字清除

4.3.2 修复画笔工具

修复画笔工具可用于校正瑕疵，使它们消失在周围的图像环境中。与仿制图章工具一样，修复画笔工具可以利用图像或图案中的样本像素来绘画，但修复画笔工具可将样本像素的纹理、光照、透明度和阴影等与源像素进行匹配，从而使修复后的像素能很好地融入图像的其余部分。

下面通过实例来学习修复画笔工具的使用。

（1）打开“素材\Cha04\踏青.jpg”文件，如图 4-16 所示。

图 4-16 打开素材文件

（2）在工具箱中选择【修复画笔工具】，如图 4-17 所示。

图 4-17 选择修复画笔工具

（3）在工作区中按住 Alt 键，在空白位置处进行取样，按住鼠标，对要进行修复的位置进行涂抹，释放鼠标后，即可完成修复，修复后的效果如图 4-18 所示。

图 4-18　修复后的效果

4.3.3　修补工具

修补工具可以说是对修复画笔工具的一个补充。修复画笔工具使用画笔来进行图像的修复，而修补工具则是通过选区来进行图像修复的。像修复画笔工具一样，修补工具会将样本像素的纹理、光照和阴影等与源像素进行匹配。

下面通过实际的操作步骤，来学习修补工具的使用方法。

（1）打开“素材 \Cha04\ 修补图片 .jpg”文件，如图 4-19 所示。

图 4-19　打开素材文件

（2）在工具箱中选择【修补工具】，在素材图片中进行选取，然后移动选区，在合适的位置处释放鼠标，即可完成对图像的修补，如图 4-20 所示。

图 4-20　修补后的效果

4.4　仿制图章工具

【仿制图章工具】可以从图像中拷贝信息，然后应用到其他区域或者其他图像中，该工具常用于复制对象或去除图像中的缺陷，下面将通过实际的操作，来学习仿制图章工具的使用方法。

（1）打开“素材 \Cha04\ 仿制图章 .jpg”文件，如图 4-21 所示。

（2）在工具箱中单击【仿制图章工具】，在工具选项栏中选择一个画笔，在【大小】文本框中输入 500，在【硬度】文本框中输入 100，按 Enter 键确认，如图 4-22 所示。

图 4-21　打开的素材文件

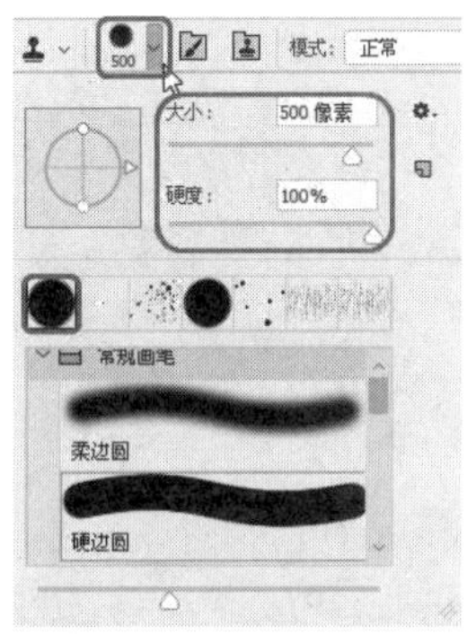

图 4-22　设置笔触

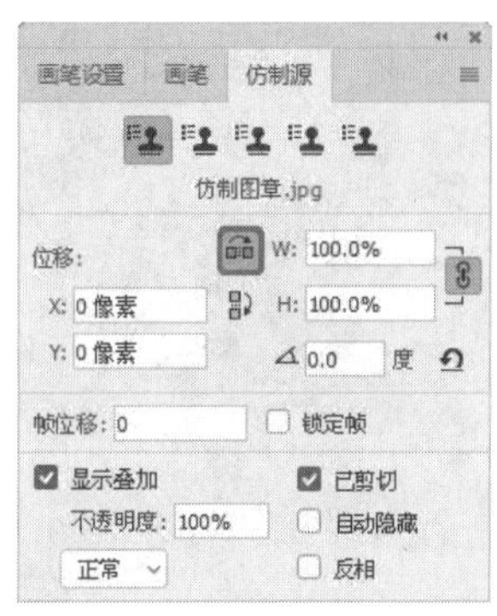

图 4-23　【仿制源】面板

（3）按住 Alt 键，在心图形右边单击进行取样，则该位置成功设置为复制的取样点。

（4）在工具选项栏中单击【切换仿制源面板】按钮，在展开的【仿制源】面板中，选中【水平翻转】按钮，如图 4-23 所示，在左侧拖动鼠标即可复制出对称的图像，如图 4-24 所示。

图 4-24　仿制后的效果

4.5　历史记录画笔工具

历史记录画笔工具可以将图像恢复到编辑过程中的某一状态，或者将部分图像恢复为原样，该工具需要配合【历史记录】面板一同使用。下面通过实例来学习历史记录画笔工具的使用方法。

（1）打开“素材\Cha04\历史记录画笔.jpg”文件，如图 4-25 所示。

图 4-25　打开素材文件

（2）选择【滤镜】|【模糊】|【高斯模糊】命令，在打开的【高斯模糊】对话框中，设置【半径】为 8 像素，单击【确定】按钮。

（3）在【历史记录】面板中，单击【打开】左侧的小方框，即可将其设置为【历史记录画笔的源】，如图 4-26 所示。

（4）在工具箱中单击【历史记录画笔工具】，在工具选项栏中将【大小】设置为 200，将【硬度】设置为 50，按 Enter 键确认，设置完成后，在修复的位置处进行涂抹，即可恢复素材文件的原样，如图 4-27 所示。

图 4-26　设置历史记录画笔的源

图 4-27　恢复后的效果

4.6　橡皮擦工具组

使用橡皮擦工具组中的各种工具，就像使用橡皮擦一样，但并不完全相同，橡皮擦工具组中的工具，不但可以擦除像素，将像素更改为背景色或透明，还可以进行像素填充。

4.6.1　橡皮擦工具

橡皮擦工具可以对不喜欢的图文进行擦除，橡皮擦工具的颜色取决于背景色的RGB值，如果在普通图层上使用，则会将像素涂抹成透明效果，下面来学习橡皮擦工具的使用方法。

（1）打开“素材\Cha04\橡皮擦工具.jpg”文件，如图4-28所示。

图 4-28　打开素材文件

（2）在工具箱中选择【橡皮擦工具】，在【画笔预设】选取器中选择【柔边圆】选项，将【大小】设置为100，将【硬度】设置为0，按Enter键确认，如图4-29所示。

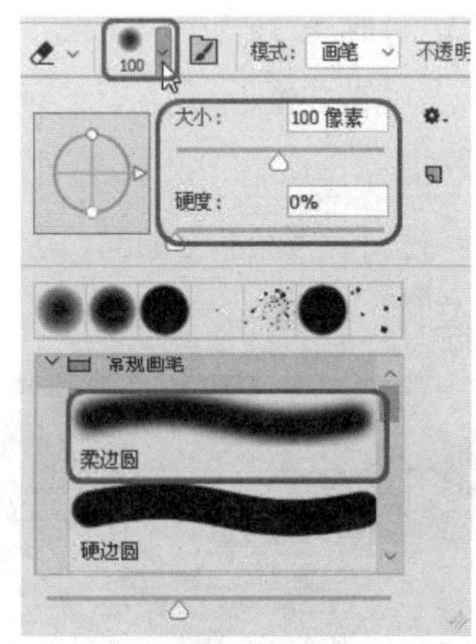

图 4-29　设置画笔

（3）在工具箱中将背景色的RGB值设置为141、185、210，在素材文件中进行涂抹，完成后的效果如图4-30所示。

图 4-30 完成后的效果

4.6.2 背景橡皮擦工具

【背景橡皮擦工具】会抹除图层上的像素，使图层透明，还可以抹除背景，同时保留对象中与前景色相同的边缘。通过指定不同的取样和容差选项，可以控制透明度的范围和边界的锐化程度。

【背景橡皮擦工具】的选项栏如图 4-31 所示，其中包括【画笔预设】选取器、取样设置、【限制】下拉列表框、【容差】下拉列表框以及【保护前景色】复选框等。

图 4-31 【背景橡皮擦工具】选项栏

- 【画笔预设】选取器：用于设置画笔的大小、硬度、间距等。
- 【连续】：单击此按钮，擦除时会自动选择所擦除的颜色为标本色，此按钮用于抹去不同颜色的相邻范围。在擦除一种颜色时，背景橡皮擦工具不能超过这种颜色与其他颜色的边界而完全进入另一种颜色，因为这时已不再满足相邻范围这个条件。当背景橡皮擦工具完全进入另一种颜色时，标本色即随之变为当前颜色，也就是说，现在所在颜色的相邻范围为可擦除的范围。
- 【一次】：单击此按钮，擦除时首先在要擦除的颜色上单击以选定标本色，这时标本色已固定，然后就可以在图像上擦除与标本色相同的颜色范围了。每次单击选定标本色只能做一次连续的擦除，如果想继续擦除，则必须重新单击选定标本色。
- 【背景色板】：单击此按钮，也就是在擦除之前选定好背景色（即选定好标本色），然后就可以擦除与背景色相同的色彩范围了。
- 【限制】下拉列表框：用于选择背景橡皮擦工具的擦除界限，包括以下 3 个选项。
    - ◇ 【不连续】：在选定的色彩范围内，可以多次重复擦除。
    - ◇ 【连续】：在选定的色彩范围内，只可以进行一次擦除，也就是说，必须在选定的标本色内连续擦除。
    - ◇ 【查找边缘】：在擦除时，保持边界的锐度。
- 【容差】下拉列表框：可以输入数值或者拖动滑块来调节容差。数值越低，擦除的范围越接近标本色。大的容差会把其他颜色擦除成半透明的效果。
- 【保护前景色】复选框：用于保护前景色，使之不会被擦除。

在 Photoshop 中是不支持背景层有透明部分的，而背景橡皮擦工具则可直接在背景层上擦除，擦除后，Photoshop 会自动把背景层转换为一般层。

4.6.3 魔术橡皮擦工具

与橡皮擦工具不同的是，魔术橡皮擦

工具可以在同一位置、同一 RGB 值的位置处单击鼠标时将其擦除，下面来学习魔术橡皮擦工具的使用方法。

（1）打开“素材\Cha04\魔术橡皮擦.jpg”文件，如图 4-32 所示。

图 4-32　打开的素材文件

（2）在工具箱中选择【魔术橡皮擦工具】，如图 4-33 所示。

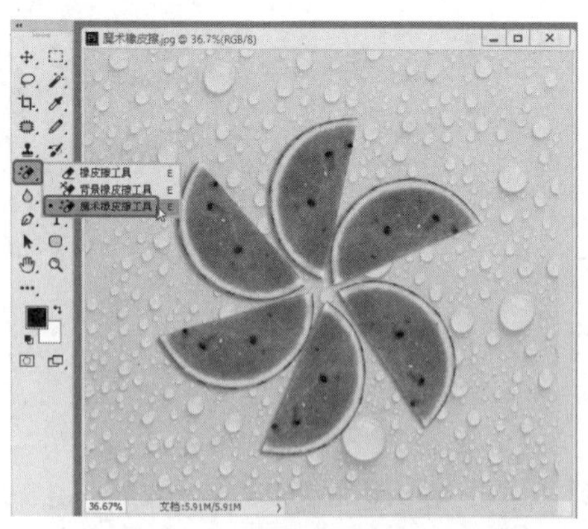

图 4-33　选择【魔术橡皮擦】工具

（3）在素材中的空白位置处单击鼠标，即可将其擦除，如图 4-34 所示。

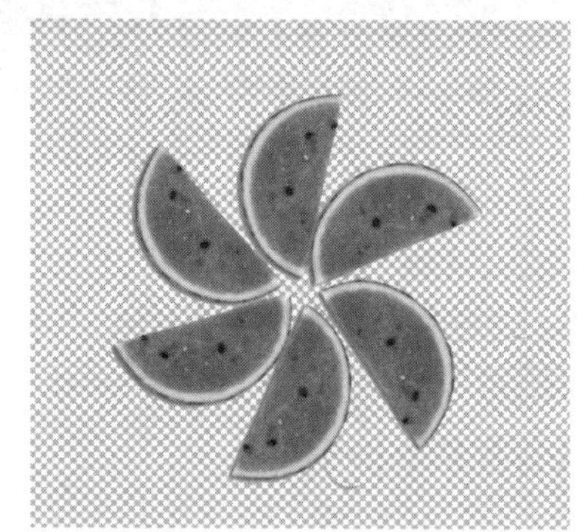

图 4-34　完成擦除后的效果

4.7　图像像素处理工具

图像像素处理工具包括模糊工具、锐化工具和涂抹工具，它们可以对图像中像素的细节进行处理。下面就来分别学习模糊工具与涂抹工具的使用方法。

4.7.1　模糊工具

【模糊工具】可以使图像变得柔化模糊，减少图像中的细节，降低图像的对比度。下面通过实例来学习模糊工具的使用方法。

（1）打开“素材\Cha04\模糊工具.jpg”文件，如图 4-35 所示。

图 4-35　打开的素材文件

（2）在工具箱中单击【模糊工具】，在工具选项栏的【大小】文本框中输入 200，在【硬度】文本框中输入 100，按 Enter 键确认，如图 4-36 所示。

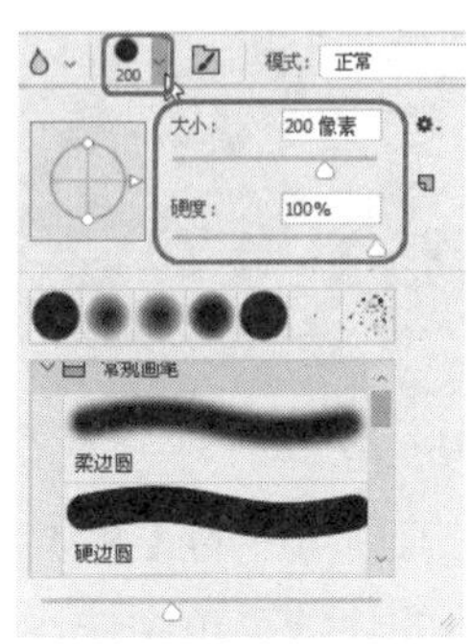

图 4-36 设置画笔

（3）画笔设置完成后，在素材文件中进行模糊，完成后的效果如图 4-37 所示。

图 4-37 完成后的效果

4.7.2 涂抹工具

【涂抹工具】可以模拟手指拖过湿油漆时呈现的效果，在工具选项栏中除【手指绘画】选项外，其他选项都与模糊工具和锐化工具的相同，下面学习涂抹工具的使用方法。

（1）打开“素材 \Cha04\ 涂抹工具 .jpg”文件，在工具箱中选择【涂抹工具】，如图 4-38 所示。

图 4-38 选择涂抹工具

（2）在工具选项栏的【大小】文本框中输入 30，按 Enter 键确认，将【强度】设置为 24%，在素材文件中对动物毛发边缘进行涂抹，完成后的效果如图 4-39 所示。

图 4-39 完成后的效果

4.8 减淡和加深工具

【减淡工具】和【加深工具】是用于修饰图像的工具，它们基于调节照片特定区域曝光度的传统摄影技术，来改变图像的曝光度，使图像变亮或变暗。选择这两个工具后，在画面中涂抹，即可进行加深或减淡的处理，在某个区域上方涂抹的次数越多，该区域就会变得更亮或更暗。下面通过实际的操作来对比这两个工具的不同。

（1）打开“素材\Cha04\减淡和加深.jpg”文件，如图 4-40 所示。

图 4-40 打开的素材文件

（2）在工具箱中单击【减淡工具】，在工具选项栏的【大小】文本框中输入 200，在【硬度】文本框中输入 100，将【曝光度】设置为 35%，按 Enter 键确认，在工作区中对素材文件进行涂抹，完成后的效果如图 4-41 所示。

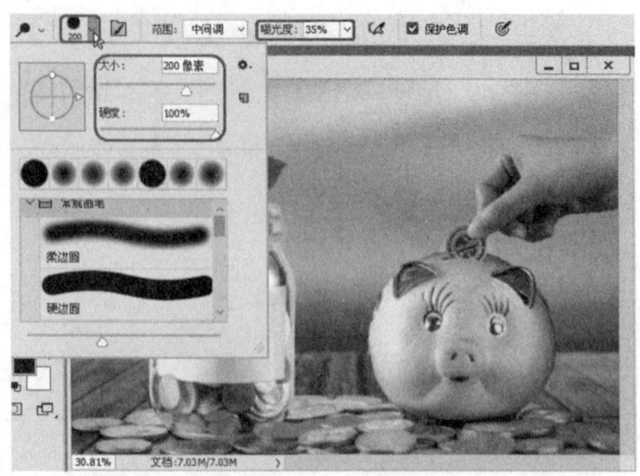

图 4-41 使用减淡工具后的效果

（3）在工具箱中的【减淡工具】上右击，在弹出的快捷菜单中选择【加深工具】，选择完成后，在工作区中对素材文件进行涂抹，完成后的效果如图 4-42 所示。

图 4-42 使用加深工具后的效果

4.9 渐变工具

渐变是一种颜色向另一种颜色的过渡，以形成一种柔和的或者特殊规律的色彩区域。下面来学习渐变工具的使用。

（1）打开“素材\Cha04\唯美照片.jpg”文件，如图 4-43 所示。

（2）在工具箱中选择【渐变工具】，在工具选项栏中单击【点按可编辑渐变】按钮，打开【渐变编辑器】对话框，单击【预设】选项组中的【蓝,红,黄渐变】样式，单击【确定】按钮，如图 4-44 所示。

图 4-43 打开素材文件

图 4-44 【渐变编辑器】对话框

（3）新建一个图层，选择渐变工具，在选区中从上往下拖曳鼠标，然后释放鼠标，填充渐变颜色，如图 4-45 所示。

（4）将【混合模式】设置为【滤色】，将【不透明度】设置为 67%，效果如图 4-46 所示。

图 4-45 拖动矩形选区

图 4-46 完成后的效果

知识链接：像素与分辨率

- 像素是构成位图的基本单位，位图图像在高度和宽度方向上的像素总量称为图像的像素大小，当位图图像放大到一定程度的时候，所看到的一个一个的马赛克就是像素。
- 分辨率是指单位长度上像素的数目，其单位为像素 / 英寸或像素 / 厘米，包括显示器分辨率、图像分辨率和印刷分辨率等。
  - ◇ 显示器分辨率。显示器分辨率取决于显示器的大小及其像素设置。例如，一幅大图像（尺寸为 800×600 像素）在 15 英寸显示器上显示时几乎会占满整个屏幕；而同样还是这幅图像，在更大的显示器上所占的屏幕空间就会比较小，每个像素看起来则会比较大。

◇ 图像分辨率。图像分辨率由打印在纸上的每英寸像素（像素 / 英寸）的数量决定。在 Photoshop 中，可以更改图像的分辨率。打印时，高分辨率的图像比低分辨率的图像包含的像素更多，因此，像素点更小。与低分辨率的图像相比，高分辨率的图像可以重现更多的细节和更细微的颜色过渡，因为高分辨率图像中的像素密度更高。无论打印尺寸多大，高品质的图像通常看起来都不错。

4.10 图像的变换

在 Photoshop 中会经常对图像进行调整。这就需要我们熟悉图像的变换命令。图像变换分为变换对象命令与自由变换对象命令两种。

4.10.1 变换对象

当移动图像后，往往需要对移动的图像进行大小与方向的调整。下面就来学习变换对象命令的使用方法。

（1）打开“素材 \Cha04\ 变换 .jpg”文件，如图 4-47 所示。

（2）在菜单栏中选择【图像】|【图像旋转】|【顺时针 90 度 】命令，如图 4-48 所示。

（3）执行操作后，即可旋转素材文件，如图 4-49 所示。

图 4-47 打开的素材文件

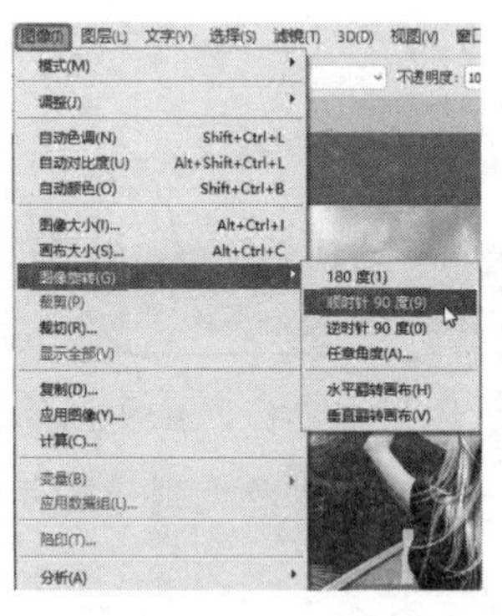

图 4-48 选择【顺时针 90 度】命令

图 4-49 旋转后的效果

4.10.2 自由变换对象

自由变换对象命令和变换对象命令的用法基本一致，但是自由变换对象命令在图层为普通图层的时候才可以使用，而变换对象命令则完全不同。下面来实际操作一下。

（1）打开“素材 \Cha04\ 变换 .jpg”文件，在【图层】面板中单击【背景】图层后面的【指示图层部分锁定】图标，如图 4-50 所示，即可解锁该图层。

（2）按 Ctrl+T 组合键，打开【自由变换】定界框，将鼠标指针移至图形中定界框的边界点上，当鼠标指针变为形状时，按住鼠标左键并进行拖动，即可进行旋转，如图 4-51 所示。

（3）旋转完成后，按 Enter 键即可确认旋转。效果如图 4-52 所示。

图 4-50 解锁图层

图 4-51 旋转图形

图 4-52 旋转后的效果

4.11 上机练习——美化照片背景

扫一扫，看视频

本例将介绍如何美化照片背景。首先复制照片，为复制的照片添加【风】滤镜效果，更改图层的混合模式，然后使用【羽化】命令添加图层蒙版，再使用【高斯模糊】滤镜。最后使用画笔工具在图像中花的区域进行涂抹，完成后的效果如图 4-53 所示。

图 4-53 美化照片

（1）打开“素材 \Cha04\ 美化照片背景 .jpg”文件，如图 4-54 所示。

（2）在【图层】面板中，连续按 Ctrl+J 组合键三次，复制三个图层。分别单击【图层 1 拷贝】图层、【图层 1 拷贝 2】图层左侧的图标，将图层隐藏，如图 4-55 所示。

图 4-54 打开素材文件

图 4-55 复制并隐藏图层

（3）选择【图层 1】图层并执行菜单栏中的【滤镜】|【风格化】|【风】命令，在弹出的【风】对话框中，选中【方法】

选项组中的【风】单选按钮，选中【方向】选项组中的【从右】单选按钮，单击【确定】按钮，如图 4-56 所示。按下 Ctrl+Alt+F 组合键，添加一次风效果，如图 4-57 所示。

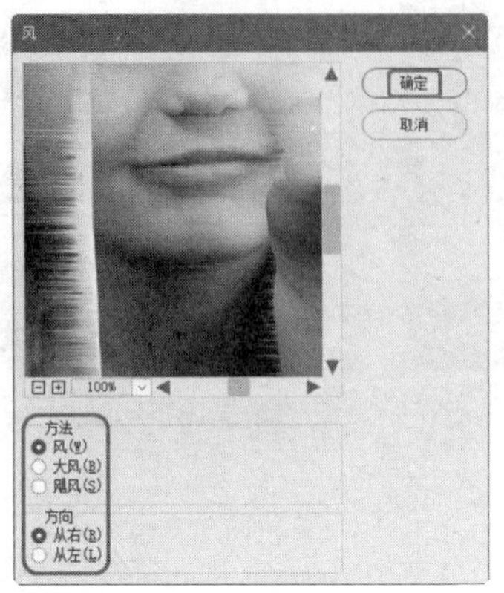

图 4-56 【风】对话框

图 4-57 添加风效果

（4）再在菜单栏中选择【滤镜】|【风格化】|【风】命令，在弹出的【风】对话框中，选中【方向】选项组中的【从左】单选按钮，单击【确定】按钮，如图 4-58 所示。按下 Ctrl+Alt+F 组合键再添加一次风效果，效果如图 4-59 所示。

（5）在【图层】面板中，取消【图层 1 拷贝】图层的隐藏，并选择该图层，在菜单栏中选择【图像】|【图像旋转】|【顺时针 90 度】命令，将图像旋转 90 度。在菜单栏中选择【滤镜】|【风格化】|【风】命令，在弹出的【风】对话框中，选中【方向】选项组中的【从右】单选按钮，单击【确定】按钮，按下 Ctrl+Alt+F 组合键，添加一次风效果，效果如图 4-60 所示。

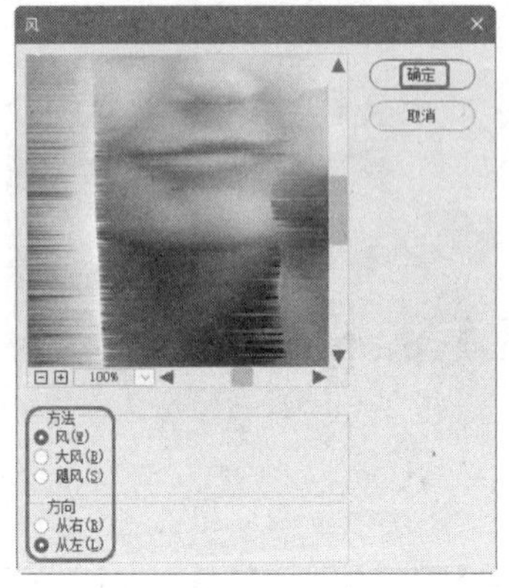

图 4-58 【风】对话框

图 4-59 再次添加风效果

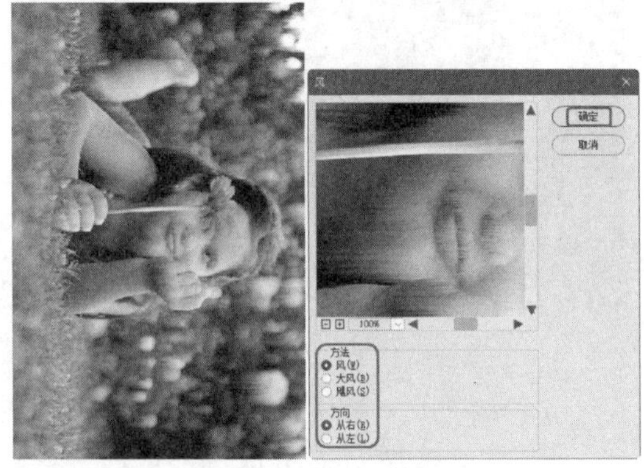

图 4-60 添加风效果

（6）在菜单栏中选择【滤镜】|【风格化】|【风】命令，在弹出的【风】对话框中，

选中【方向】选项组中的【从左】单选按钮，单击【确定】按钮，按下Ctrl+Alt+F组合键，添加一次风效果，效果如图4-61所示。

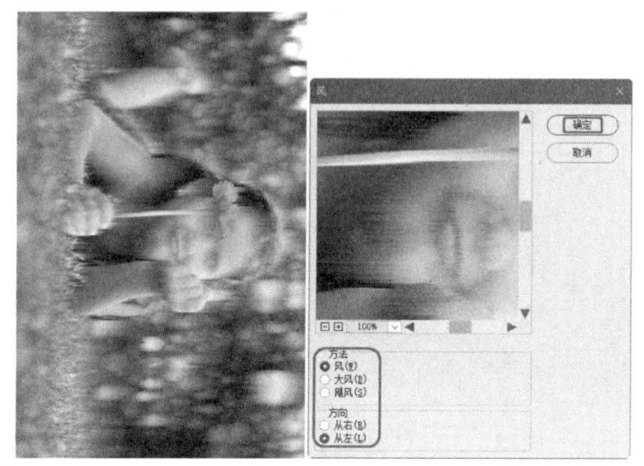

图4-61　再次添加风效果

（7）选择菜单栏中的【图像】|【图像旋转】|【逆时针90度】命令，旋转图像。在【图层】面板中，将【图层1拷贝】图层的【混合模式】设置为【叠加】，如图4-62所示。

图4-62　设置图层混合模式

（8）取消【图层1拷贝2】图层的隐藏，并选择该图层，选择【快速选择工具】，在文件中选取儿童，如图4-63所示。

（9）在菜单栏中选择【选择】|【修改】|【羽化】命令，在弹出的【羽化选区】对话框中，将【羽化半径】设置为10像素，单击【确定】按钮，如图4-64所示。

图4-63　选取儿童

图4-64　设置羽化半径

（10）在【图层】面板中，确定【图层1拷贝2】图层选中的情况下，单击【添加图层蒙版】按钮，添加蒙版，如图4-65所示。

图4-65　添加蒙版

（11）在【图层】面板中选择【图层1】和其全部拷贝图层，按Ctrl+E组合键将其合并为一个【图层1拷贝2】图层，然后将该图层的【混合模式】设置为【柔光】，如图 4-66 所示。

图 4-66 设置混合模式

（12）复制【图层 1 拷贝 2】图层，得到【图层 1 拷贝 3】图层，如图 4-67 所示。

图 4-67 复制图层

（13）选择菜单栏中的【滤镜】|【模糊】|【高斯模糊】命令，在弹出的【高斯模糊】对话框中将【半径】设置为 2 像素，单击【确定】按钮，如图 4-68 所示，对图像进行模糊。

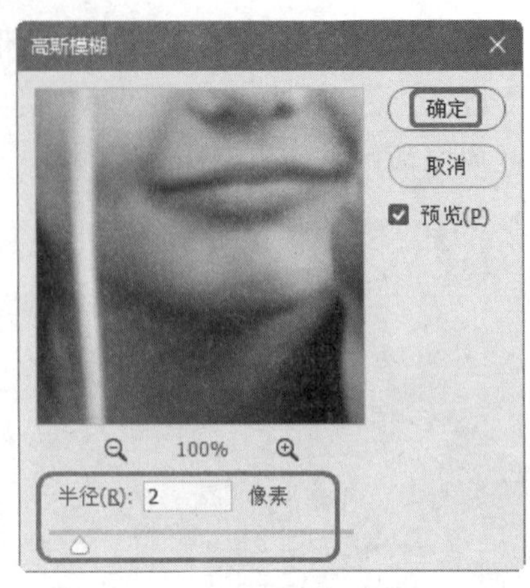

图 4-68 设置高斯模糊

（14）在【图层】面板的底部单击【添加图层蒙版】按钮，添加蒙版，使用【画笔工具】将【前景色】设置为【黑色】，在工具选项栏中，设置一种笔触，然后设置【不透明度】为 30%，在图像中儿童的区域进行涂抹，如图 4-69 所示。设置完成后存储文件。

图 4-69 涂抹儿童

第5章

图层的应用与编辑

图层是 Photoshop 最为核心的功能之一，它承载了几乎所有的图像效果。其引入改变了图像处理的工作方式。而【图层】面板则为图层提供了每一个图层的信息，结合【图层】面板，可以灵活运用图层处理各种特殊效果，在本章，将对图层的功能与操作方法进行更为详细的讲解。

5.1 认识图层

图层就像是含有文字或图像等元素的胶片，一张张按顺序叠放在一起，组合起来形成页面的最终效果。通过调整各个图层之间的关系，能够实现更加丰富和复杂的视觉效果。

5.1.1 图层概述

在 Photoshop 中，图层是最重要的功能之一，承载着图像和各种蒙版，控制着对象的不透明度和混合模式，如图 5-1 所示，另外，通过图层，还可以管理复杂的对象，提高工作效率。

图层就好像是一张张堆叠在一起的透明画纸，用户要做的，就是在几张透明纸上分别作画，再将这些纸按一定次序叠放在一起，使它们共同组成一幅完整的图像。

图 5-1 使用图层

图层的出现，使平面设计进入了另一个世界，那些复杂的图像一下子变得简单清晰起来。通常认为 Photoshop 中的图层有 3 种特性：透明性、独立性和叠加性。

1. 初识图层

下面通过实际操作，来了解图层的作用。

（1）打开“素材 \Cha05\ 文字 .jpg”文件，如图 5-2 所示。在菜单栏中选择【窗口】|【图层】命令，打开【图层】面板，可以看到【图层】面板中只有一个图层，如图 5-3 所示。

图 5-2　打开素材文件

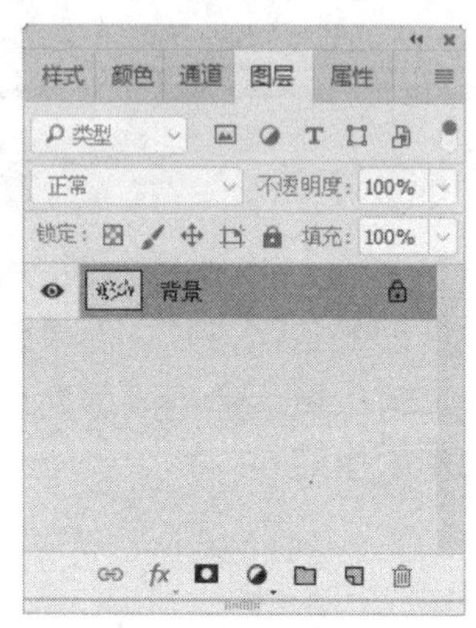

图 5-3　【图层】面板

（2）在工具箱中选择【魔棒工具】，在背景上单击选择背景，如图 5-4 所示．然后按 Shift+Ctrl+I 组合键进行反选，选中图像，如图 5-5 所示。

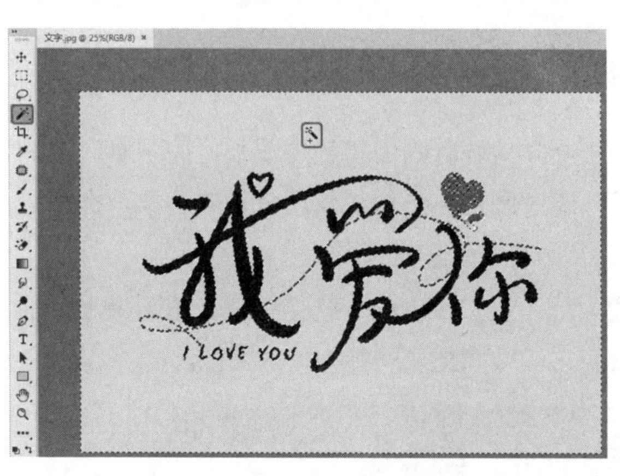

图 5-4　选择黄色背景

图 5-5　反向选择

（3）选择完成后，按 Ctrl+N 组合键，新建 3000×2000 像素的文件，在弹出的【新建】对话框中使用默认设置，单击【确定】按钮，即可创建一个空白的文档，如图 5-6 所示。然后选择工具箱中的【移动工具】，将选区内的图形移动至新建的文件中，效果如图 5-7 所示。

（4）打开【图层】面板，这时可以发现增加了图层，如图 5-8 所示。

图 5-6　新建文件

图 5-7　完成后的效果

图 5-8　向新文件中拖入选区图像后添加了图层

【图层】面板是用来管理图层的。在【图层】面板中，图层是按照创建的先后顺序堆叠排列的，上面的图层会覆盖下面的图层，因此，调整图层的堆叠顺序会影响图像的显示效果。

2. 图层原理

在【图层】面板中，图层名称的左侧是该图层的缩略图，它显示了图层中包含的图像内容。仔细观察缩略图可以发现，有些缩略图带有灰白相间的棋盘格，它代表了图层的透明区域，如图 5-9 所示。隐藏背景图层后，可见图层的透明区域在图像窗口中也会显示为棋盘格状，如图 5-10 所示。如果隐藏所有的图层，则整个图像都会显示为棋盘格状。

提示：当普通图层中包含透明区域时，可将不透明的区域转化为选区。具体操作为：按住 Ctrl 键的同时单击该图层的图层缩览图，即可将不透明区域转化为选区。

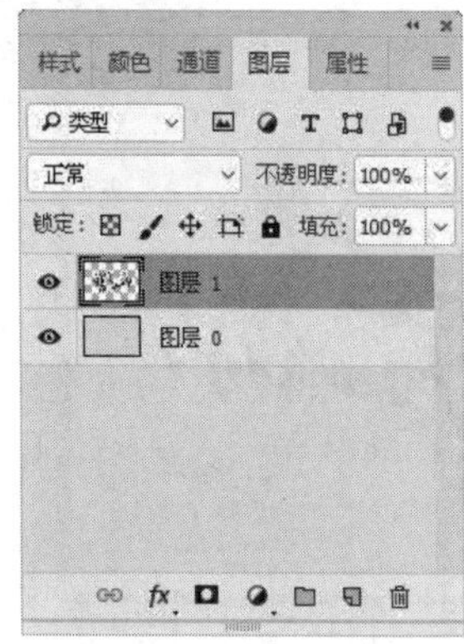

图 5-9 选择图层

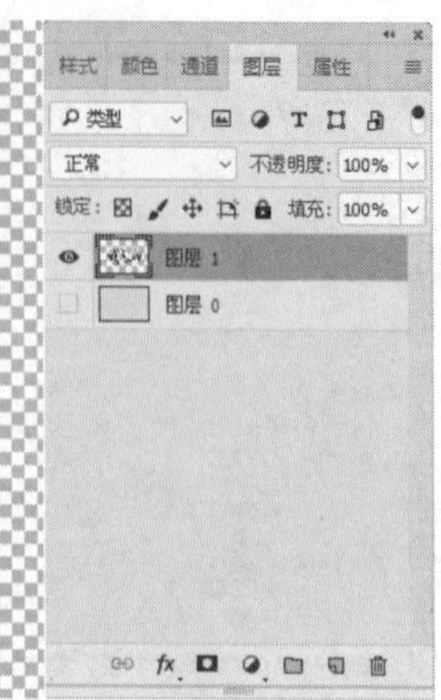

图 5-10 隐藏背景图层

当要编辑某一图层中的图像时，可以在【图层】面板中单击该图层，将它选中，选择一个图层后，即可将它设置为当前操作的图层（称为当前图层），该图层的名称会出现在文档窗口的标题栏中，如图 5-11 所示。在进行编辑时，只处理当前图层中的图像，不会对其他图层的图像产生影响。

图 5-11 在文档窗口标题栏中显示图层名称

5.1.2 【图层】面板

【图层】面板用来创建、编辑和管理图层，以及为图层添加样式、设置图层的不透明度和混合模式。

在菜单栏中选择【窗口】|【图层】命令，可以打开【图层】面板，该面板中显示了图层的堆叠顺序、图层的名称和图层内容的缩略图，如图 5-12 所示。

- 【混合模式】下拉列表框：用来设置当前图层中的图像与下面图层混合时使用的模式。
- 【不透明度】下拉列表框：用来设置当前图层的不透明度。
- 【填充】下拉列表框：用来设置当前图层的填充百分比。
- 【指示图层部分锁定】按钮：该按钮用于锁定图层的透明区域、图像像素和位置，以免被编辑。处于锁定状态的图层会显示图层锁定标志。
- 【指示图层可见性】图标：当图层前显示该图标时，表示该图层为可见图层。单击它可以取消显示，从而隐藏图层。
- 【链接图层 / 图层链接】图标：该图标用于链接当前选择的多个图层，被链接的图层会显示出图层链接标志，它们可以一同移动或进行变换。
- 【展开 / 折叠图层组】图标：单击该图标可以展开图层组，显示出图层组中包含的图层。再次单击可以折叠图层组。
- 【在面板中显示图层效果】图标：单击该图标可以展开图层效果，显示出当前图层添加的效果。再次单击可折叠图层效果。

- 【添加图层样式】按钮 fx：单击该按钮，在打开的下拉菜单中可以为当前图层添加图层样式。
- 【添加图层蒙版】按钮：单击该按钮，可以为当前图层添加图层蒙版。
- 【创建新的填充或调整图层】按钮：单击该按钮，在打开的下拉菜单中可以选择创建新的填充图层或调整图层。
- 【创建新组】按钮：单击该按钮，可以创建一个新的图层组。
- 【创建新图层】按钮：单击该按钮，可以新建一个图层。
- 【删除图层】按钮：单击该按钮，可以删除当前选择的图层或图层组。

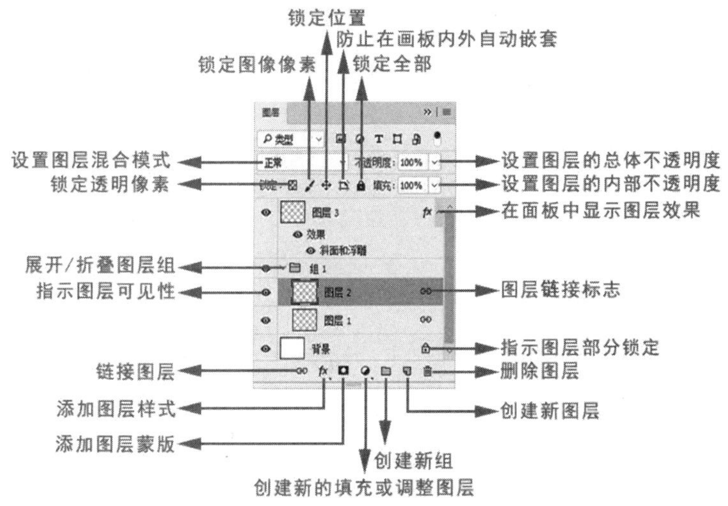

图 5-12 【图层】面板

5.1.3 【图层】菜单

下面来介绍【图层】菜单。

在【图层】面板中单击右侧的按钮，可以弹出下拉菜单，如图 5-13 所示。从中可以完成如下操作：新建图层、复制图层、删除图层、隐藏图层等。

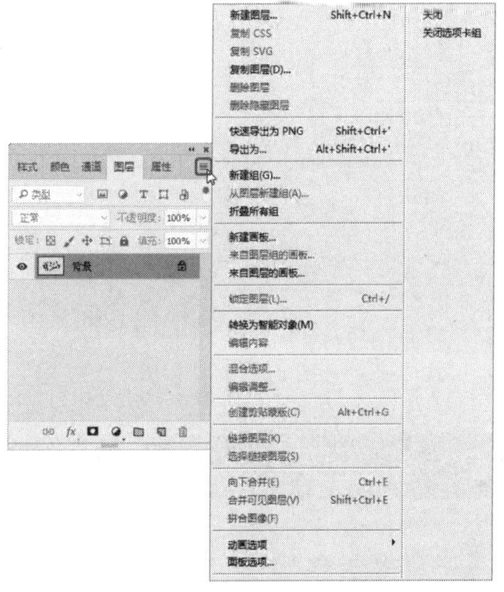

图 5-13 【图层】菜单

5.1.4 更改图层缩览图的显示方式

在【图层】面板中单击右侧的≡按钮，在弹出的下拉菜单中选择【面板选项】命令，将打开【图层面板选项】对话框，如图 5-14 所示，可以在该对话框中设置图层缩略图的大小，如图 5-15 所示。

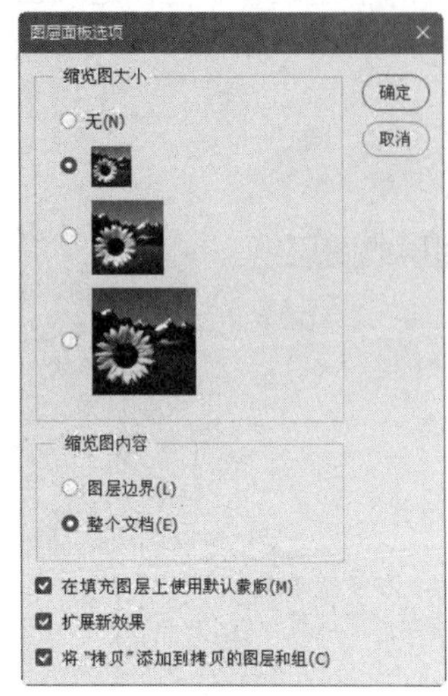

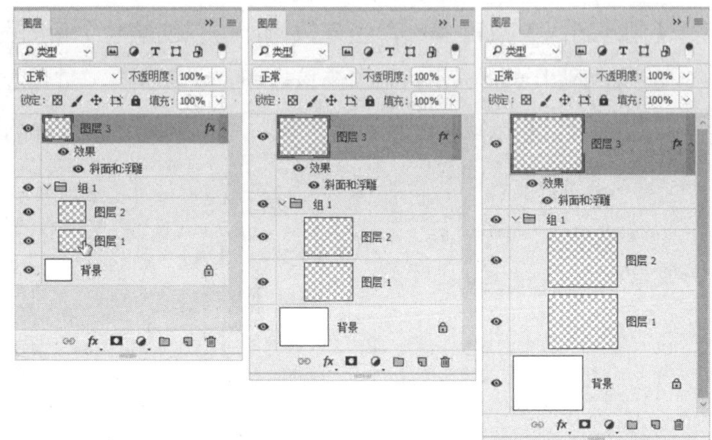

图 5-14 【图层面板选项】对话框　　图 5-15 缩略图效果

同时也可以在【图层】面板中图层下方的空白处单击鼠标右键，在弹出的快捷菜单中，也可以设置缩略图的效果，如图 5-16 所示。

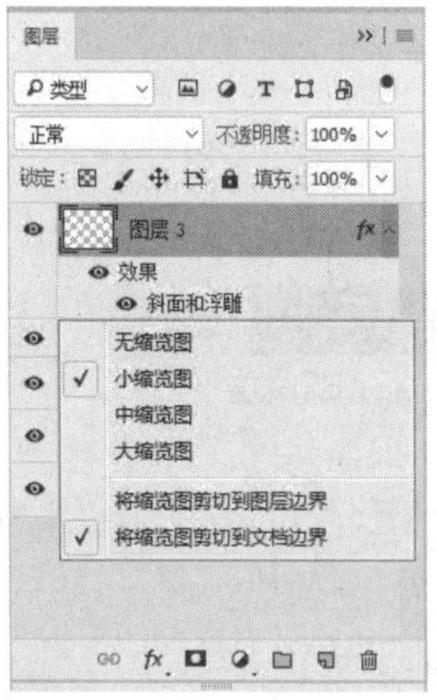

图 5-16 缩略图快捷菜单

5.2 创建图层

在 Photoshop 中可以创建多种类型的图层，每种类型的图层都有不同的功能和用途，它们在【图层】面板中的显示状态也各不相同。下面就来介绍图层的创建方法。

5.2.1 新建图层

新建图层的方法有很多种，可以通过【图层】面板创建，也可以通过各种命令来创建。

1. 通过按钮创建图层

在【图层】面板中单击【创建新图层】按钮，即可创建一个新的图层，如图5-17所示。

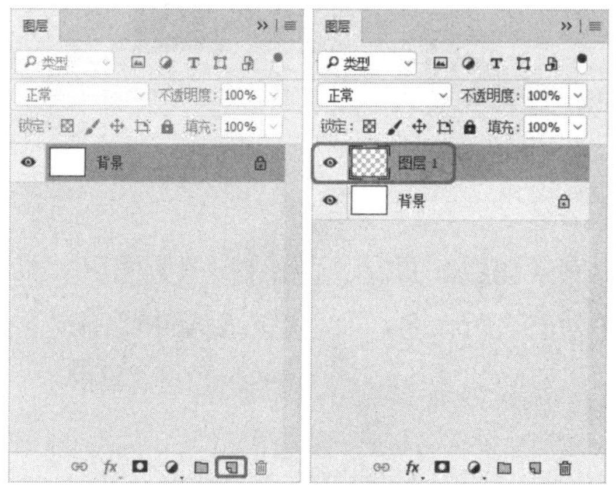

图5-17　新建图层

提示：如果需要在某一个图层下方创建新图层（背景层除外），则在按住Ctrl键的同时单击【创建新图层】按钮即可。

2. 通过【新建】命令创建图层

在菜单栏中选择【图层】|【新建】|【图层】命令，或者按住Alt键的同时单击【创建新图层】按钮，即可弹出【新建图层】对话框，如图5-18所示。在该对话框中可以对图层的名称、颜色和混合模式等各参数进行设置。

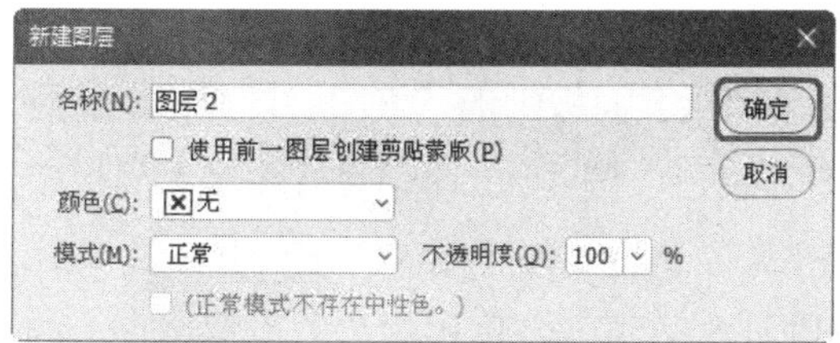

图5-18　【新建图层】对话框

3. 使用【通过拷贝的图层】命令创建图层

打开“素材\Cha05\创建图层.jpg”文件，在菜单栏中选择【图层】|【新建】|【通过拷贝的图层】命令，或者按Ctrl+J组合键，可以快速复制当前图层。

例如，先在当前图层中创建选区，如图5-19所示。

图5-19　在背景图层上创建选区

在菜单栏中选择上面所述的操作命令后，会将选区中的内容复制到新建的图层中，并且源图像不会受到破坏，如图5-20所示。

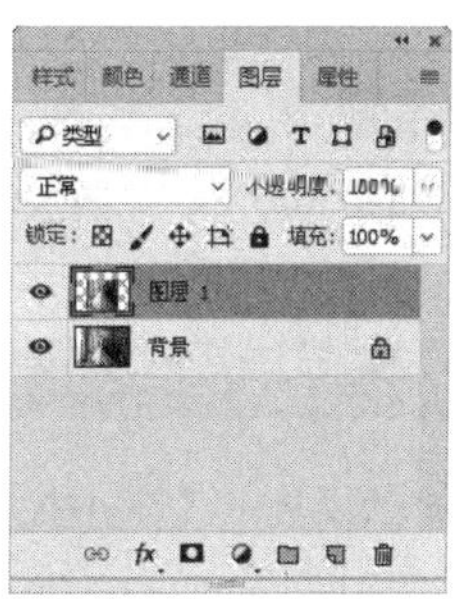

图5-20　新建图层

4. 使用【通过剪切的图层】命令创建图层

在菜单栏中选择【图层】|【新建】|【通过剪切的图层】命令，或者按Shift+Ctrl+J组合键，可以快速将当前图层中选区内的图像剪切后复制到新图层中，此时源图像

被破坏，若当前层为背景图层，剪切的区域将填充为背景色，效果如图 5-21 所示。

图 5-21　通过剪切新建图层

5.2.2　将【背景】层转换为普通图层

要想将【背景】图层转换为普通图层，可以在【图层】面板中双击【背景】图层，即可弹出【新建图层】对话框，然后在该对话框中对它进行命名，命名完成后单击【确定】按钮，如图 5-22 所示。

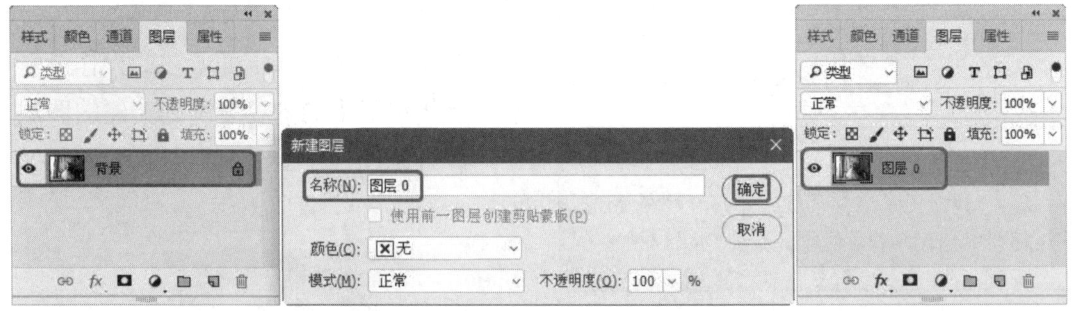

图 5-22　转换【背景】图层为普通图层

5.2.3　标记图层颜色

在图层数量较多的文档中，为一些图层设置容易识别的名称或者可以区别于其他图层的颜色，将便于我们在操作时查找图层。如果要快速修改一个图层的名称，可以在【图层】面板中双击该图层的名称，然后在弹出的文本框中输入新名称，输入完成后，在任意位置单击鼠标即可确认输入，如图 5-23 所示。

如果要为图层或者图层组设置颜色，可以在【图层】面板中选择该图层或者组，然后右击，在弹出的快捷菜单中选择所需的颜色命令，也可以按住 Alt 键，在【图层】面板中单击【创建新组】按钮 或【创建新图层】按钮 ，这里单击【创建新图层】按钮 ，此时会打开【新建图层】对话框，此对话框中也包含了图层名称和颜色的设置选项，如图 5-24 所示。

图 5-23 图层重命名

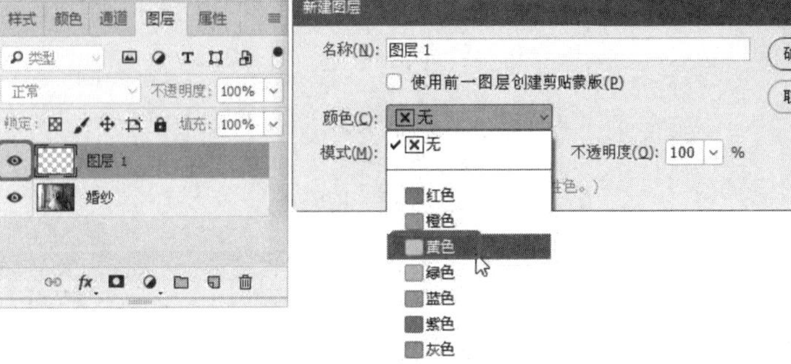

图 5-24 设置图层属性

5.3 图层组的应用

在 Photoshop 中，一个复杂的图像会包含几十甚至几百个图层，如此多的图层，在操作时是一件非常麻烦的事情。如果使用图层组来组织和管理图层，就可以使【图层】面板中的图层结构更加清晰、合理。

5.3.1 创建图层组

下面来介绍如何创建图层组。

在【图层】面板中，单击【创建新组】按钮，即可创建一个空的图层组，如图 5-25 所示。

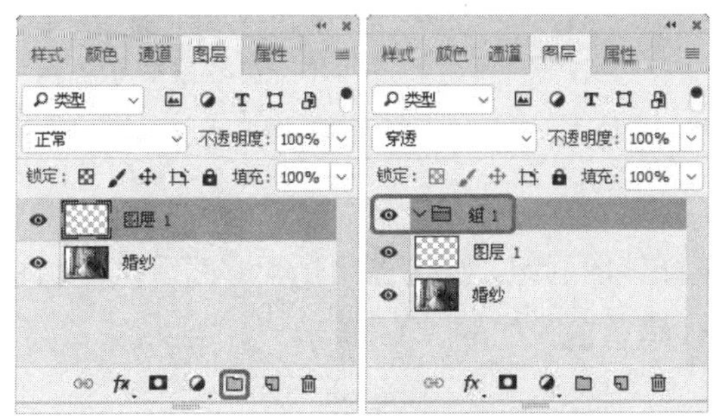

图 5-25 新建图层组

在菜单栏中选择【图层】|【新建】|【组】命令，则可以打开【新建组】对话框，在该对话框中输入图层组的名称，也可以为它设置颜色，然后单击【确定】按钮，即可按照设置的选项创建一个图层组，如图 5-26 所示。

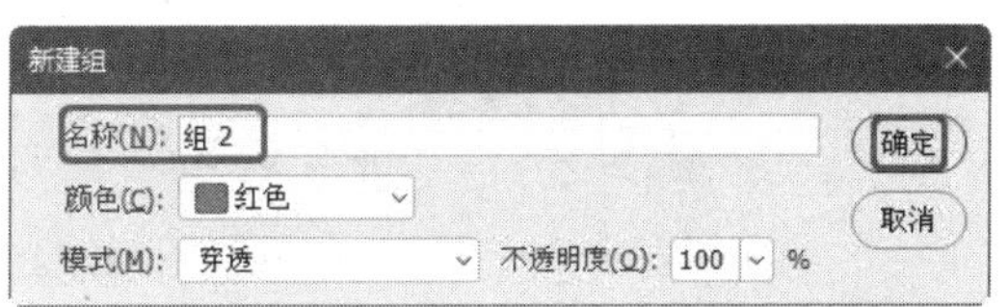

图 5-26 【新建组】对话框

> 提示：在默认情况下，图层组为【穿透】模式，它表示图层组不具备混合属性，如果选择其他模式，则组中的图层将与该组的混合模式下面的图层产生混合。

5.3.2 命名图层组

图层组的命名，与图层的重新命名方法一致，双击图层组，或者按住 Alt 键在【图层】面板中单击【创建新组】按钮，在弹出的【新建组】对话框中进行设置，如图 5-27 所示。

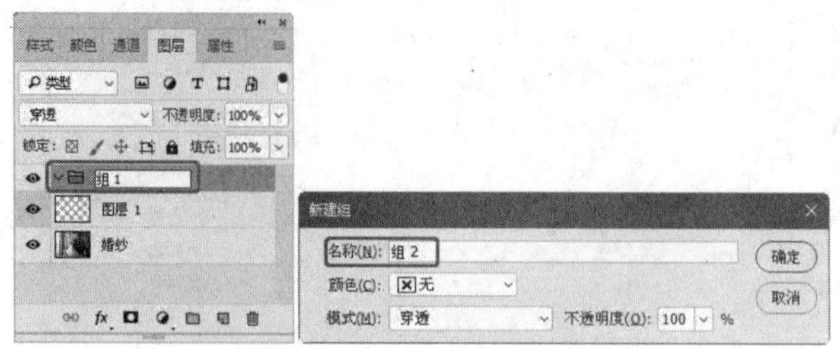

图 5-27　组命名的两种方法

5.3.3　删除图层组

在【图层】面板中将图层组拖至【删除图层】按钮上，可以删除该图层组及组中的所有图层。如果想要删除图层组，但保留组内的图层，可以选择图层组，然后单击【删除图层】按钮，在弹出的提示对话框中单击【仅组】按钮即可，如图 5-28 所示。

如果单击【组和内容】按钮，则会删除图层组以及组中所有的图层，如图 5-29 所示。

图 5-28　仅删除组

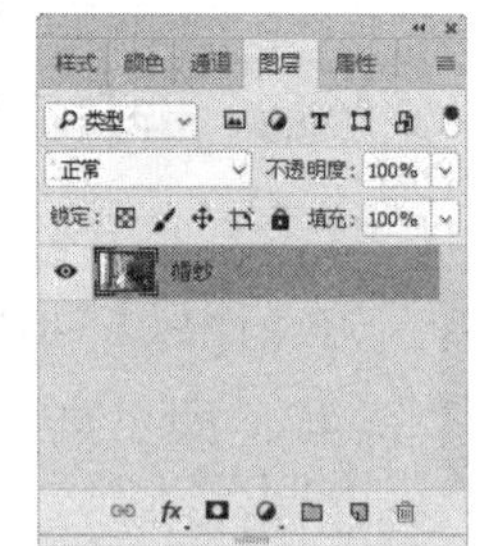

图 5-29　删除组和内容后的效果

5.3.4　取消图层编组

如果要取消图层编组，但保留图层，可以选择该图层组，如图 5-30 所示，然后执行【图层】|【取消图层编组】命令，或按 Shift+Ctrl+G 组合键，如图 5-31 所示。

图 5-30　选择图层组

图 5-31　取消图层编组后的效果

5.4 编辑图层

学习过图层的创建后，下面就来介绍对于图层进行编辑的方法。

5.4.1 选择图层

在对图像进行处理时，我们可以通过以下方法选择图层。

- 在【图层】面板中选择图层：在【图层】面板中单击任意一个图层，即可选择该图层并将其设置为当前图层，如图 5-32 所示。如果要选择多个连续的图层，可单击一个图层，然后按住 Shift 键单击最后一个图层，如图 5-33 所示；如果要选择多个非相邻的图层，可以按住 Ctrl 键单击这些图层，如图 5-34 所示。

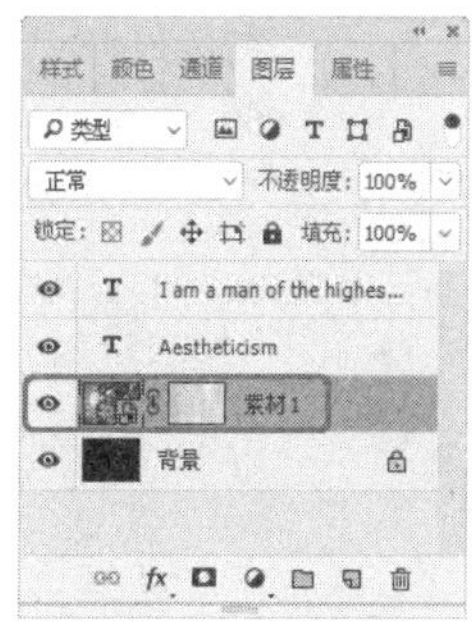

图 5-32 选择图层

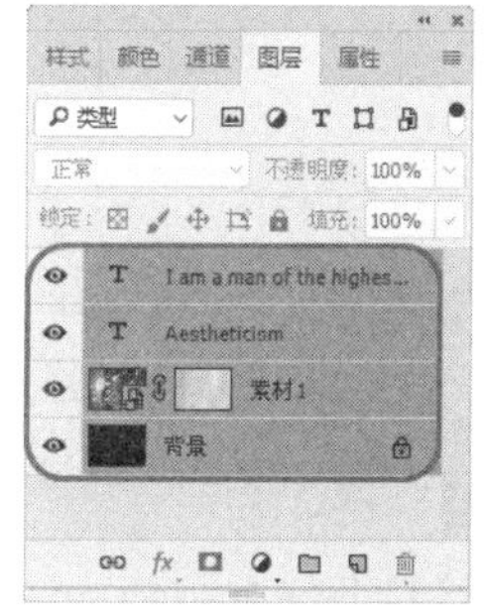

图 5-33 按住 Shift 键选择图层

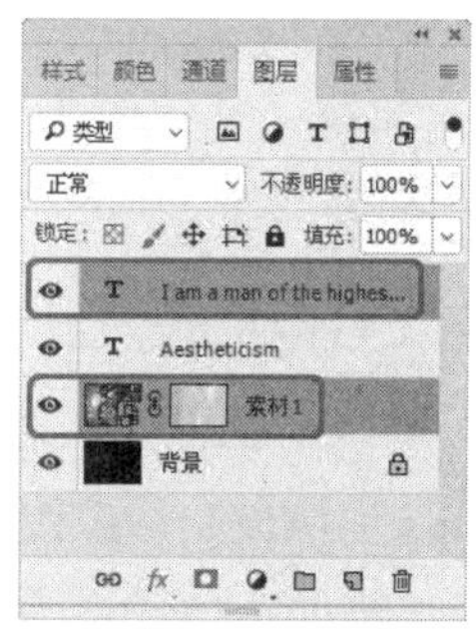

图 5-34 按住 Ctrl 键选择图层

- 在图像窗口中选择图层：选择【移动工具】，在未选中自动选择选项时，按住 Ctrl 键单击，即可选中相对应的图层，如图 5-35 所示；如果单击点有多个重叠的图层，则可选择位于最上面的图层，如果要选择位于下面的图层时，可单击鼠标右键，打开一个快捷菜单，该快捷菜单中列出了光标处所有包含像素的图层，如图 5-36 所示。

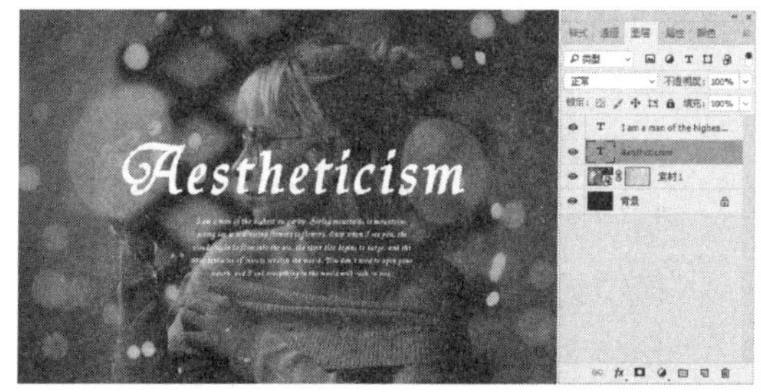

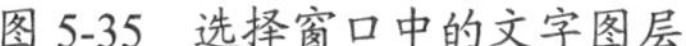

图 5-35 选择窗口中的文字图层

图 5-36 右击鼠标选择图层

- 在图像窗口自动选择图层：如果文档中包含多个图层，则选择移动工具，选中工具选项栏中的【自动选择】复选框，然后在右侧的下拉列表框中选择【图层】选项，如图 5-37 所示，当这些设置都完成后，使用移动工具在画面中单击时，可以自动选择光标下面包含的像素的最顶层的图层；如果文档中包含图层组，则选中该复选框后，在右侧的下拉列表框中选择【组】选项，如图 5-38 所示，使用移动工具在画面中单击时，可以自动选择光标下面包含像素的最顶层的图层所在的图层组。

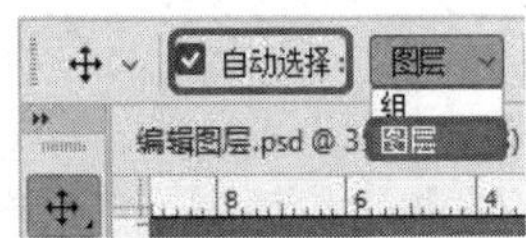

图 5-37　将自动选择设置为图层

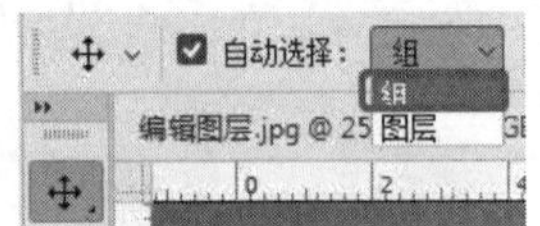

图 5-38　将自动选择设置为组

- 切换图层：选择了一个图层后，按下 Alt+]（右中括号）组合键，可以将当前的图层切换为与之相邻的上一个图层；按下 Alt+[（左中括号）组合键，可以将当前图层切换为与之相邻的下一个图层。
- 选择链接的图层：选择了一个链接图层后，在菜单栏中选择【图层】|【选择链接图层】命令，可以选择与该图层链接的所有图层，如图 5-39 所示。

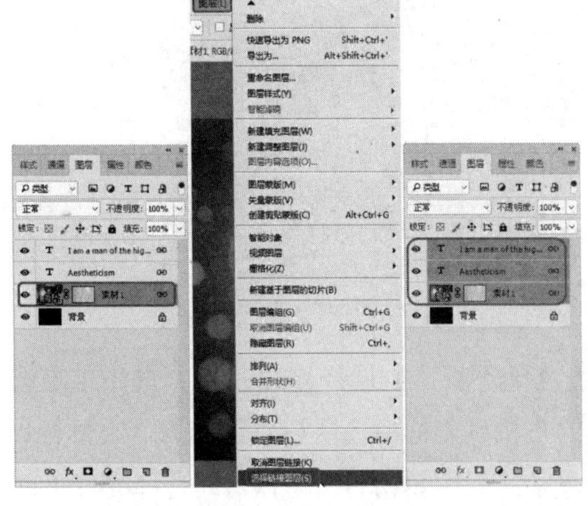

图 5-39　选择链接图层

- 选择所有的图层：要选择所有的图层，可以在菜单栏中选择【选择】|【所有图层】命令。
- 取消选择所有的图层：如果不想选择任何图层，可以在菜单栏中选择【选择】|【取消选择图层】命令，如图 5-40 所示，也可在背景图层下方的空白处单击。

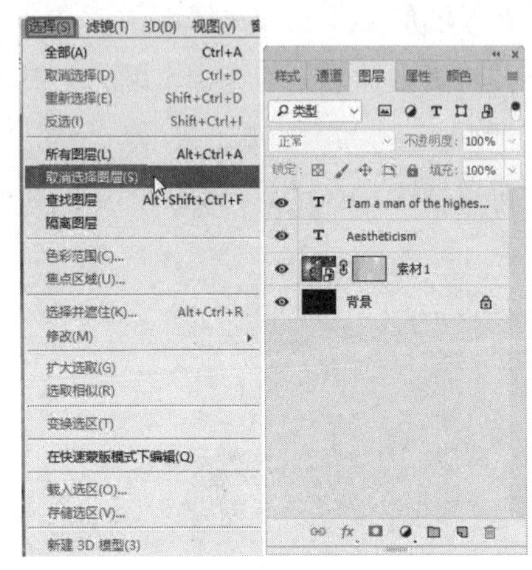

图 5-40　取消选择图层

5.4.2　复制图层的方法

- 通过图层面板复制：将需要复制的图层拖曳至【图层】面板的【创建新图层】按钮上，即可复制该图层。
- 移动复制：使用【移动工具】，按住 Alt 键拖动图像可以复制图像，Photoshop 会自动创建一个图层来承载复制后的图像，如图 5-41 所示；如果在图像中创建了选区，则将光标放在选区内，按住 Alt 键拖动，可复制选区内的图像，但不会创建新图层，如图 5-42 所示。
- 在图像间拖动复制：使用【移动工具】在不同的文档间拖动图层，可以将图层复制到目标文档，采用这种方式复制图层时不会占用剪贴板，因此，可以节省内存。

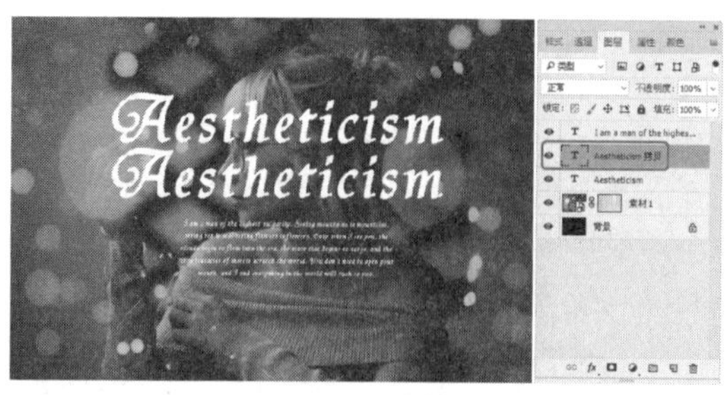

图 5-41 在图层的选区中移动复制

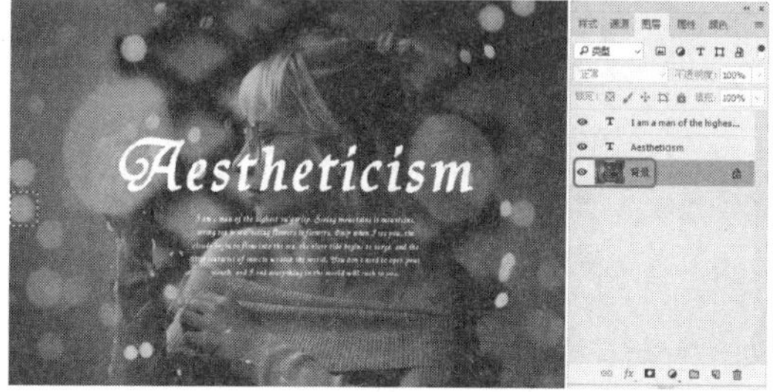

图 5-42 按住 Alt 键进行移动复制

> 提示：选择图层，在菜单栏中选择【图层】|【复制图层】命令可以打开【复制图层】对话框，在该对话框中可以为复制的图层进行重命名，还可以在【文档】下拉列表框中选择某一个文件，将其复制到选择的文件中。

5.4.3 隐藏与显示图层

下面介绍图层的隐藏与显示。

在【图层】面板中，每一个图层的左侧都有一个【指示图层的可见性】图标，该图标用来控制图层的可视性，显示该图标的图层为可见的图层，如图 5-43 所示。

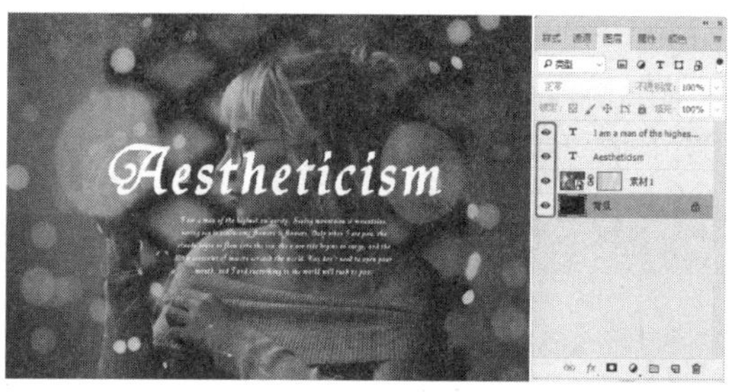

图 5-43 显示图层

无该图标的图层为隐藏的图层，如图 5-44 所示。被隐藏的图层不能进行编辑和处理，也不能打印出来。

图 5-44 隐藏图层

5.4.4 调节图层透明度

下面通过实例来学习如何调整图层的透明度。

（1）打开“素材\Cha05\调节图层.psd”文件，如图 5-45 所示。

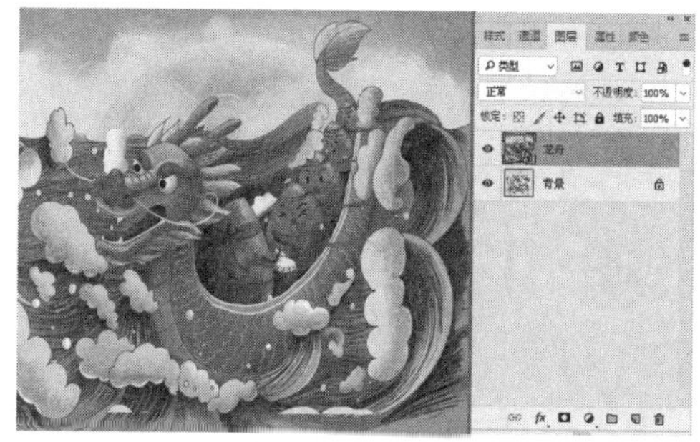

图 5-45 打开素材文件

（2）在【图层】面板中单击不透明度右侧的按钮，会弹出数值滑块栏，拖动滑块就可以调整图层的透明度，如图 5-46 所示。

图 5-46 调整图层的透明度

5.4.5 调整图层顺序

在【图层】面板中，将一个图层的名称拖至另外一个图层的上面或下面，如图 5-47 所示。当突出显示的线条出现在要放置图层的位置时，释放鼠标，即可调整图层的堆叠顺序，效果如图 5-48 所示。

图 5-47 拖动需要调整的图层

图 5-48 调整图层顺序

5.4.6 链接图层

在编辑图像时，如果要经常同时移动或者变换几个图层，则可以将它们链接起来。链接图层的优点在于，只需选择其中的一个图层移动或变换，其他所有与之链接的图层都会发生相同的变换。

如果要链接多个图层，可以将它们选中，然后在【图层】面板中单击【链接图层】按钮 ，被链接图层的右侧会出现一个 符号，如图 5-49 所示。

图 5-49 链接图层

如果要临时禁用链接，可以按住 Shift 键单击链接图标，图标上会出现一个红色的“×”符号，按住 Shift 键再次单击【链接图层】按钮 ，即可重新启用链接功能，如图 5-50 所示。

图 5-50 禁用链接

如果要取消链接，则可以选择一个链接的图层，然后单击【图层】面板中的【链接图层】按钮 。

> 提示：链接的图层可以同时应用变换或创建为剪贴蒙版，但却不能同时应用滤镜、调整混合模式、进行填充或绘画，因为这些操作只能作用于当前选择的一个图层。

5.4.7 锁定图层

在【图层】面板中，Photoshop 提供了用于保护图层透明区域、图像像素和位置的锁定功能，可以根据需要锁定图层的属性，以免编辑图像时修改图层内容。当一个图层被锁定后，该图层名称的右侧会出现一个锁状图标，如果图层被部分锁定，该图标是空心的，如果图层被完全锁定，则该图标是实心的，若要取消锁定，可以重新单击相应的锁定按钮，锁状图标即可消失。

在【图层】面板中有4项锁定功能，分别是锁定透明像素、锁定图像像素、锁定位置、锁定全部，下面分别进行介绍。

- 【锁定透明像素】按钮：选中该按钮，编辑范围将被限定在图层的不透明区域，图层的透明区域会受到保护。例如，使用画笔工具涂抹图像时，透明区域不会受到任何影响，如图5-51所示。如果在菜单栏中选择模糊类的滤镜，想要保持图像边界的清晰，就可以启用该功能。

图5-51 锁定透明像素

- 【锁定图像像素】按钮：选中该按钮，只能对图层进行移动和变换操作，不能使用绘画工具修改图层中的像素，例如，不能在图层上进行绘画、擦除或应用滤镜，如图5-52所示为锁定图像像素后，使用画笔工具涂抹时弹出的警告。

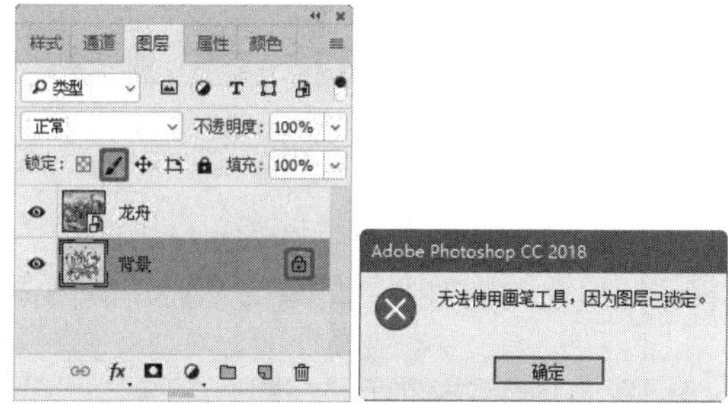

图5-52 锁定图像像素

- 【锁定位置】按钮：选中该按钮，图层将不能被移动，如图5-53所示。
- 【锁定全部】按钮：选中该按钮，可以锁定以上的全部选项，如图5-54所示。

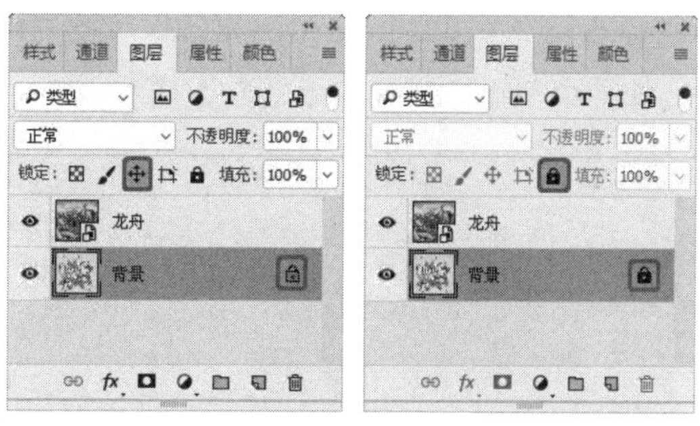

图5-53 锁定图层位置 图5-54 完全锁定图层

5.4.8 删除图层

下面介绍如何对图层进行删除。

在【图层】面板中，将一个图层拖至【删除图层】按钮上，即可删除该图层，如果按住Alt键单击【删除图层】按钮，则可以将当前选择的图层删除。同样也可以在菜单栏中选择【图层】|【删除】|【图层】命令，将选择的图层删除。在图层数量较多的情况下，如果要删除所有隐藏的图层，可以在菜单栏中选择【图层】|【删除】|【隐藏图层】命令；如果要删除所有链接的图层，可以在菜单栏中选择【图层】|【选择链接图层】命令，将链接的图层选中，然后再将它们删除。

5.5 图层的合并操作

在 Photoshop 中，图层、图层组和图层样式等都要占用计算机的内存，因此，图层、图层组和图层样式的数量越多，占用的系统资源也就越多，从而导致计算机运行速度变慢。将相同属性的图层合并，或者将没用的图层删除，都可以减小文件的大小。

5.5.1 向下合并图层

要想将一个图层与它下面的图层合并，可以选择该图层，然后在菜单栏中选择【图层】|【向下合并】命令，或按 Ctrl+E 组合键，合并后的图层将使用合并前位于下面的图层的名称，如图 5-55 所示。也可以在图层名称右侧的空白处单击鼠标右键，在弹出的快捷菜单中选择【向下合并】命令。

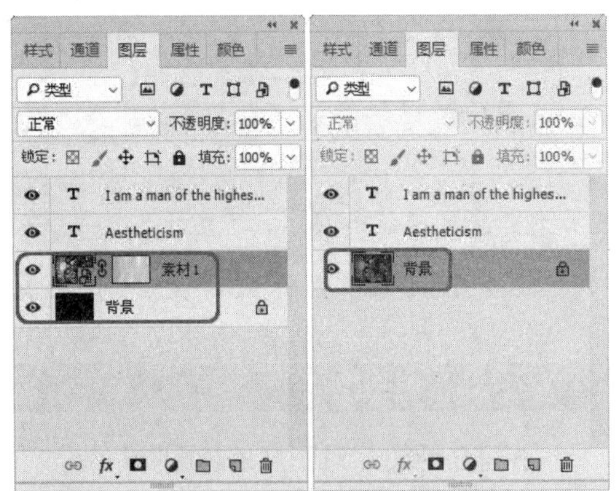

图 5-55 向下合并图层

提示：选择需要合并的图层，在菜单栏中选择【图层】|【合并图层】命令，可以合并相邻的图层，也可以合并不相邻的多个图层，而在菜单栏中选择【图层】|【向下合并】命令只能合并两个相邻的图层。

5.5.2 合并可见图层

如果要合并【图层】面板中所有的可见图层，可在菜单栏中选择【图层】|【合并可见图层】命令，或按 Shift+Ctrl+E 组合键。如果背景图层为显示状态，则这些图层将合并到背景图层中，如图 5-56 所示；如果背景图层被隐藏，则合并后的图层将使用合并前被选择的图层的名称。也可以在图层名称右侧的空白处单击鼠标右键，在弹出的快捷菜单中选择【合并可见图层】命令。

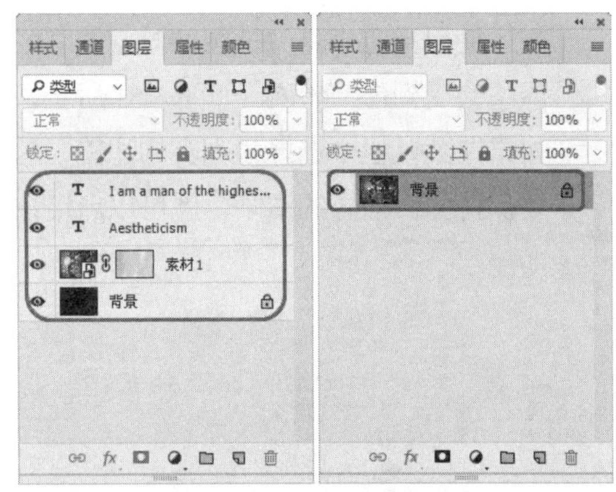

图 5-56 合并可见图层

5.5.3 拼合图像

在菜单栏中选择【图层】|【拼合图像】命令，可以将所有的图层都拼合到背景图层中，图层中的透明区域会以白色填充。如果文档中有隐藏的图层，则会弹出提示信息，单击【确定】按钮可以拼合图层，并删除隐藏的图层，单击【取消】按钮则取消拼合操作，如图 5-57 所示。

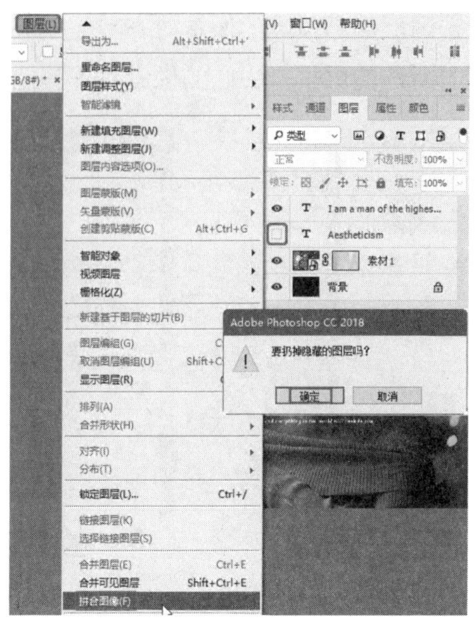

图 5-57 拼合图像

5.6 图层对象的对齐与分布

本节将对文件的图层图像进行对齐与分布操作，让用户掌握对齐与分布方面的知识。

5.6.1 对齐图层对象

在【图层】面板中选择多个图层后，可以在菜单栏中选择【图层】|【对齐】命令，在其子菜单中将它们对齐，如图 5-58、图 5-59 所示。如果当前选择的图层与其他图层链接，则可以对齐与之链接的所有图层。

图 5-58 选择图层

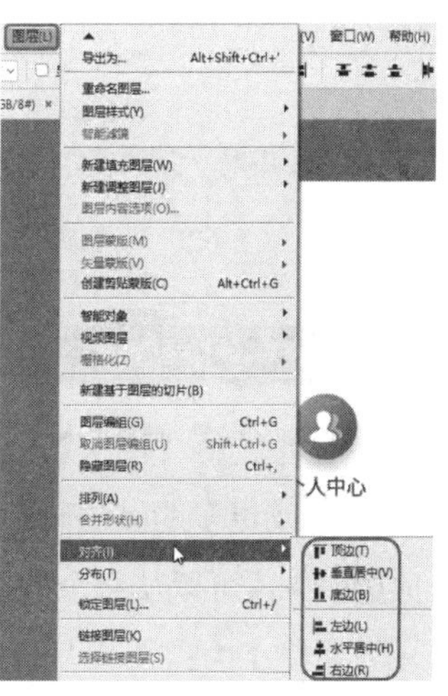

图 5-59 选择【对齐】命令

- 【顶边】：可基于所选图层中最顶端的像素对齐其他图层，如图 5-60 所示。
- 【垂直居中】：可基于所选图层垂直中心的像素对齐其他图层，如图 5-61 所示。

图 5-60　对齐顶边

图 5-61　垂直居中

- 【底边】：可基于所选图层最底端的像素对齐其他图层，如图 5-62 所示。
- 【左边】：可基于所选图层最左侧的像素对齐其他图层。
- 【水平居中】：可基于所选图层水平中心的像素对齐其他图层．如图 5-63 所示。
- 【右边】：可基于所选图层最右侧的像素对齐其他图层。

图 5-62　对齐底边

图 5-63　水平居中

5.6.2　分布图层对象

在菜单栏中选择【图层】|【分布】命令，其子菜单中的命令用于均匀分布所选图层。在选择了三个或更多的图层时，我们才能使用这些命令，如图 5-64、图 5-65 所示。

- 【顶边】：可以从每个图层的顶端像素开始，间隔均匀地分布图层，如图 5-66 所示。
- 【垂直居中】：可以从每个图层的垂直中心像素开始，间隔均匀地分布图层。
- 【底边】：可以从每个图层的底端像素开始，间隔均匀地分布图层。

- 【左边】 ：可以从每个图层的左端像素开始，间隔均匀地分布图层。
- 【水平居中】 ：可以从每个图层的水平中心开始，间隔均匀地分布图层。
- 【右边】 ：可以从每个图层的右端像素开始，间隔均匀地分布图层。

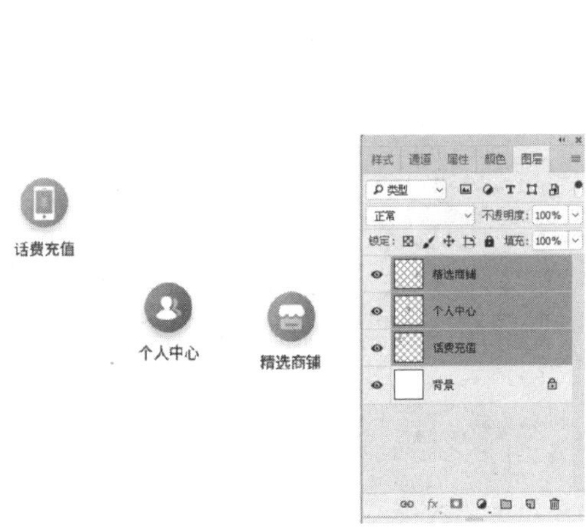

图 5-64 选择图层

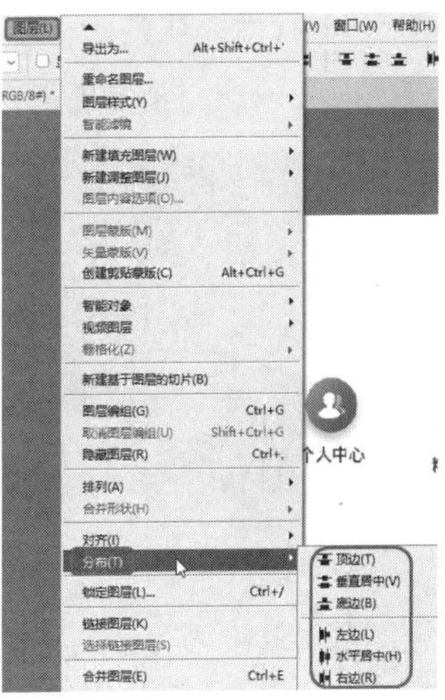

图 5-65 分布命令

图 5-66 分布顶边

提示：由于分布操作不像对齐操作那样很容易地观察出每种选项的结果，读者可以在每一个分布结果后面绘制辅助线，以查看效果。

5.7 图层混合模式

混合模式最主要的应用是控制当前图层中的像素与它下面图层中的像素如何混合。下面来学习图层的混合模式。

（1）打开“素材\Cha05\图层混合模式.psd”文件，按 F7 键，打开【图层】面板，如图 5-67 所示。

（2）在【图层】面板中选中【梦幻朦胧背景】图层，将图层的混合模式设置为【柔光】，效果如图 5-68 所示。在为图层添加混合模式后，使用任何工具在设置了混合模式的图层上添加颜色或在该图层下面的图层上添加颜色，均会产生效果。

图 5-67 【图层】面板

图 5-68 【柔光】混合模式

5.8 应用图层

图层样式又称为“图层效果”，它是为图层添加的各种效果，可以快速改变图层内容的外观。图层样式是一种非破坏性的功能，可以随时修改、隐藏或者删除。此外，使用 Photoshop 预设的样式，或者载入外部样式，便可以将效果应用于图像。

5.8.1 应用图层样式

下面通过操作来介绍如何为图层添加样式。

（1）打开“素材\Cha05\应用图层样式.psd”文件，按F7键，打开【图层】面板，如图5-69 所示。

图 5-69 打开【图层】面板

（2）双击【玉 拷贝】图层，弹出【图层样式】对话框，选中【斜面和浮雕】复选框，将【样式】设置为【内斜面】，将【方法】设置为【平滑】，将【深度】设置为321，将【大小】设置为17，将【角度】设置为120，将【高度】设置为30，将【高光模式】设置为【滤色】，将【颜色】设置为白色，将【高光模式】下的【不透明度】设置为100，将【阴影模式】设置为【正片叠底】，将【颜色】设置为黑色，将【阴影模式】下的【不透明度】设置为0，如图5-70所示。

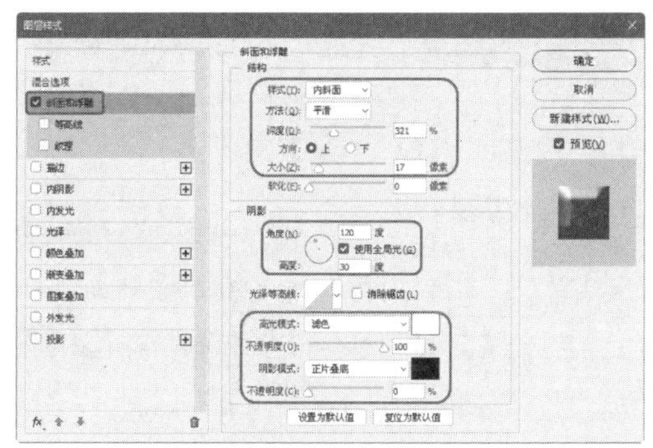

图5-70 设置斜面和浮雕

（3）选中【光泽】复选框，单击【混合模式】右侧的色块，在弹出的对话框中将RGB设置为23、169、8，单击【确定】按钮，将【不透明度】设置为50，将【角度】设置为19，将【距离】、【大小】均设置为88，选中【消除锯齿】复选框，如图5-71所示。

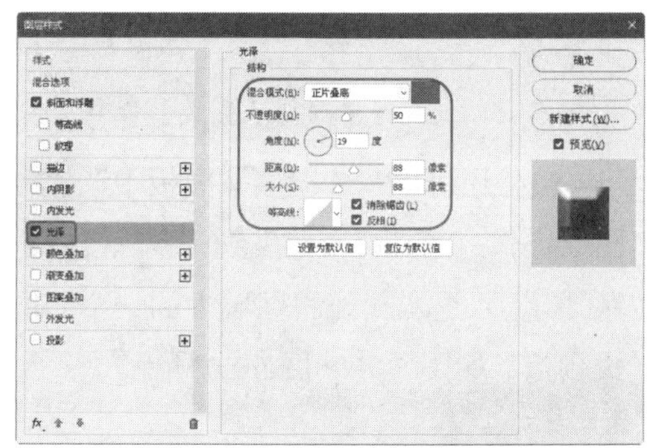

图5-71 设置光泽

（4）选中【投影】复选框，将【混合模式】设置为【正片叠底】，将【不透明度】设置为75，将【角度】设置为120，将【距离】、【扩展】、【大小】分别设置为8、0、8，如图5-72所示。

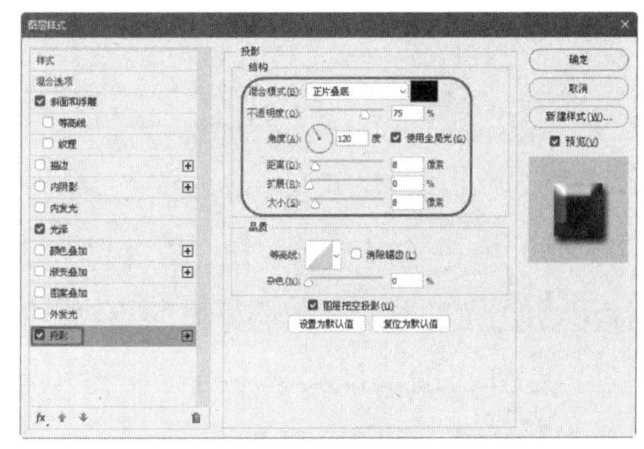

图5-72 设置投影

（5）选中【内阴影】复选框，单击【混合模式】右侧的色块，在弹出的对话框中将RGB设置为0、255、36，将【不透明度】设置为75，将【角度】设置为120，将【距离】设置为10，将【阻塞】设置为0，将【大小】设置为10，如图5-73所示。

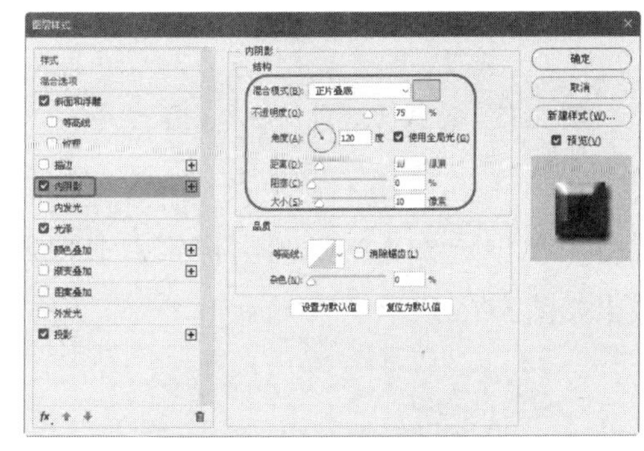

图5-73 设置内阴影

（6）选中【外发光】复选框，将【混合模式】设置为【滤色】，将【不透明度】设置为65，将【杂色】设置为0，单击【混合模式】右侧的色块，在弹出的对话框中将RGB设置为61、219、25，将【大小】设置为50，将【范围】设置为50，如图5-74所示。

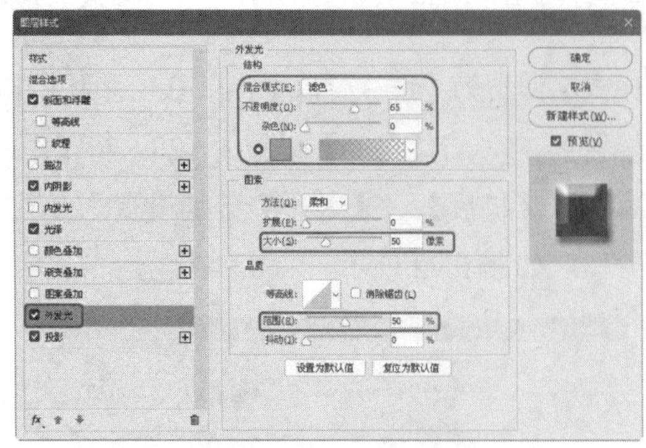

图 5-74　设置外发光

（7）单击【确定】按钮，在【图层】面板中右击【玉 拷贝】图层下方的【效果】选项，在弹出的快捷菜单中选择【拷贝图层样式】命令，如图 5-75 所示。

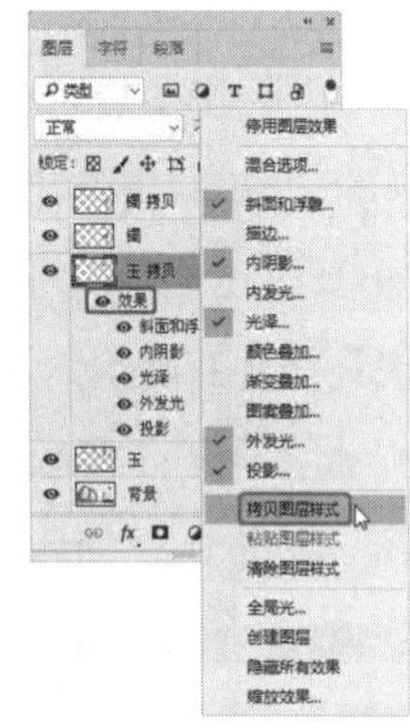

图 5-75　选择【拷贝图层样式】命令

（8）右击【镯 拷贝】图层，在弹出的快捷菜单中选择【粘贴图层样式】命令，效果如图 5-76 所示。

图 5-76　选择【粘贴图层样式】命令

5.8.2　清除图层样式

清除图层样式常用于清除一些多余的图层样式，下面介绍如何清除图层样式。

（1）继续上面的操作，在【图层】面板中可看到创建好的图层样式，如图 5-77 所示。

图 5-77　观察图层样式

（2）选择【玉 拷贝】和【镯 拷贝】图层，在菜单栏中选择【图层】|【图层样式】|【清除图层样式】命令，可以将选中图层的图层样式全部清除，如图 5-78 所示。

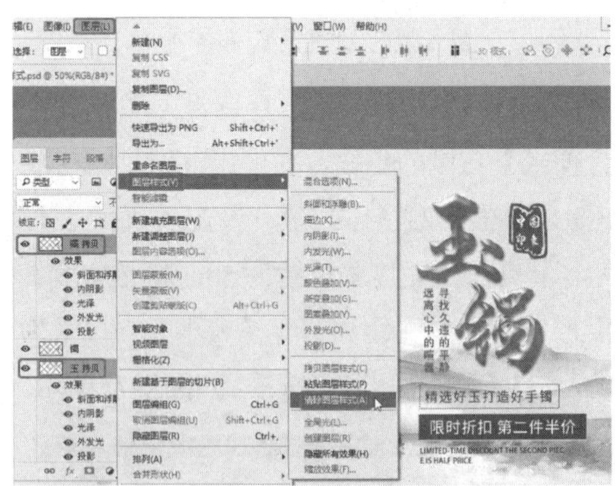

图 5-78　选择【清除图层样式】命令

（3）还可以在【图层】面板中选择一个图层样式，将其直接拖曳到【删除图层】按钮 上，这样只能将图层中的一个图层样式删除，如图 5-79、图 5-80 所示。

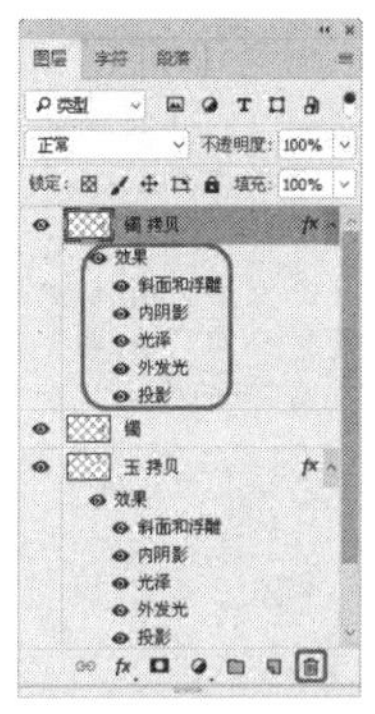

图 5-79 选择一个图层样式

图 5-80 清除后的效果

5.9 添加图层样式

在使用 Photoshop 预设图层样式的时候，如果找不到需要的样式效果，可以通过创建新的图层样式来进行填补。

5.9.1 添加并创建图层样式

下面介绍如何创建图层样式。

（1）新建一个空白文件，在【图层】面板中，双击【背景】图层将其解锁。确定【图层 0】选中的情况下，在菜单栏中选择【图层】|【图层样式】命令或在图层名称右侧空白处双击鼠标，在弹出的【图层样式】对话框中可以设置图层样式效果，如图 5-81 所示。

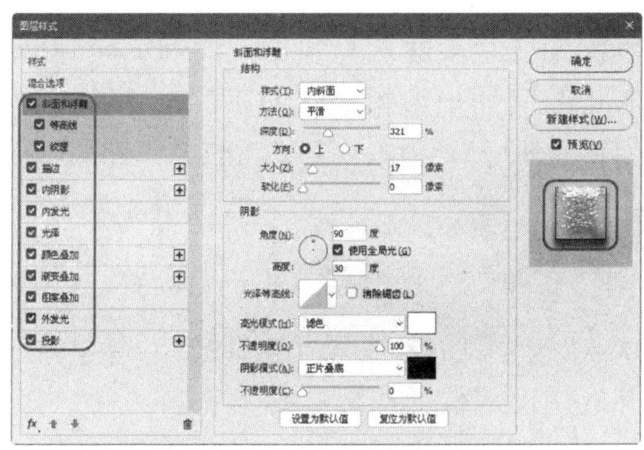

图 5-81 设置图层样式

（2）添加完图层样式后，在【图层样式】对话框中切换到【样式】选项设置界面，在【样式】选项组中单击【更多】按钮，在弹出的下拉菜单中可以根据需要选择图层样式类型，如图 5-82 所示。

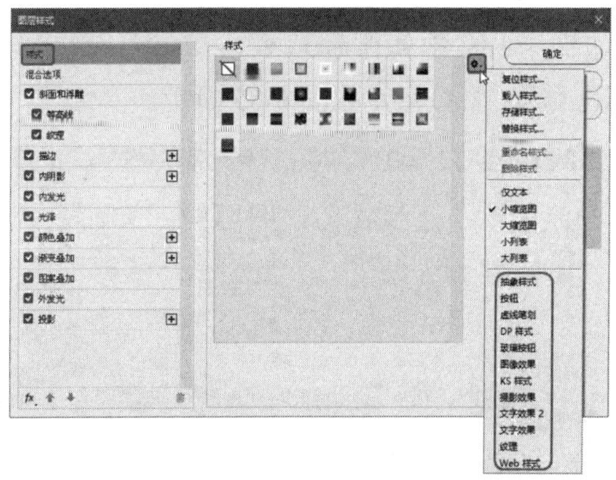

图 5-82 样式菜单

（3）选择样式后，会弹出【图层样式】提示对话框，单击【追加】按钮，如图 5-83 所示。

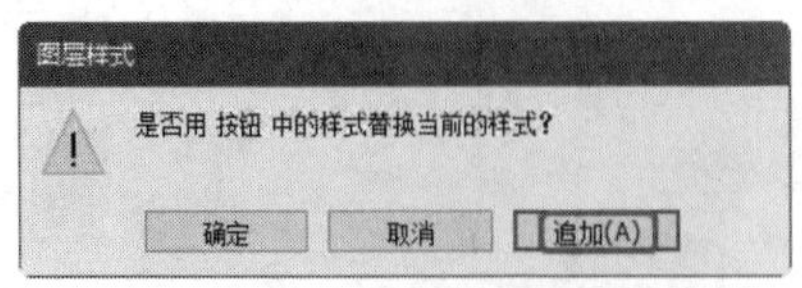

图 5-83 【图层样式】对话框

（4）设置完成后，此时在【样式】列表框中即可追加刚才选择的图层样式类型中的图层样式，如图 5-84 所示。

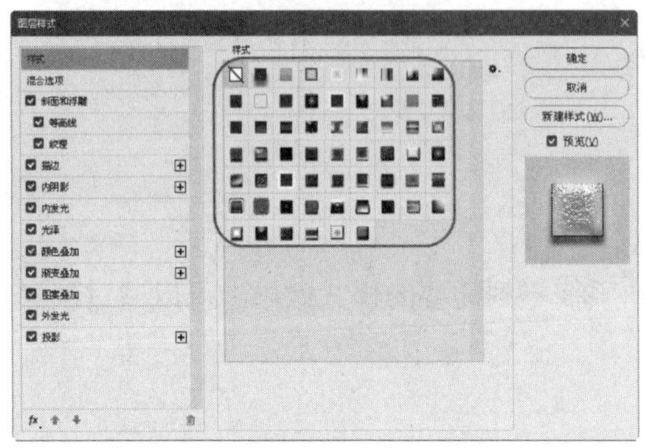

图 5-84 新增样式

（5）以上我们增加的是系统默认的样式，下面学习如何添加自定义样式。切换到【样式】选项设置界面，然后单击【新建样式】按钮，在弹出的【新建样式】对话框中，对新建的样式进行命名，然后单击【确定】按钮，如图 5-85 所示。

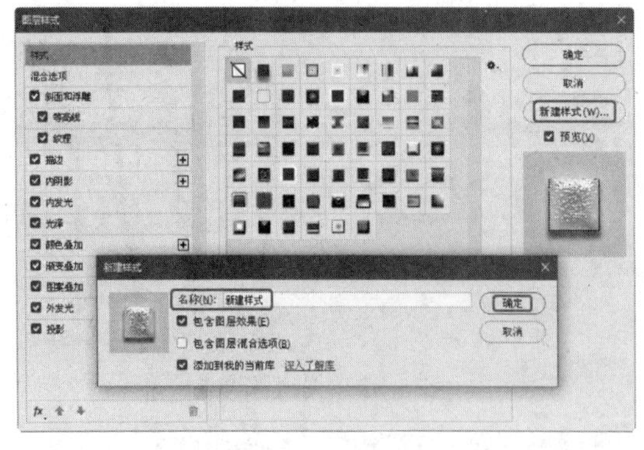

图 5-85 【新建样式】对话框

（6）单击【确定】按钮后，即可在【图层样式】对话框的【样式】列表框中，看到刚才添加的图层样式，如图 5-86 所示。

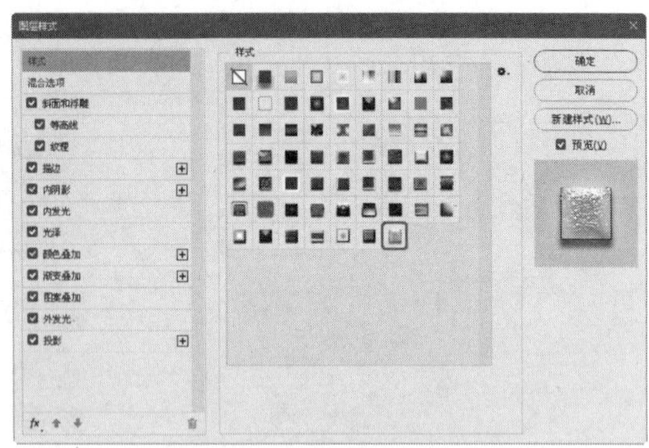

图 5-86 新建图层样式

5.9.2 管理图层样式

下面将介绍如何管理图层样式。

（1）打开“素材\Cha05\管理图层样式.psd”文件，按F7键，将【图层】面板打开，选择【矩形 1】图层，如图 5-87 所示。

图 5-87 选择【矩形 1】图层

（2）在菜单栏中选择【窗口】|【样式】命令，打开【样式】面板，在确定绘制的形状图层处于编辑的状态下，在【样式】面板中选择一种样式，进行应用，如图 5-88 所示。

（3）如果所选样式不符合需要，可以在【样式】面板中重新进行样式的选择，并应用，这样就可替换原有的样式了，如图 5-89 所示。

图 5-88 应用样式效果

图 5-89 替换原样式后的效果

5.9.3 删除【样式】面板中的样式

下面介绍删除【样式】面板中样式的两种方法。

（1）在菜单栏中选择【窗口】|【样式】命令，打开【样式】面板，选择想要删除的图层样式效果，右击鼠标，在弹出的快捷菜单中选择【删除样式】命令，即可将该图层样式效果删除，如图 5-90 所示。

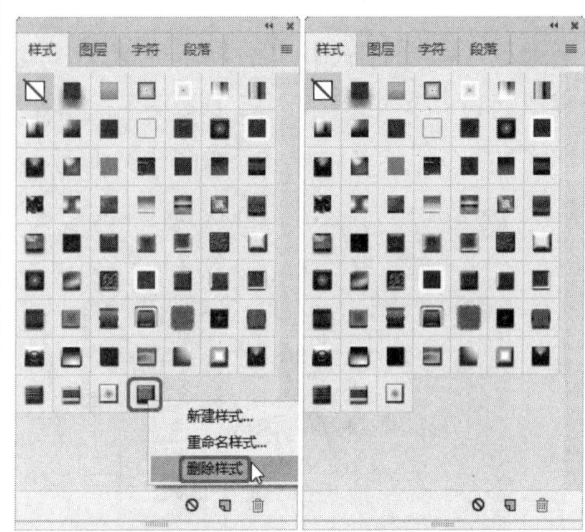

图 5-90 在【样式】面板中删除样式

（2）还可以通过打开【图层样式】对话框，切换到【样式】选项设置界面，从中选择想要删除的图层样式效果，右击鼠标，在弹出的快捷菜单中，选择【删除样式】命令，即可删除该图层的样式效果，如图 5-91 所示。

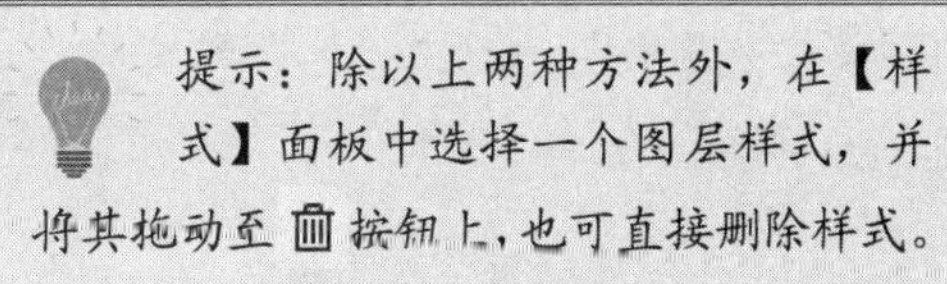

提示：除以上两种方法外，在【样式】面板中选择一个图层样式，并将其拖动至 🗑 按钮上，也可直接删除样式。

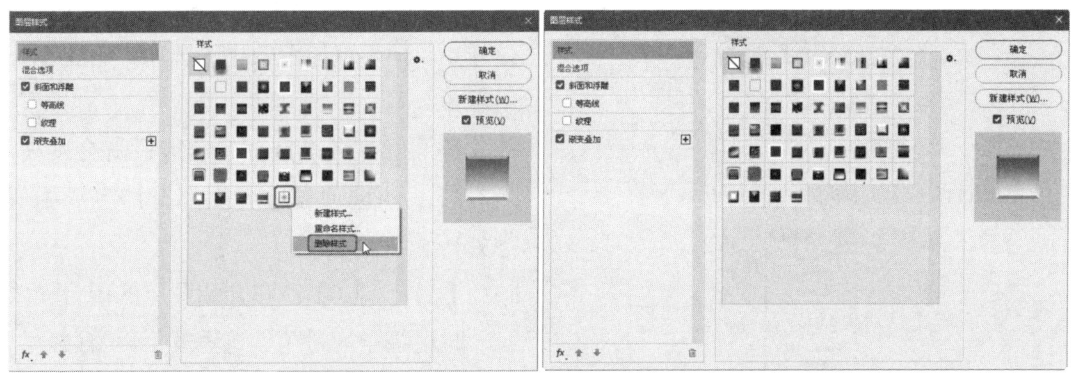

图 5-91 在【图层样式】对话框中删除样式

5.9.4 使用图层样式

在 Photoshop 中，对图层样式进行管理是通过【图层样式】对话框来完成的，还可以通过在菜单栏中选择【图层】|【图层样式】命令添加各种样式，如图 5-92 所示。

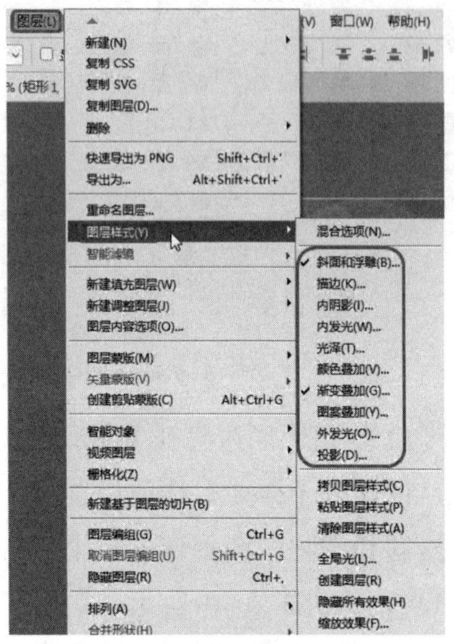

图 5-92 选择【图层样式】命令

也可以单击【图层】面板下方的【添加图层样式】按钮 fx 来添加各种样式，如图 5-93 所示。

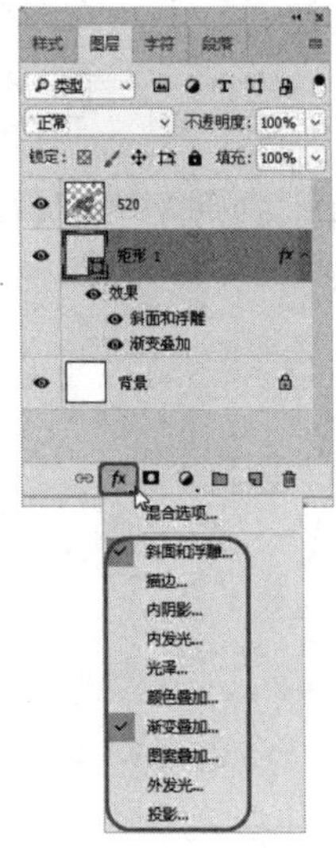

图 5-93 添加图层样式

双击图层名称右侧的空白处，也可以打开【图层样式】对话框。在该对话框的左侧列出了多种效果，如图 5-94 所示。

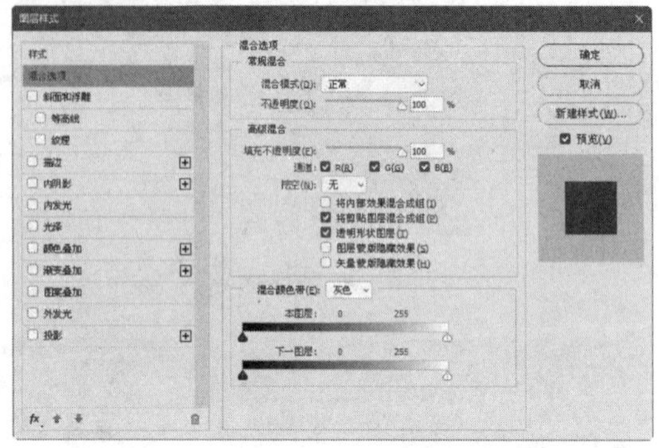

图 5-94 【图层样式】对话框

在【图层样式】对话框中选择任意效果后，对话框的右侧会显示与之对应的设置选项，如图 5-95 所示。

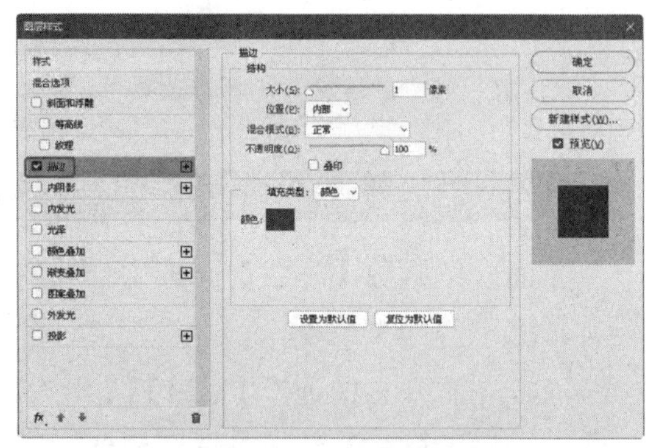

图 5-95 选择效果

如果只选中效果复选框，则可以应用该效果，但不会显示效果的选项，如图 5-96 所示。

逐一尝试各个选项的功能后就会发现，所有样式的选项参数界面都有许多的相似之处。

- 【混合模式】：在介绍图层的混合模式时已经学习过了，这里就不再赘述。

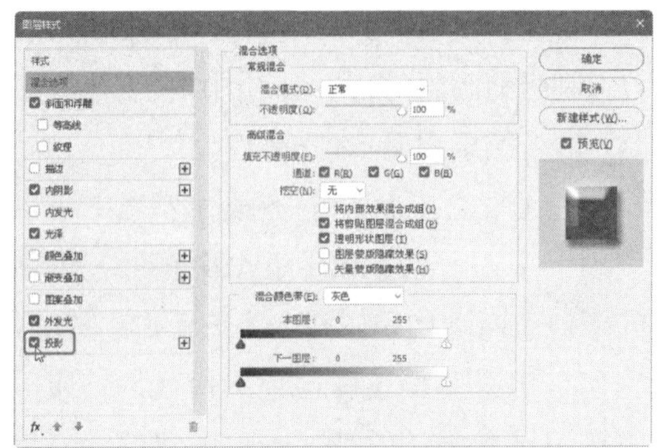

图 5-96 使用效果

- 【不透明度】：可以输入数值或拖动滑块设置图层效果的不透明度。
- 【通道】：在 3 个复选框中，可以选择参加高级混合的 R、G、B 通道中的任何一个或者多个，也可以一个都不选择，但这样一般得不到理想的效果。关于通道的详细介绍，会在后面的【通道】面板中加以阐述。
- 【挖空】：该下拉列表框用来控制投影在半透明图层中的可视性或闭合，如图 5-97 所示。将【挖空】设置为【深】，将【填充不透明度】数值设定为 0，如图 5-98 所示，挖空到背景图层的效果如图 5-99 所示。

图 5-97 挖空图层

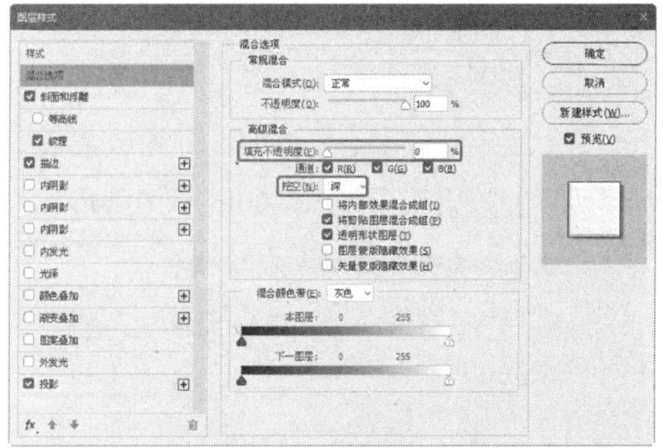

图 5-98 设置【挖空】参数

图 5-99 挖空到背景图层的效果

> 提示：当使用【挖空】参数的时候，在默认情况下，会从该图层挖到背景图层。如果没有背景图层，则以透明的形式显示。

- ◇ 【将内部效果混合成组】：选中该复选框可将本次操作作用到图层的内部效果，然后合并到一个组中。这样在下次使用的时候，出现在窗口中的默认参数即为现在的参数。
- ◇ 【将剪贴图层混合成组】：该复选框将剪贴的图层合并到同一个组中。
- ◇ 【透明形状图层】：该复选框限制样式或挖空效果的范围。
- ◇ 【图层蒙版隐藏效果】：该复选框用来定义图层效果在图层蒙版中的应用范围。如果在添加了图层蒙版的图层上取消选中【图层蒙版隐藏效果】

复选框，则效果会在蒙版区域内显示，如图 5-100 所示；如果选中【图层蒙版隐藏效果】复选框，则图层蒙版中的效果不会显示，如图 5-101 所示。

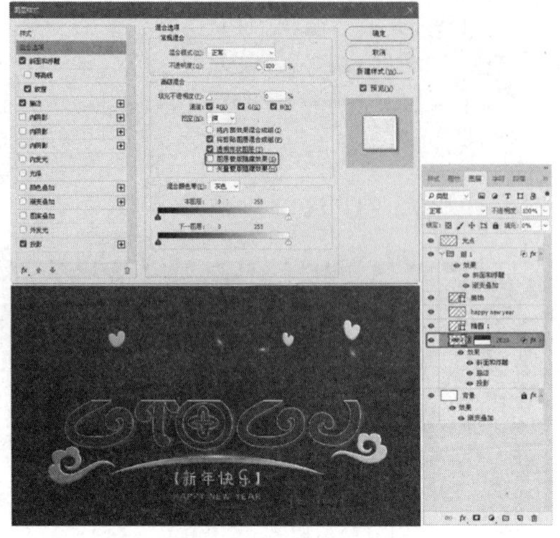

图 5-100　取消选中【图层蒙版隐藏效果】复选框的效果

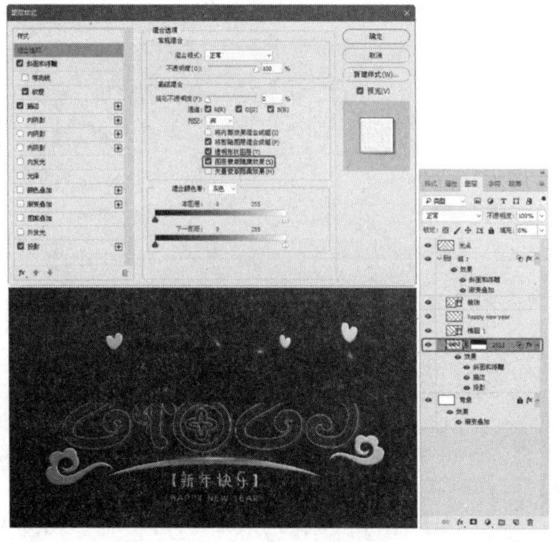

图 5-101　选中【图层蒙版隐藏效果】复选框的效果

◇ 【矢量蒙版隐藏效果】：该复选框用来定义图层效果在矢量蒙版中的应用范围，选中该复选框，矢量蒙版中的效果将不会显示，取消选中该复选框，则效果会在矢量蒙版区域内显示。

▷ 【混合颜色带】：该下拉列表框用来控制当前图层与它下面的图层混合时，在混合结果中显示哪些像素。

在【混合颜色带】下拉列表框中可以发现，【本图层】和【下一个图层】选项的颜色条两端均是由两个小三角形组成的，它们是用来调整该图层色彩深浅的。如果直接用鼠标拖动的话，则只能将整个三角形拖动，没有办法缓慢变化图层的颜色深浅。如果按住 Alt 键拖动鼠标，则可拖动右侧的小三角，从而达到缓慢变化图层颜色深浅的目的。使用同样的方法可以对其他的三角形进行调整。

5.9.5　渐变叠加

选中【渐变叠加】复选框可以为图层内容添加渐变颜色。

（1）打开“素材\Cha05\特效素材.psd”文件，如图 5-102 所示。

图 5-102　素材文件

（2）双击“2023”图层右侧的空白部分，打开【图层样式】对话框，在该对话框中选中【渐变叠加】复选框，将【混合模式】设置为【正常】，将【不透明度】设置为 100，选择黑白渐变样式，将 0% 位置处的 RGB 值设置为 159、101、52，将 54% 位置处的 RGB 值设置为 240、167、104，将

100% 位置处的 RGB 值设置为 255、215、162，将【角度】设置为 53，将【缩放】设置为 144%，如图 5-103 所示。

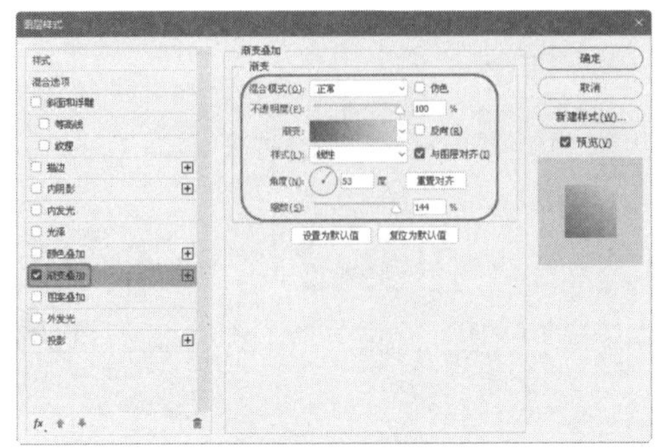

图 5-103 设置【渐变叠加】参数

（3）设置完成后单击【确定】按钮，效果如图 5-104 所示。

图 5-104 设置渐变叠加后的效果

该参数与【颜色叠加】参数一样，都可以将原有的颜色进行叠加改变，然后通过调整混合模式与不透明度来控制渐变颜色的不同效果。

- 【混合模式】：它以图像和黑白渐变为编辑对象，其模式与图层的混合模式一样，用于设置使用渐变叠加时色彩混合的模式。
- 【不透明度】：用于设置对图像进行渐变叠加时色彩的不透明程度。
- 【渐变】：设置使用的渐变色。
- 【样式】：该下拉列表框用于设置渐变类型。

5.9.6 斜面和浮雕

选中【斜面和浮雕】复选框，可以为图层内容添加暗调和高光效果，使图层内容呈现突起的浮雕效果。

（1）继续上面的操作，选择“2023”图层，打开【图层样式】对话框，选中【斜面和浮雕】复选框，将【样式】设置为【内斜面】，将【方法】设置为【雕刻清晰】，将【深度】设置为 1，将【大小】设置为 3，将【软化】设置为 6。将【阴影】选项组中的【角度】、【高度】设置为 60、31，将【光泽等高线】设置为高斯，将【高光模式】设置为【颜色减淡】，将【颜色】设置为 #fdfcfa，将【不透明度】设置为 58；将【阴影模式】设置为【叠加】，将【颜色】设置为 #4a494a，将【不透明度】设置为 70，如图 5-105 所示。

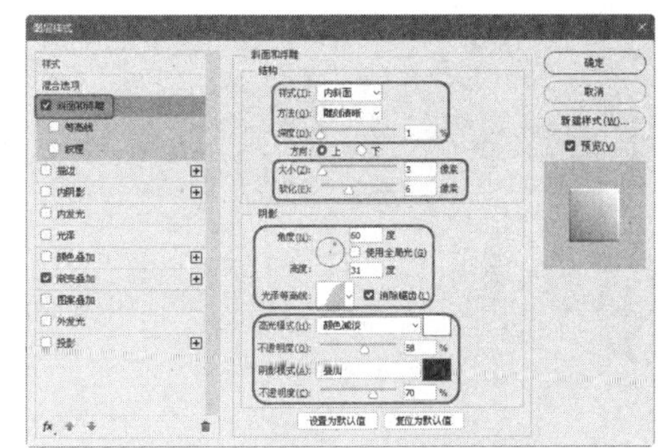

图 5-105 设置斜面和浮雕

（2）设置完成后单击【确定】按钮，效果如图 5-106 所示。

图 5-106 斜面和浮雕效果

- 【样式】：在该下拉列表框中有 5 个模式，分别是【外斜面】、【内斜面】、【浮雕效果】、【枕状浮雕】和【描边浮雕】。
- 【方法】：在该下拉列表框中有 3 个选项，分别是【平滑】、【雕刻清晰】和【雕刻柔和】。
    - ◇ 【平滑】：选择该选项，可以得到边缘过渡比较柔和的图层效果，也就是它得到的阴影边缘变化不尖锐。
    - ◇ 【雕刻清晰】：选择该选项，将产生边缘变化明显的效果。相较【平滑】选项，该选项产生的效果立体感更强。
    - ◇ 【雕刻柔和】：与【雕刻清晰】类似，但是其边缘的色彩变化要稍微柔和一点。
- 【深度】：控制效果的颜色深度，数值越大，得到的阴影越深，数值越小，得到的阴影颜色越浅。
- 【方向】：包括【上】、【下】两个方向，用来切换亮部和阴影的方向。选中【上】单选按钮，则亮部在上面，如图 5-107 所示；选中【下】单选按钮，则亮部在下面，如图 5-108 所示。

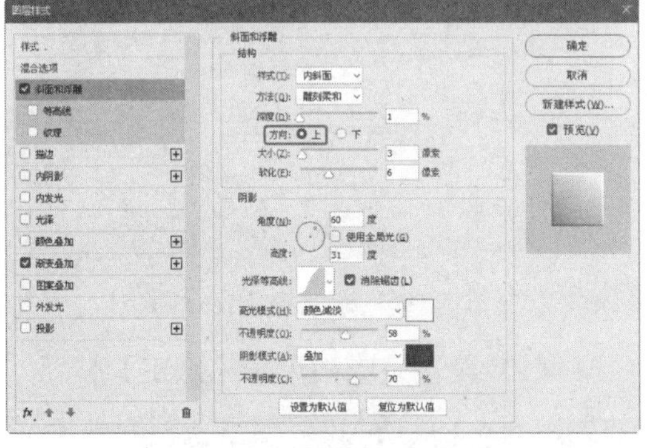

图 5-107　选中【上】单选按钮的效果

图 5-108　选中【下】单选按钮的效果

- 【大小】：用来设置斜面和浮雕中阴影面积的大小。
- 【软化】：用来设置斜面和浮雕的柔和程度，该值越大，效果越柔和。
- 【角度】：控制灯光在圆中的角度。圆中的圆圈符号可以用鼠标移动。
- 【高度】：是指光源与水平面的夹角。值为 0，表示底边；值为 90，表示图层的正上方。
- 【使用全局光】：该复选框决定应用于图层效果的光照角度。既可以定义全部图层的光照效果，也可以将光照应用到单个图层中，可以制造出一种连续光源照在图像上的效果。

- 【光泽等高线】：此选项的编辑和使用方法与前面提到的等高线的编辑方法是一样的。
- 【消除锯齿】：选中该复选框，可以使混合等高线或光泽等高线的边缘像素变化的效果不会显得很突然，可使效果过渡变得柔和。此复选框在具有复杂等高线的小阴影上最有用。
- 【高光模式】：该复选框用来指定斜面或浮雕高光的混合模式。这相当于在图层的上方有一个带色光源，光源的颜色可以通过右边的颜色方块来调整。它会使图层实现许多种不同的效果。
- 【阴影模式】：该下拉列表框用于指定斜面或浮雕阴影的混合模式，可以调整阴影的颜色和模式。通过右边的颜色方块，可以改变阴影的颜色，在其下拉列表中可以选择阴影的模式。
- 在对话框的左侧选中【等高线】复选框，可以切换到【等高线】设置界面，如图5-109所示。使用【等高线】复选框可以勾画在浮雕处理中被遮住的起伏、凹陷、凸起，如图5-110所示。
- 【斜面和浮雕】对话框中【纹理】参数的设置如图5-111所示。

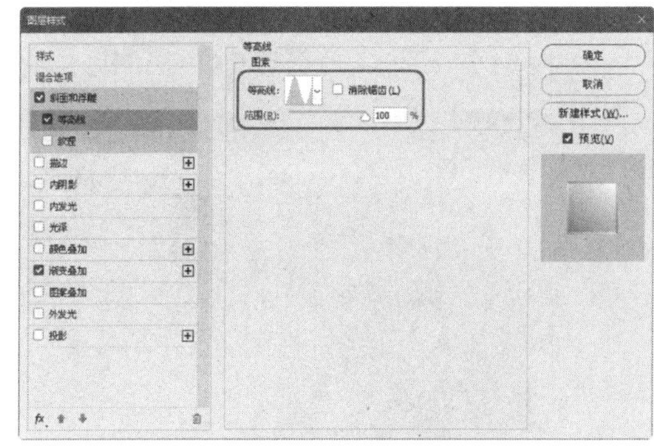

图 5-109 设置等高线

图 5-110 设置后的效果

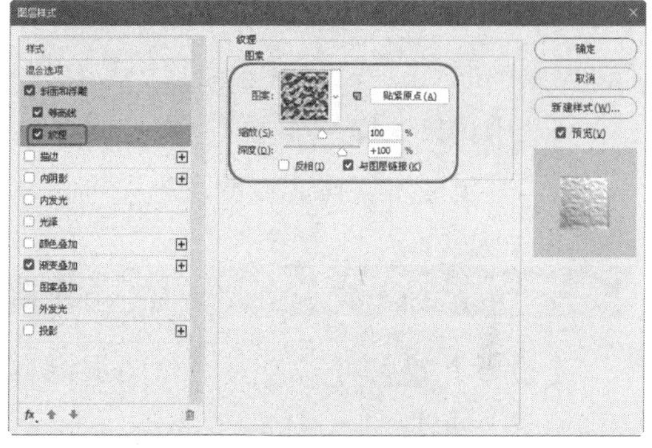

图 5-111 【纹理】设置界面

◇ 【图案】：在该下拉列表框中可以选择合适的图案。斜面和浮雕的效果就是按照图案的颜色或者它的浮雕模式呈现的，如图5-112所示。在预览图上可以看出待处理的图像的浮雕模式和所选图案的关系。

图 5-112 两种图案的浮雕模式

◇ 【贴紧原点】：单击此按钮，可使图案的浮雕效果从图像或者文档的角落开始。

◇ 【缩放】：拖动滑块或输入数值，可以调整图案的大小。

◇ 【深度】：用来设置图案的纹理应用程度。

- 【反相】：可反转图案纹理的凹凸方向。
- 【与图层链接】：选中该复选框，可以将图案链接到图层，在对图层进行变换操作时，图案也会一同变换。选中该复选框，单击【紧贴原点】按钮，可以将图案的原点对齐到文档的原点。如果取消选中该复选框，单击【紧贴原点】按钮，则可以将原点放在图层的左上角。

5.9.7 投影

【投影】效果可以人为地为图层内容添加投影，使其产生立体感。

（1）继续上面的操作，双击“2023”图层文本的右侧，打开【图层样式】对话框，选中【投影】复选框，将【混合模式】设置为【正常】，将颜色设置为 #000000，将【不透明度】设置为 40%，将【角度】设置为 120，将【距离】、【扩展】、【大小】分别设置为 30、5、10，如图 5-113 所示。

（2）执行以上操作，单击【确定】按钮，效果如图 5-114 所示。

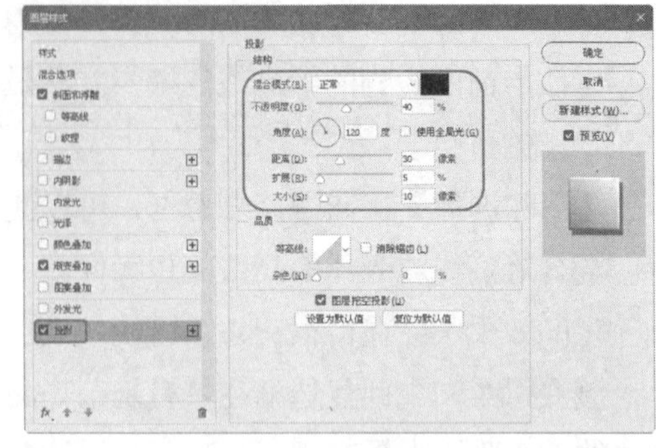

图 5-113 设置投影

图 5-114 设置投影后的效果

【投影】设置界面中参数介绍如下。

- 【混合模式】：用来设置投影与下面图层的混合模式，该下拉列表框默认为【正片叠底】。
- 投影颜色：单击【混合模式】下拉列表框右侧的色块，可以在打开的【拾色器（投影颜色）】对话框中设置投影的颜色，如图 5-115 所示。

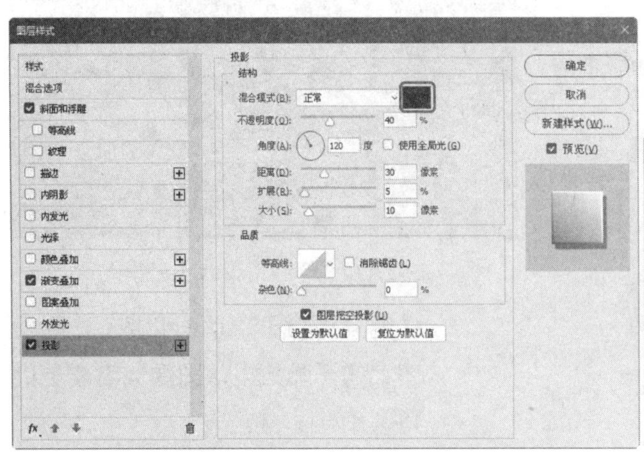

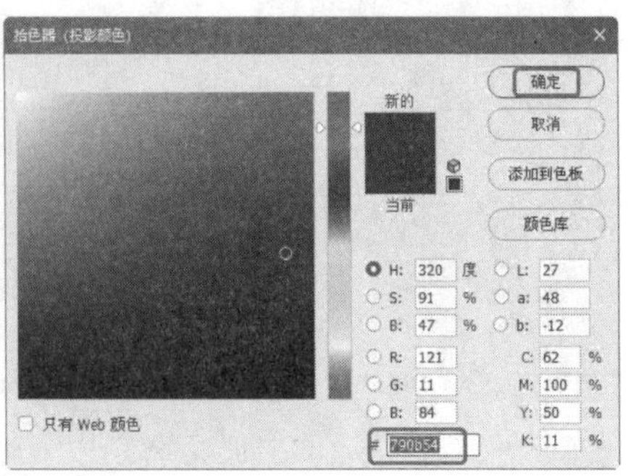

图 5-115 设置投影颜色

- 【不透明度】：拖动滑块或输入数值，可以设置投影的不透明度。该值越大，投影越深，该值越小，投影越浅，如图 5-116 所示。

图 5-116 设置不透明度

- 【角度】：确定效果应用于图层时所采用的光照角度，可以在文本框中输入数值，也可以拖动圆形的指针来进行调整，指针的方向为光源的方向，如图 5-117 所示。

图 5-117 设置角度

- 【使用全局光】：选中该复选框，所产生的光源作用于同一个图像中的所有图层。取消选中该复选框，产生的光源只作用于当前编辑的图层。
- 【距离】：控制阴影到图层中图像的距离，值越大，投影越远。也可以将光标放在场景文件的投影上，当鼠标为形状时，单击并拖动鼠标，可直接调整投影的距离和角度，如图 5-118 所示。

图 5-118 拖动投影的距离和角度

- 【扩展】：用来设置投影的扩展范围，受【大小】参数的影响。
- 【大小】：用来设置投影的模糊范围，值越大，模糊范围越广，值越小，投影越清晰。
- 【等高线】：应用该选项，可以使图像产生立体效果。单击其下拉按钮，会弹出【等高线“拾色器”】窗口，从中可以根据图像选择适当的模式，如图 5-119 所示。

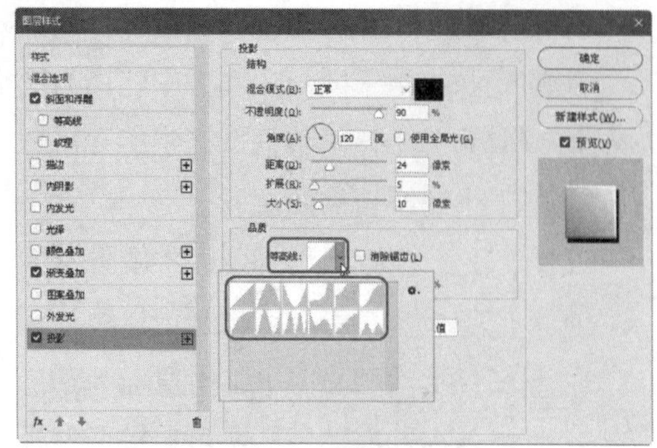

图 5-119　12 种等高线模式

- 【消除锯齿】：选中该复选框，在用固定的选区做一些变化时，可以使变化的效果不至于显得很突然，可使效果过渡更柔和。
- 【杂色】：用来在投影中添加杂色，该参数值较高时，投影将显示为点状。
- 【图层挖空投影】：用来控制半透明图层中投影的可见性。选中该复选框后，如果当前图层的填充小于 100% 时，则半透明图层中的投影不可见。

如果觉得这里的模式太少，则可以在【等高线“拾色器”】窗口中，单击右上角的⚙按钮，将打开如图 5-120 所示的菜单。

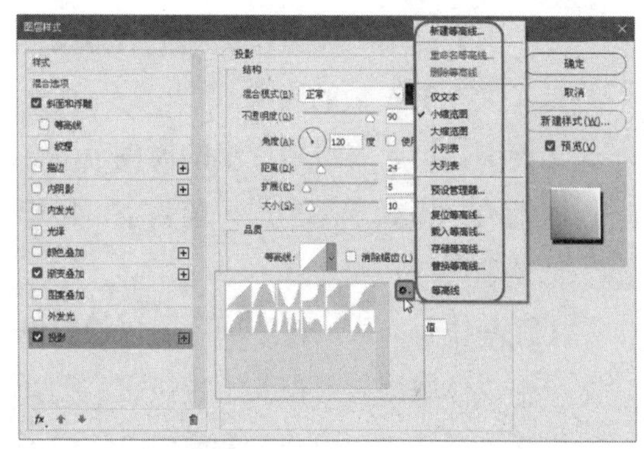

图 5-120　下拉菜单

下面介绍如何新建一个等高线以及等高线的一些基本操作。

单击等高线图标，可以弹出【等高线编辑器】对话框，如图 5-121 所示。

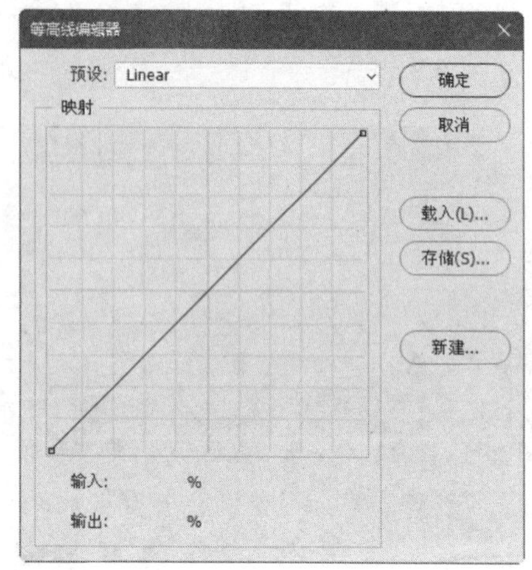

图 5-121　【等高线编辑器】对话框

- 【预设】：在该下拉列表框中可以先选择比较接近用户需要的等高线，然后在【映射】选项组的曲线上面单击可添加锚点，用鼠标拖动锚点，会得到一条曲线，其默认的模式是平滑的曲线。
- 【输入】和【输出】：【输入】指的是图像在该位置原来的色彩相对数值。【输出】指的是通过这条等高线处理后，得到的图像在该处的色彩相对数值。

完成对曲线的设置以后，单击【新建】按钮，将弹出【等高线名称】对话框，如图 5-122 所示。

图 5-122　新建等高线

如果想对当前调整的等高线进行保留，可以单击【存储】按钮对等高线进行保存，在弹出的【另存为】对话框中命名并保存即可，如图 5-123 所示。载入等高线的操作与保存类似。

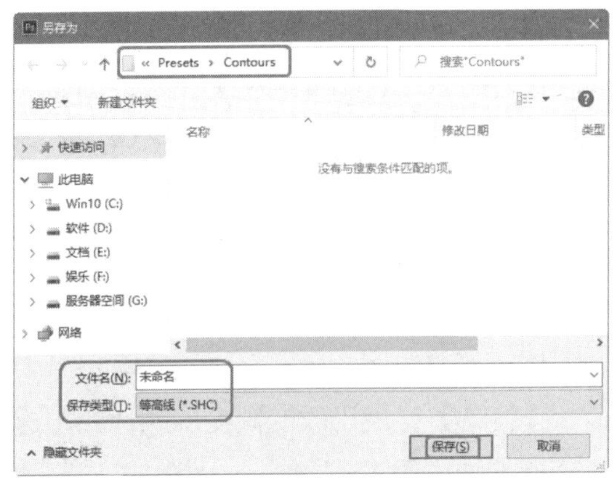

图 5-123 【另存为】对话框

5.9.8 内阴影

应用【内阴影】选项，可以围绕图层内容的边缘添加内阴影效果，使图层呈凹陷的外观效果。

（1）打开“素材\Cha05\特效素材.psd”文件，如图 5-124 所示。

图 5-124 素材文件

（2）在“2023”图层右侧双击，打开【图层样式】对话框，选中【内阴影】复选框，将【混合模式】设置为【正常】，设置【填充颜色】为 #f1c57d，将【不透明度】设置为 100%，将【角度】设置为 -41，将【距离】设置为 350，将【阻塞】设置为 100，将【大小】设置为 150，如图 5-125 所示。

（3）设置完成后单击【确定】按钮，添加内阴影后的效果如图 5-126 所示。

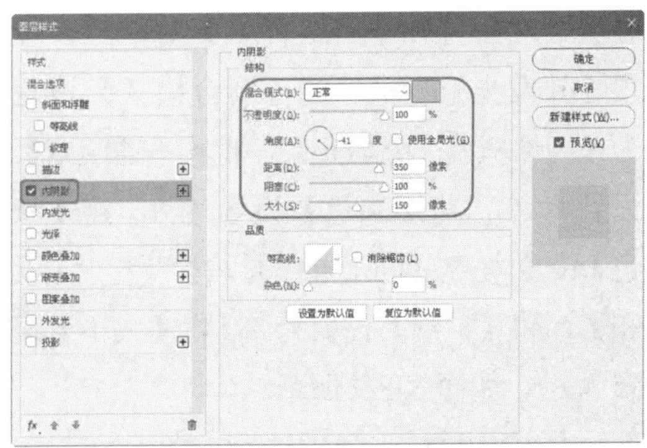

图 5-125 设置内阴影

图 5-126 设置内阴影后的效果

与【投影】设置界面相比，【内阴影】设置界面下半部分的参数设置在【投影】中都涉及了。而上半部分则稍有不同。

从图 5-125 中可以看出，这个部分只是将原来的【扩展】参数改为了现在的【阻塞】参数，这是一个和扩展相似的功能，但它是扩展的逆运算。扩展是将阴影向图像或选区的外面扩展，而阻塞则是向图像或选区的里边扩展，得到的效果图极为相似，在精确制作时可能会用到。如果将这两个选项都选中并分别对它们进行设定，则会得到意想不到的效果。

5.9.9 外发光

应用【外发光】选项，可以围绕图层内容的边缘创建外部发光效果。

（1）继续上面的操作，选择“2023”

图层，然后打开【图层样式】对话框，设置【外发光】参数，将【混合模式】设置为【线性减淡（添加）】，将【不透明度】设置为34，将【杂色】设置为0，将【颜色】设置为#f7d45b，将【方法】设置为【柔和】，将【扩展】设置为7，将【大小】设置为62，如图5-127所示。

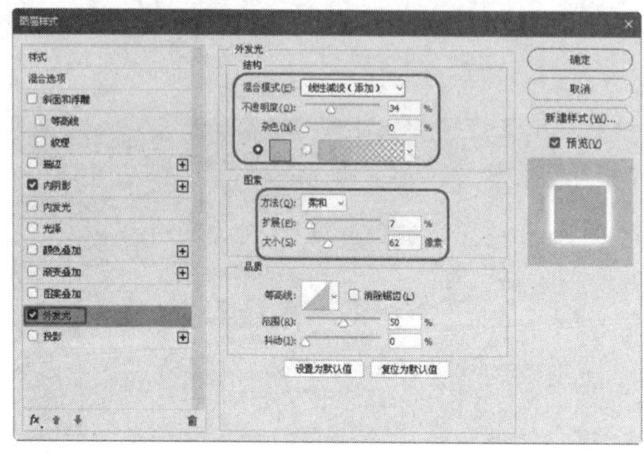

图 5-127　设置外发光参数

（2）设置完成后单击【确定】按钮，设置后的效果如图5-128所示。

图 5-128　设置外发光参数后的效果

【外发光】设置界面中各项的含义如下。

- 可选颜色：选择色块单选按钮，然后单击色块，在弹出的【拾色器】对话框中可以选择一种颜色作为外发光的颜色。选择右侧的渐变单选按钮，然后单击渐变条，可在弹出的【渐变编辑器】对话框中设置渐变颜色作为外发光颜色。
- 【方法】：包括【柔和】和【精确】两个选项，用于设置光线的发散效果。
- 【扩展】和【大小】：用于设置外发光的模糊程度和亮度。
- 【范围】：该参数用于设置颜色不透明度的过渡范围。
- 【抖动】：用于改变渐变的颜色和不透明度的应用。

5.9.10　内发光

应用【内发光】选项，可以围绕图层内容的边缘创建内部发光效果。

（1）打开“素材\Cha05\特效素材.psd”文件，选择“2023”图层，打开【图层样式】对话框，选中【内发光】复选框，将【混合模式】设置为【排除】，将【不透明度】设置为100，将【杂色】设置为0，选中【纯色】单选按钮并将颜色设置为#f12047，将【方法】设置为【柔和】，将【源】设置为【居中】，将【阻塞】设置为23，将【大小】设置为21，如图5-129所示。

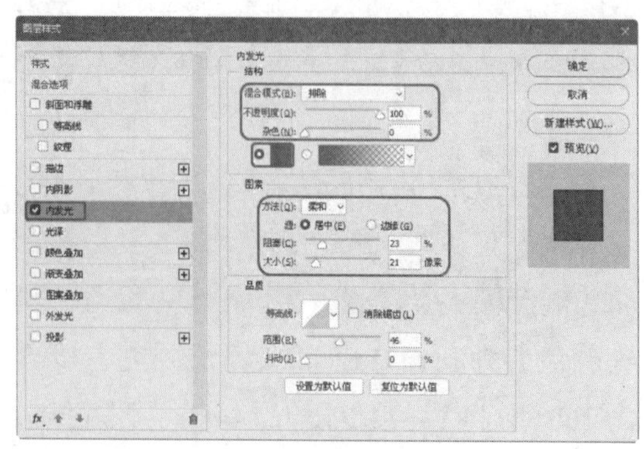

图 5-129　设置内发光参数

（2）设置完成后单击【确定】按钮，效果如图5-130所示。

图 5-130 设置内发光后的效果

提示：在印刷的过程中，关于样式的应用，要尽量少用。

【内发光】设置界面中的选项和【外发光】设置界面中的选项几乎一样。只是【外发光】设置界面中的【扩展】选项变成了【内发光】设置界面中的【阻塞】选项。外发光得到的阴影是在图层的边缘，在图层之间看不到效果的影响。而内发光得到的效果只在图层内部，即得到的阴影只出现在图层的不透明区域。

5.9.11 颜色叠加

应用【颜色叠加】选项，可以为图层内容添加颜色。

（1）打开“素材\Cha05\特效素材.psd”文件，打开【图层样式】对话框，选中【颜色叠加】复选框，在【颜色叠加】设置界面中，将【混合模式】设置为【正常】，将其颜色设置为 #f9ce39，将【不透明度】设置为 100，如图 5-131 所示。

（2）设置完成后单击【确定】按钮，效果如图 5-132 所示。颜色叠加是将颜色当作一个图层，然后再对这个图层施加一些效果或者混合模式。

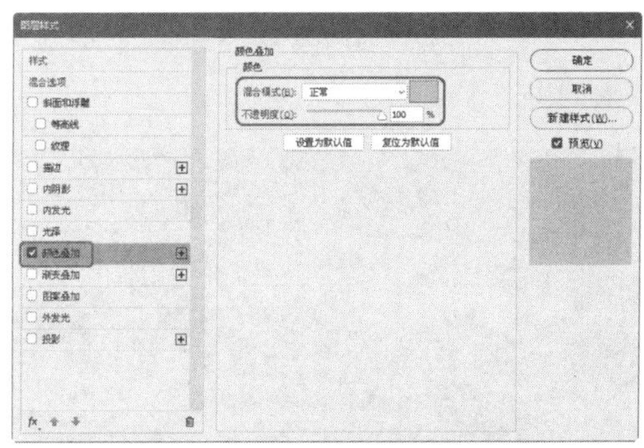

图 5-131 设置【颜色叠加】参数

图 5-132 设置颜色叠加后的效果

5.9.12 描边

【描边】选项可以使用颜色、渐变或图案来描绘对象的轮廓。

（1）继续上面的操作，为其添加【描边】效果，然后对其参数进行设置，将【大小】设置为 7，将【位置】设置为【外部】，将【不透明度】设置为 100，将【颜色】设置为 #d315e4，如图 5-133 所示。

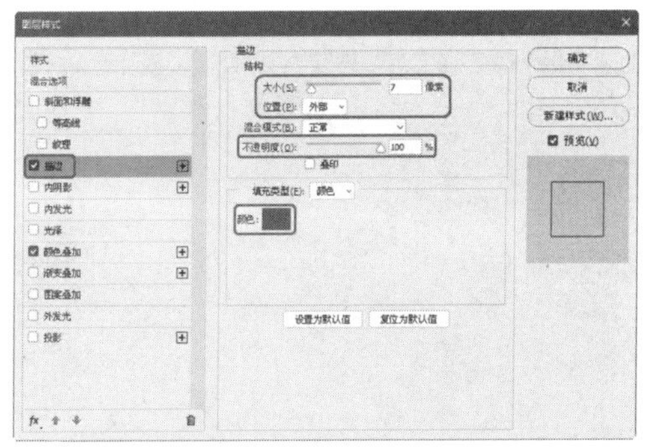

图 5-133 设置【描边】参数

（2）设置完成后单击【确定】按钮，效果如图 5-134 所示。

图 5-134　设置描边后的效果

5.9.13　光泽

应用【光泽】选项，可以根据图层内容的形状在内部应用阴影，创建光滑的打磨效果。

（1）打开“特效素材 .psd”文件，按住 Ctrl 键的同时单击“2023”图层左侧的缩略图，将背景色设置为白色，按 Ctrl+Delete 组合键填充背景色，按 Ctrl+D 组合键则取消选区，双击“2023”图层右侧打开【图层样式】对话框，选中【光泽】复选框，将【混合模式】设置为【正片叠底】，将颜色设置为 #eeb314，将【不透明度】设置为 55，将【角度】设置为 148，将【距离】设置为 16，将【大小】设置为 7，将【等高线】设置为【线性】，如图 5-135 所示。

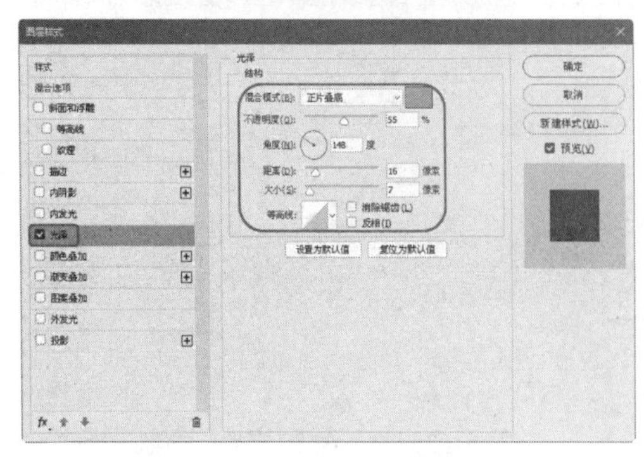

图 5-135　设置【光泽】参数

（2）设置完成后单击【确定】按钮，效果如图 5-136 所示。

图 5-136　设置光泽后的效果

【光泽】设置界面中参数的含义如下。

- 【混合模式】：它以图像和黑色为编辑对象，其模式与图层的【混合模式】一样，只是在这里，Photoshop 将黑色当作一个图层来处理。
- 【不透明度】：调整混合模式中颜色图层的不透明度。
- 【角度】：即光照射的角度，它控制着阴影所在的方向。
- 【大小】：即光照的大小，它控制阴影的大小。
- 【距离】：指定阴影或光泽效果的偏移距离。可以在文档窗口中拖动以调整偏移距离。数值越小，图像上被效果覆盖的区域越大。此距离值控制着阴影的距离。
- 【等高线】：这个选项在前面的效果选项中已经提到过，这里不再重复。

5.9.14　图案叠加

应用【图案叠加】选项，可以选择一种图案叠加到原有图像上。

（1）打开“特效素材 .psd”文件，打开【图层样式】对话框，选中【图案叠加】复选框，在【图案叠加】设置界面中，将【混合模式】设置为【正常】，将【不透明度】设置为100，选择一种图案，如图5-137所示。

（2）设置完成后单击【确定】按钮，如图5-138所示。

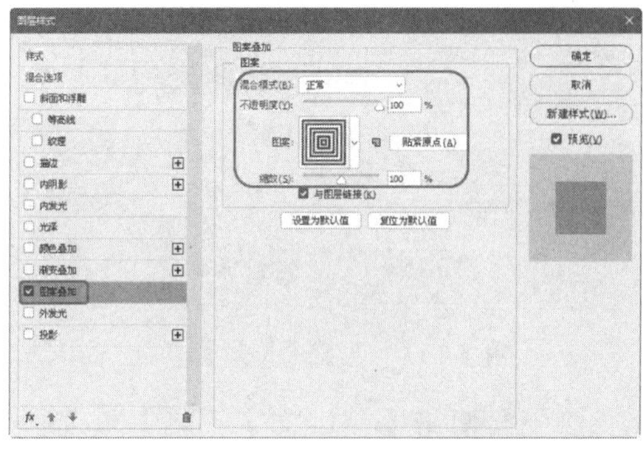

图5-137 设置【图案叠加】参数

图5-138 设置图案叠加后的效果

5.10 上机练习

下面通过制作抽奖界面和中国风剪纸，学习图层样式的使用方法。

5.10.1 制作抽奖界面

本例将介绍抽奖界面的制作，主要通过椭圆工具绘制圆形，然后通过【图层样式】对话框制作需要的样式，完成后的效果如图5-139所示。

扫一扫，看视频

（1）在Photoshop中，打开“素材\Cha05\抽奖UI界面.jpg”文件，如图5-140所示。

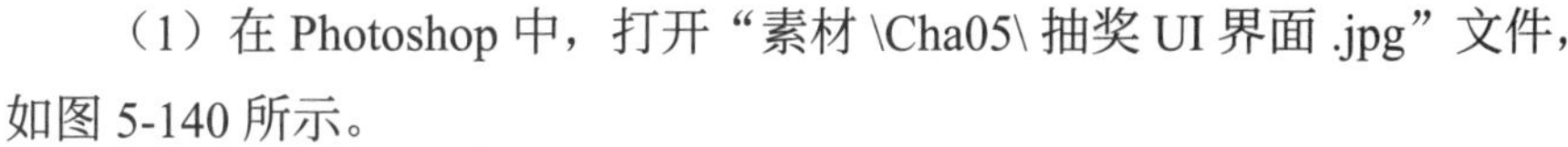

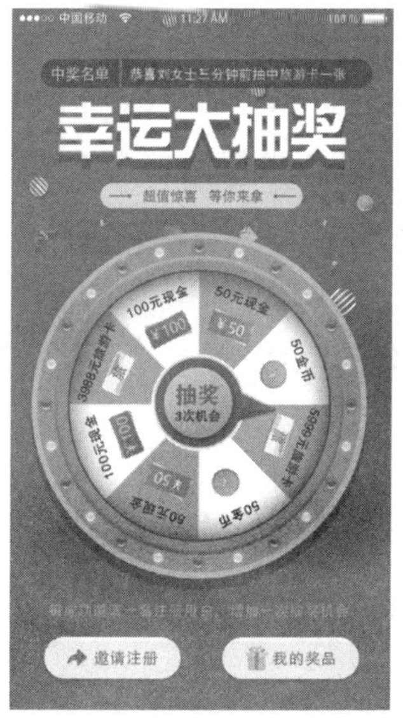

图5-139 制作抽奖界面

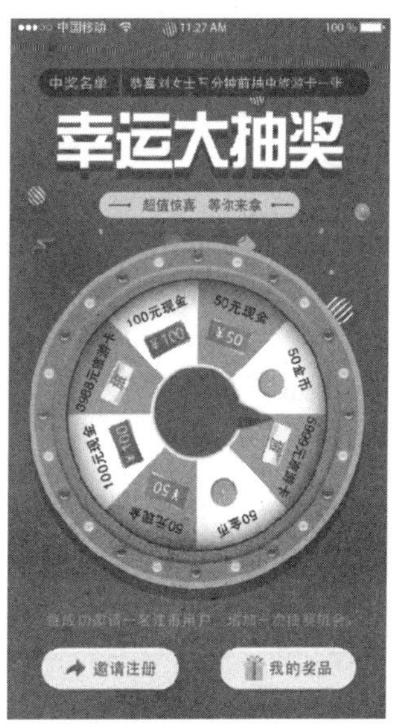

图5-140 打开素材文件

（2）在工具箱中单击【椭圆工具】按钮，在工作区中绘制椭圆，在【属性】面板中将 W、H 均设置为 134，随意填充颜色，将【描边】设置为无，如图 5-141 所示。

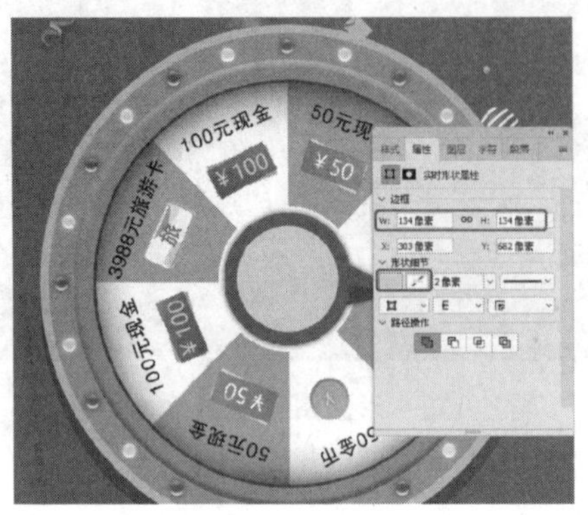

图 5-141　绘制圆

（3）双击【椭圆 1】图层右侧的空白位置，选中【渐变叠加】复选框，单击【渐变】下拉按钮，将左侧色标的颜色值设置为 #eea429，将右侧色标的颜色值设置为 #ffe48a，单击【确定】按钮，将【角度】设置为 119，如图 5-142 所示。

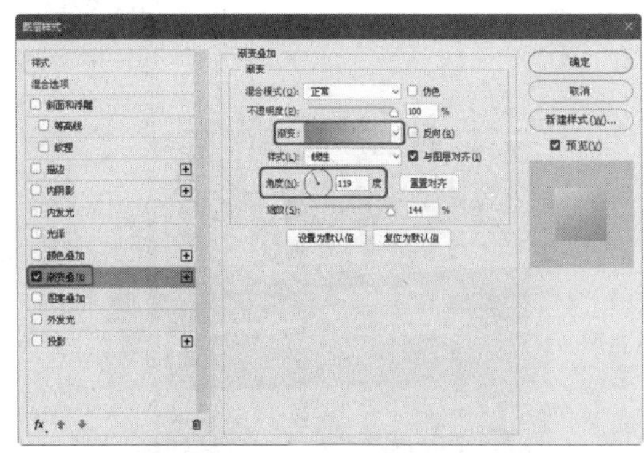

图 5-142　设置【渐变叠加】参数

（4）选中【投影】复选框，将【混合模式】设置为【正常】，将颜色设置为 #000000，将【不透明度】设置为 30%，将【角度】设置为 120 度，将【距离】、【扩展】、【大小】分别设置为 7、4、13，单击【确定】按钮，如图 5-143 所示。

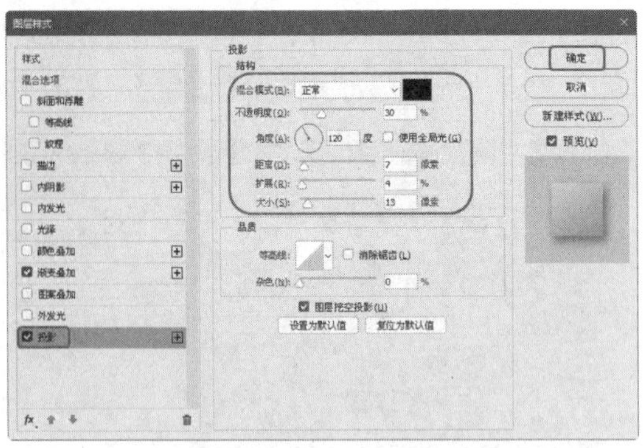

图 5-143　设置【投影】参数

（5）使用【横排文字工具】输入文本，将【字体】设置为【方正粗黑宋简体】，【字体大小】设置为 43，【字体颜色】设置为 #ff513c，如图 5-144 所示。

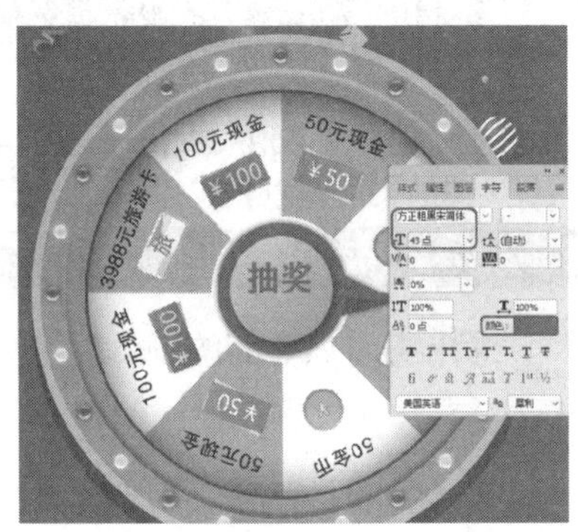

图 5-144　输入文本并进行设置

（6）使用【横排文字工具】输入文本，将【字体】设置为【方正粗黑宋简体】，【字体大小】设置为 25，【字体颜色】设置为 #664f08，如图 5-145 所示。

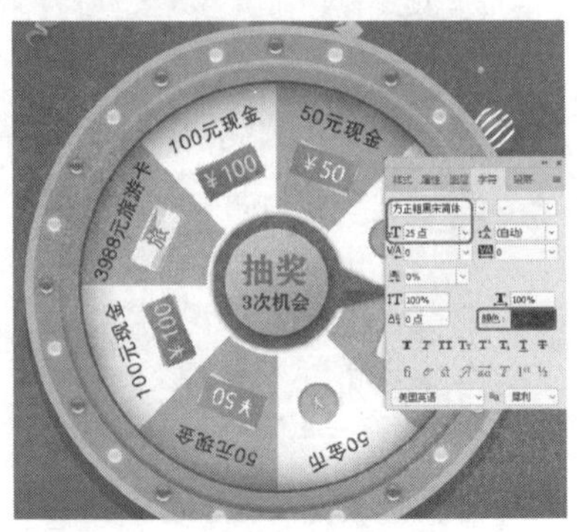

图 5-145　添加文字后的效果

5.10.2 制作中国风剪纸

扫一扫，看视频

下面制作中国风剪纸效果，主要使用了【投影】和【颜色叠加】效果，效果如图 5-146 所示。

图 5-146 中国风剪纸

（1）启动 Photoshop，打开“素材\Cha05\中国风剪纸.jpg”和“剪纸.png”文件，如图 5-147、图 5-148 所示。

（2）选中“剪纸.png”文件，选择【魔棒工具】，将【容差】设置为 50，选中红色剪纸部分，如图 5-149 所示。

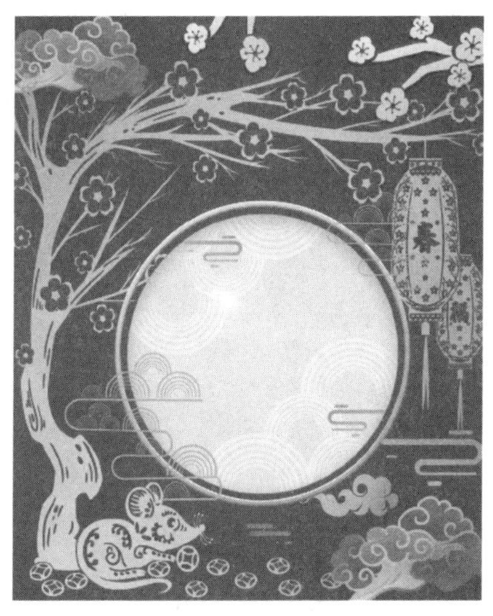
图 5-147 中国风剪纸

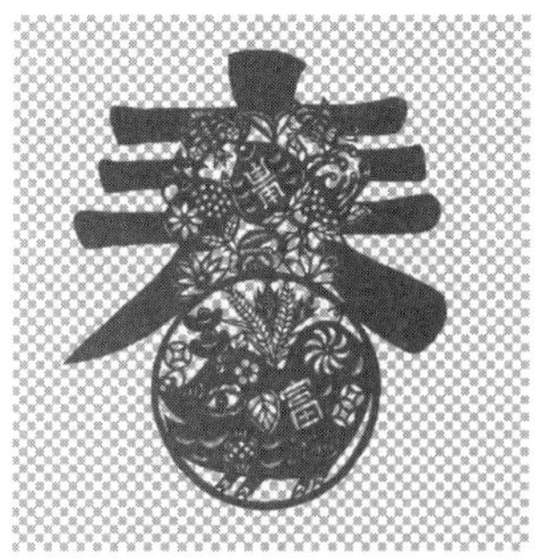
图 5-148 剪纸

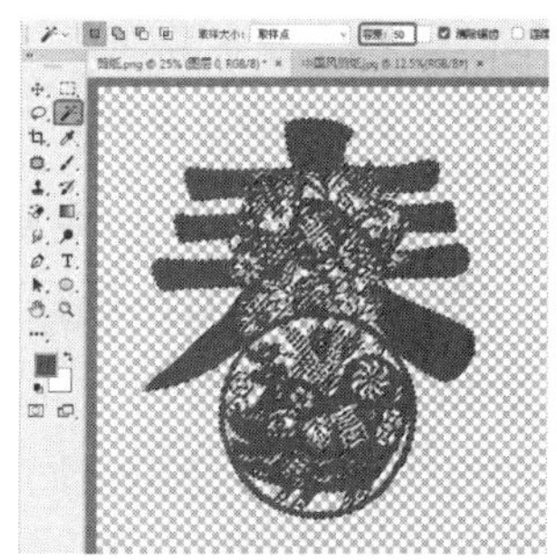
图 5-149 选择剪纸部分

（3）选择【移动工具】，拖动剪纸部分，移动至“中国风剪纸.jpg”文件中，如图 5-150 所示。

图 5-150 将剪纸放入场景中

（4）双击剪纸所在图层右侧的空白处，打开【图层样式】对话框，选中【颜色叠加】复选框，设置【混合模式】为【正常】，设置【颜色】为 #ffdb15，设置【不透明度】为 100%，如图 5-151 所示。

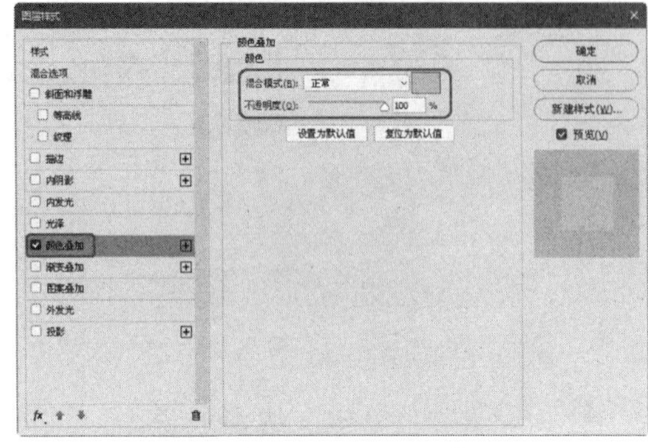

图 5-151　设置【颜色叠加】参数

（5）选中【投影】复选框，设置【混合模式】为【正片叠底】，设置【颜色】为黑色，设置【不透明度】为 80%，设置【角度】为 60，选中【使用全局光】复选框，设置【距离】为 15，设置【扩展】为 0，设置【大小】为 10，单击【确定】按钮，如图 5-152 所示。

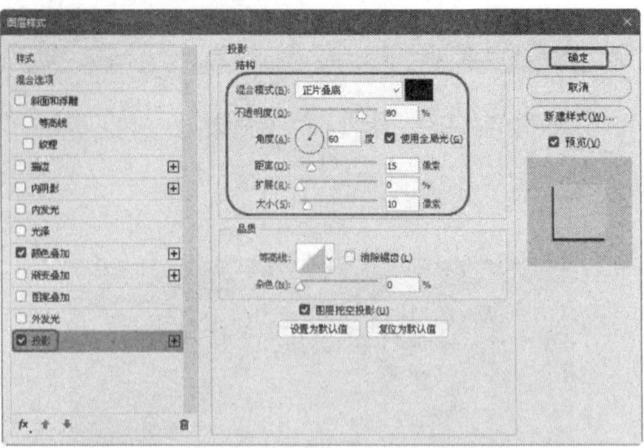

图 5-152　设置【投影】参数

（6）最终效果如图 5-153 所示，按 Ctrl+S 组合键保存后关闭文件。

图 5-153　最终效果

第 6 章

文本及常用广告艺术字特效

在平面设计作品中，文字不仅可以传达信息，还能起到美化版面、强化主题的作用。Photoshop 的工具箱中包含 4 种文字工具，可以创建不同类型的文字。本章将介绍点文本、段落文本和蒙版文本的创建，及对文本的编辑。

6.1 文本的输入

文字是人们传达信息的主要方式，在设计工作中显得尤为重要。文字的不同大小、颜色及字体，传达给人们的信息也不相同，所以，熟练地掌握关于文字的输入与设定的方法，是学习 Photoshop 时必不可少的内容。

点文本的输入方法非常简单，它通常用于文字比较少的场合，例如标题等。输入时，在工具箱中选择文字工具，在画布中单击输入即可，它不会自动换行。

6.1.1 点文本的输入

下面来介绍如何输入点文本。

1. 横排文字工具

（1）打开“素材\Cha06\横排文字工具.jpg”文件，如图 6-1 所示。

（2）在工具箱中选择【横排文字工具】T，在工具选项栏中，将文字样式设置为【汉仪粗宋简】，将【字号】设置为 208 点，将文本颜色的 RGB 值设置为 255、255、255，如图 6-2 所示。

图 6-1　打开的素材文件

图 6-2　输入参数

（3）在空白区域中单击鼠标，输入文本“520”，按 Ctrl+Enter 组合键确认输入，按 Ctrl+T 组合键适当旋转文字角度，如图 6-3 所示。

图 6-3　输入文字并旋转

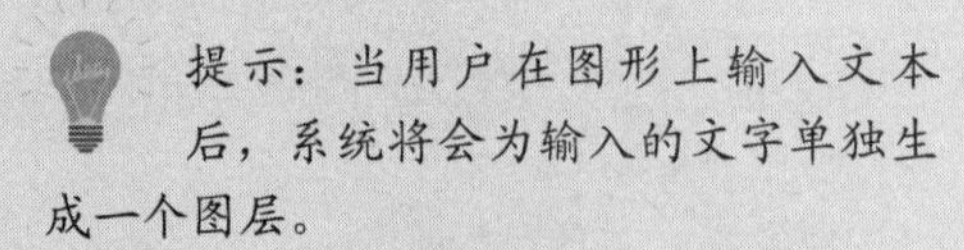

提示：当用户在图形上输入文本后，系统将会为输入的文字单独生成一个图层。

2. 直排文字工具

（1）打开“素材 \Cha06\ 直排文字工具 .jpg”文件，如图 6-4 所示。

图 6-4　打开的素材文件

（2）在工具箱中选择【直排文字工具】 ，在工具选项栏中，将文字样式设置为【汉仪娃娃篆简】，将字号设置为 220 点，将文本颜色的 RGB 值设置为 218、182、152，如图 6-5 所示。

图 6-5　输入参数

（3）在空白区域中单击鼠标，输入文本“奶茶”，按 Ctrl+Enter 组合键确认输入，如图 6-6 所示。

图 6-6　输入文字后的效果

6.1.2 设置文字属性

下面介绍设置文字属性的方法。

选择横排文字工具，其工具选项栏如图 6-7 所示。

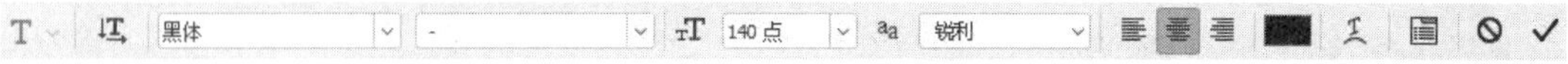

T 黑体 - 140 点 锐利

图 6-7 文本工具选项栏

- 【切换文本方向】：单击此按钮，可以在横排文字和直排文字之间进行切换。
- 【字体】下拉列表框：在该下拉列表框中，可以设置字体类型。
- 【字号】下拉列表框：在该下拉列表框中，可以设置字号大小。
- 【消除锯齿】下拉列表框：消除锯齿的方法，包括【无】、【锐利】、【犀利】、【浑厚】和【平滑】等几个选项，通常设定为【平滑】。
- 【段落格式】设置区：包括【左对齐文本】、【居中对齐文本】和【右对齐文本】几个选项。
- 【文本颜色】设置块：单击它可以弹出拾色器，从中可以设置文本的颜色。
- 【创建文字变形】按钮：单击该按钮，将弹出【变形文字】对话框，可以设置文字变形样式。
- 【切换字符和段落面板】按钮：单击该按钮，可打开【字符】面板。
- 【取消】按钮：取消当前的所有编辑。
- 【提交】按钮：提交当前的所有编辑。

6.1.3 编辑段落文本

段落文本是在文本框内输入的文字，它具有自动换行、可调整文字区域大小等优势，在处理文字量较大的文本时，可以使用段落文本来完成。下面将具体介绍段落文本的创建。

（1）打开“素材 \Cha06\ 编辑段落文本 .jpg”文件，如图 6-8 所示。

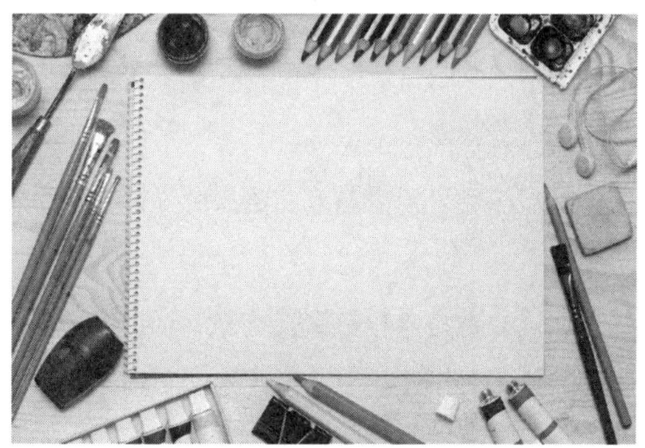

图 6-8 打开的素材文件

（2）在工具箱中选择横排文字工具，在工作区中单击并拖动鼠标，拖出一个矩形定界框，如图 6-9 所示。

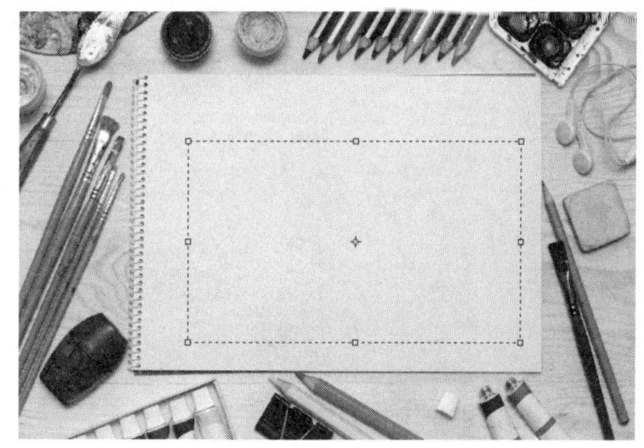

图 6-9 创建矩形定界框

（3）释放鼠标，在素材图形中出现一个闪烁的光标后，进行文本的输入，将【字体】设置为【汉仪方隶简】，【字号】

设置为 20 点，单击【文本颜色】块■，将文本颜色的 RGB 值设置为 255、84、0，当输入的文字到达文本框边界时，系统会进行自动换行。完成文本的输入后，按 Ctrl+Enter 组合键进行确定，效果如图 6-10 所示。

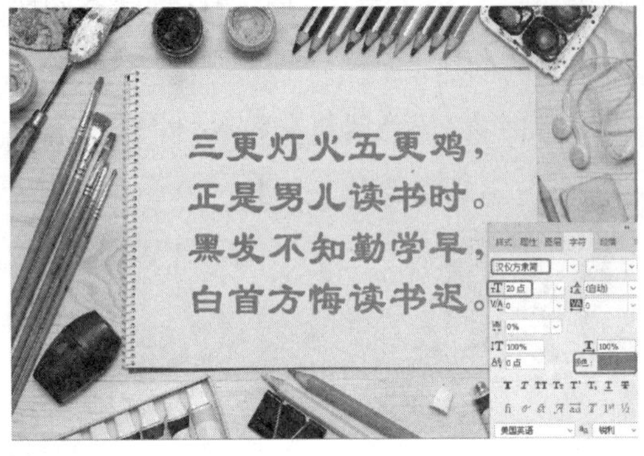

图 6-10　效果图

（4）当文本框内不能显示全部文字时，其右下角的控制点会显示为田状，如图 6-11 所示。拖动文本框上的控制点可以调整定界框的大小，字体会在调整后的文本框内进行重新排列。

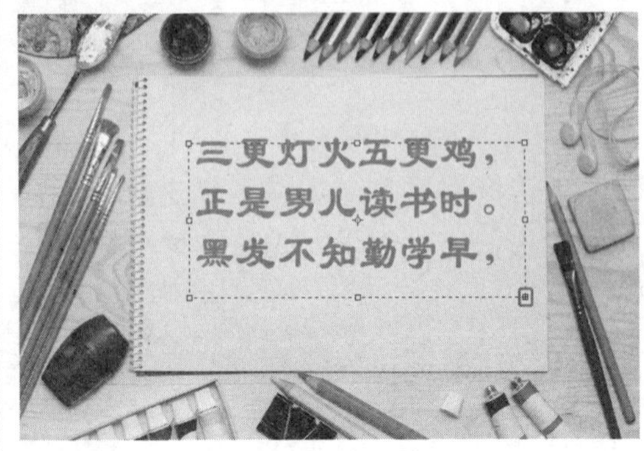

图 6-11　文本显示不全时的效果

> 提示：在创建文本定界框时，如果按住 Alt 键，会弹出【段落文本大小】对话框，在对话框中输入宽度值和高度值，可以精确地定义文字区域的大小。

知识链接：如何使用【字符】面板

【字符】面板提供了比工具选项栏更多的选项，如图 6-12 所示，图 6-13 所示为【字符】面板快捷菜单。字体系列、字体样式、文字大小、文字颜色和消除锯齿等，都与工具选项栏中的相应选项相同，下面重点介绍其他选项。

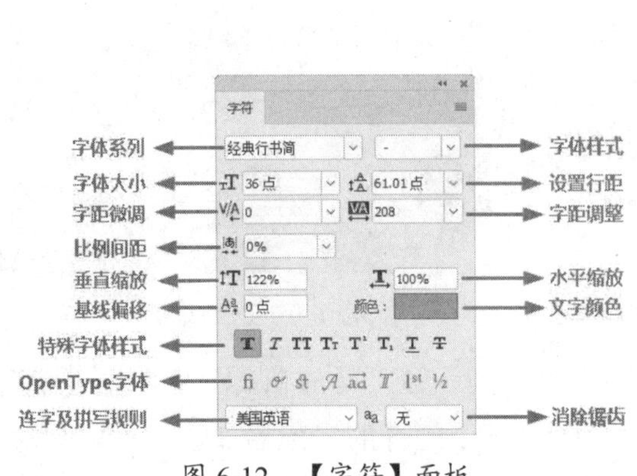

图 6-12　【字符】面板

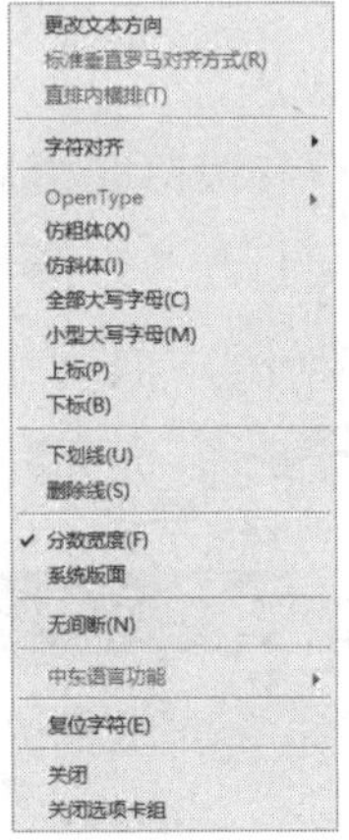

图 6-13　【字符】面板快捷菜单

- 【设置行距】：行距是指文本中各个文字行之间的垂直间距。同一段落的行与行之间可以设置不同的行距，但文字行中的最大行距决定了该行的行距。图 6-14 所示是行距为 18 点的文本，图 6-15 所示是行距调整为 30 点的文本。

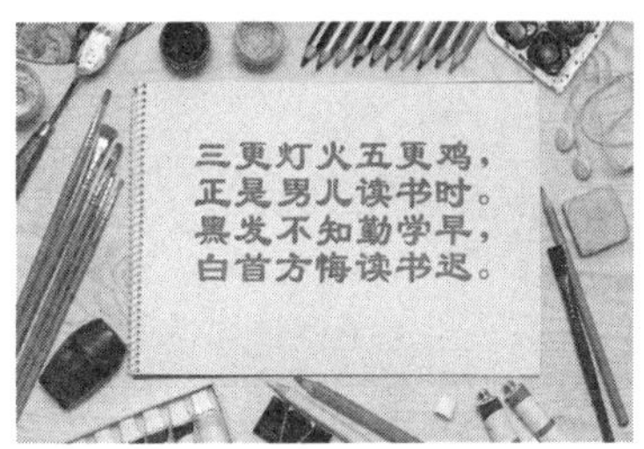

图 6-14 行距为 18 点的文本

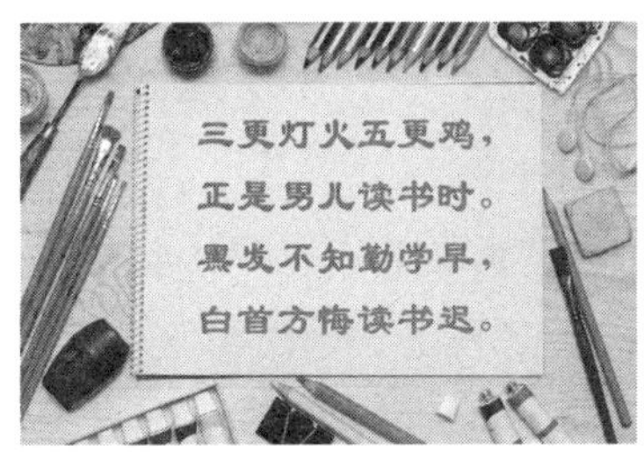

图 6-15 行距为 30 点的文本

- 【字距微调】：用来调整两个字符之间的间距，在操作时，首先在要调整的两个字符之间单击，设置插入点，如图 6-16 所示，然后再调整数值，图 6-17 所示为增大数值后的文本，图 6-18 所示为减小数值后的文本。

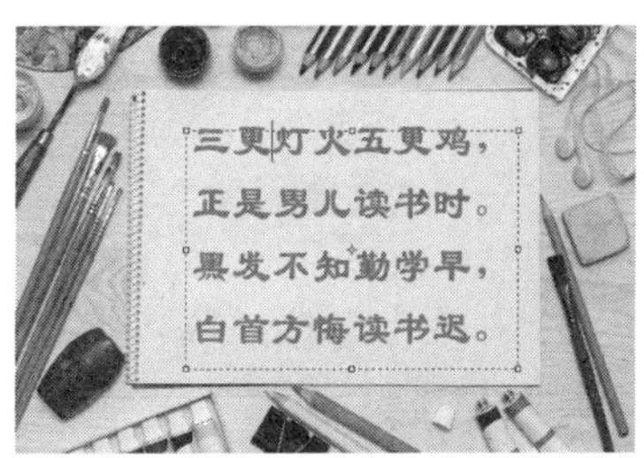

图 6-16 设置插入点

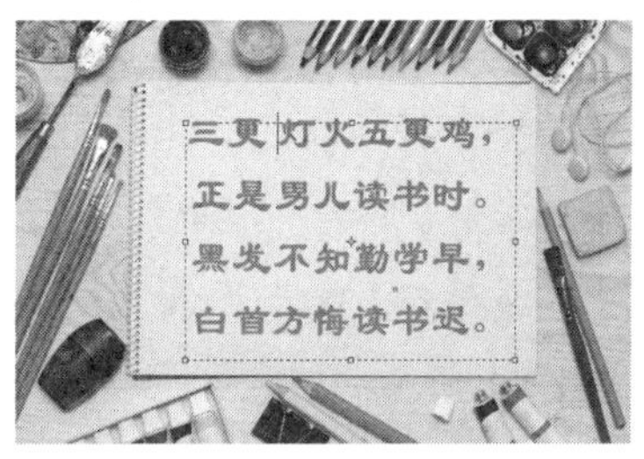

图 6-17 增大数值后的文本

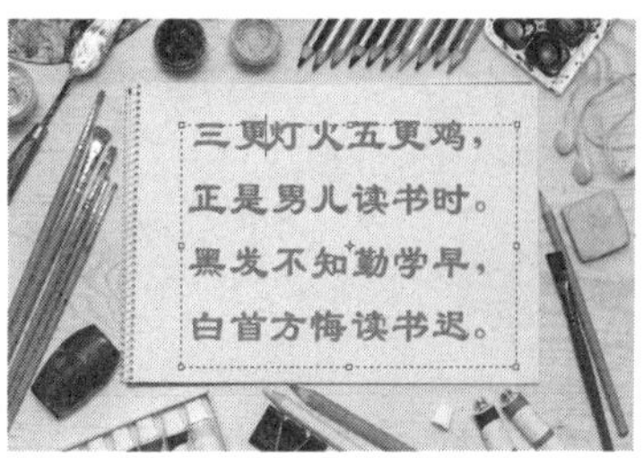

图 6-18 减小数值后的文本

- 【字距调整】：选择了部分字符时，可调整所选字符的间距，如图 6-19 所示，没有选择字符时，可调整所有字符的间距，如图 6-20 所示。

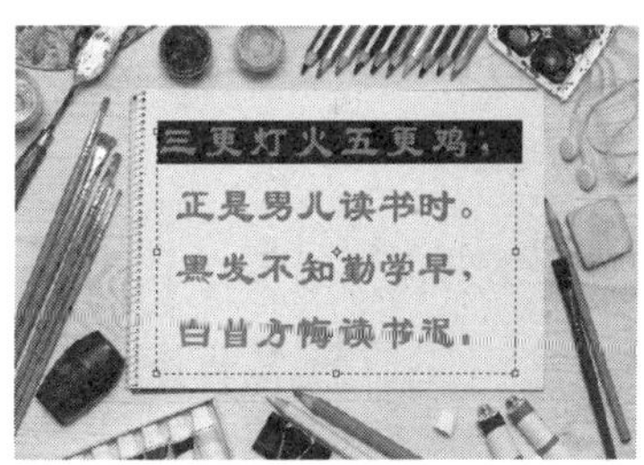

图 6-19 调整所选字符的间距

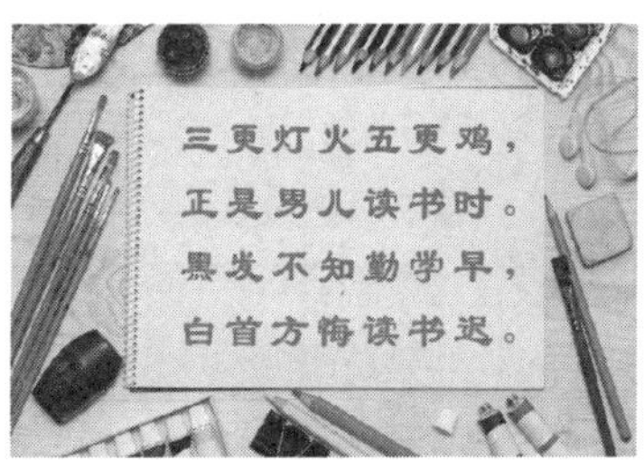

图 6-20 调整所有字符的间距

- 【比例间距】：用来设置所选字符的比例间距。

- 【水平缩放】、【垂直缩放】：水平缩放用于调整字符的宽度，垂直缩放用于调整字符的高度。这两个百分比相同时，可进行等比缩放，不同时，可进行不等比缩放。
- 【基线偏移】：用来控制文字与基线的距离，它可以升高或降低所选文字，如图 6-21 所示。

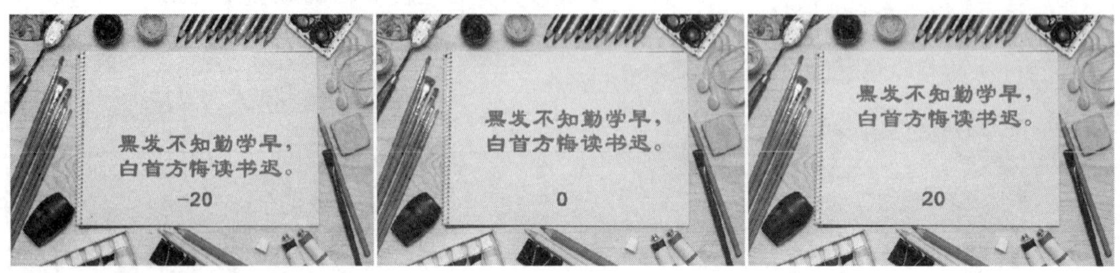

图 6-21 基线偏移

- 【OpenType 字体】：包含当前 PostScript 和 TrueType 字体不具备的功能，如花饰字和自由连字。
- 【连字及拼写规则】：可对所选字符进行有关连字符和拼写规则的语言设置。Photoshop 使用语言词典检查字符连接。

6.1.4 点文本与段落文本之间的转换

在文本的输入中，点文本与段落文本之间是可以转换的，下面将详细介绍点文本和段落文本之间的转换方法。

1. 点文本转换为段落文本

下面介绍如何将点文本转换为段落文本。

（1）打开“素材 \Cha06\ 点文本转换为段落文本 .psd”文件，如图 6-22 所示。

图 6-22 打开素材文件

（2）在【图层】面板中右击文字图层，在弹出的快捷菜单中选择【转换为段落文本】命令，如图 6-23 所示。

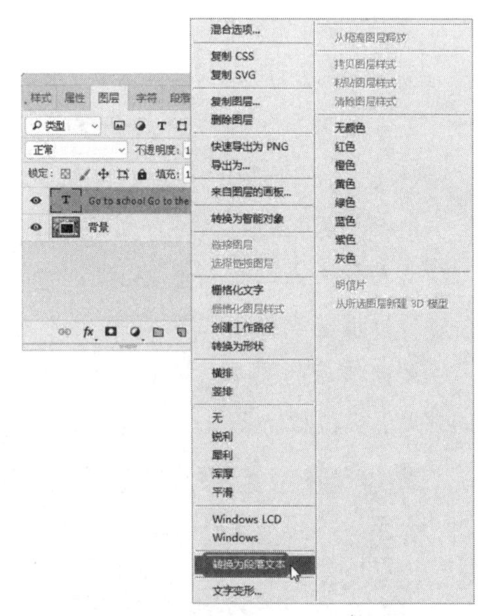

图 6-23 选择【转换为段落文本】命令

（3）操作执行完后，即可将点文本转换为段落文本，完成后的效果如图 6-24 所示。

图 6-24　点文本转换成段落文本

2. 段落文本转换为点文本

下面将介绍段落文本转换为点文本的操作。

（1）继续上面的操作，在【图层】面板的文字图层上右击，在弹出的快捷菜单中选择【转换为点文本】命令，如图 6-25 所示。

（2）执行操作后，即可将其转换为点文本，效果如图 6-26 所示。除此之外，用户还可以通过在菜单栏中选择【图层】|【文字】|【转换为点文本】命令来转换点文本。

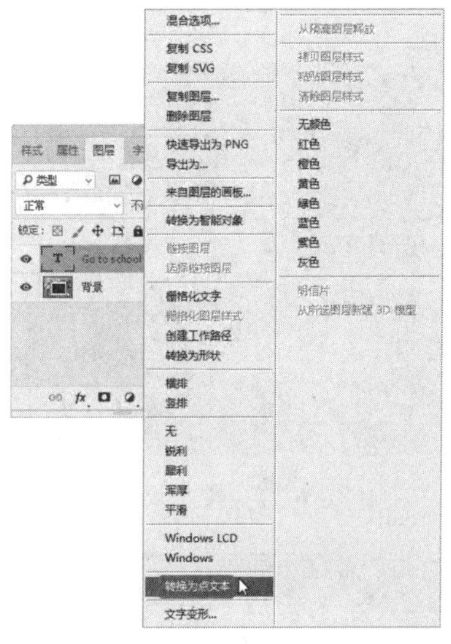

图 6-25　选择【转换为点文本】命令

图 6-26　段落文本转换为点文本后的效果

6.2　创建蒙版文本

创建蒙版文本主要选用工具箱中的横排蒙版工具和直排蒙版工具，为文本创建文字选区。

6.2.1　横排文字蒙版的输入

下面介绍如何进行横排文字蒙版的输入。

（1）打开“素材 \Cha06\ 横排文字蒙版 .jpg”文件，在工具箱中选择横排文字蒙版工具，在工具选项栏中将文字设置为 Blackadder ITC，将字号设置为 14 点，如图 6-27 所示。

（2）单击图片右下角，确定文字的输入点，输入文字“The Peerless Beauty”，即创建了一个横排文字蒙版，如图 6-28 所示。

图 6-27　文字设置

图 6-28　创建横排文字蒙版

（3）按 Ctrl+Enter 组合键确认，创建文字选区，如图 6-29 所示。

图 6-29　创建文字选区

（4）在工具箱中选择【渐变工具】，在工具选项栏中单击【点按可打开“渐变”拾色器】下拉按钮，选择【铜色渐变】，在文字选区中拖动鼠标，对文字进行颜色填充，按 Ctrl+D 组合键取消选区，完成后的效果如图 6-30 所示。

图 6-30　创建横排文字蒙版后的效果

6.2.2　直排文字蒙版的输入

下面介绍如何进行直排文字蒙版的输入。

（1）打开“素材 \Cha06\ 直排文字蒙版 .jpg”文件，在工具箱中选择直排文字蒙版工具，在工具选项栏中将文字设置为 Blackadder ITC，将字号设置为 200 点，如图 6-31 所示。

图 6-31　设置文字

（2）单击图片确定文字的输入点，输入文字“romantic love”，即创建了一个直排文字蒙版，如图 6-32 所示。

图 6-32 创建直排文字蒙版

图 6-33 创建文字选区

（3）按 Ctrl+Enter 组合键确认，创建文字选区，如图 6-33 所示。

（4）在工具箱中选择【渐变工具】，在工具选项栏中单击【点按可打开“渐变”拾色器】下拉按钮，选择【橙，黄，橙渐变】，在文字选区中拖动鼠标，对文字进行颜色填充，按 Ctrl+D 组合键取消选区，完成后的效果如图 6-34 所示。

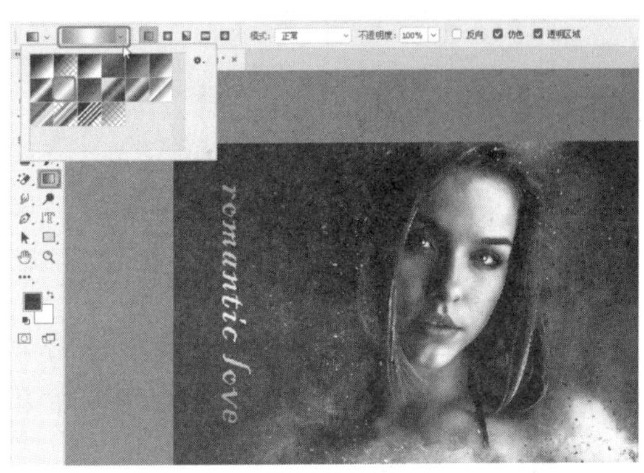

图 6-34 创建直排文字蒙版后的效果

6.3 文本的编辑

对于创建的文字进行编辑主要运用文字的变形、样式和栅格化。在 Photoshop 中，各种滤镜、绘画工具和调整命令不能用于文字图层，这就需要先对输入的文字进行编辑处理，从而达到预期效果。

6.3.1 设置文字字形

为了增强文字的效果，可以创建变形文本。下面介绍设置文字变形的方法。

（1）打开“素材\Cha06\文字变形.psd”文件，在工具箱中选择【横排文字工具】，在素材中选择文字“EDUCATION”，如图 6-35 所示。

图 6-35 选择素材中的文字

（2）在工具选项栏中单击【创建变形文字】按钮，在弹出的【变形文字】对话框的【样式】下拉列表框中选择【波浪】选项，将【弯曲】、【水平扭曲】、【垂直扭曲】分别设置为 74、1、6，如图 6-36 所示。

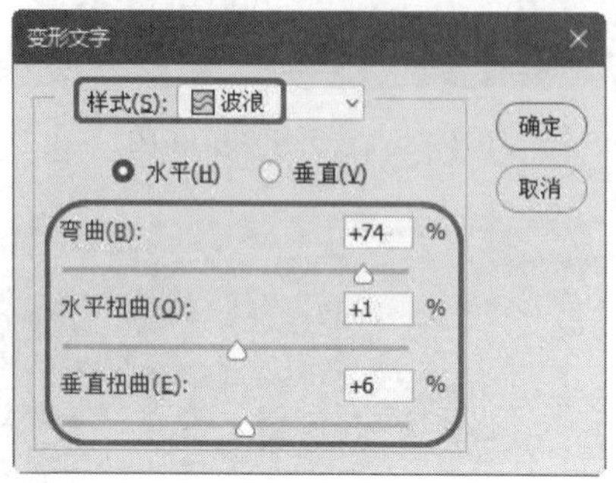

图 6-36 【变形文字】对话框

（3）单击【确定】按钮，按小键盘上的 Enter 键，即可完成对文字的变形，效果如图 6-37 所示。最后保存场景即可。

图 6-37 文字变形后的效果

6.3.2 应用文字样式

下面介绍如何应用文字样式。不同的文字样式会出现不同的效果，具体操作步骤如下。

（1）打开“素材\Cha06\文字变形.psd”文件，在工具箱中选择【横排文字工具】，在素材图形中选择文字，在工具选项栏的【设置字体】下拉列表中选择 DigifaceWide 选项，如图 6-38 所示。

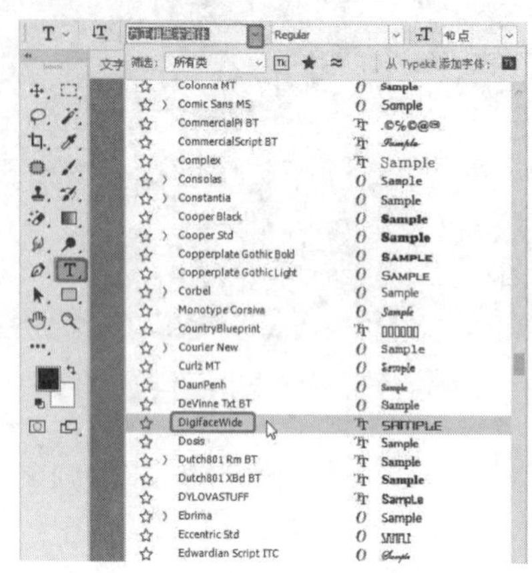

图 6-38 选择字体

（2）执行操作后，即可改变字体样式，效果如图 6-39 所示。

图 6-39 应用文字样式后的效果

6.3.3 栅格化文字

文字图层是一种特殊的图层。要想对文字进行进一步的处理，可以对文字进行栅格化处理，即先将文字转换成一般的图像再进行处理。

对文字进行栅格化处理的方法如下。

（1）打开“素材\Cha06\栅格化文字.psd”文件，在【图层】面板的文字图层上右击，在弹出的快捷菜单中选择【栅格化文字】命令，如图 6-40 所示。

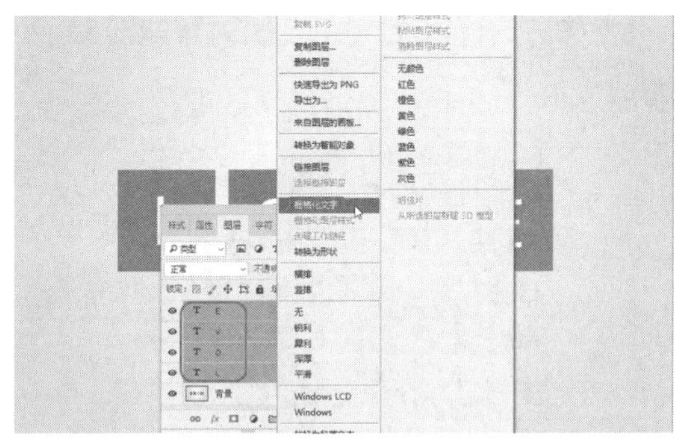

图 6-40 选择【栅格化文字】命令

（2）执行操作后，即可将文字栅格化，效果如图 6-41 所示。

图 6-41 栅格化文字后的效果

6.3.4 载入文本路径

路径文字是创建在路径上的文字，文字会沿路径排列出图形效果。下面介绍如何创建路径文本，具体操作步骤如下。

（1）打开“素材\Cha06\载入文本路径.jpg”文件，在工具箱中选择【直线工具】，将【工具模式】设置为【形状】，将【填充】和【描边】都设置为【无】，在工作区中绘制一条直线，如图 6-42 所示。

（2）在工具箱中选择【横排文字工具】，在工具选项栏中将【字体】设置为【汉仪方隶简】，将【字号】设置为 65，将字体颜色的 RGB 值分别设置为 255、255、255，将光标放置在路径中心处，当光标变为状时，如图 6-43 所示，在直线段的中心点位置处单击，输入文字“人与自然”，如图 6-44 所示。

图 6-42 绘制直线

图 6-43 光标在路径上的显示形状

图 6-44 输入文字后的效果

6.3.5 将文字转换为智能对象

下面介绍将文字转换为智能对象的方法。

（1）在【图层】面板上，确保已建立的文字图层处于选中状态，单击鼠标右键，在弹出的快捷菜单中选择【转换为智能对象】命令，如图 6-45 所示。

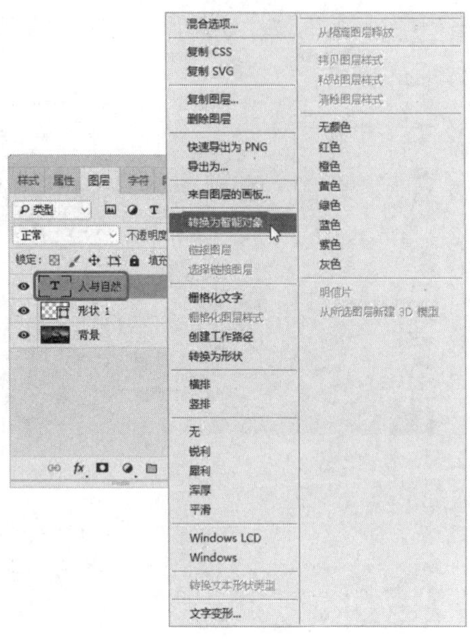

图 6-45 选择【转换为智能对象】命令

（2）这样就把文字转换为智能对象了，如图 6-46 所示。

图 6-46 转换后的【图层】面板

6.4 上机练习

下面通过制作钢纹字、手写书法字和石刻文字，来学习常用文字的制作方法。

6.4.1 制作钢纹字

扫一扫，看视频

本例将讲解如何制作钢纹字，通过【图层样式】来表现钢纹效果，完成后的效果如图 6-47 所示。

图 6-47 钢纹字效果

（1）启动软件后，按 Ctrl+N 组合键，在弹出的【新建文档】对话框中，将【宽度】、【高度】设置为 650、300，将【分辨率】设置为 72，将【颜色模式】设置为 RGB 颜色 8 位，将【背景内容】设置为白色，设置完成后单击【创建】按钮。设置前景色的 RGB 值为 131、131、131。打开【图层】面板，选择【背景】图层，按住鼠标左键将其拖曳至【创建新图层】按钮 上，释放鼠标将【背景】图层进行拷贝，完成后的效果如图 6-48 所示。

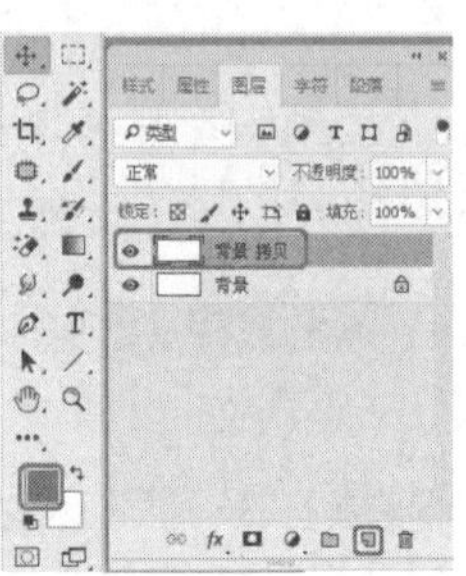

图 6-48 【图层】面板

（2）确定拷贝的图层处于选中状态，按 Alt+Delete 组合键为其填充前景色，双击【背景 拷贝】图层，在弹出的【图层样式】对话框中选中【投影】复选框，在【结构】选项组中将【混合模式】设置为【正常】，将【不透明度】设置为 45，将【角度】设置为 0，设置【距离】、【扩展】和【大小】分别为 10、35 和 20，如图 6-49 所示。

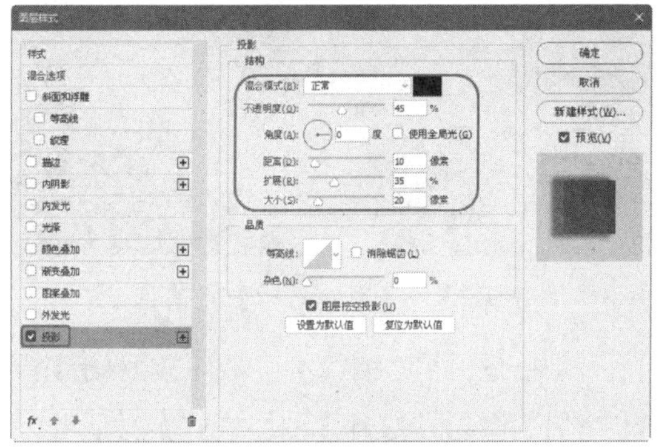

图 6-49　设置【投影】参数

（3）选中【外发光】复选框，将【结构】选项组中的【混合模式】设置为【叠加】，设置【不透明度】为 55，将【颜色】设置为黑色，在【图素】选项组中设置【扩展】和【大小】分别为 15 和 20，如图 6-50 所示。

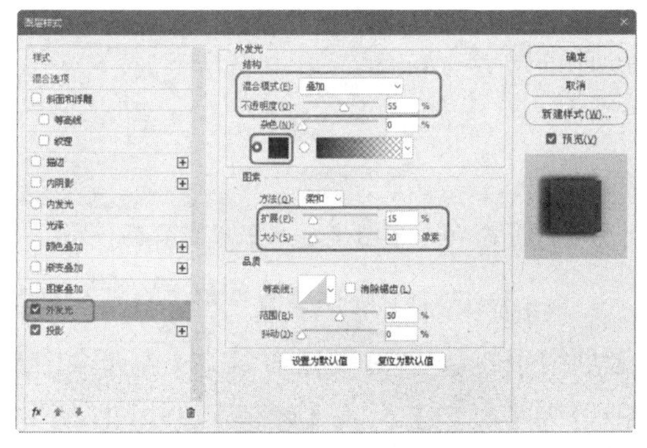

图 6-50　设置【外发光】参数

（4）选中【斜面和浮雕】复选框，在【结构】选项组中将【样式】设置为【内斜面】，将【方法】设置为【平滑】，设置【深度】为 450，将【方向】设置为【上】，设置【大小】、【软化】为 4、0；将【阴影】选项组中的【角度】、【高度】设置为 90、30，将【光泽等高线】设置为【线性】，将【高光模式】设置为【滤色】，将【颜色】设置为白色，将【不透明度】设置为 50，将【阴影模式】设置为【正片叠底】，将【颜色】设置为黑色，将【不透明度】设置为 50，如图 6-51 所示。

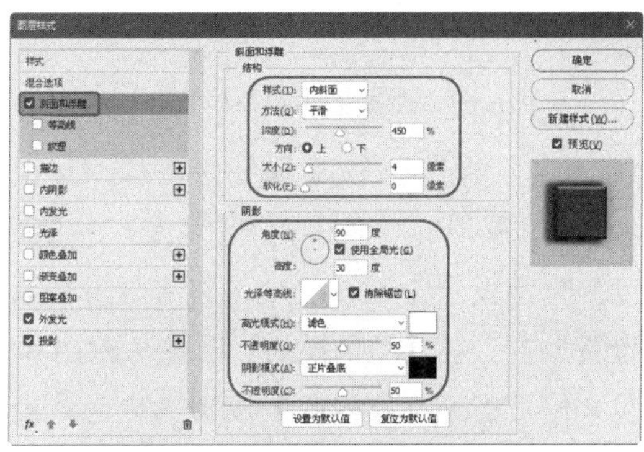

图 6-51　设置【斜面和浮雕】参数

（5）选中【光泽】复选框，在【结构】选项组中设置【混合模式】为【正片叠底】，设置【颜色】为白色，设置【不透明度】为 60，将【角度】设置为 90，将【距离】和【大小】分别设置为 10 和 15，设置【等高线】为【画圆步骤】，如图 6-52 所示。

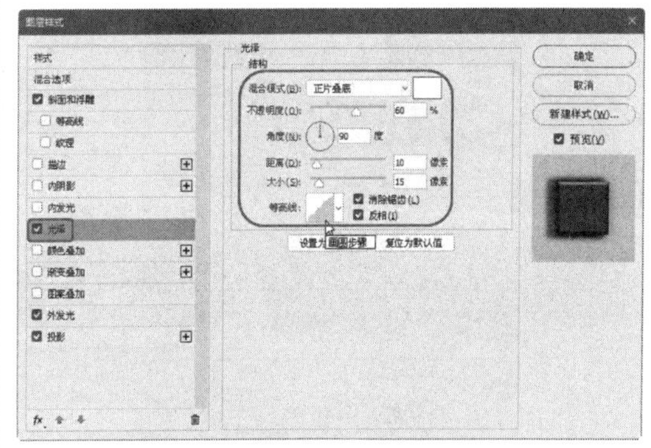

图 6-52　设置【光泽】参数

（6）选中【渐变叠加】复选框，在【渐变】选项组中设置【不透明度】为 20，选择黑白渐变，设置【角度】和【缩放】分别为 125 和 130，如图 6-53 所示。

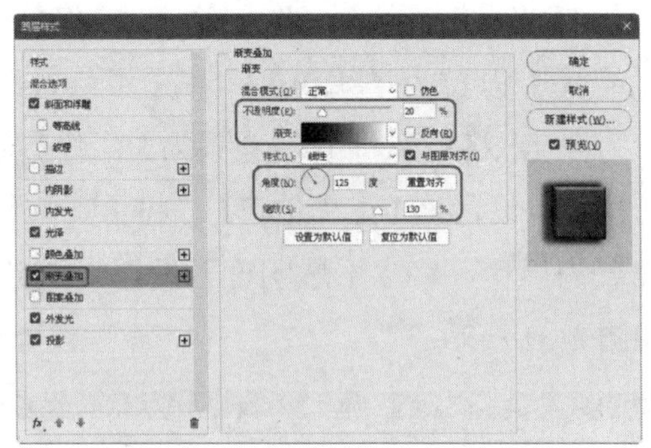

图 6-53　设置【渐变叠加】参数

（7）单击【确定】按钮，按 Ctrl+N 组合键，在弹出的对话框中将【宽度】、【高度】分别设置为 650、300，将【分辨率】设置为 72，将【颜色模式】设置为 RGB 颜色 8 位，将【背景内容】设置为白色。设置完成后单击【创建】按钮，在工具箱中选择渐变工具，在工具选项栏中单击【点按可编辑渐变】按钮，弹出【渐变编辑器】对话框，在该对话框中为其设置渐变，将 0% 位置处的颜色值设置为 131、131、131，单击此色标，按住 Alt 键将其分别拖动至 50% 处和 100% 处，然后在 25% 和 75% 处设置两个白色色标，如图 6-54 所示。

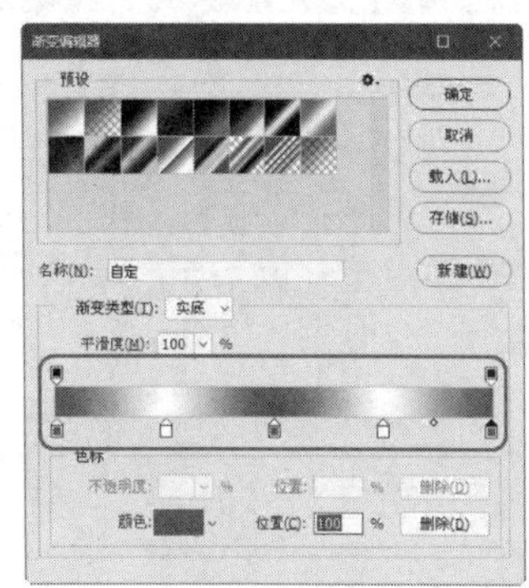

图 6-54　【渐变编辑器】对话框

（8）单击【确定】按钮，在画布中拖曳鼠标填充渐变，在菜单栏中选择【编辑】|【定义图案】命令，弹出【图案名称】对话框，在该对话框中使用默认名称，单击【确定】按钮，如图 6-55 所示。

图 6-55　【图案名称】对话框

（9）返回到“钢纹字”文档中，双击【背景 拷贝】图层，打开【图层样式】对话框，在该对话框中选中【图案叠加】复选框，将【图案】定义为刚刚制作的图案，将【缩放】设置为 100，如图 6-56 所示。

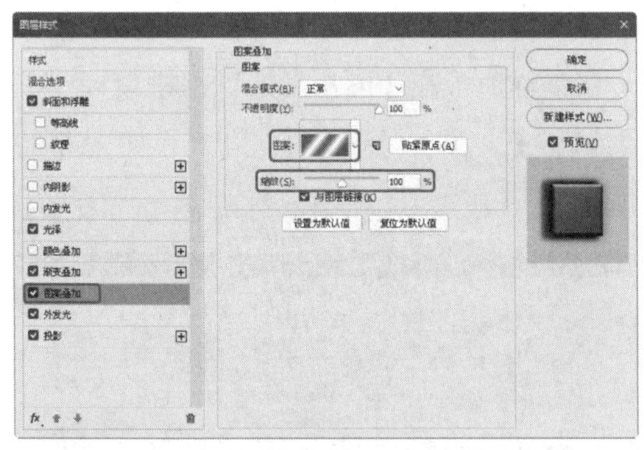

图 6-56　【图案叠加】设置界面

（10）选中【描边】复选框，在【结构】选项组中将【大小】设置为 2，将【填充类型】设置为【颜色】，将【颜色】的 RGB 值设置为 116、141、158，将【位置】设置为【外部】，将【不透明度】设置为 76，如图 6-57 所示。

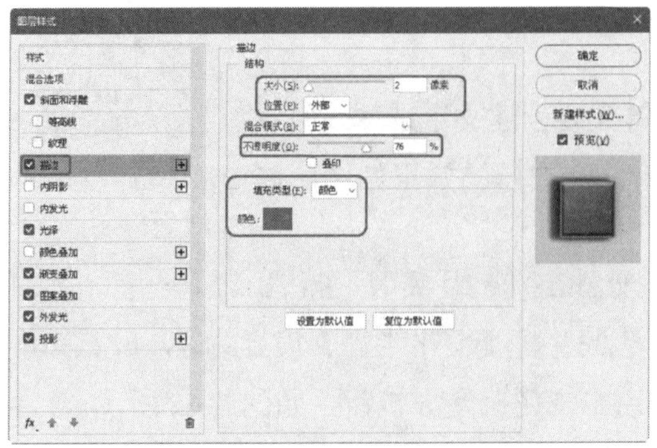

图 6-57 设置【描边】参数

（11）选中【斜面和浮雕】复选框下方的【纹理】复选框，设置图案，将【缩放】、【深度】设置为 2、1，设置完成后单击【确定】按钮，如图 6-58 所示。

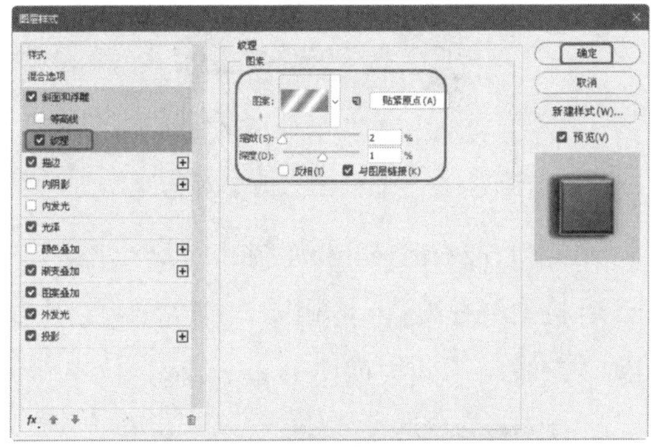

图 6-58 设置【纹理】参数

（12）在工具箱中选择横排文字工具，在场景中输入“震撼来临”，将【颜色】的 RGB 值分别设置为 131、131、131，设置【字体】为【方正水柱简体】，设置【字体大小】为 140 点，调整其位置，在【图层】面板中选择并右击【背景 拷贝】图层，在弹出的快捷菜单中选择【拷贝图层样式】命令，然后在【震撼来临】图层上右击，在弹出的快捷菜单中选择【粘贴图层样式】命令，完成后的效果如图 6-59 所示。

（13）在【图层】面板中双击【震撼来临】图层，在弹出的【图层样式】对话框中选中【纹理】复选框，在【图素】选项组中，设置图案为先前预设的图案，然后将【缩放】和【深度】分别设置为 5 和 5，单击【确定】按钮，如图 6-60 所示。

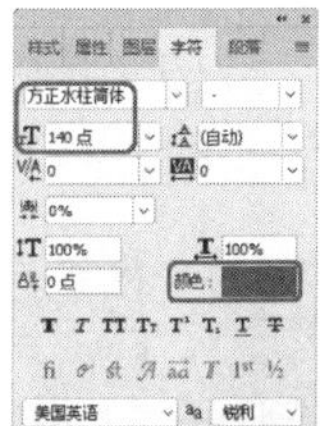

图 6-59 设置完成后的效果

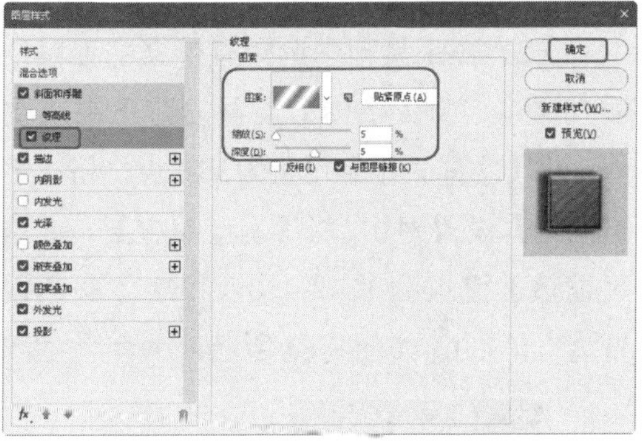

图 6-60 为文字图层添加纹理

至此，钢纹字就制作完成了，如图 6-61 所示，制作完成后，将场景进行保存即可。

图 6-61 完成后的效果

6.4.2 制作手写书法字

扫一扫，看视频

下面将介绍制作手写书法字的方法。本例首先要创建文字选区，然后为其施加羽化、USM锐化滤镜和径向模糊滤镜，完成后的效果如图6-62所示。

（1）打开“素材\Cha06\制作手写书法字.jpg”文件，如图6-63所示。

图6-62 手写书法字

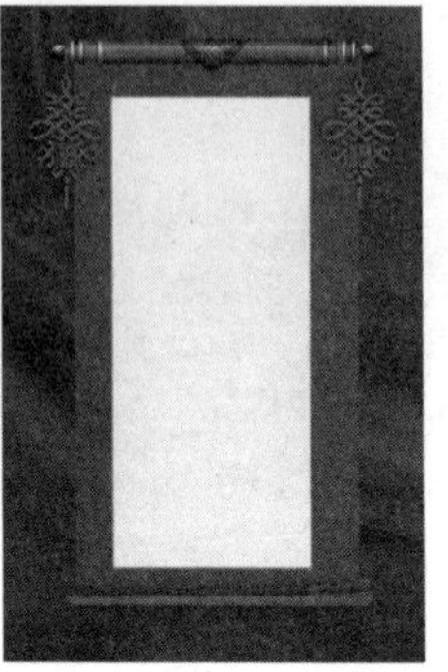

图6-63 打开的素材文件

（2）在工具箱中选择直排文字工具，输入文本，将【字体】设置为方正隶书繁体，将【字体大小】设置为110点，将【字符间距】设置为0，将【垂直缩放】、【水平缩放】设置为120、110，将字体颜色设置为#ff0000，如图6-64所示。

图6-64 设置文本参数

（3）在【图层】面板中选择文字图层，单击鼠标右键，在弹出的快捷菜单中选择【栅格化文字】命令，按住Ctrl键单击文字图层的缩略图，将文字载入选区，按Shift+F6组合键，打开【羽化选区】对话框，将【羽化半径】设置为4，设置完成后单击【确定】按钮，如图6-65所示。

图6-65 【羽化选区】对话框

（4）按Ctrl+Shift+I组合键进行反选，然后按Delete键将其删除，按Ctrl+D组合键，完成后的效果如图6-66所示。

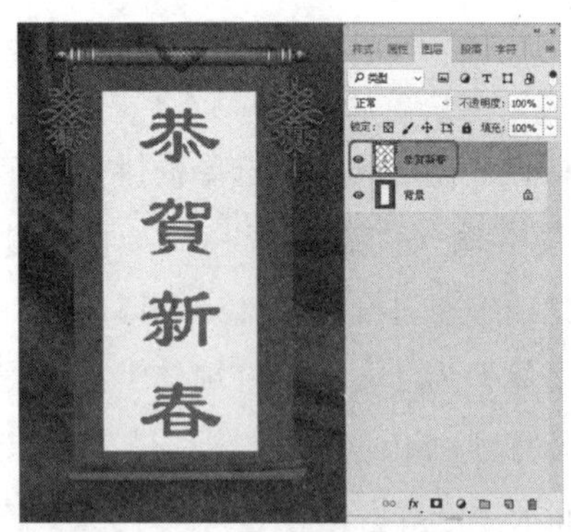

图6-66 设置完成后的效果

提示：选区羽化是通过建立选区和选区周围像素之间的转换边界来模糊边缘的，这种模糊方式将会丢失图像边缘的一些细节，但可以使选区的边缘细化。

（5）确定文字图层处于选中状态，在菜单栏中选择【滤镜】|【锐化】|【USM 锐化】命令，在弹出的对话框中将【数量】、【半径】、【阈值】设置为 219、4.7、130，设置完成后单击【确定】按钮，如图 6-67 所示。

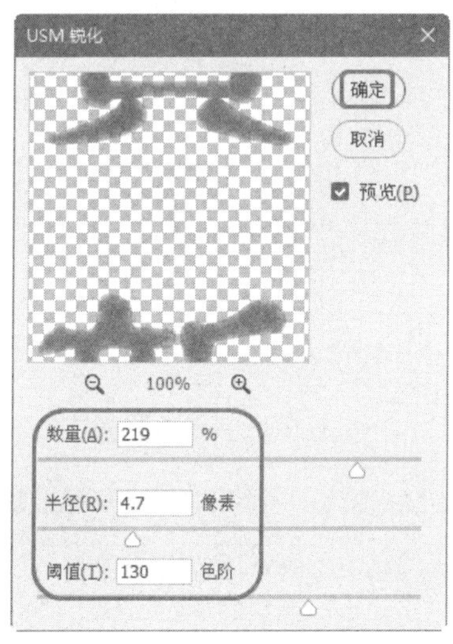

图 6-67 【USM 锐化】对话框

（6）在菜单栏中选择【滤镜】|【模糊】|【径向模糊】命令，在弹出的对话框中将【模糊方法】设置为【缩放】，将【数量】设置为 3，设置完成后单击【确定】按钮，如图 6-68 所示。

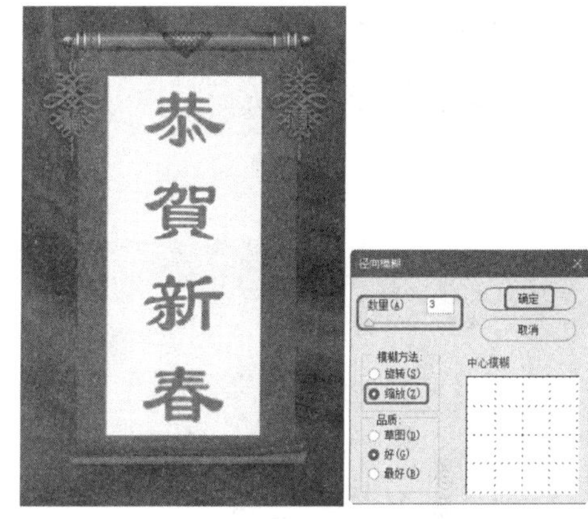

图 6-68 【径向模糊】对话框

至此，手写书法字就制作完成了，将图像保存即可。

6.4.3 制作石刻文字

本例将通过为文字添加斜面和浮雕以及内阴影，制作出石刻文字的效果，制作完成后的效果如图 6-69 所示。

扫一扫，看视频

图 6-69 石刻文字效果图

（1）打开“素材 \ Cha06 \ 石头背景 .jpg”文件，如图 6-70 所示。

（2）在工具箱中选择【直排文字工具】IT，输入文本“慈溪峙山”，将【字体】设置为汉仪方隶简，设置【字体大小】为 100 点，将【字符间距】设置为 -20，将【颜色】设置为 #ff0000，效果如图 6-71 所示。

图 6-70 打开素材文件

（3）在【图层】面板中将【填充】设置为 70%，按 Enter 键确认，如图 6-72 所示。

图 6-71　输入文本效果

图 6-72　设置【填充】参数

（4）在【图层】面板中双击文字图层，在弹出的【图层样式】对话框中选中【斜面和浮雕】复选框，在【结构】选项组中将【样式】设置为【外斜面】，将【方法】设置为【雕刻清晰】，将【深度】设置为1，将【方向】设置为【下】，将【大小】设置为1，将【软化】设置为0；在【阴影】选项组中选中【使用全局光】复选框，将【角度】设置为30，将【高度】设置为30，将【光泽等高线】设置为【锥形 - 反转】，将【高光模式】设置为【颜色减淡】，将【颜色】设置为白色，将【不透明度】设置为16，将【阴影模式】设置为【变暗】，将【颜色】设置为# 495d1a，将【不透明度】设置为18，如图6-73所示。

（5）以上参数设置完成后，选中【内阴影】复选框，将【不透明度】设置为35，将【角度】、【距离】、【阻塞】、【大小】设置为145、5、0、5，单击【确定】按钮，如图6-74所示。

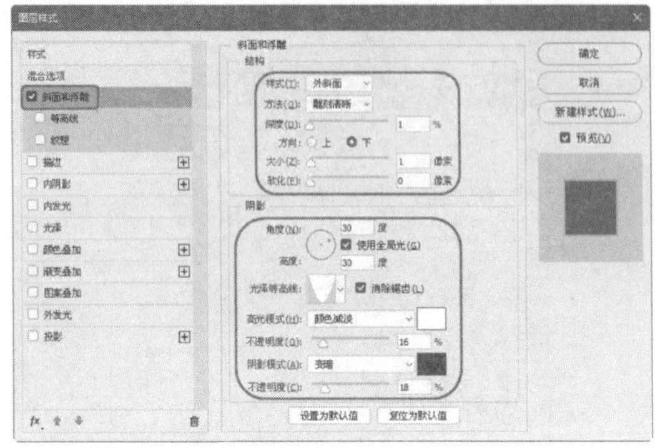

图 6-73　设置【斜面和浮雕】参数

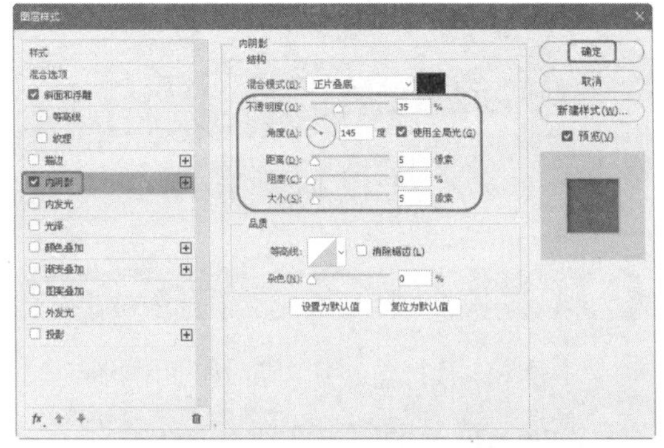

图 6-74　设置【内阴影】参数

至此，石刻文字就制作完成了，如图6-75所示。对制作完成后的场景文件进行保存即可。

图 6-75　设置完成后的效果

第7章

路径的创建与编辑

本章主要对路径的创建、编辑和修改进行介绍。Photoshop 中的路径主要用于精确选择图像、精确绘制图形，是工作中用得比较多的一种方法，创建路径的工具主要有钢笔工具、形状工具等。

7.1 认识路径

路径是不包含像素的矢量对象，用户可以利用路径功能绘制各种线条或曲线，它在创建复杂选区，准确绘制图形方面具有快捷、实用的优点。

7.1.1 路径的形态

路径是由线条及其包围的区域组成的矢量轮廓。它包括有起点和终点的开放式路径，如图 7-1 所示，以及没有起点和终点的闭合式路径两种，如图 7-2 所示。此外，路径也可以由多个相互独立的路径组件组成，这些路径组件被称为子路径。如图 7-3 所示的路径中包含 3 个子路径。

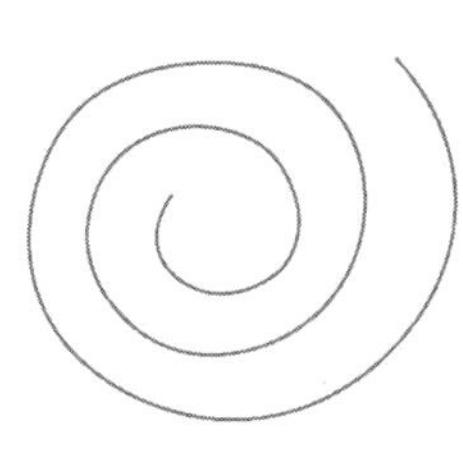

图 7-1　开放式路径

图 7-2　闭合式路径

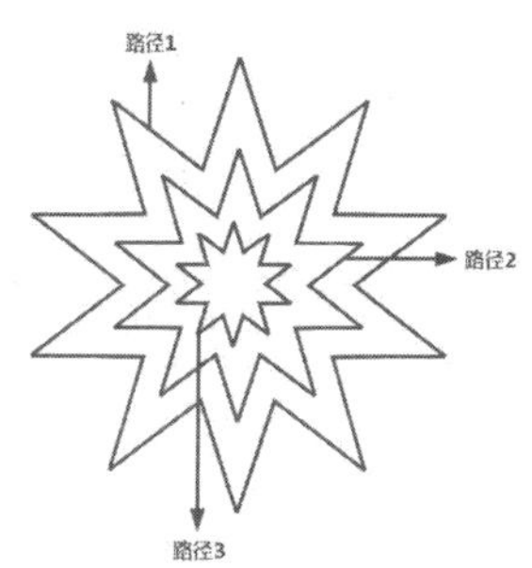

图 7-3　多个子路径的组合路径

7.1.2 路径的组成

路径由一个或多个曲线段或直线段、控制点、锚点和方向线等组成，如图 7-4 所示。

提示：锚点被选中时为一个实心的方点，不被选中时是一个空心的方点。控制点在任何时候都是实心的方点，而且比锚点小。

锚点又称为定位点，它的两端会连接直线或曲线。根据控制柄和路径的关系，可分为几种不同性质的锚点。平滑点连接可以形成平滑的曲线，如图 7-5 所示。角点连接可以形成直线或转角曲线，如图 7-6 所示。

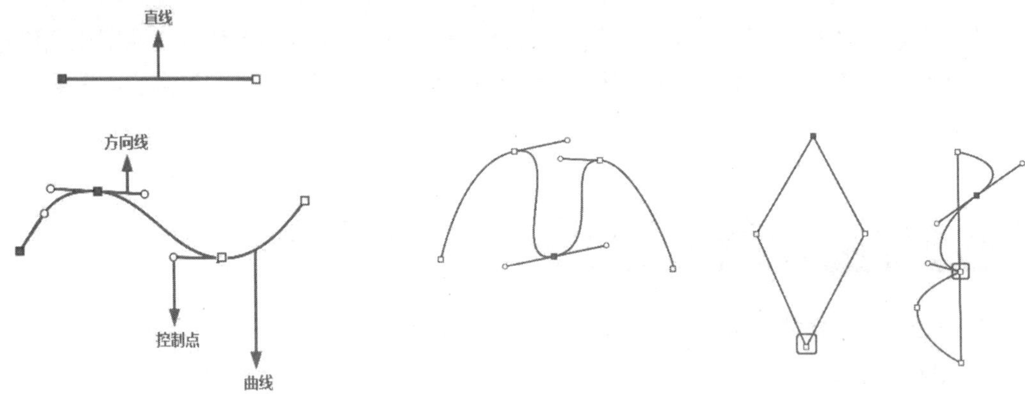

图 7-4 路径的组成　　图 7-5 平滑点连接成的平滑曲线　　图 7-6 角点连接成的直线、转角曲线

知识链接：像素

在工具选项栏中选择【像素】选项后，可以为绘制的图像设置混合模式和不透明度，如图 7-7 所示。

图 7-7 工具选项栏

- 【模式】：可以设置图像的混合模式，让绘制的图像与下方其他图像产生混合效果。
- 【不透明度】：可以为图像设置不透明度，使其呈现透明效果。
- 【消除锯齿】：可以使图像的边缘平滑，消除锯齿。

7.1.3 【路径】面板

【路径】面板用来存储和管理路径。

执行菜单栏中的【窗口】|【路径】命令，可以打开【路径】面板，该面板中列出了每条存储的路径，以及当前工作路径和当前矢量蒙版的名称和缩览图，如图7-8所示。

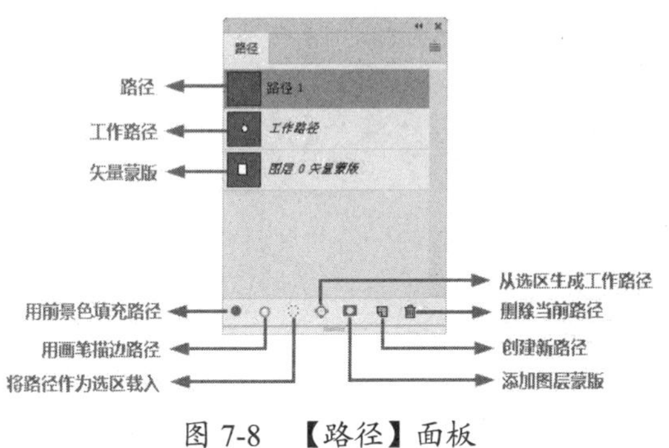

图7-8 【路径】面板

- 【路径】：当前文档中包含的路径。
- 【工作路径】：工作路径是出现在【路径】面板中的临时路径，用于定义形状的轮廓。
- 【矢量蒙版】：当前文档中包含的矢量蒙版。
- 【用前景色填充路径】按钮●：单击该按钮，可以用前景色填充路径形成的区域。
- 【用画笔描边路径】按钮○：单击该按钮，可以用画笔工具沿路径描边。
- 【将路径作为选区载入】按钮：单击该按钮，可以将当前选择的路径转换为选区。
- 【从选区生成工作路径】按钮：如果创建了选区，单击该按钮，可以将选区边界转换为工作路径。
- 【添加图层蒙版】按钮：单击该按钮，可以为当前工作路径创建矢量蒙版。
- 【创建新路径】按钮：单击该按钮，可以创建新的路径。如果按住Alt键单击该按钮，可以打开【新建路径】对话框，在该对话框中输入路径的名称也可以新建路径。新建路径后，可以使用钢笔工具或形状工具绘制图形。
- 【删除当前路径】按钮：选择路径后，单击该按钮，可删除路径。也可以将路径拖至该按钮上直接删除。

7.2 路径的编辑

初步绘制的路径往往不够完美，需要对局部或整体进行编辑，下面来介绍编辑路径的方法。

7.2.1 选择路径

这里主要介绍路径选择工具和直接选择工具两种选择路径的方法。

1. 路径选择工具

路径选择工具用于选择一个或几个路径并对其进行移动、组合、对齐、分布和变形。选择【路径选择工具】，或反复按Shift+A组合键，其属性栏如图7-9所示。

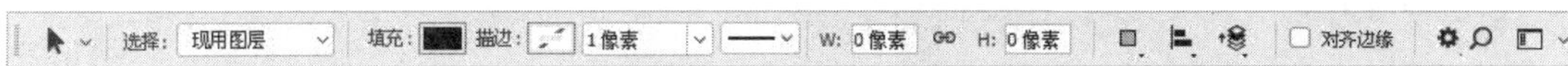

图7-9 【路径选择工具】属性栏

下面介绍如何使用【路径选择工具】，其操作步骤如下。

（1）打开“素材\Cha07\001.psd”文件，如图7-10所示。

图7-10　打开的素材文件

（2）在工具箱中单击【路径选择工具】，在工具选项栏中将【选择】设置为所有图层，在工作界面中的绿色对象上单击鼠标，即可选中该图形的路径，可以看到路径上的锚点都是实心显示的，即可移动路径，如图7-11所示。

图7-11　使用路径工具选择路径

（3）按住Alt键拖动鼠标，即可对选中的图形进行复制，效果如图7-12所示。

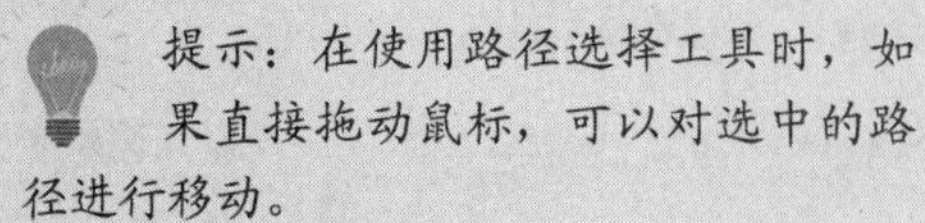

提示：在使用路径选择工具时，如果直接拖动鼠标，可以对选中的路径进行移动。

图7-12　复制后的效果

2. 直接选择工具

【直接选择工具】用于移动路径中的锚点或线段，还可以调整手柄和控制点。路径的原始效果如图7-13所示，选择要调整的锚点，按住鼠标进行拖动，即可改变路径的形状，如图7-14所示。

图7-13　选择路径

图7-14　调整路径后的效果

7.2.2 添加 / 删除锚点

下面主要介绍添加锚点工具和删除锚点工具在路径中的使用方法。

1. 添加锚点工具

【添加锚点工具】可以在路径上添加新锚点。

（1）在工具箱中单击【添加锚点工具】，在路径上单击，如图 7-15 所示。

图 7-15 使用添加锚点工具

（2）添加锚点后，按住鼠标拖动锚点，即可对图形进行调整，如图 7-16 所示。

图 7-16 调整图形后的效果

2. 删除锚点工具

删除锚点工具用于删除路径上已经存在的锚点。

（1）使用直接选择工具选择要进行调整的路径，如图 7-17 所示。

图 7-17 选择要调整的路径

（2）在工具箱中单击【删除锚点工具】，在需要删除的锚点上单击鼠标，即可将该锚点删除，效果如图 7-18 所示。

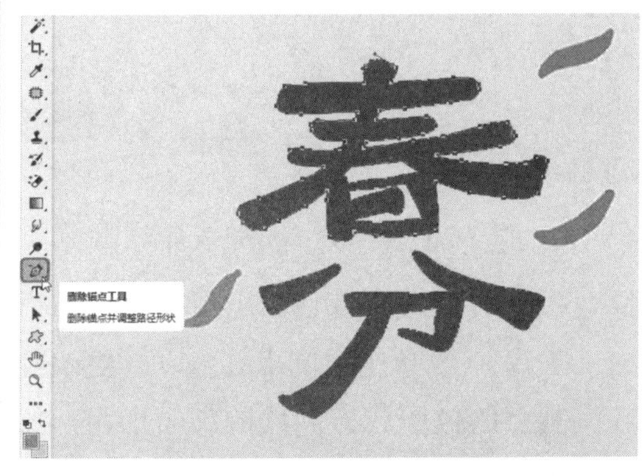

图 7-18 删除锚点后的效果

> 提示：也可以在选择钢笔工具的状态下，在工具选项栏中选中【自动添加 / 删除】复选框，此时在路径上单击即可添加锚点，在锚点上单击即可删除锚点。

7.2.3 转换点工具

使用【转换点工具】可以使锚点在角点、平滑点和转角之间进行转换。

- 将角点转换成平滑点：使用【转换点工具】在锚点上单击并拖动鼠标，

即可将角点转换成平滑点，如图 7-19 所示。

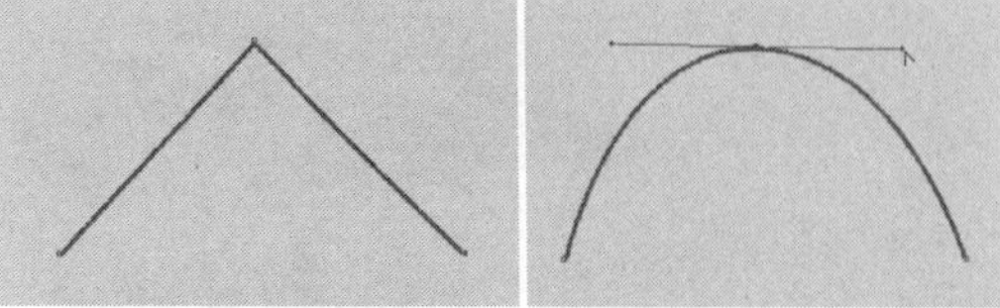

图 7-19　将角点转换成平滑点

- 将平滑点转换成角点：使用【转换点工具】直接在锚点上单击即可，如图 7-20 所示。

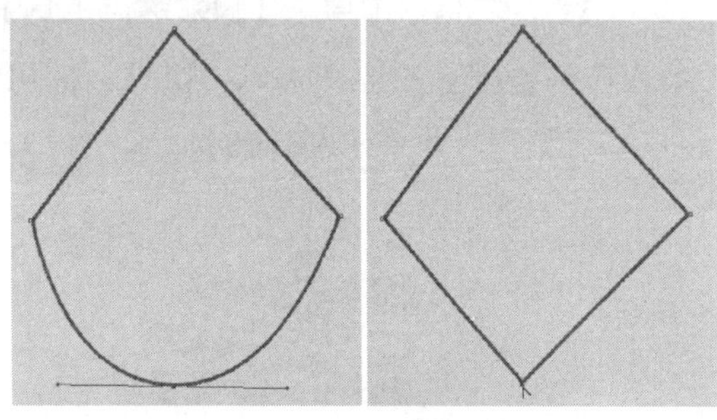

图 7-20　将平滑点转换成角点

- 将平滑点转换成转角：使用【转换点工具】单击方向点并拖动，更改控制点的位置或方向线的长短即可，如图 7-21 所示。

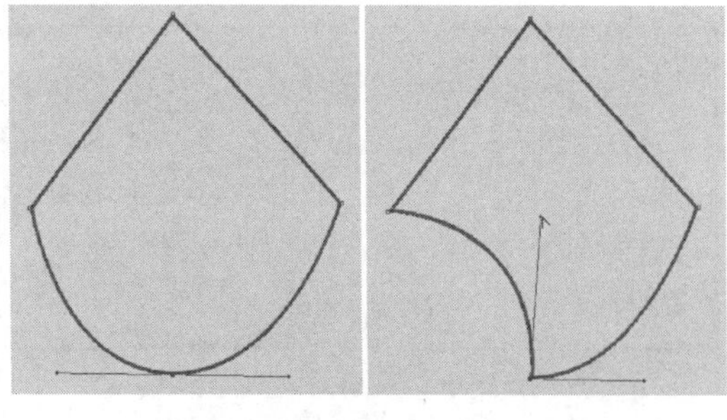

图 7-21　将平滑点转换成转角

7.2.4　将选区转换为路径

下面介绍将选区转换为路径的方法。

（1）打开“素材\Cha07\002.psd”文件，如图 7-22 所示。

图 7-22　打开的素材文件

（2）在【图层】面板中选择【春分】图层，按住 Ctrl 键单击【春分】的缩略图，将其载入选区，如图 7-23 所示。

图 7-23　载入选区

（3）打开【路径】面板，单击【从选区生成工作路径】按钮，即可将选区转换为路径，如图 7-24 所示。

图 7-24　将选区转换为路径

7.2.5　路径和选区的转换

下面介绍路径与选区之间的转换。

在【路径】面板中单击【将路径作为

选区载入】按钮，可以将路径转换为选区进行操作，如图 7-25 所示，也可以按快捷键 Ctrl+Enter 来完成这一操作。

图 7-25 将路径转换成选区

如果在按住 Alt 键的同时单击【将路径作为选区载入】按钮，则可弹出【建立选区】对话框，如图 7-26 所示。通过该对话框可以设置【羽化半径】等选项。

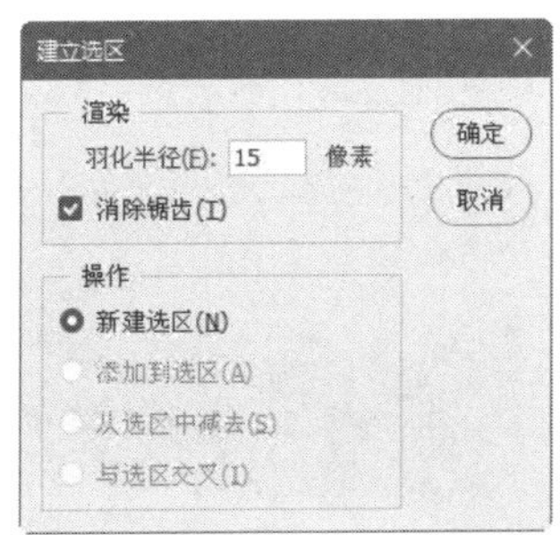

图 7-26 【建立选区】对话框

单击【从选区生成工作路径】按钮，可以将当前的选区转换为路径进行操作。如果在按住 Alt 键的同时单击【从选区生成工作路径】按钮，则可弹出【建立工作路径】对话框，如图 7-27 所示。

图 7-27 【建立工作路径】对话框

> 提示：【建立工作路径】对话框中的【容差】文本框是控制选区转换为路径时的精确度的，容差值越大，建立路径的精确度就越低；容差值越小，精确度就越高，但同时锚点也会增多。

7.2.6 描边路径

描边路径是指用绘画工具和修饰工具沿路径描边。下面来学习描边路径的操作方法。

（1）在工具箱中选择【画笔工具】，打开【画笔设置】面板，在该面板中选择【尖角 123】选项，将【大小】、【间距】分别设置为 5、292，如图 7-28 所示。

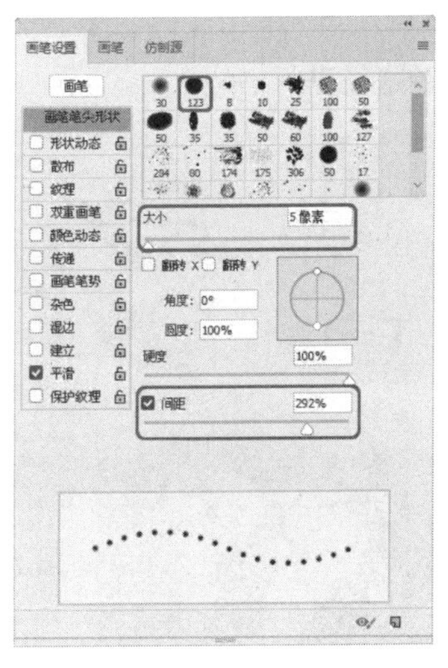

图 7-28 设置画笔参数

（2）在【路径】面板中单击【用画笔描边路径】按钮○，即可为路径进行描边，效果如图 7-29 所示。

图 7-29　描边路径后的效果

> 提示：在【路径】面板中选择一个路径后，单击【用画笔描边路径】按钮○，可以使用画笔工具的当前设置描边路径。再次单击该按钮会增加描边的不透明度，使描边看起来更粗。前景色可以控制描边路径的颜色。

除了上述方法外，还可以使用钢笔工具在路径上右击，在弹出的快捷菜单中选择【描边路径】命令，如图 7-30 所示，执行该操作后，将会打开【描边路径】对话框，如图 7-31 所示，单击【确定】按钮，同样也可以对路径进行描边。

图 7-30　选择【描边路径】命令

图 7-31　【描边路径】对话框

7.2.7　填充路径

下面来介绍填充路径的方法。

（1）在工作界面中创建一个路径，如图 7-32 所示。

图 7-32　创建路径

（2）将前景色的 RGB 值设置为 255、255、255，在【路径】面板中单击【用前景色填充路径】按钮，即可为路径填充前景色，效果如图 7-33 所示。

图 7-33　填充前景色后的效果

7.3　形状工具的使用

形状工具包括矩形工具、【圆角矩形工具】、【椭圆工具】、【多边形工具】、【直线工具】和【自定形状工具】。这些工具包含了一些常用的基本形状和自定义图形，通过这些图形，可以方便地绘制所需要的基本形状和图形。

7.3.1　矩形工具

矩形工具用来绘制矩形和正方形，按住 Shift 键的同时拖动鼠标可以绘制正方形，按住 Alt 键的同时拖动鼠标，可以以光标所在位置为中心绘制矩形，按住 Shift+Alt 组合键的同时拖动鼠标，可以以光标所在位置为中心绘制正方形。

选择矩形工具后，在工具选项栏中单击【设置其他形状和路径选项】按钮，弹出如图 7-34 所示的选项面板，在该选项面板中，可以选择绘制矩形的方法。

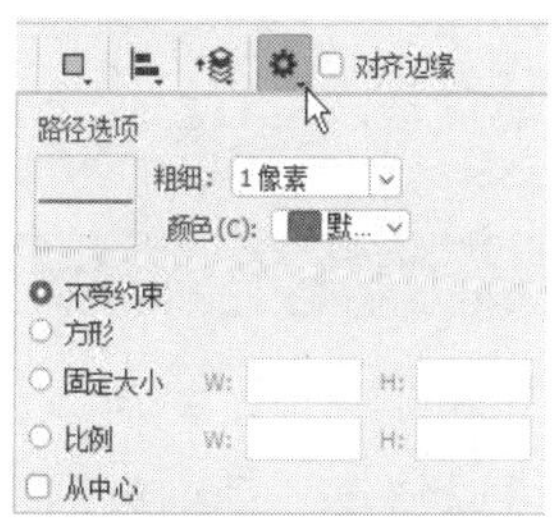

图 7-34　矩形选项面板

- 【不受约束】：选中该单选按钮后，可以绘制任意大小的矩形和正方形。
- 【方形】：选中该单选按钮后，只能绘制任意大小的正方形。
- 【固定大小】：选中该单选按钮后，在右侧的文本框中输入要创建的矩形的固定宽度和固定高度，输入完成后，会按照输入的宽度和高度来创建矩形。
- 【比例】：选中该单选按钮后，然后在右侧的文本框中输入相对宽度和相对高度的值，此后无论绘制多大的矩形，都会按照此比例进行绘制。
- 【从中心】：选中该复选框后，无论以何种方式绘制矩形，都将以光标所在位置为矩形的中心向外扩展绘制矩形。

下面介绍如何使用矩形工具绘制图形，操作步骤如下。

（1）打开“素材 \Cha07\003.jpg”文件，如图 7-35 所示。

图 7-35　打开的素材文件

（2）在工具箱中选择矩形工具，在工具选项栏中将【工具模式】设置为【形状】，将【填充】设置为【无】，将描边的 RGB 值设置为 33、123、85，将【描边宽度】设置为 8 像素，单击【设置其他形状和路径选项】按钮，选中【固定大小】单选按钮，将 W、H 分别设置为 5、10，如图 7-36 所示。

图 7-36　设置工具选项参数

(3) 设置完成后，在工作界面中拖动鼠标，即可创建一个 5 像素 ×10 像素的矩形，如图 7-37 所示。

图 7-37　创建矩形后的效果

> 提示：在使用矩形工具绘制矩形时，读者可以按住 Shift 键绘制正方形。

7.3.2　圆角矩形工具

圆角矩形工具 用来创建圆角矩形，它的创建方法与矩形工具相同，只是比矩形工具多了一个【半径】选项，用来设置圆角的半径，该值越高，圆角就越大，如图 7-38 所示为将【半径】设置为 20 时的效果。

图 7-39 所示是【半径】为 60 时的效果。

图 7-38　半径为 20 时的效果

图 7-39　半径为 60 时的效果

> 提示：在使用圆角矩形工具创建图形时，半径只可以在 0.00~1000.00 像素之间。

7.3.3　椭圆工具

使用【椭圆工具】 可以创建规则的圆形，也可以创建不受约束的椭圆形，在绘制图形时，按住 Shift 键可以绘制一个正圆。

下面将介绍如何利用椭圆工具绘制图形，其操作步骤如下。

(1) 打开“素材 \Cha07\004.jpg”文件，如图 7-40 所示。

(2) 在工具箱中选择椭圆工具，在工具选项栏中将【工具模式】设置为【形状】，将填充的 RGB 值设置为 252、110、124，将【描边】设置为【无】，在工具选项栏中单击【路径操作】按钮，在弹出的下拉菜单中选择【减去顶层形状】命令，在工作界面中按住鼠标绘制一个椭圆形，如图 7-41 所示。

图 7-40 打开的素材文件

图 7-41 选择【减去顶层形状】命令

（3）使用椭圆工具在工作界面中绘制一个如图 7-42 所示的椭圆形，即可减去顶层的形状。

图 7-42 绘制椭圆形减去顶层的形状

（4）在工具箱中选择椭圆工具，在工具选项栏中将【工具模式】设置为【形状】，将填充的RGB值设置为252、110、124，将【描边】设置为【无】，在工作界面中按住鼠标绘制一个椭圆形，如图 7-43 所示。

图 7-43 绘制椭圆形

知识链接：路径操作选项

路径操作下拉菜单中的各个命令的功能如下。

【新建图层】：选择该命令后，可以创建新的图形图层。

【合并形状】：选择该命令后，新绘制的图形会与现有的图形合并，如图 7-44 所示。

【减去顶层形状】：选择该命令后，可以从现有的图形中减去新绘制的图形，如图 7-45 所示。

图 7-44　合并形状

图 7-45　减去顶层形状

【与形状区域相交】：选择该命令后，即可保留两个图形相交的区域，如图 7-46 所示。

【排除重叠形状】：选择该命令后，将删除两个图形重叠的部分，效果如图 7-47 所示。

图 7-46　与形状区域相交

图 7-47　排除重叠形状

【合并形状组件】：选择该命令后，会将两个图形进行合并，并将其转换为常规路径。

7.3.4　多边形工具

使用【多边形工具】可以创建多边形和星形，下面介绍如何使用多边形工具，操作步骤如下。

（1）打开“素材 \Cha07\005.jpg”文件，如图 7-48 所示。

（2）在【图层】面板中选择【背景】图层，在工具箱中单击【多边形工具】，在工具选项栏中将【工具模式】设置为【形状】，将填充的 RGB 值设置为 255、234、0，将【描边】设置为【无】，单击【设置其他形状和路径选项】按钮⚙，在弹出的选项板中选中【星形】复选框，将【缩进边依据】设置为 30，将【边】设置为 5，如图 7-49 所示。

图 7-48 打开的素材文件

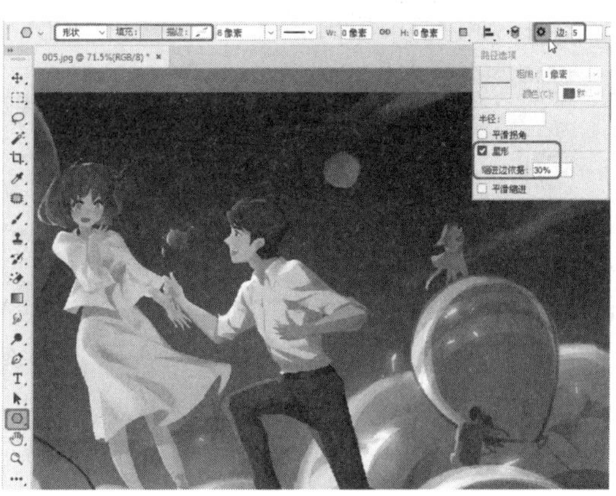

图 7-49 设置工具参数

知识链接：多边形的参数设置

选择【多边形工具】⬡后，在工具选项栏中单击【设置其他形状和路径选项】按钮⚙，弹出如图 7-50 所示的选项面板，在该面板中可以设置相关参数，其中各个选项的功能如下。

【半径】：用来设置多边形或星形的半径。

【平滑拐角】：用来创建具有平滑拐角的多边形或星形。如图 7-51 所示为取消选中与选中该复选框时的对比效果。

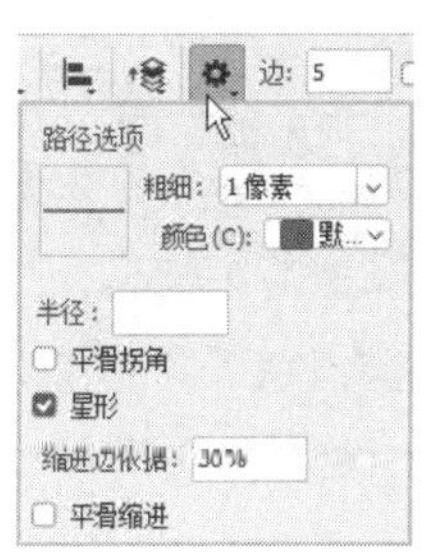

图 7-50 工具选项

图 7-51 取消选中【平滑拐角】和选中【平滑拐角】复选框时的对比

【星形】：选中该复选框可以创建星形。

【缩进边依据】：当选中【星形】复选框后，该文本框才会被激活，用于设置星形的边缘向中心缩进的数量，该值越高，缩进量就越大，如图 7-52、图 7-53 所示为【缩进边依据】为 50% 和【缩进边依据】为 80% 的对比效果。

图 7-52 【缩进边依据】为 50%

图 7-53 【缩进边依据】为 80%

【平滑缩进】：当选中【星形】复选框后，该复选框才会被激活，选中该复选框可以使星形的边平滑缩进，如图 7-54、图 7-55 所示为选中前与选中后的对比效果。

图 7-54 取消选中【平滑缩进】复选框的效果

图 7-55 选中【平滑缩进】复选框的效果

（3）设置完成后，使用多边形工具在工作界面中绘制一个星形，如图 7-56 所示。

（4）选中绘制的星形对象，按住 Alt 键的同时拖曳鼠标复制多个星形对象，适当地调整对象的大小及位置，效果如图 7-57 所示。

图 7-56 绘制星形

图 7-57 复制星形对象

7.3.5 直线工具

【直线工具】是用来创建直线和带箭头的线段的。选择【直线工具】后，在工具选项栏中单击【设置其他形状和路径选项】按钮，弹出如图 7-58 所示的选项面板。

- 【起点】/【终点】：选中【起点】复选框后，会在直线的起点处添加箭头，选中【终点】复选框后，会在直线的终点处添加箭头，如果同时选中这两个复选框，则会绘制出双向箭头。
- 【宽度】：该文本框用来设置箭头宽度与直线宽度的百分比。
- 【长度】：该文本框用来设置箭头长度与直线宽度的百分比。
- 【凹度】：该文本框用来设置箭头的凹陷程度。

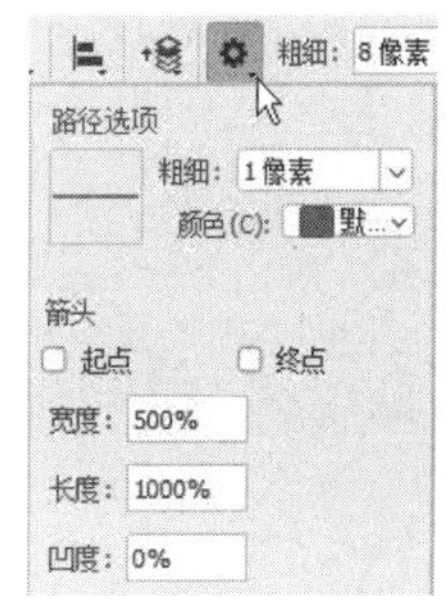

图 7-58 【直线工具】选项面板

7.4 上机练习——制作开关按钮

扫一扫，看视频

本例主要介绍开关按钮的制作，首先使用圆角矩形工具在场景中绘制图形，并使用【图层样式】对话框来修改图形的样式，得到想要的效果，完成后的效果如图 7-59 所示。

（1）打开“素材 \Cha07\ 制作开关按钮 .jpg”文件，如图 7-60 所示。

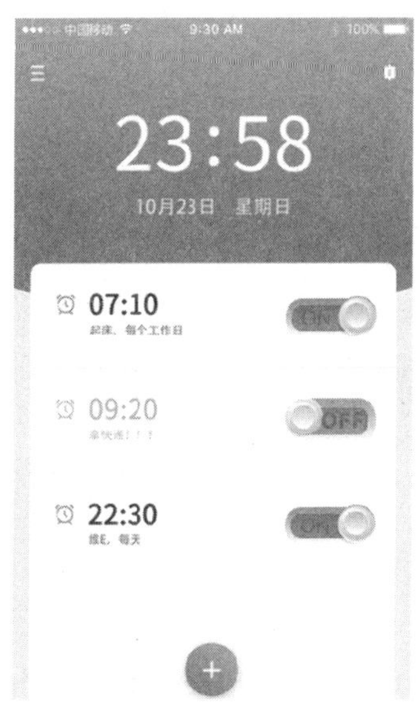

图 7-59 开关按钮

图 7-60 素材文件

（2）在工具箱中选择圆角矩形工具，在工具选项栏中将【选择工具模式】设置为【路径】，绘制圆角矩形，如图 7-61 所示。

图 7-61　绘制圆角矩形

（3）新建一个【圆角矩形】图层，按 Ctrl+Enter 组合键将路径载入选区，将前景色的 RGB 值分别设置为 252、106、146，并按 Alt+Delete 组合键填充前景色，按 Ctrl+D 组合键取消选区，如图 7-62 所示。

图 7-62　填充前景色

（4）双击【圆角矩形】图层空白处，进入【图层样式】对话框，选中【描边】复选框，在【结构】选项组中，将【大小】设置为 6，将【位置】设置为【外部】，将【填充类型】设置为【渐变】，单击【渐变】后方的【点按可编辑渐变】，打开【渐变编辑器】对话框，将第一个色标的 RGB 颜色值设置为 170、170、170，第二个色标设置为白色，单击【确定】按钮，选中【反向】复选框，如图 7-63 所示。

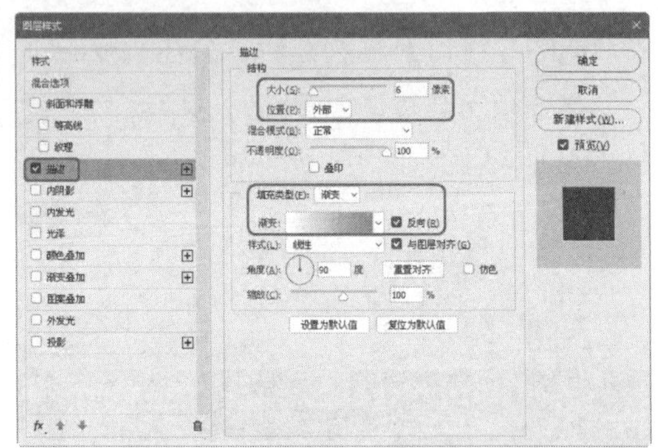

图 7-63　设置【描边】参数

（5）选中【内阴影】复选框，在【结构】选项组中，将【混合模式】设置为【正常】，将【不透明度】设置为 15，将【角度】设置为 30，将【距离】设置为 2，将【阻塞】设置为 0，将【大小】设置为 5，如图 7-64 所示。

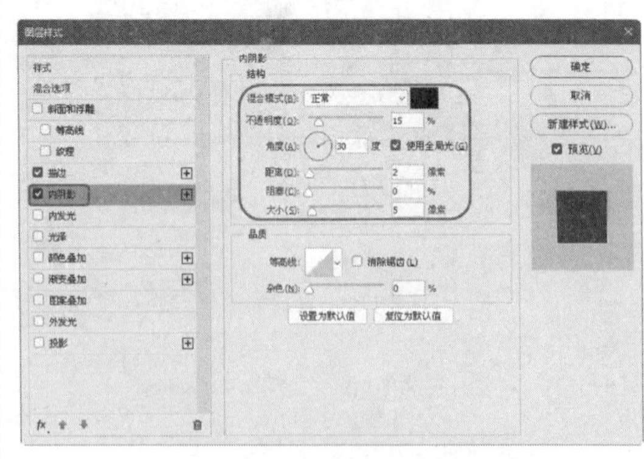

图 7-64　设置【内阴影】参数

（6）选中【内发光】复选框，在【结构】选项组中，将【混合模式】设置为【正常】，将【不透明度】设置为 25，将【设置发光颜色】的RGB值设置为254、33、93，在【图素】选项组中，将【方法】设置为【柔和】，将【源】设置为【边缘】，将【阻塞】设置为100，将【大小】设置为1，如图7-65所示。

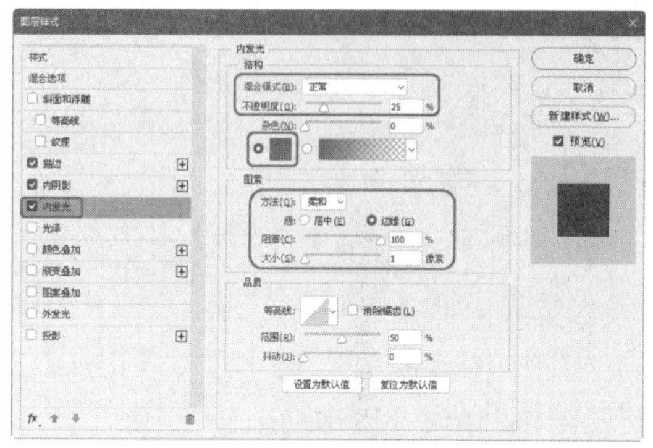

图 7-65 设置【内发光】参数

（7）选中【渐变叠加】复选框，在【渐变】选项组中，将【混合模式】设置为【柔光】，将【不透明度】设置为25，将【渐变】设置为【黑，白渐变】，并选中【反向】复选框，如图7-66所示。

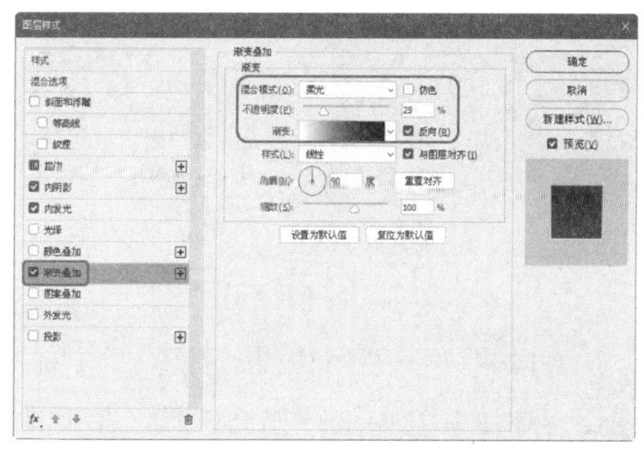

图 7-66 设置【渐变叠加】参数

（8）单击【确定】按钮，新建一个【滑动按钮】图层，在工具箱中选择椭圆工具，在工具选项栏中将【选择工具模式】设置为像素，将前景色设置为白色，按住Alt+Shift组合键绘制白色正圆，用移动工具调整位置，如图7-67所示。

图 7-67 绘制正圆

（9）双击【滑动按钮】图层的空白处，打开【图层样式】对话框，选中【描边】复选框，在【结构】选项组中，将【大小】设置为1，将【位置】设置为【外部】，将【填充类型】设置为【渐变】，单击【渐变】后方的【点按可编辑渐变】，打开【渐变编辑器】对话框，将第一个色标的RGB颜色值设置为170、170、170，第二个色标设置为白色，单击【确定】按钮，选中【反向】复选框，如图7-68所示。

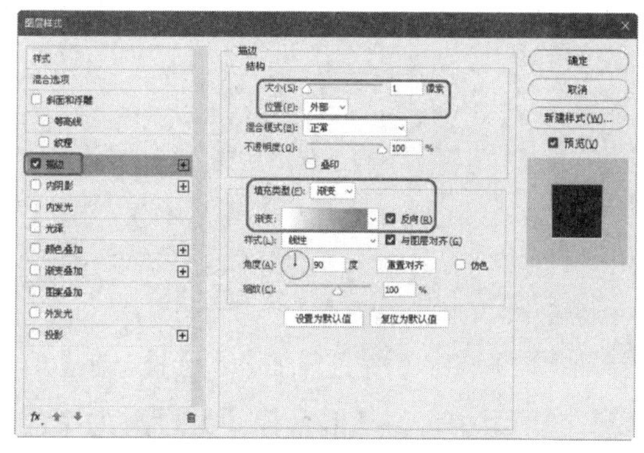

图 7-68 设置【描边】参数

（10）选中【内阴影】复选框，在【结构】选项组中，将【混合模式】设置为【正常】，将【不透明度】设置为10，将【角度】设置为30，将【距离】、【阻塞】、【大小】设置为3、0、1，如图7-69所示。

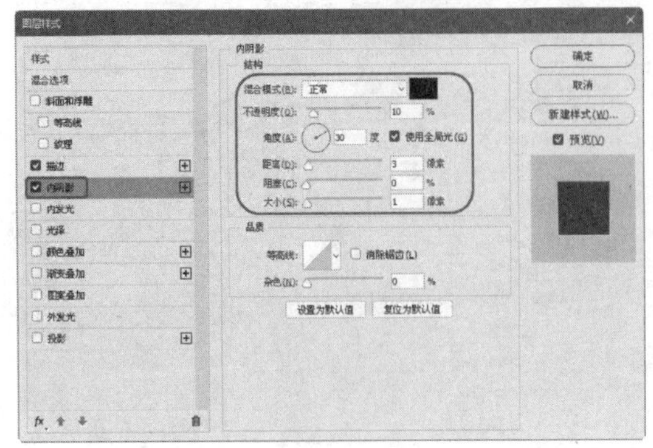

图 7-69 设置【内阴影】参数

（11）选中【内发光】复选框，在【结构】选项组中，将【混合模式】设置为【正常】，将【不透明度】设置为40，将【颜色】设置为白色，在【图素】选项组中，将【方法】设置为【柔和】，将【源】设置为【边缘】，将【阻塞】设置为50，将【大小】设置为1，如图7-70所示。

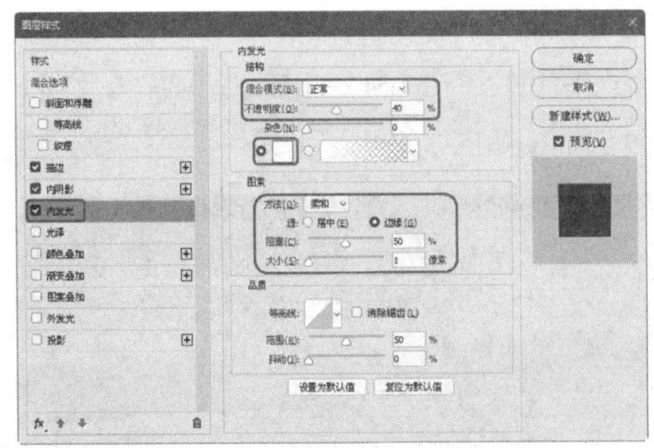

图 7-70 设置【内发光】参数

（12）选中【渐变叠加】复选框，在【渐变】选项组中，将【混合模式】设置为【正常】，选中【仿色】复选框，将【不透明度】设置为20，在【渐变】后选择【黑，白渐变】，取消选中【反向】复选框，如图7-71所示。

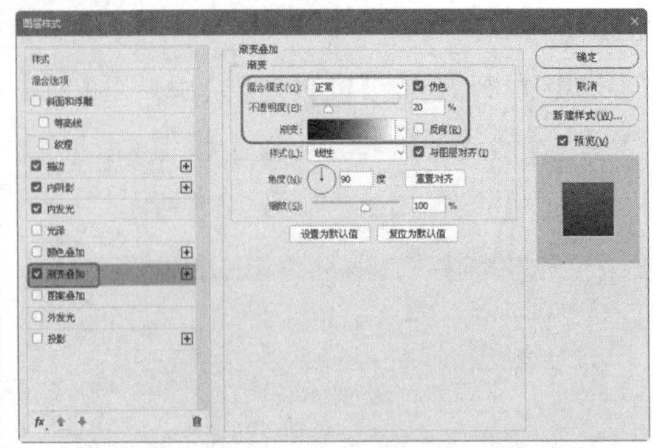

图 7-71 设置【渐变叠加】参数

（13）选中【投影】复选框，在【结构】选项组中，将【混合模式】设置为【正常】，将【不透明度】设置为10，将【角度】设置为30，将【距离】、【扩展】、【大小】设置为3、0、0，如图7-72所示，单击【确定】按钮。

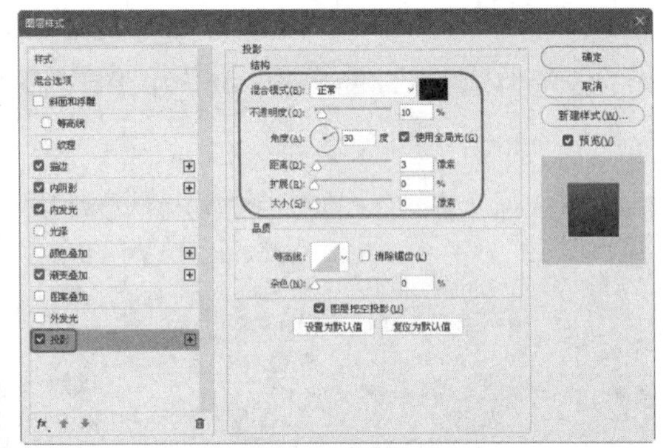

图 7-72 设置【投影】参数

（14）在【图层】面板中，创建一个【圆】图层，在工具箱中选择椭圆工具，在工具选项栏中将【选择工具模式】设置为【像素】，将前景色设置为白色，按住Alt+Shift组合键绘制白色正圆，用移动工具调整位置，如图7-73所示。

（15）选择【圆】图层并双击，选中【内阴影】复选框，在【结构】选项组中，将【混合模式】设置为【正常】，将【不透明度】设置为5，将【角度】设置为30，将【距离】、

【阻塞】、【大小】设置为1、0、0，如图7-74所示。

图7-73 绘制圆形

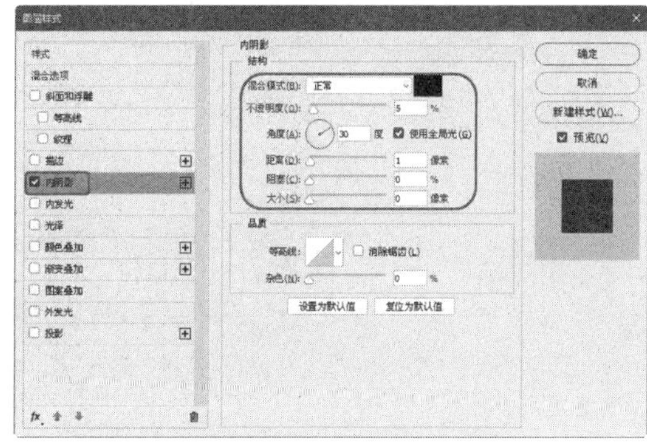

图7-74 设置【内阴影】参数

（16）选中【渐变叠加】复选框，在【结构】选项组中，将【混合模式】设置为【正常】，将【不透明度】设置为20，选中【反向】复选框，如图7-75所示，单击【确定】按钮。

（17）在工具箱中选择横排文字工具，在工具选项栏中将【字体】设置为Myriad Pro，将【字体样式】设置为Regular，将【大小】设置为5点，将【消除锯齿的方法】设置为【浑厚】，将【颜色】设置为255、0、126，输入文字，如图7-76所示。

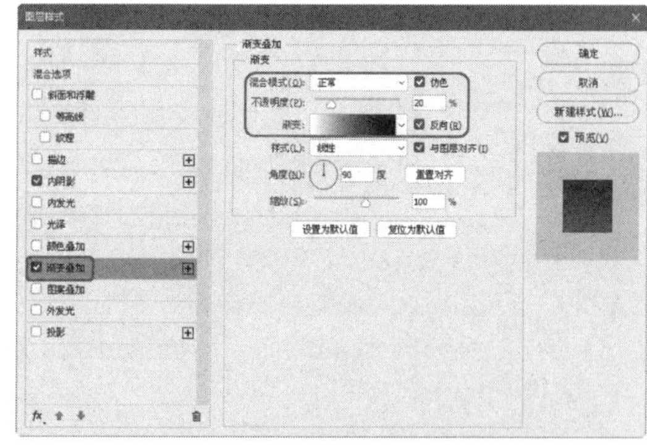

图7-75 设置【渐变叠加】参数

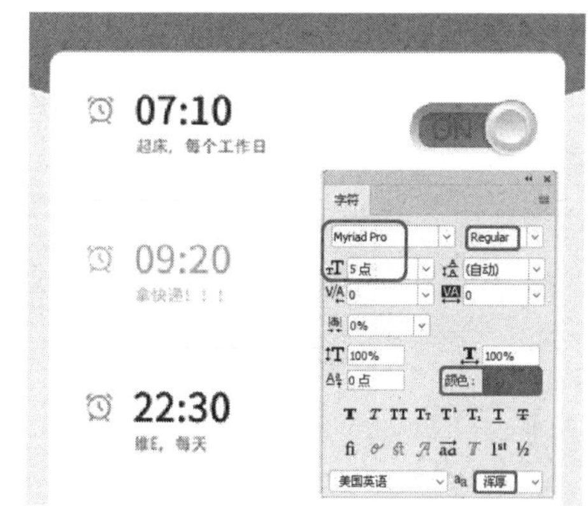

图7-76 输入文字

（18）使用同样的方法制作其他按钮，最终效果如图7-77所示。

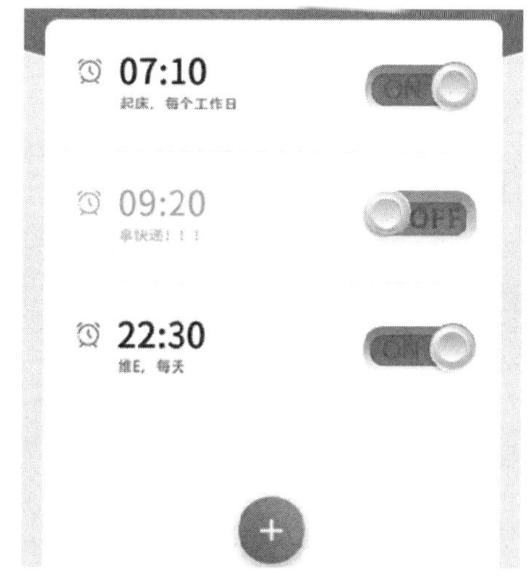

图7-77 完成后的效果

第 8 章

蒙版与通道在设计中的应用

蒙版是进行图像合成的重要手法，它可以控制部分图像的显示与隐藏，还可以对图像进行抠图处理，本章主要介绍蒙版在设计中的应用。Photoshop 提供了 4 种用来合成图像的蒙版，分别是快速蒙版、图层蒙版、矢量蒙版和剪贴蒙版，这些蒙版都有各自的用途和特点。

8.1 快速蒙版

利用快速蒙版，能够快速地创建一个不规则的选区。当创建了快速蒙版后，图像就等于创建了一层暂时的遮罩层，此时可以在图像上利用画笔、橡皮擦等工具进行编辑。被选取的区域和未被选取的区域以不同的颜色进行区分。当离开快速蒙版模式时，选取的区域转换成为选区。

8.1.1 创建快速蒙版

下面介绍如何创建快速蒙版以及蒙版的使用方法。

（1）打开“素材\Cha08\创建快速蒙版.jpg”文件，在工具箱中将【前景色】设置为黑色，单击【以快速蒙版模式编辑】按钮，进入快速蒙版状态。在工具箱中选择【画笔工具】，在工具选项栏中选择一个硬笔触，将【大小】设置为 5 像素，并在工具选项栏中将【不透明度】、【流量】均设置为 100%，按 Ctrl+“+”组合键放大图像，然后沿着对象的边缘进行涂抹选取，如图 8-1 所示。

图 8-1 选取图像

（2）选取完成后，选择工具箱中的【油漆桶】，将前景色设置为黑色，在选取的区域内进行填充，使蒙版覆盖整个需要的对象，如图 8-2 所示。

图 8-2 填充选取的图像

（3）完成上一步的操作后，单击工具箱中的【以标准模式编辑】按钮，退出快速蒙版模式，未涂抹部分变为选区，按Ctrl+Shift+I 组合键反选，如图 8-3 所示。

图 8-3 退出快速蒙版模式

（4）此时在工具箱中选择【移动工具】，将鼠标放置到选区内，单击鼠标并拖动，可以对选区内的图像进行移动操作，效果如图 8-4 所示。

图 8-4 效果图

8.1.2 编辑快速蒙版

本节介绍如何对快速蒙版进行编辑。通过实例体会一下快速蒙版的使用。

（1）打开“素材 \Cha08\ 创建快速蒙版 .jpg”文件，使用多边形套索工具选取如图 8-5 所示的人物，在工具箱中单击【以快速蒙版模式编辑】按钮，进入快速蒙版模式。

图 8-5 进入快速蒙版模式

（2）在键盘上按 X 键，将前景色与背景色交换，然后使用【画笔工具】对选区进行修改，如图 8-6 所示。

图 8-6 编辑快速蒙版

> 提示：将前景色设定为白色，用画笔工具可以擦除蒙版（添加选区）；将前景色设定为黑色，用画笔工具可以添加蒙版（删除选区）。

（3）单击工具箱中的【以标准模式编辑】按钮，退出蒙版模式，双击【以快速蒙版模式编辑】按钮，弹出【快速蒙版选项】对话框，从中可以对快速蒙版的各种属性进行设定，如图 8-7 所示。

图 8-7 【快速蒙版选项】对话框

- 被蒙版区域：可使被蒙版区域显示为 50% 的红色，使选中的区域显示为透明。用黑色绘画可以扩大被蒙版区域，用白色绘画可以扩大选中区域。选中该单选按钮时，工具箱中的按钮显示为。

注意：【颜色】和【不透明度】设置都只影响蒙版的外观，对如何保护蒙版下面的区域没有影响。更改这些设置能使蒙版与图像中的颜色对比更加鲜明，从而具有更好的可视性。

- 所选区域：可使被蒙版区域显示为透明，使选中区域显示为 50% 的红色。用白色绘画可以扩大被蒙版区域。用黑色绘画可以扩大选中区域。选中该单选按钮时，工具箱中的按钮显示为。
- 颜色：要选取新的蒙版颜色，可单击颜色框选取新颜色。
- 不透明度：要更改蒙版的不透明度，可在【不透明度】文本框中输入 0 ～ 100 之间的数值。

8.2 图层蒙版

图层蒙版是与当前文档具有相同分辨率的位图图像，不仅可以用来合成图像，在创建调整图层、填充图层或者应用智能滤镜时，Photoshop 也会自动为其添加图层蒙版。因此，图层蒙版可以在颜色调整、应用滤镜和指定选择区域中发挥重要的作用。

8.2.1 创建图层蒙版

创建图层蒙版的方法有四种，下面将分别进行介绍。

- 在菜单栏中选择【图层】|【图层蒙版】|【显示全部】命令，如图 8-8 所示，创建一个白色图层蒙版。
- 在菜单栏中选择【图层】|【图层蒙版】|【隐藏全部】命令，如图 8-9 所示，创建一个黑色图层蒙版。

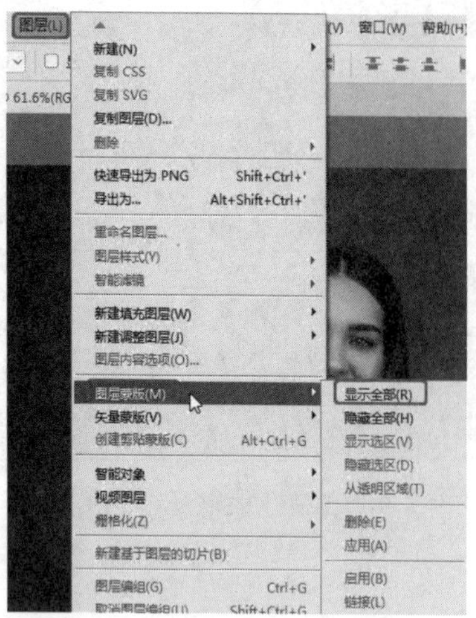

图 8-8 创建白色图层蒙版

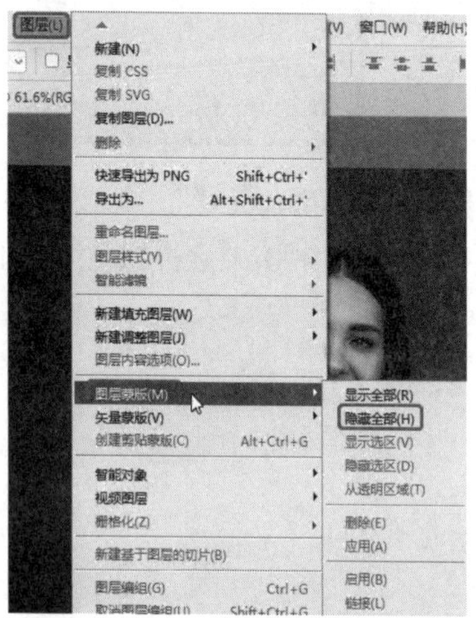

图 8-9 创建黑色图层蒙版

- 单击【添加图层蒙版】按钮◘，创建一个白色图层蒙版。
- 按住 Alt 键单击【图层】面板下方的【添加图层蒙版】按钮◘，创建一个黑色图层蒙版。

8.2.2 编辑图层蒙版

创建图层蒙版后，可以像编辑图像那样使用各种绘画工具和滤镜编辑蒙版。下面就来介绍如何通过编辑图层蒙版合成一幅作品。

（1）打开“素材 \Cha08\ 编辑图层蒙版 .jpg”文件，如图 8-10 所示。

图 8-10 打开的素材文件

（2）在菜单栏中选择【文件】|【置入嵌入对象】命令，打开“素材 \Cha08\ 艺术背景 .jpg”文件，调整其位置和大小，按 Enter 键，如图 8-11 所示。

图 8-11 置入背景

（3）在【图层】面板底部按住 Alt 键单击【添加图层蒙版】按钮◘，添加图层蒙版，如图 8-12 所示。

图 8-12 添加图层蒙版

（4）在工具箱中选择画笔工具，单击工具选项栏中的【切换“画笔设置”面板】按钮，在打开的【画笔设置】面板中选择【Kyle 叶片组】笔触，将【大小】设置为 167 像素，选中【翻转 X】、【翻转 Y】复选框，将【间距】设置为 139，如图 8-13 所示。

（5）关闭【画笔设置】面板，将前景色设置为白色，在人物上单击，如图 8-14 所示。

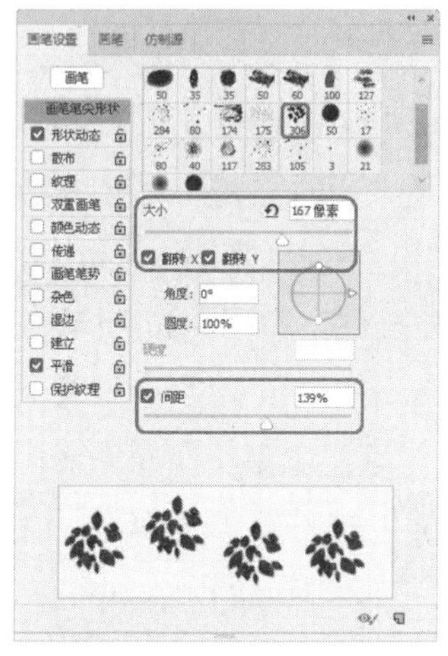

图 8-13　【画笔设置】面板

图 8-14　添加图案效果

8.3　矢量蒙版

矢量蒙版是通过路径和矢量形状控制图像显示区域的蒙版，需要使用绘图工具才能编辑蒙版。矢量蒙版中的路径是与分辨率无关的矢量对象，因此，在缩放蒙版时不会产生锯齿。向矢量蒙版添加图层样式可以创建标志、按钮、面板或者其他的 Web 设计元素。

8.3.1　创建矢量蒙版

创建矢量蒙版的方法有四种，下面分别对它们进行介绍。

- 选择一个图层，然后在菜单栏中选择【图层】|【矢量蒙版】|【显示全部】命令，创建一个白色矢量图层，如图 8-15 所示。
- 按住 Ctrl 键单击【添加图层蒙版】按钮，即可创建一个隐藏全部内容的白色矢量蒙版。
- 在菜单栏中选择【图层】|【矢量蒙版】|【隐藏全部】命令，创建一个灰色的矢量蒙版，如图 8-16 所示。

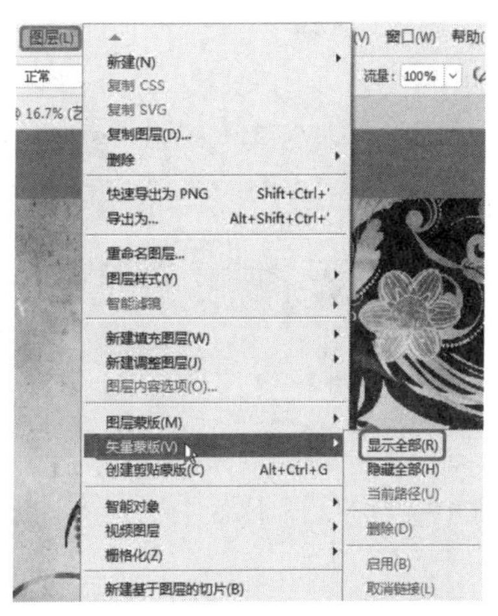

图 8-15　创建白色矢量蒙版

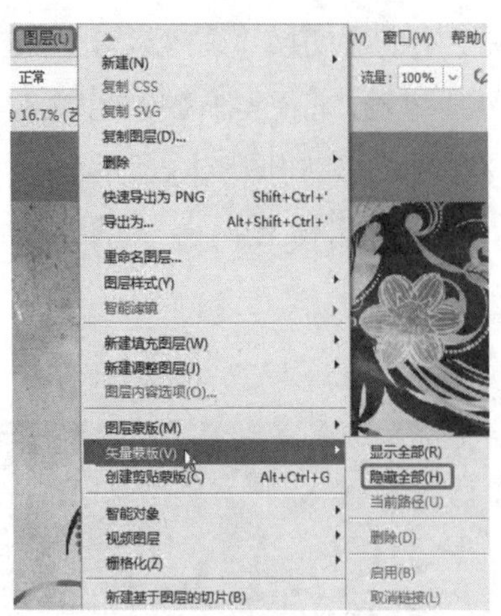

图 8-16 创建灰色矢量蒙版

⊳ 按住 Ctrl+Alt 组合键单击【添加图层蒙版】按钮，创建一个隐藏全部的灰色矢量蒙版。

> 提示：多通道、位图或索引颜色模式的图像不支持图层，在这样的图像上输入文字时，文字将以栅格化的形式出现在背景上，因而不会创建文字图层。

8.3.2 编辑矢量蒙版

图层蒙版和剪贴蒙版都是基于像素的蒙版，而矢量蒙版则是基于矢量对象的蒙版，它是通过路径和矢量形状来控制图像显示区域的，为图层添加矢量蒙版后，【路径】面板中会自动生成一个矢量蒙版路径，编辑矢量蒙版时需要使用绘图工具。

（1）打开“素材\Cha08\编辑矢量蒙版.jpg”文件，如图 8-17 所示。

（2）在菜单栏中选择【文件】|【置入嵌入对象】命令，打开“素材\Cha08\海背景.jpg”文件，调整其位置和大小，按 Enter 键，如图 8-18 所示。

（3）单击工具箱中的【椭圆工具】按钮，在工具选项栏中将【选择工具模式】设置为【路径】，在画布中按住 Shift+Alt 组合键画一个正圆路径，如图 8-19 所示。

图 8-17 打开的素材文件

图 8-18 嵌入海背景

图 8-19 画正圆路径

（4）在菜单栏中选择【图层】|【矢量蒙版】|【当前路径】命令，为图像创建矢量蒙版，按 Ctrl+T 组合键调整其位置和大小，如图 8-20 所示。

（5）在【图层】面板中单击【添加图层蒙版】按钮，在工具箱中选择【画笔工具】，在工具选项栏中选择一个柔边缘画笔，将【大小】设置为 150，将前景色设置为黑色，在图像上方涂抹，效果如图 8-21 所示。

图 8-20　添加矢量蒙版

图 8-21　效果图

8.4　剪贴蒙版

剪贴蒙版是一种非常灵活的蒙版，它可以使用下面图层中图像的形状限制上层图像的显示范围。因此，可以通过一个图层来控制多个图层的显示区域，而矢量蒙版和图层蒙版都只能控制一个图层的显示区域。

8.4.1　创建剪贴蒙版

剪贴蒙版的创建方法非常简单，只需选择一个图层，然后在菜单栏中选择【图层】|【创建剪贴蒙版】命令或按 Alt+Ctrl+G 组合键，即可将该图层与它下面的图层创建为一个剪贴蒙版。下面我们来使用剪贴蒙版合成一幅作品。

（1）打开“素材 \Cha08\ 创建剪贴蒙版 .psd”文件，如图 8-22 所示。

图 8-22　打开的素材文件

（2）选择【背景】图层，在菜单栏中选择【文件】|【置入嵌入对象】命令，选择“素材\Cha08\人物.jpg”文件，调整其位置和大小，按Enter键，如图8-23所示。

图8-23 置入人物图片

（3）选择【背景】图层，单击【创建新图层】按钮，创建【图层1】，选择该图层，在工具箱中选择【椭圆工具】，将前景色设置为黑色，将【选择工具模式】设置为【像素】，将【人物】图层隐藏，在相框中按Alt键绘制椭圆，绘制完成后按Ctrl+T组合键调整其大小及位置，如图8-24所示。

图8-24 绘制黑色椭圆

（4）将【人物】图层显示并右击该图层，如图8-25所示，在弹出的快捷菜单中选择【创建剪贴蒙版】命令。

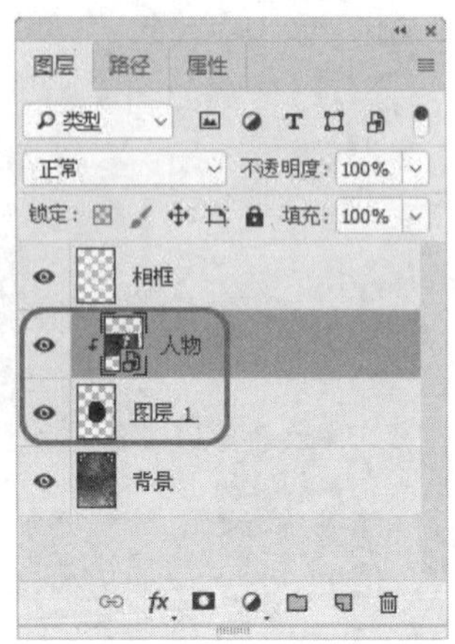

图8-25 剪贴蒙版图层

完成后的效果如图8-26所示。

图8-26 完成后的效果

8.4.2 编辑剪贴蒙版

创建剪贴蒙版后，可以对其进行编辑。在剪贴蒙版中，基底图层的形状决定了内容图层的显示范围。移动基底图层中的图形可以改变内容图层的显示区域。如果在基底图层中添加其他形状，可以增加内容图层的显示区域。

当需要释放剪贴蒙版时，可以选择内容图层，然后在菜单栏中选择【图层】|【释放剪贴蒙版】命令或者按键盘上的 Ctrl+Alt+G 组合键，将剪贴蒙版释放。下面我们来练习编辑剪贴蒙版。

（1）打开“素材 \Cha08\ 编辑剪贴蒙版 .psd”文件，如图 8-27 所示。

图 8-27 打开的素材图

（2）选择【背景】图层，单击【创建新图层】按钮，新建一个【图层 1】，如图 8-28 所示。

图 8-28 创建新图层

（3）按住 Alt 键单击【人物】图层和【图层 1】的中间位置，即可为人物创建一个剪贴蒙版，如图 8-29 所示。

图 8-29 创建剪贴蒙版

（4）在工具箱中选择【画笔工具】，选择一个柔画笔，将【大小】设置为 100，将前景色设置为黑色，在【图层 1】中绘制图案，即可显示人物，如图 8-30 所示。

图 8-30 完成后的效果

知识链接：图层蒙版的操作

在学习和了解了各种蒙版的使用方法和作用后，下面将介绍图层蒙版的一些基本操作，以便更好地掌握图层蒙版的使用。

1. 应用或删除图层蒙版

按住 Shift 键的同时单击图层蒙版缩略图，即可停用图层蒙版，同时图层蒙版缩略图中会显示红色叉号，表示此图层蒙版已经停用，图像随即还原成原始效果，如图 8-31 所示。如果需要启用图层蒙版，再次按住键盘上的 Shift 键的同时单击图层蒙版缩略图即可。

图 8-31　停用蒙版

> 提示：此外，还可以在蒙版缩略图中单击鼠标右键，在弹出的快捷菜单中选择【停用图层蒙版】/【启用图层蒙版】命令即可将蒙版停用或启用。

2. 删除蒙版

选择图层蒙版后，在蒙版缩略图中单击鼠标右键，在弹出的快捷菜单中选择【删除图层蒙版】命令，如图 8-32 所示，即可将图层蒙版删除。

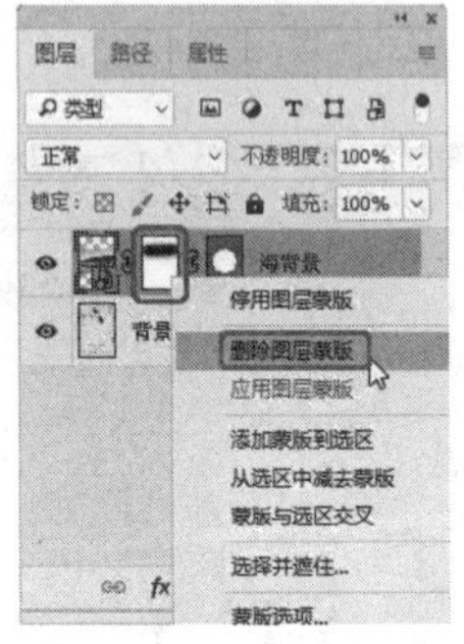

图 8-32　选择【删除图层蒙版】命令

还可以通过选择图层蒙版缩略图，然后单击【图层】面板下方的【删除图层】按钮 ，此时会弹出提示对话框，如图 8-33 所示。单击【应用】按钮，可以将图层蒙版删除，效果仍应用于图层中；单击【删除】按钮，可以将图层蒙版删除，效果不会应用到图层中；单击【取消】按钮，可取消本次操作。

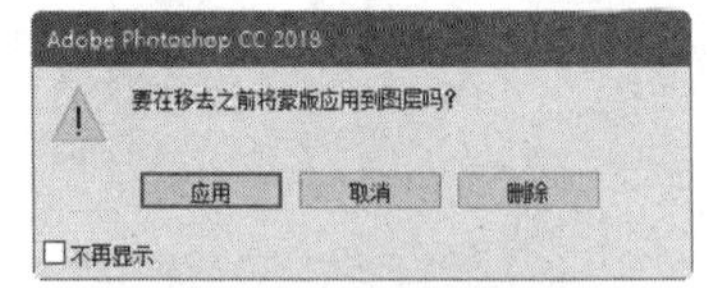

图 8-33　提示对话框

8.5　【通道】面板的使用

通道主要用于存储颜色的数据，也可以用来存储选区和制作选区。所有的通道都是 8 位灰度图像，对通道的操作是独立的，我们可以针对每一个通道进行色彩的控制、图像的处理以及使用各种滤镜，从而制作出特殊的效果。

打开“素材\Cha08\通道.jpg”文件，在菜单栏中选择【窗口】|【通道】命令，打开【通道】面板，如图 8-34 所示。

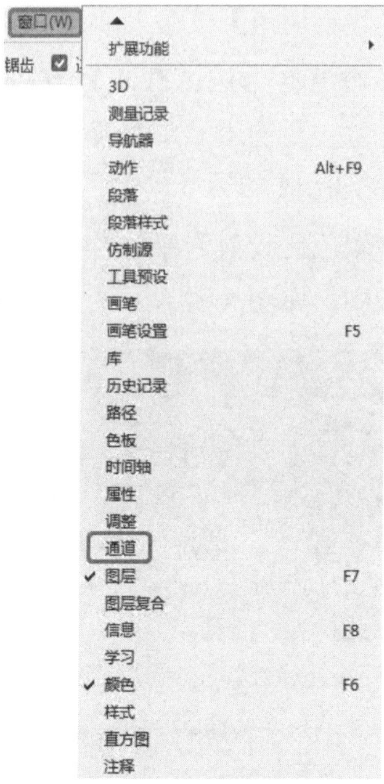

图 8-34 选择【通道】命令

> 提示：由于复合通道（即 RGB 通道）是由各原色通道组成的，因此在选中隐藏面板中的某个原色通道时，复合通道将会自动隐藏。如果选择显示复合通道的话，那么组成它的原色通道将自动显示。

- 查看与隐藏通道：单击👁图标可以使通道在显示和隐藏之间切换，以查看某一颜色在图像中的分布情况。例如在 RGB 模式下的图像，如果选择显示 RGB 通道，则 R 通道、G 通道和 B 通道都自动显示，如图 8-35 所示。

图 8-35 选择 RGB 通道

- 通道缩略图调整：单击【通道】面板右上角的 ≡ 按钮，从弹出的下拉菜单中选择【面板选项】命令，如图 8-36 所示。打开【通道面板选项】对话框，从中可以设定通道缩略图的大小，以便对缩略图进行观察，如图 8-37 所示。

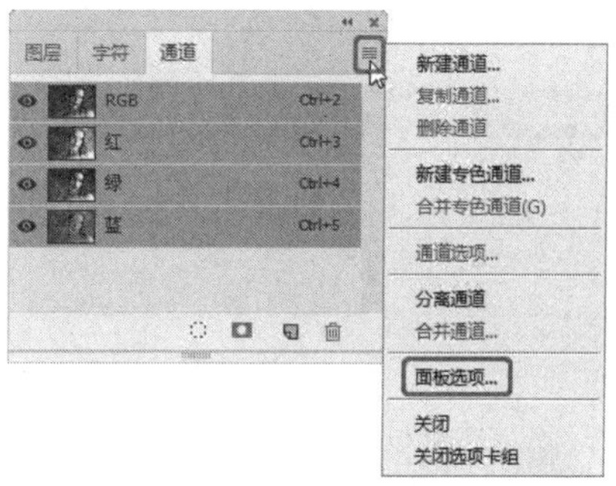

图 8-36 选择【面板选项】命令

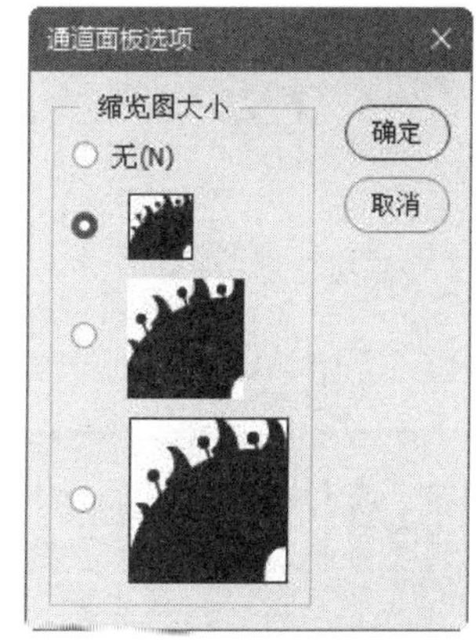

图 8-37 【通道面板选项】对话框

- 通道的名称：它能帮助用户很快识别各种通道的颜色信息。各原色通道和复合通道的名称是不能更改的，Alpha 通道的名称可以通过双击通道名称任意修改，如图 8-38 所示。

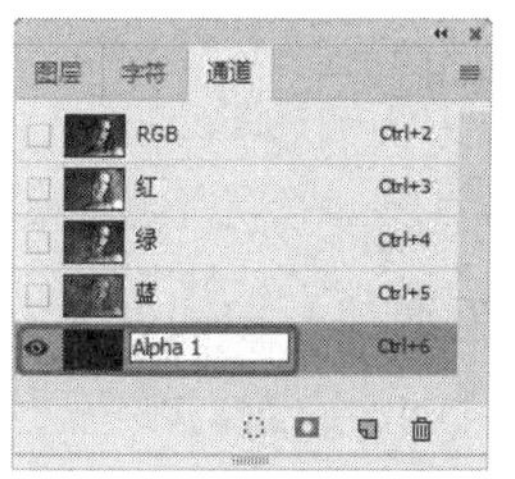

图 8-38 重命名 Alpha 通道

- 新建通道：单击图标可以创建新的Alpha通道，按住Alt键并单击图标可以设置新建Alpha通道的参数，如图8-39所示。如果按住Ctrl键并单击该图标，则可以创建新的专色通道，如图8-40所示。

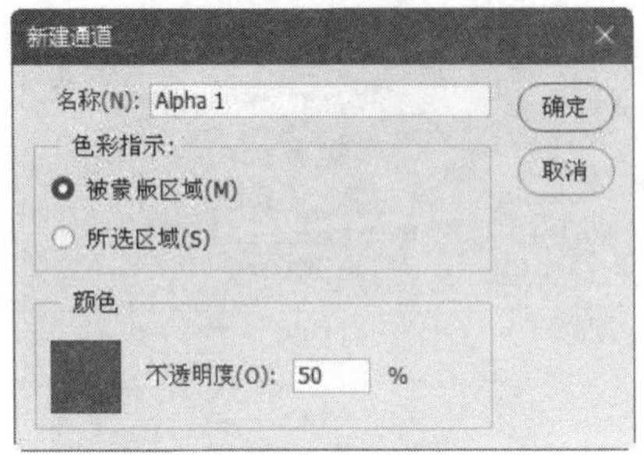

图8-39 【新建通道】对话框

图8-40 【新建专色通道】对话框

> 提示：将颜色通道删除后会改变图像的色彩模式。例如原色彩为RGB模式时，删除其中的G通道，剩余的通道将变为青色和黄色通道，此时色彩模式将变换为多通道模式，如图8-41所示。

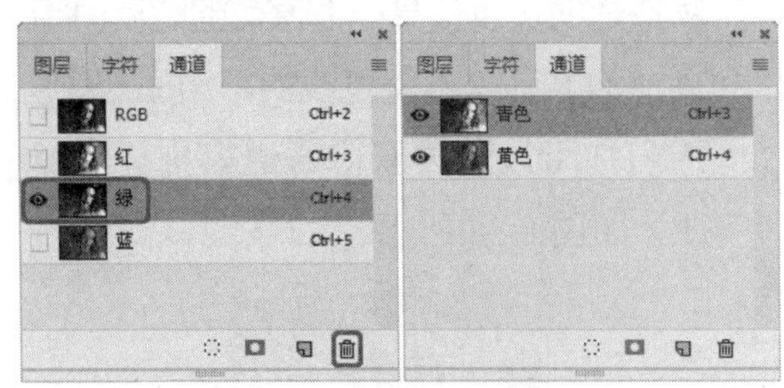

图8-41 删除【绿色】通道

- 【创建新通道】按钮：所创建的通道均为Alpha通道，颜色通道则无法用【创建新通道】按钮来创建。
- 【将通道作为选区载入】按钮：选择任意一个通道，在面板中单击【将通道作为选区载入】按钮，则可将通道中颜色比较淡的部分当作选区加载到图像中，如图8-42所示。

图8-42 将通道作为选区载入

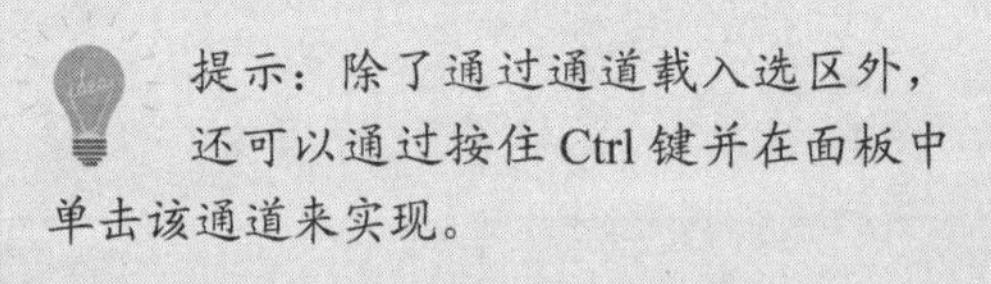

> 提示：除了通过通道载入选区外，还可以通过按住Ctrl键并在面板中单击该通道来实现。

- 【将选区存储为通道】按钮：如果当前图像中存在选区，那么可以通过单击【将选区存储为通道】按钮，把当前的选区存储为新的通道，以便修改和以后使用。在按住Alt键的同时单击该图标，可以新建一个通道并且为该通道设置参数，如图8-43所示。

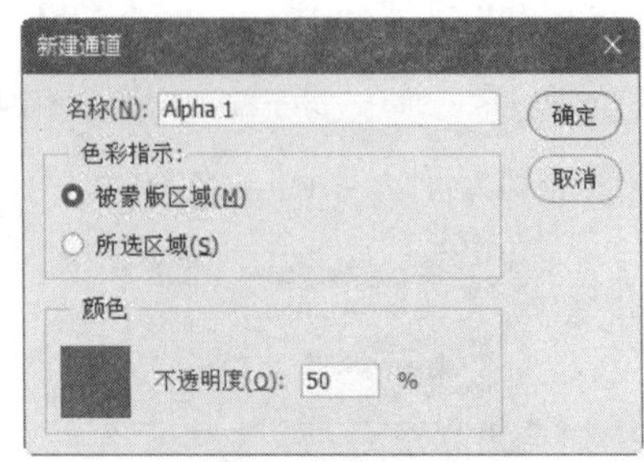

图8-43 【新建通道】对话框

- 【删除通道】按钮：单击该按钮，可以将当前的通道删除。

8.6 通道的类型及应用

通道主要有三种，分别是颜色通道、Alpha 通道和专色通道。颜色通道是在打开新图像时自动创建的，图像的颜色模式决定了所创建的颜色通道的数目；Alpha 通道的主要作用是建立、保存与编辑选区；专色通道主要用于印刷。

8.6.1 Alpha 通道的作用

Alpha 通道用来保存选区，它可以将选区存储为灰度图像。在 Alpha 通道中，白色代表了被选择的区域，黑色代表了未被选择的区域，灰色则代表了被部分选择的区域，即羽化的区域。解锁打开的背景层，如图 8-44 所示的图像，是一个添加了渐变的 Alpha 通道，并通过 Alpha 通道载入选区。如图 8-45 所示的图像，是载入该通道中的选区后切换至 RGB 复合通道并删除选区中像素后的效果图像。

图 8-44 选区通道中的图像

图 8-45 显示图像的 Alpha 通道

除了可以保存选区外，我们还可以在 A1pha 通道中编辑选区。用白色涂抹通道可以扩大选区的范围，用黑色涂抹通道可以收缩选区的范围，如图 8-46 所示为修改后的 A1pha 通道，如图 8-47 所示为载入该通道中的选区选取出来的图像。

图 8-46 修改后的 Alpha 通道

图 8-47 选区通道中的图像

8.6.2 专色通道的作用

专色通道是用来存储专色的通道。专色是特殊的预混油墨．例如金属质感的油墨、荧光油墨等，它们用于替代或补充印刷色（CMYK）油墨，因为印刷色油墨打印不出金属和荧光等炫目的颜色。专色通道通常使用油墨的名称来命名。

专色通道的创建方法比较特别，下面通过实际操作来了解如何创建专色通道。

（1）打开“素材\Cha08\专色通道.jpg”文件，如图 8-48 所示。

（2）在工具箱中选择【魔棒工具】，将【容差】设置为 50，在打开的素材中选择图像背景，如图 8-49 所示。

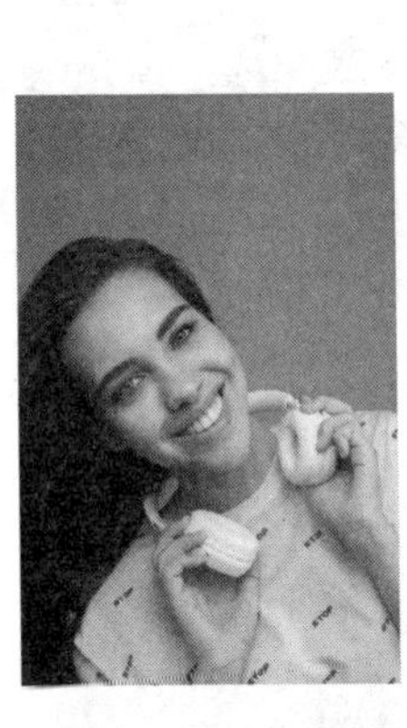

图 8-48　打开的素材文件

图 8-49　创建选区

（3）打开【通道】面板，按住 Ctrl 键的同时，单击【创建新通道】按钮，弹出【新建专色通道】对话框，单击【颜色】块，如图 8-50 所示。

图 8-50　【新建专色通道】对话框

（4）打开【拾色器（专色）】对话框，再单击【颜色库】按钮，弹出【颜色库】对话框，在其中选择一种专色，如图 8-51 所示。

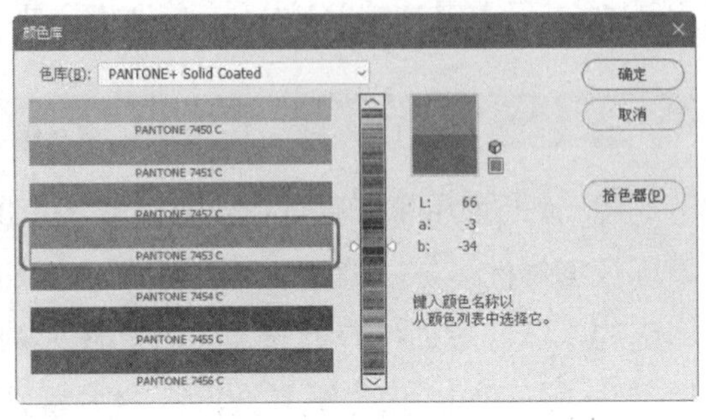

图 8-51　【颜色库】对话框

（5）单击【确定】按钮，返回到【新建专色通道】对话框，将【密度】设置为 50%，如图 8-52 所示。更改密度后，可以在屏幕上模拟印刷时专色的密度。

图 8-52　【新建专色通道】对话框

（6）单击【确定】按钮，创建一个专色通道，如图 8-53 所示。

（7）原选区将由指定的专色填充，如图 8-54 所示为创建专色通道后的效果。

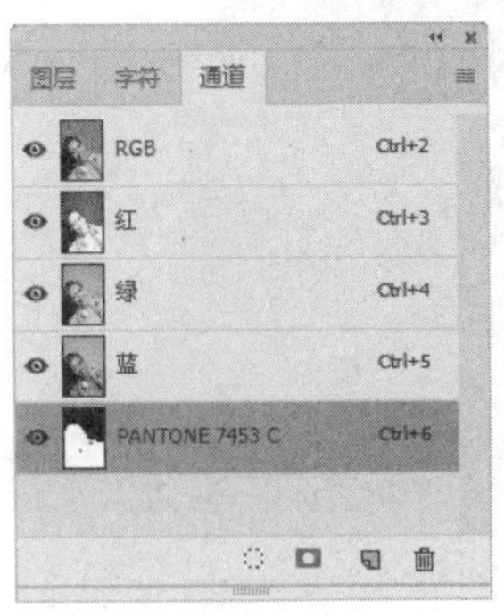

图 8-53　创建的专色通道

图 8-54　创建专色通道后的效果

知识链接：通道的原理与工作方法

通道是 Photoshop 中最重要也是最为核心的功能之一，它用来保存选区和图像的颜色信息。打开“素材\Cha08\薰衣草.jpg”文件，如图 8-55 所示，【通道】面板中会自动创建该图像的颜色信息通道，如图 8-56 所示。

在图像窗口中看到的彩色图像是复合通道的图像，它是由所有颜色通道组合起来产生的效果，如图 8-56 所示为【通道】面板，可以看到，此时所有的颜色通道都处于激活状态。

图 8-55　打开的图像

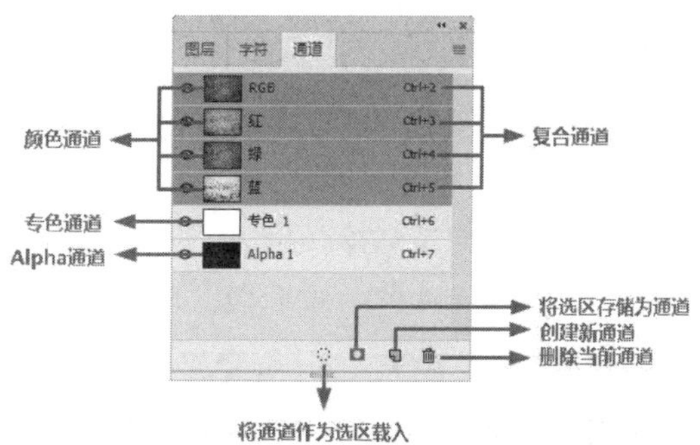

图 8-56　【通道】面板

单击一个颜色通道即可选择该通道，图像窗口中会显示所选通道的灰度图像，如图 8-57 所示。

按住 Shift 键单击其他通道，可以选择多个通道，此时窗口中将显示所选颜色通道的复合信息，如图 8-58 所示。

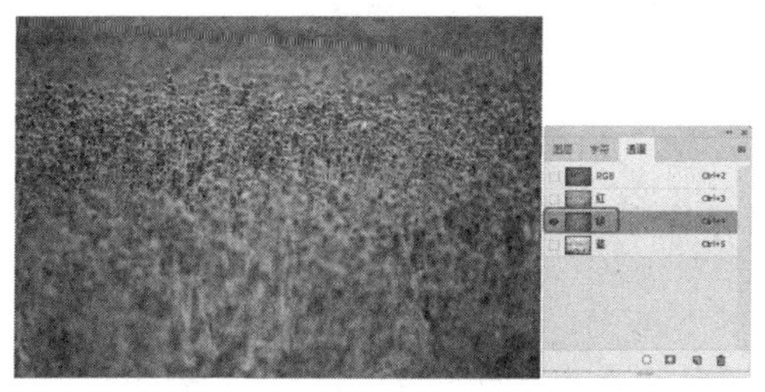

图 8-57　选择【绿】通道

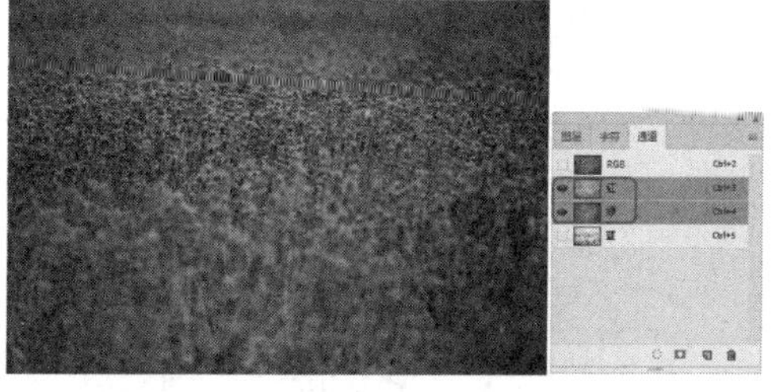

图 8-58　选择【红】、【绿】通道

通道是灰度图像，我们可以像处理图像那样使用绘画工具和滤镜对它们进行编辑。编辑复合通道时，将影响所有的颜色通道，如图 8-59 所示。

编辑一个颜色通道时，会影响该通道及复合通道，但不会影响其他颜色通道，如图 8-60 所示。

图 8-59 编辑复合通道

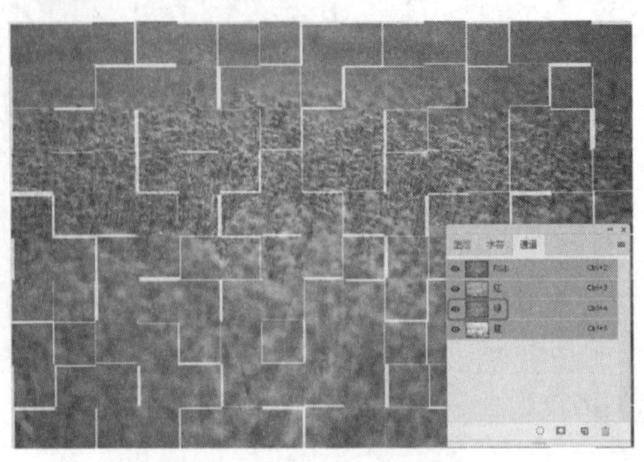

图 8-60 编辑一个通道

颜色通道用来保存图像的颜色信息，因此，编辑颜色通道时，将影响图像的颜色和外观效果。Alpha 通道用来保存选区，因此，编辑 Alpha 通道时只影响选区，不会影响图像。对颜色通道或者 Alpha 通道编辑完成后，如果要返回到彩色图像状态，可单击复合通道，此时，所有的颜色通道将重新被激活，如图 8-61 所示。

图 8-61 返回到彩色图像状态

提示：按 Ctrl+ 数字键，可以快速选择通道，以 RGB 模式图像为例，按 Ctrl+3 组合键可以选择红色通道，按 Ctrl+4 组合键可以选择绿色通道，按 Ctrl+5 组合键可以选择蓝色通道。如果图像包含多个 Alpha 通道，则增加相应的数字便可以将它们选中。如果要回到 RGB 复合通道查看彩色图像，可以按 Ctrl+2 组合键。

8.7 分离通道

分离通道后会得到 3 个通道，它们都是灰色的。其标题栏中的文件名为源文件名加上该通道名称的缩写，而原文件则被关闭。当需要在不能保留通道的文件格式中保留单个通道信息时，分离通道就非常有用。

分离通道的操作方法如下。

（1）打开“素材\Cha08\分离通道.jpg”文件，如图8-62所示。

（2）在【通道】面板中单击右上角的≡按钮，在弹出的下拉菜单中选择【分离通道】命令，如图8-63所示。

图8-62 打开的文件

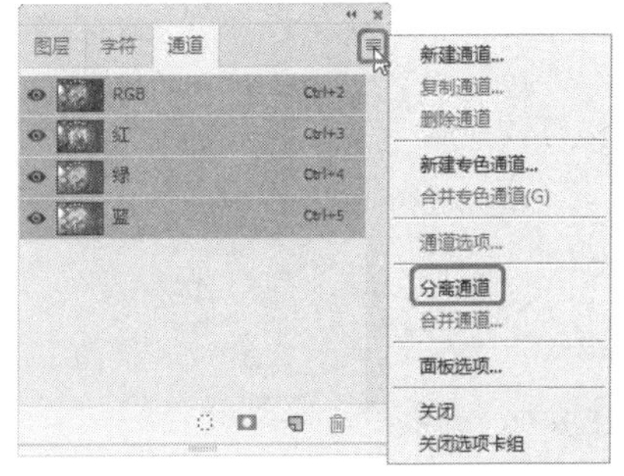

图8-63 选择【分离通道】命令

（3）分离通道后的效果如图8-64所示。

图8-64 分离通道后的效果

提示：【分离通道】命令只能用来分离拼合后的图像，分层的图像不能进行分离通道的操作。

8.7.1 合并通道

在Photoshop中，可以将多个灰度图像合并为一个图像的通道，进而创建彩色的图像。用来合并的图像必须是灰度模式并且具有相同的像素尺寸，而且还要处于打开的状态。

（1）打开“素材\Cha08\合并通道（红）.jpg”、“合并通道（绿）.jpg”、“合并通道（蓝）.jpg”文件，如图8-65所示。

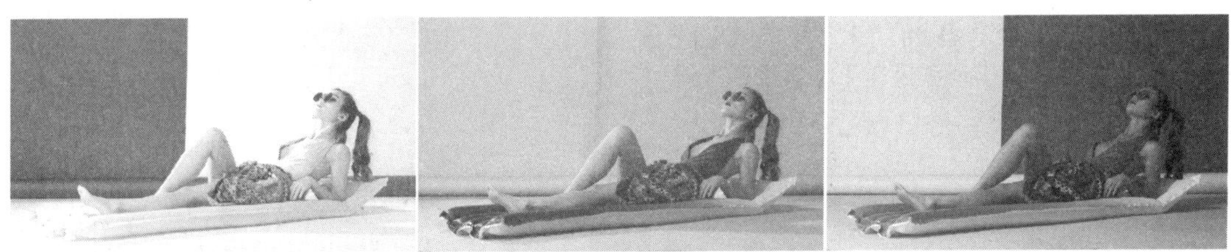

图8-65 打开的三个灰度模式文件

（2）在【通道】面板中单击右上角的 ≡ 按钮，在弹出的下拉菜单中选择【合并通道】命令，如图 8-66 所示。

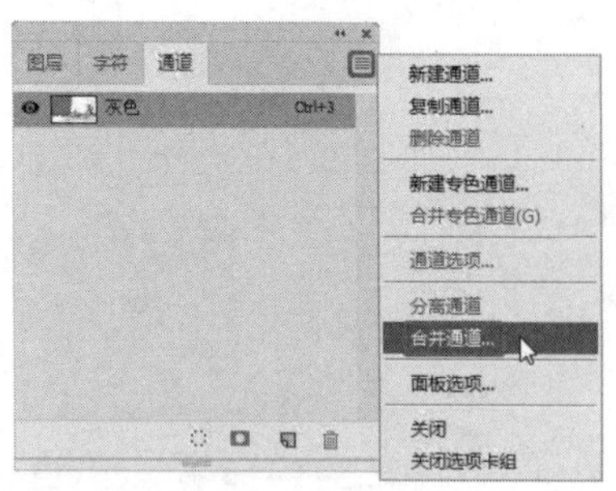

图 8-66　选择【合并通道】命令

（3）弹出【合并通道】对话框，在【模式】下拉列表框中选择【RGB 颜色】选项，如图 8-67 所示。

图 8-67　【合并通道】对话框

（4）单击【确定】按钮，弹出【合并 RGB 通道】对话框，指定红色、绿色和蓝色通道使用的图像文件，如图 8-68 所示。

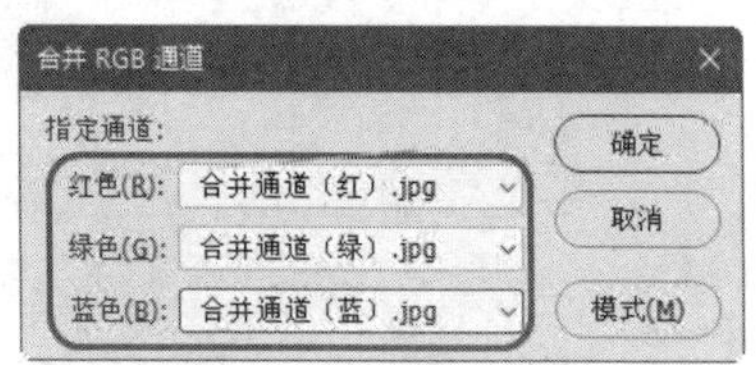

图 8-68　【合并 RGB 通道】对话框

（5）单击【确定】按钮，效果如图 8-69 所示。

提示：如果打开了四个灰度图像，则可以在【合并通道】对话框的【模式】下拉列表框中选择【CMYK 颜色】选项，将它们合并为一个 CMYK 图像。

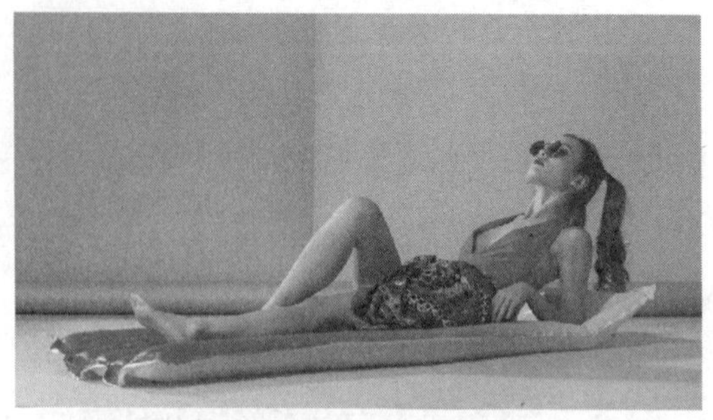

图 8-69　效果图

8.7.2　重命名与删除通道

如果要重命名 Alpha 通道或专色通道，可以双击该通道的名称，在显示的文本框中输入新名称，如图 8-70 所示。复合通道和颜色通道不能重命名。

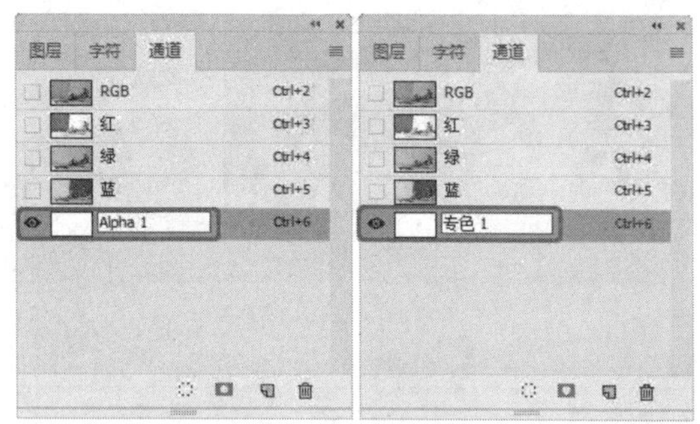

图 8-70　重命名通道

如果要删除通道，可将其拖动到【删除当前通道】按钮 🗑 上，如图 8-71 所示。如果删除的是一个颜色通道，则 Photoshop 会将图像转换为多通道模式，如图 8-72 所示。

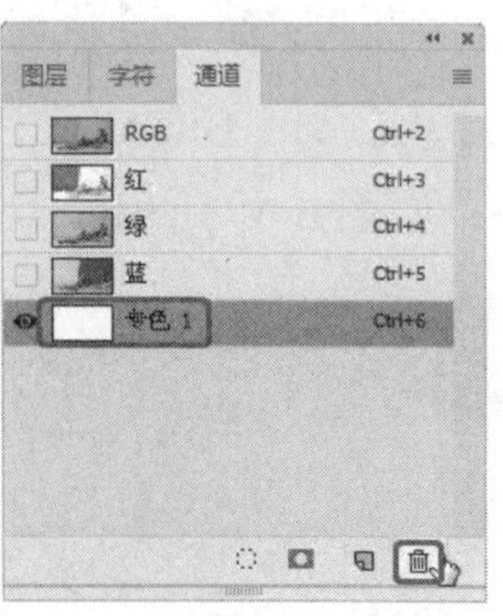

图 8-71　删除颜色通道

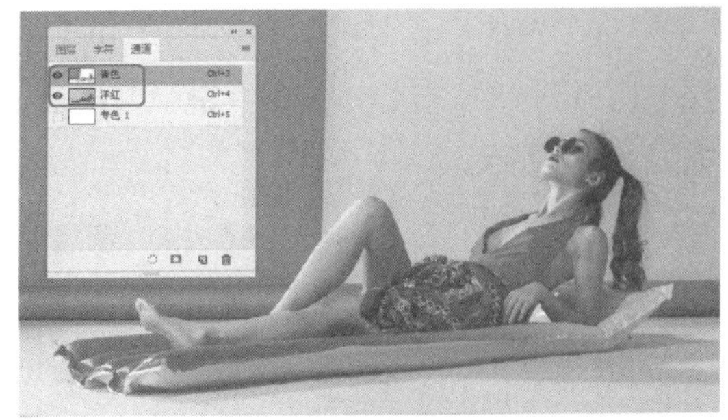

图 8-72 删除通道后的效果

> 提示：多通道模式不支持图层，因此，图像中所有的可见图层都会拼合为一个图层。删除 Alpha 通道、专色通道或快速蒙版时，不会拼合图像。

扫一扫，看视频

8.8 上机练习——神奇放大镜

神奇放大镜效果是利用素描风格照片和原图，通过不同图层顺序剪切蒙版，来制作神奇的放大镜效果，如图 8-73 所示。

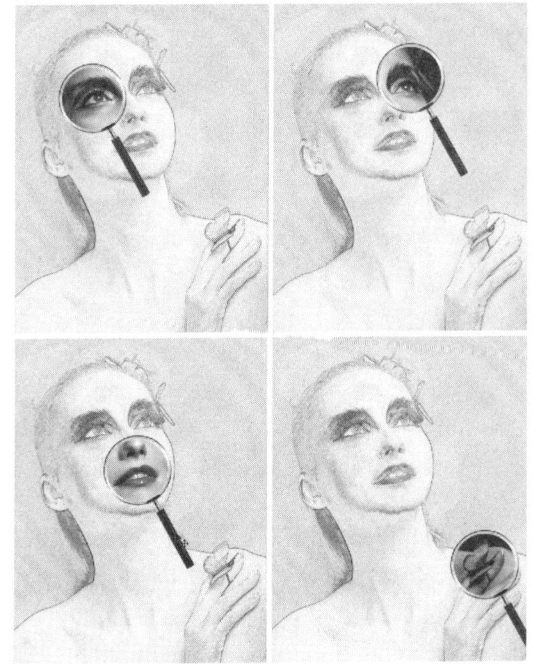

图 8-73 效果图

（1）打开“素材\Cha08\神奇放大镜.jpg”文件，如图 8-74 所示。

图 8-74 打开的素材图

（2）选择【背景】图层，按 Ctrl+J 组合键复制图层，在菜单栏中选择【图像】|【调整】|【去色】命令，然后再次复制去色后的图层，如图 8-75 所示。

图 8-75 去色后的效果

（3）选择【图层 1 拷贝】图层，按 Ctrl+I 组合键反相，如图 8-76 所示。

图 8-76　反相效果

（4）在【图层】面板中，将该图层的【混合模式】设置为【颜色减淡】，如图 8-77 所示，此时照片会变为白色。

图 8-77　设置【颜色减淡】模式

（5）在菜单栏中选择【滤镜】|【其他】|【最小值】命令，在弹出的【最小值】对话框中将【半径】设置为 5 像素，单击【确定】按钮，如图 8-78 所示。

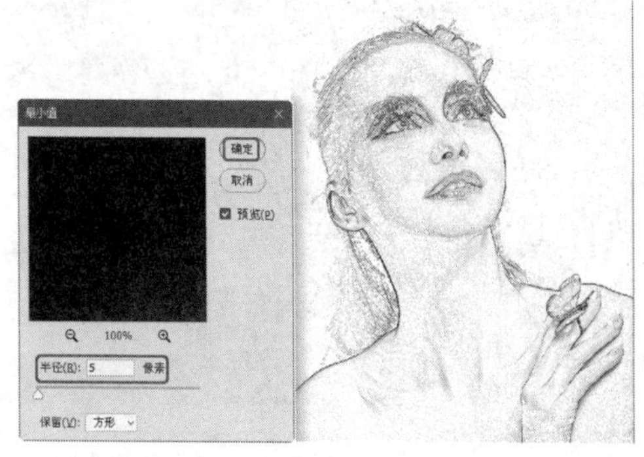

图 8-78　执行【最小值】命令后的效果

（6）按住 Ctrl 键，将【图层 1】和【图层 1 拷贝】选中，按 Ctrl+E 组合键合并图层，如图 8-79 所示。

图 8-79　合并图层

（7）选中合并后的图层，选择菜单栏中的【滤镜】|【杂色】|【添加杂色】命令，在弹出的【添加杂色】对话框中将【数量】设置为 10，单击【确定】按钮，如图 8-80 所示。

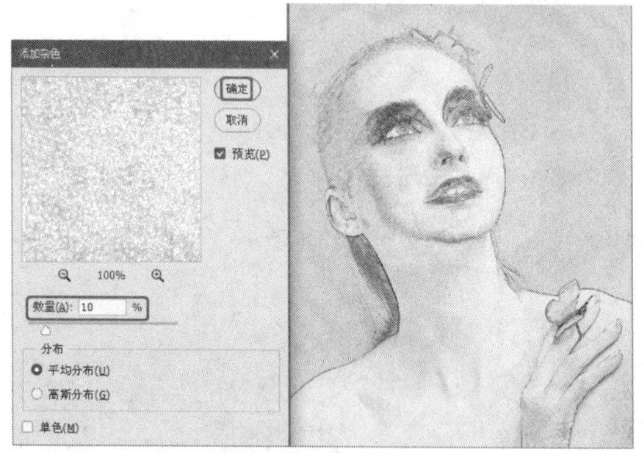

图 8-80　添加杂色效果

（8）在菜单栏中选择【滤镜】|【模糊】|【动感模糊】命令，在弹出的【动感模糊】对话框中将【角度】设置为 43，将【距离】设置为 5，单击【确定】按钮，如图 8-81 所示。

（9）打开“素材 \Cha08\ 放大镜 .psd”文件，按住 Ctrl 键，选中【镜片】图层和【镜框】图层，单击【链接图层】按钮，如图 8-82 所示。

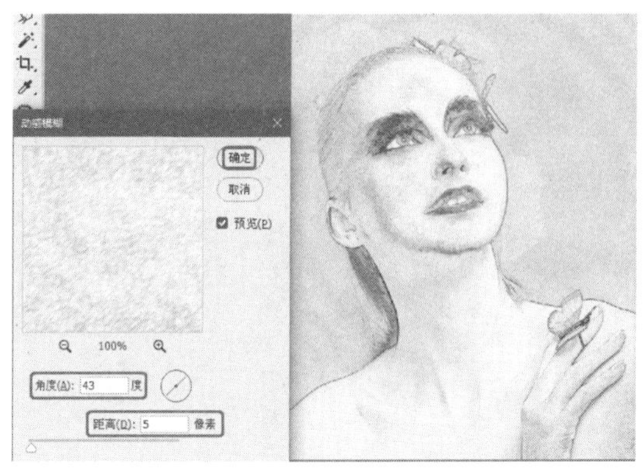

图 8-81 动感模糊效果

图 8-82 链接图层

（10）使用移动工具，将“放大镜.psd”素材文件拖动至“神奇放大镜.jpg”素材文件中，单击【图层】面板右侧的【指定图层部分锁定】按钮来解锁【背景】图层，然后将其拖动至【镜片】图层的上方，如图 8-83 所示。

（11）将【镜框】图层移动至背景层上方，如图 8-84 所示。

图 8-83 移动【背景】图层

图 8-84 移动【镜框】图层

（12）按住 Alt 键，在人物图层和【镜片】图层之间单击鼠标，创建剪贴蒙版，适当调整镜片、镜框的大小，如图 8-85 所示。

图 8-85 蒙版效果

（13）用鼠标移动放大镜，就可以看到下方的彩色人物，如图 8-86 所示。

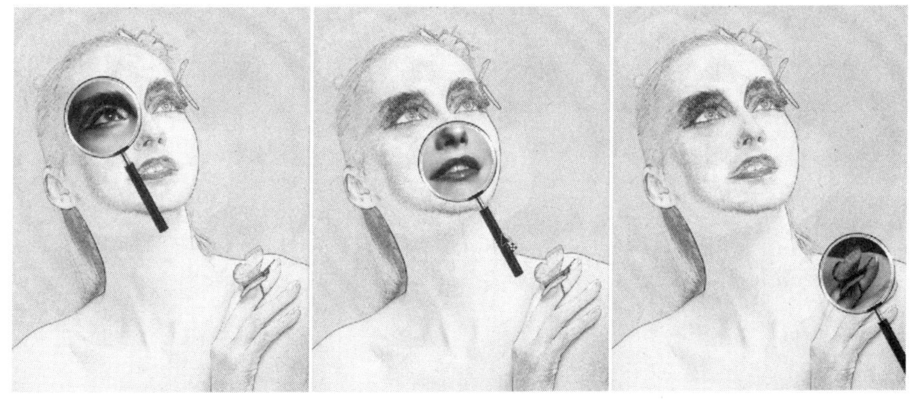

图 8-86 移动放大镜的效果

第 9 章

图像色彩及处理

本章主要介绍图像色彩与色调的调整方法及技巧，通过对本章的学习，可以根据不同的需要应用多种调整命令，对图像色彩和色调进行细微的调整，还可以对图像进行特殊颜色的处理。

9.1 查看图像的颜色分布

对图像的基本信息和图像的色调，可以通过【信息】面板和【直方图】面板进行快速查看。

9.1.1 使用【直方图】面板查看颜色分布

在菜单栏中选择【窗口】|【直方图】命令，即可打开【直方图】面板，如图 9-1 所示。

图 9-1 【直方图】面板

在【直方图】面板中，可以通过单击该面板右上角的三角按钮，在弹出的下拉菜单中对直方图的显示方式进行更改，下拉菜单如图 9-2 所示。该下拉菜单中，各个命令的讲解如下。

- 【紧凑视图】：该命令是默认显示方式，它显示的是不带统计数据或控件的直方图。

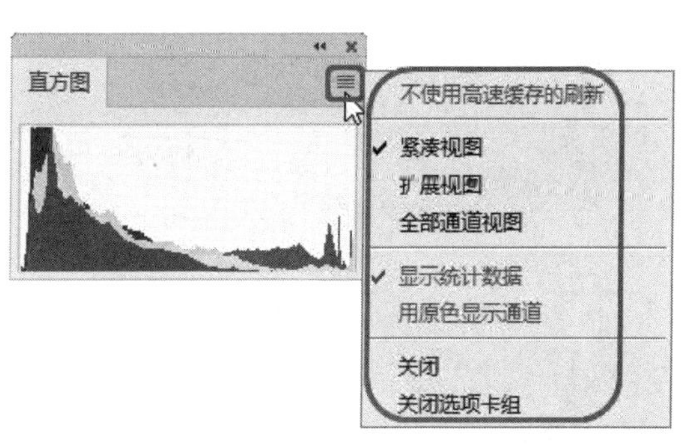

图 9-2 【直方图】下拉菜单

- 【扩展视图】：选择该命令，显示的是带有统计数据和控件的直方图，如图 9-3 所示。
- 【全部通道视图】：该命令显示的是带有统计数据和控件的直方图，同时还显示每一个通道的单个直方图（不包括 Alpha 通道、专色通道和蒙版），如图 9-4

所示，如果选择面板菜单中的【用原色显示通道】命令，则可以用原色显示通道直方图，如图 9-5 所示。

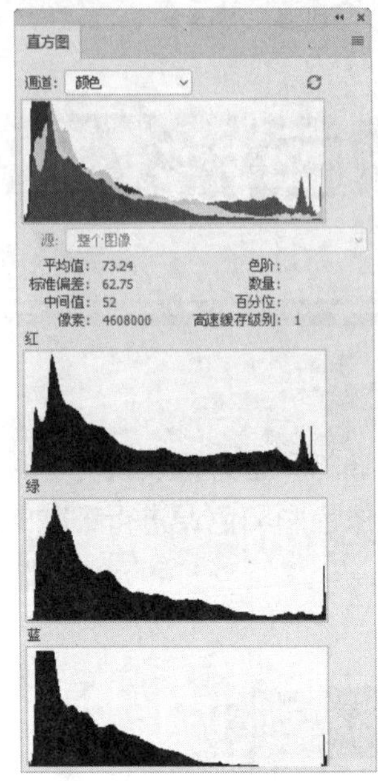

图 9-3　扩展视图　　图 9-4　全部通道视图　　图 9-5　用原色显示通道

有关像素亮度值的统计信息出现在【直方图】面板的中间位置，如果要取消显示有关像素亮度值的统计信息，可以从面板菜单中取消选中【显示统计数据】命令，如图 9-6 所示。

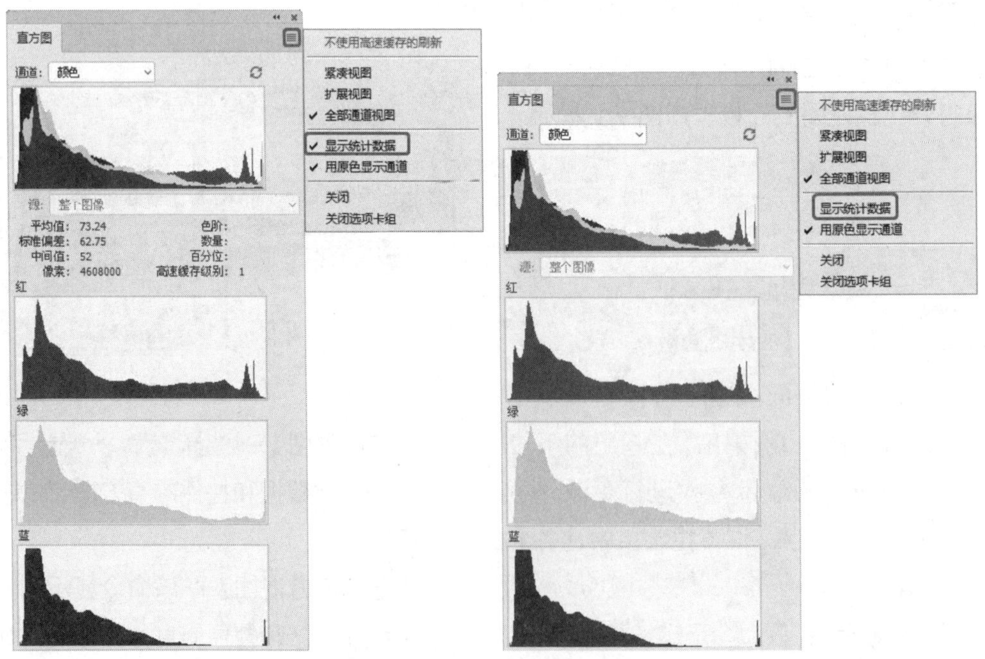

图 9-6　选中【显示统计数据】命令与取消选中【显示统计数据】命令的效果对比

统计数据包括以下几项。

- 【平均值】：表示平均亮度值。
- 【标准偏差】：表示亮度值的变化范围。
- 【中间值】：显示亮度值范围内的中间值。
- 【像素】：表示用于计算直方图的像素总数。
- 【高速缓存级别】：显示指针下面的区域的亮度级别。
- 【数量】：表示相当于指针下面亮度级别的像素总数。
- 【百分位】：显示指针所指的级别或该级别以下的像素累计数。该值表示图像中所有像素的百分数，从最左侧的 0% 到最右侧的 100%。

选择【全部通道视图】命令时，除了显示【扩展视图】命令中的所有选项以外，还显示通道的单个直方图。单个直方图不包括 Alpha 通道、专色通道或蒙版。

9.1.2 使用【信息】面板查看颜色分布

使用【信息】面板查看图像颜色分布的具体操作步骤如下。

（1）打开“素材 \Cha09\001.jpg”文件，如图 9-7 所示。

（2）在菜单栏中选择【窗口】|【信息】命令，在弹出的【信息】面板中可查看图形颜色的分布状况，如图 9-8 所示。

图 9-7 打开的素材文件

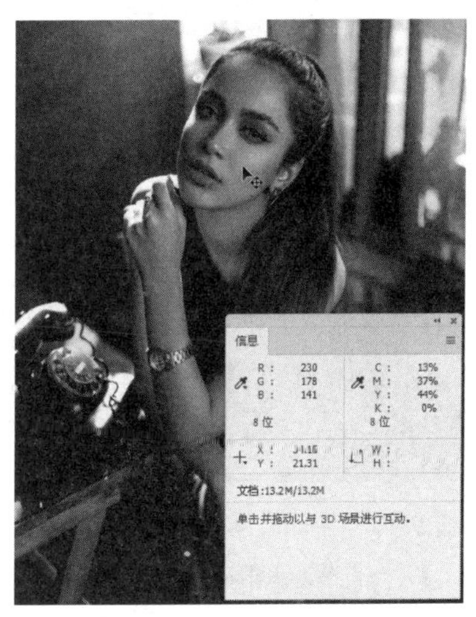

图 9-8 【信息】面板

提示：在图像中将鼠标定位在不同的位置，则【信息】面板中显示的基本信息不同。

9.2 图像色彩调整

Photoshop 中对图像色彩和色调的控制是图像编辑的关键，这直接关系到图像最后的效果，只有有效地控制图像的色彩和色调，才能制作出高品质的图像。

9.2.1 调整亮度 / 对比度

【亮度 / 对比度】可以对图像的色调范围进行简单的调整。在菜单栏中选择【图像】|【调整】|【亮度 / 对比度】命令，弹出如图 9-9 所示的对话框。

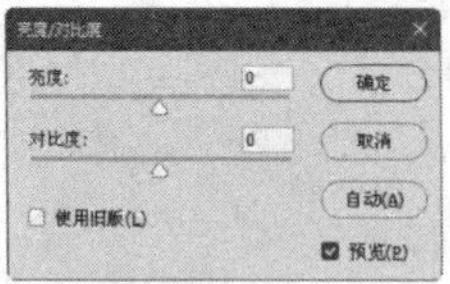

图 9-9 【亮度 / 对比度】对话框

在该对话框中选中【使用旧版】复选框，然后向左侧拖动滑块，可以降低图像的亮度和对比度，如图 9-10 所示；向右侧拖动滑块则增加亮度和对比度，如图 9-11 所示。

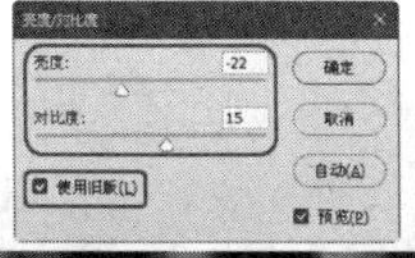

图 9-10 降低图像的亮度和对比度

图 9-11 增加图像的亮度和对比度

9.2.2 色阶

【色阶】通过调整图像暗调、灰色调和高光的亮度级别来校正图像的影调，包括反差、明暗和图像层次，以及平衡图像的色彩。

打开【色阶】对话框的方法有以下几种。

- 在菜单栏中选择【图像】|【调整】|【色阶】命令。
- 按 Ctrl+L 组合键，弹出【色阶】对话框，如图 9-12 所示。

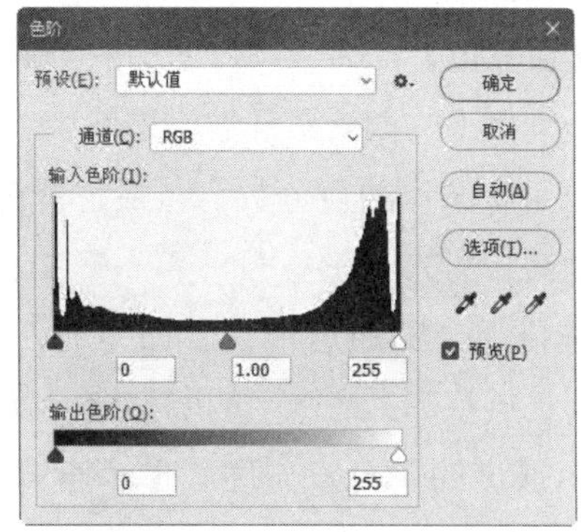

图 9-12 【色阶】对话框

- 按 F7 键，打开【图层】面板，在该面板中单击【创建新的填充或调整图层】按钮，在弹出的下拉菜单中选择【色阶】命令，如图 9-13 所示，此时系统会自动打开【属性】面板，可在该面板中设置色阶参数。

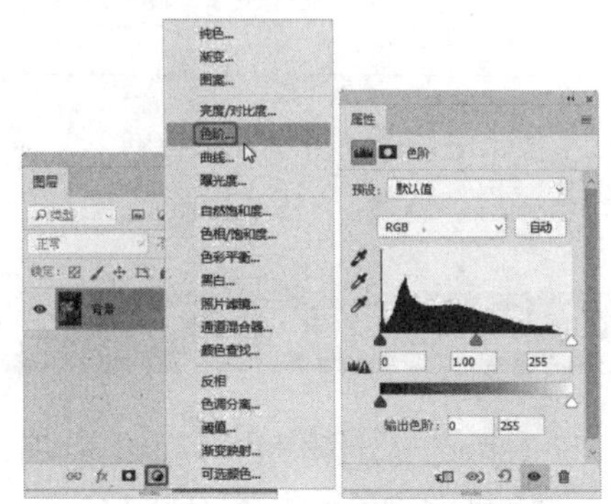

图 9-13 选择【色阶】命令

【色阶】对话框中各选项的讲解如下。

- 【通道】下拉列表框：利用此下拉列表框，可以在整个颜色范围内对图像进行色调调整，也可以单独编辑特定颜色的色调。若要同时编辑一组颜色通道，在选择【色阶】命令之前，应按住 Shift 键在【通道】面板中选择这些通道。之后，通道菜单会显示目标通道的缩写，例如 CM 代表青色和洋红。此下拉列表框还包含所选组合的个别通道。可以分别编辑专色通道和 Alpha 通道。
- 【输入色阶】文本框：在该文本框中，可以分别调整暗调、中间调和高光的亮度级别，来修改图像的色调范围，以提高或降低图像的对比度。
  - ◇ 可以在【输入色阶】文本框中输入目标值，这种方法比较精确，但直观性不好。
  - ◇ 可以输入色阶直方图作为参考，拖动 3 个【输入色阶】滑块，会使色调的调整更为直观。
  - ◇ 最左边的黑色滑块（阴影滑块）：向右拖动可以增大图像的暗调范围，使图像显得更暗。同时拖曳的程度会在【输入色阶】最左边的文本框中得到量化，如图 9-14 所示。

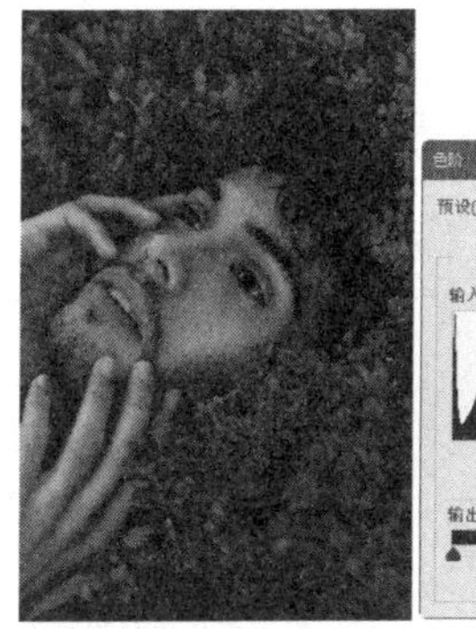
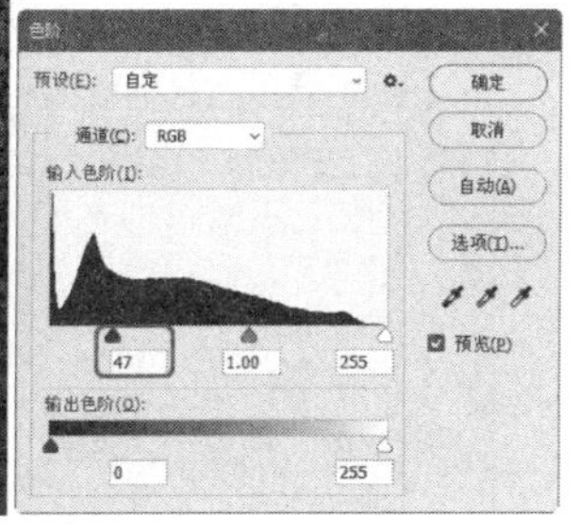

图 9-14 增大图像的暗调范围

  - ◇ 最右边的白色滑块（高光滑块）：向左拖动可以增大图像的高光范围，使图像变亮。高光的范围会在【输入色阶】最右边的文本框中显示，如图 9-15 所示。

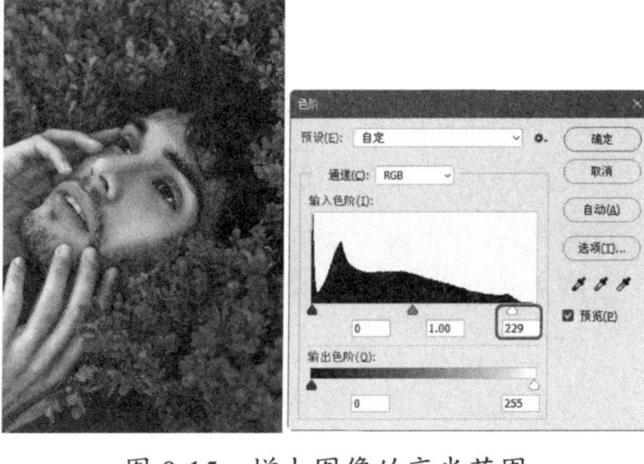

图 9-15 增大图像的高光范围

  - ◇ 中间的灰色滑块（中间调滑块）：左右拖动可以增大或减小中间色调范围，从而改变图像的对比度。其作用与在【输入色阶】中间文本框中输入的数值相同。
- 【输出色阶】文本框：该文本框中只有暗调滑块和高光滑块，通过拖动滑块或在方框中输入目标值，可以降低图像的对比度。具体来说，向右拖动暗调滑块，【输出色阶】左边文本框中的值会相应增加，但此时图像却会变亮；向左拖动高光滑块，【输出色阶】右边文本框中的值会相应减小，但图像却会变暗。这是因为在输出时，Photoshop 的处理过程是这样的：比如将第一个文本框的值调为 10，则表示输出图像会以在输入图像中色调值为 10 的像素的暗度为最低暗度，所以图像会变亮；将第二个文本框的值调为 245，则表示输出图像会以在输入图像中色调值 245 的像素的亮度为最高亮度，所以图像会变暗。

总而言之，输入色阶的调整是用来增加对比度的，而输出色阶的调整则是用来减少对比度的。

- 吸管工具：该工具共有三个，即【图像中取样以设置黑场】、【图像中取样以设置灰场】、【图像中取样以设置白场】，它们分别用于完成图像中的黑场、灰场和白场的设定。使用设置黑场吸管在图像中的某点颜色上单击，该点则成为图像中的黑色，该点与原来黑色的色调范围内的颜色都将变为黑色，该点与原来白色的色调范围内的颜色整体都进行亮度的降低。使用白场吸管，完成的效果则正好与设置黑场吸管的作用相反。使用设置灰场吸管可以完成图像中的灰度设置。
- 【自动】按钮：单击该按钮，可将高光和暗调滑块自动地移动到最亮点和最暗点。

9.2.3 曲线

【曲线】命令可以通过调整图像色彩曲线上的任意一个像素点来改变图像的色彩范围，其具体操作方法如下。

（1）打开“素材\Cha09\004.jpg”文件，如图 9-16 所示。

图 9-16 打开的素材文件

（2）在菜单栏中选择【图像】|【调整】|【曲线】命令，打开【曲线】对话框，在该对话框中将【输出】设置为 148，将【输入】设置为 103，如图 9-17 所示。

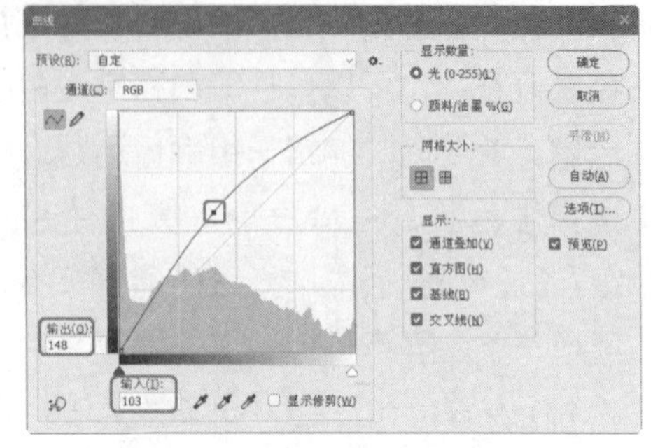

图 9-17 【曲线】对话框

（3）设置完成后单击【确定】按钮，完成后的效果如图 9-18 所示。

图 9-18 完成后的效果

【曲线】对话框中各选项的介绍如下。

- 【预设】：该下拉列表框中包含了 Photoshop 提供的预设文件，如图 9-19 所示。当选择【默认值】选项时，可通过拖动曲线来调整图像。选择其他选项时，则可以使用预设文件调整图像。各个选项的结果如图 9-20 所示。

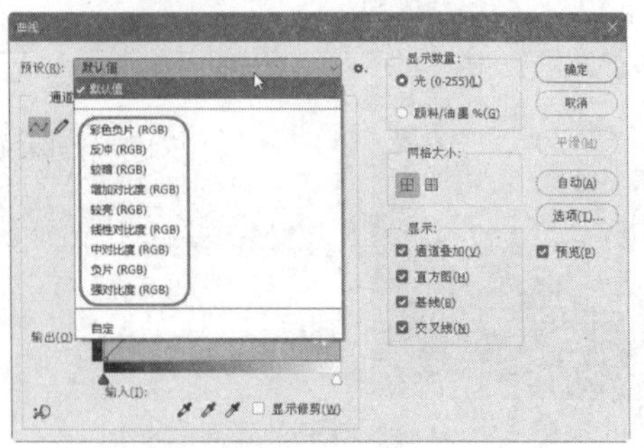

图 9-19 预设文件

图 9-20 使用预设文件调整图像

- 【预设选项】按钮：单击该按钮，弹出一个下拉菜单，如图 9-21 所示。

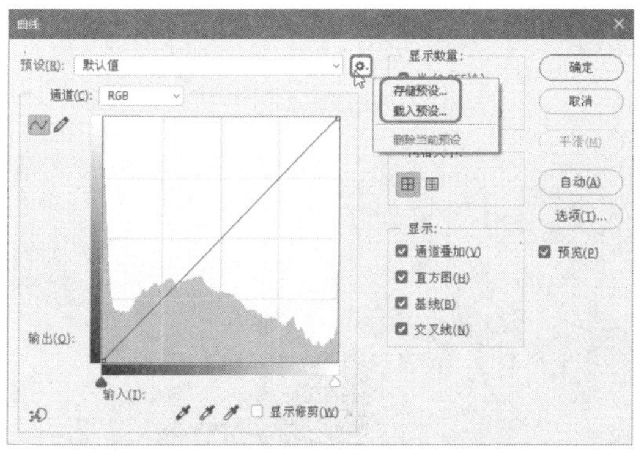

图 9-21 【预设选项】下拉菜单

◇ 选择【存储预设】命令，可以将当前的调整状态保存为一个预设文件。

◇ 选择【载入预设】命令，用载入的预设文件自动调整。

◇ 选择【删除当前预设】命令，则删除存储的预设文件。

- 【通道】：在该下拉列表框中可以选择一个需要调整的通道。
- 【编辑点以修改曲线】按钮：单击该按钮后，在曲线中单击可添加新的控制点，拖动控制点改变曲线形状，即可对图像做出调整。
- 【通过绘制来修改曲线】按钮：单击该按钮，可在对话框内绘制手绘效果的自由形状曲线，如图 9-22 所示。绘制自由曲线后，单击对话框中的【编辑点以修改曲线】按钮，可在曲线上显示控制点，如图 9-23 所示。

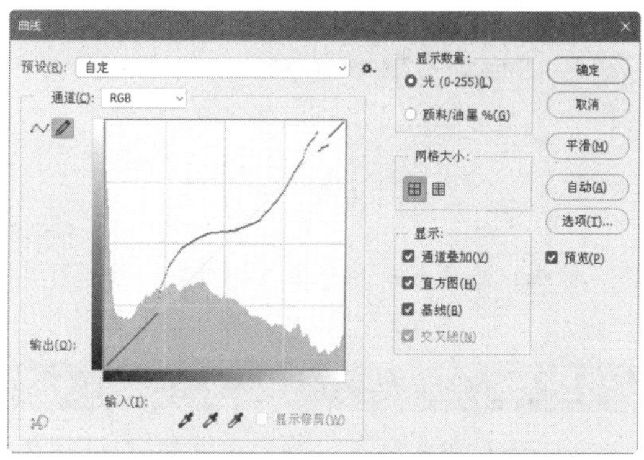

图 9-22 绘制曲线

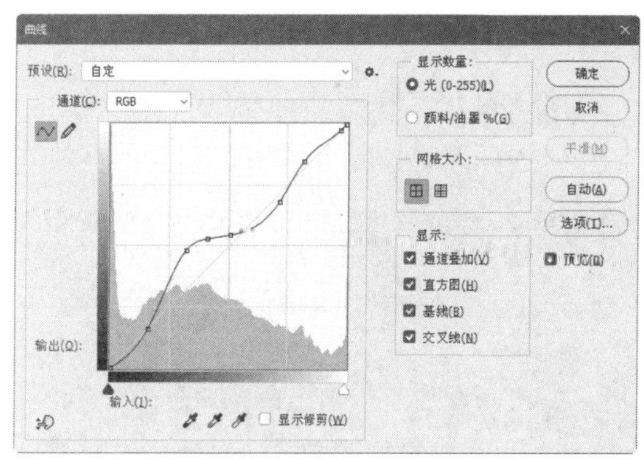

图 9-23 修改曲线

- 【平滑】按钮：用【通过绘制来修改曲线】工具绘制曲线后，单击该按钮，可对曲线进行平滑处理。
- 【选项】按钮：单击该按钮，会弹出【自动颜色校正选项】对话框，如图 9-24 所示。自动颜色校正选项用来控制由【色阶】和【曲线】中的【自动颜色】、【自动色阶】、【自动对比度】和【自动】选项应用的色调和颜色校正，它允许指定阴影和高光剪切百分比，并为阴影、中间调和高光指定颜色值。

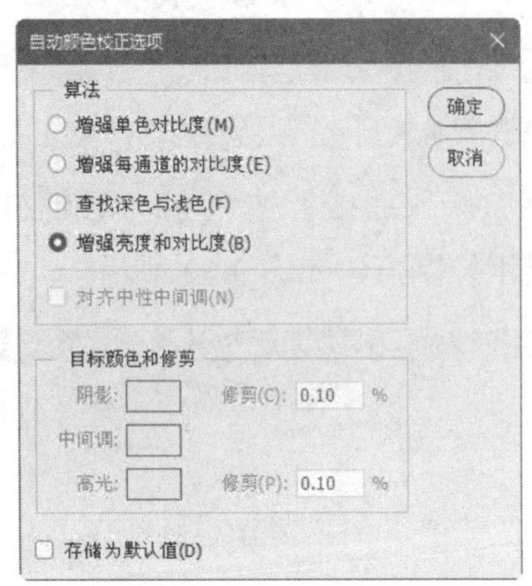

图 9-24 【自动颜色校正选项】对话框

9.2.4 曝光度

【曝光度】命令主要用于调整高动态范围（HDR）图像的色调，下面介绍具体的操作方法。

（1）打开“素材\Cha09\005.jpg”文件，如图 9-25 所示。

图 9-25 打开的素材文件

（2）在菜单栏中选择【图像】|【调整】|【曝光度】命令，打开【曝光度】对话框，在该对话框中将【曝光度】设置为 +2，如图 9-26 所示。

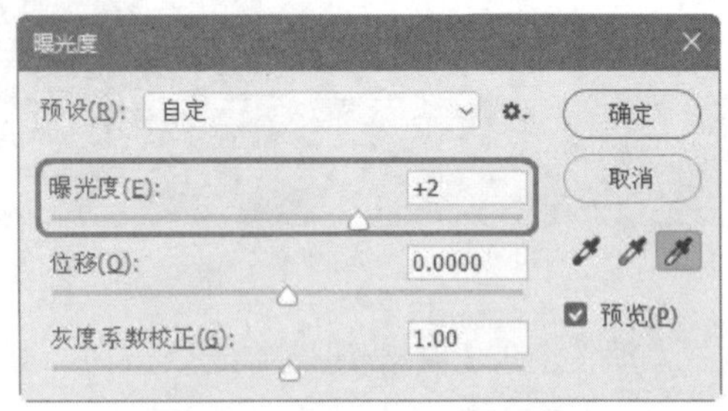

图 9-26 【曝光度】对话框

（3）设置完成后单击【确定】按钮，曝光后的效果如图 9-27 所示。

图 9-27 曝光后的效果

【曝光度】对话框中各选项的介绍如下。

- 【曝光度】：该选项用于调整色彩范围的高光度，对极限阴影的影响不大。
- 【位移】：调整该参数，可以使阴影和中间调变暗，对高光的影响不大。
- 【灰度系数校正】：通过设置该参数，来调整图像的灰度系数。

9.2.5 自然饱和度

使用【自然饱和度】命令调整饱和度，可以在图像颜色接近最大饱和度时，最大限度地减少修剪，具体操作方法如下。

（1）打开“素材 \Cha09\006.jpg”文件，如图 9-28 所示。

图 9-28　打开的素材文件

（2）在菜单栏中选择【图像】|【调整】|【自然饱和度】命令，打开【自然饱和度】对话框，在该对话框中将【自然饱和度】设置为 +13，将【饱和度】设置为 +70，如图 9-29 所示。

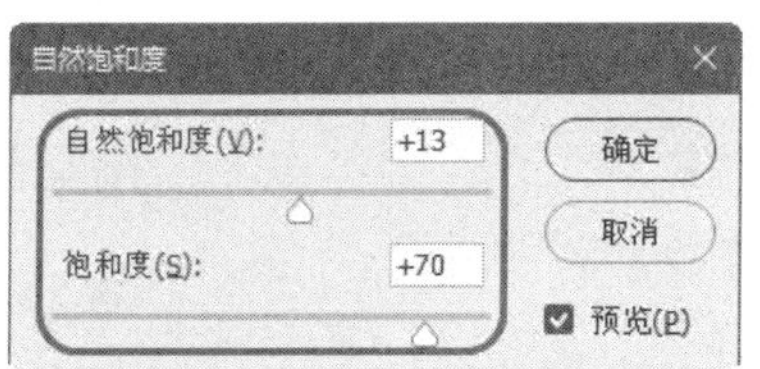

图 9-29　【自然饱和度】对话框

（3）设置完成后单击【确定】按钮，完成后的效果如图 9-30 所示。

图 9-30　完成后的效果

9.2.6　色相 / 饱和度

【色相 / 饱和度】命令可以调整图像中特定颜色分量的色相、饱和度和亮度，或者同时调整图像中的所有颜色，该命令尤其适合微调 CMYK 图像中的颜色，以使它们处在输出设备的色域内。其操作方法如下。

（1）打开“素材 \Cha09\007.jpg”文件，如图 9-31 所示。

图 9-31　打开的素材文件

（2）在菜单栏中选择【图像】|【调整】|【色相 / 饱和度】命令，打开【色相 / 饱和度】对话框，在该对话框中将【色相】设置为 +38，【饱和度】设置为 -6、【明度】设置为 0，如图 9-32 所示。

图 9-32　【色相 / 饱和度】对话框

（3）设置完成后单击【确定】按钮，完成后的效果如图 9-33 所示。

图 9-33　完成后的效果

【色相 / 饱和度】对话框中各选项的介绍如下。

- 【色相】：默认情况下，在【色相】文本框中输入数值，或者拖动滑块，即可改变整个图像的色相，如图 9-34 所示。也可以在编辑选项下拉列表中选择一个特定的颜色，然后拖动色相滑块，单独调整该颜色的色相。如图 9-35 所示为单独调整红色色相的效果。

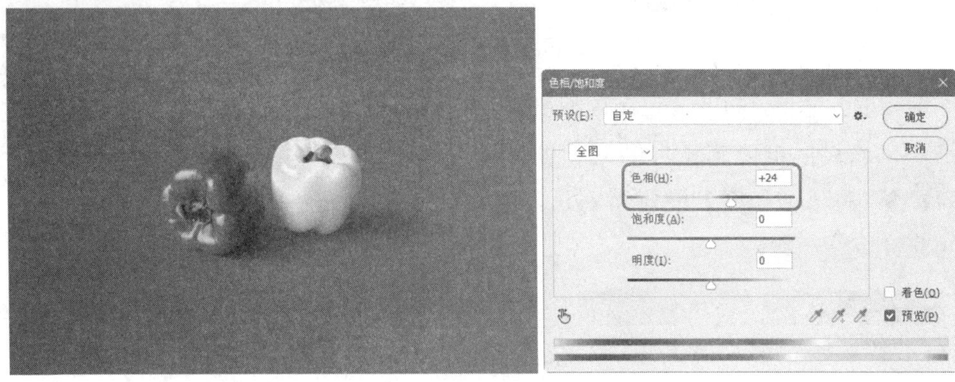

图 9-34　拖动滑块调整图像的色相

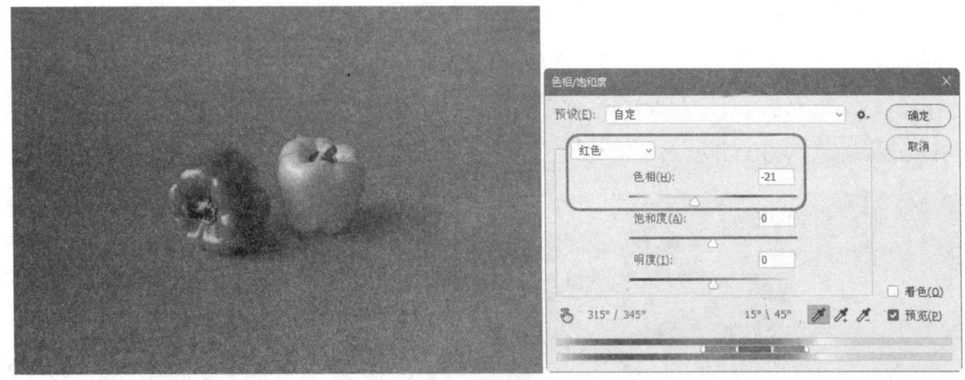

图 9-35　调整红色色相的效果

- 【饱和度】：向右侧拖动饱和度滑块可以增加饱和度，向左侧拖动滑块则可以减少饱和度。同样也可以在编辑选项下拉列表中选择一个特定的颜色，然后单独调整该颜色的饱和度。如图 9-36 所示为增加整个图像饱和度的调整结果，图 9-37 所示为单独调整红色饱和度的结果。

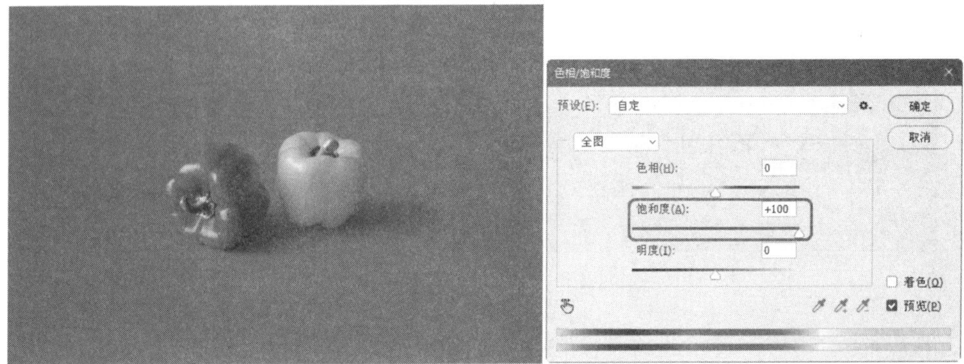

图 9-36　拖动滑块调整图像的饱和度

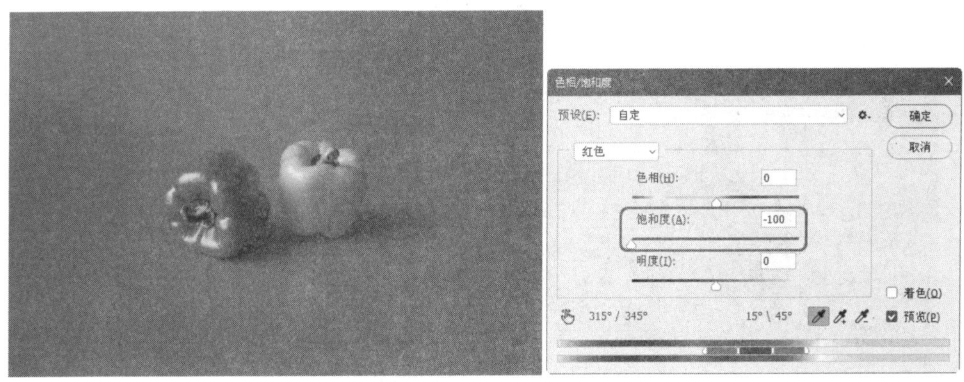

图 9-37　调整红色饱和度的效果

- 【明度】：向左侧拖动滑块则降低亮度，如图 9-38 所示；向右侧拖动滑块可以增加亮度，如图 9-39 所示。可在编辑下拉列表中选择红色，调整图像中红色部分的亮度。

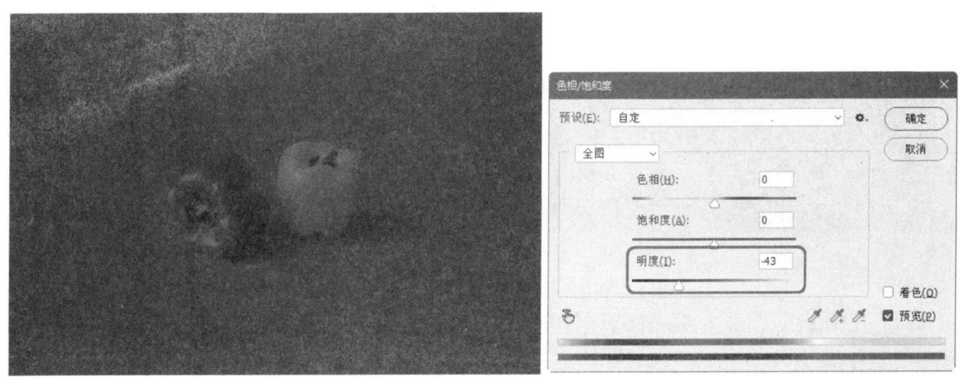

图 9-38　拖动滑块调整图像的亮度

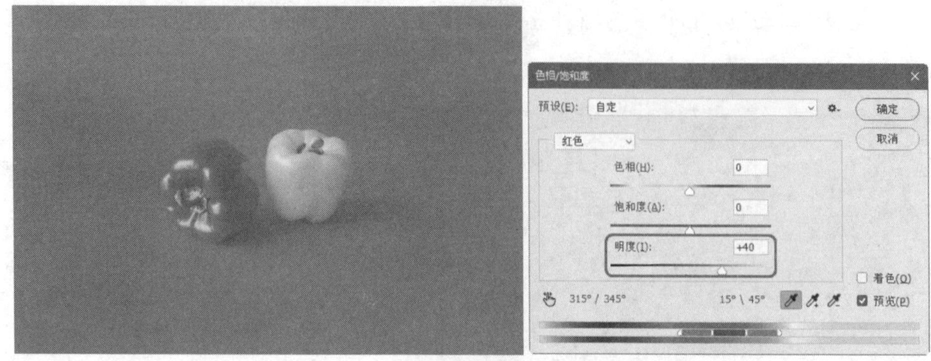

图 9-39　调整红色亮度的效果

▷ 【着色】：选中该复选框，图像将转换为只有一种颜色的单色调图像，如图 9-40 所示。变为单色调图像后，可拖动色相滑块和其他滑块来调整图像的颜色，如图 9-41 所示。

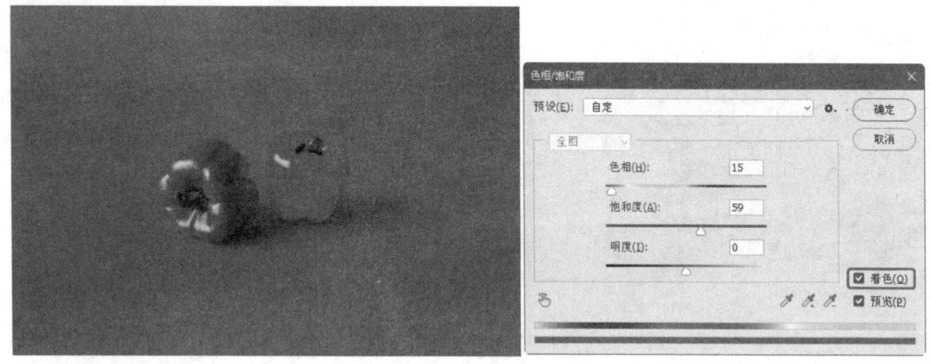

图 9-40　单色调图像

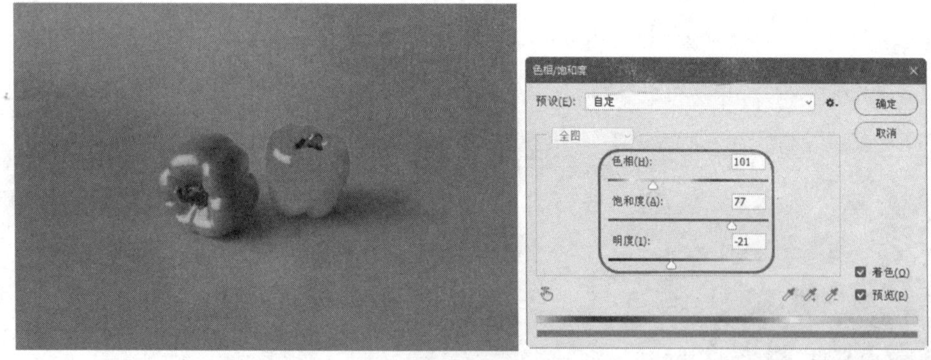

图 9-41　调整其他颜色

▷ 【吸管工具】：如果在编辑选项中选择了一种颜色，可以使用【吸管工具】按钮，在图像中单击，定位颜色范围，然后对该范围内的颜色进行更加细致的调整。如果要添加其他颜色，可以使用【添加到取样】按钮在相应的颜色区域单击；如果要减少颜色，可以使用【从取样中减去】按钮，单击相应的颜色。

▷ 【颜色条】：对话框底部有两个颜色条，上面的颜色条代表了调整前的颜色，下面的颜色条代表了调整后的颜色。如果在编辑选项中选择了一种颜色，两个颜色条之间便会出现几个滑块，如图 9-42 所示。两个内部的垂直滑块定义了将要修改的颜色范围，调整所影响的区域会由此逐渐向两个外部的三角形滑块处衰减，三角形滑块以外的颜色不会受到影响，如图 9-43 所示。

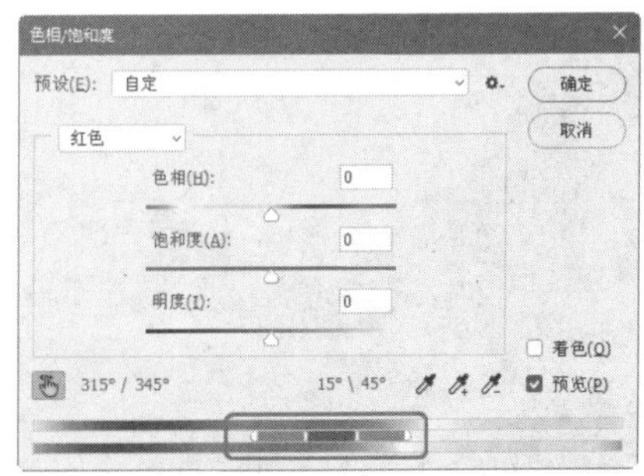

图 9-42 【色相 / 饱和度】对话框

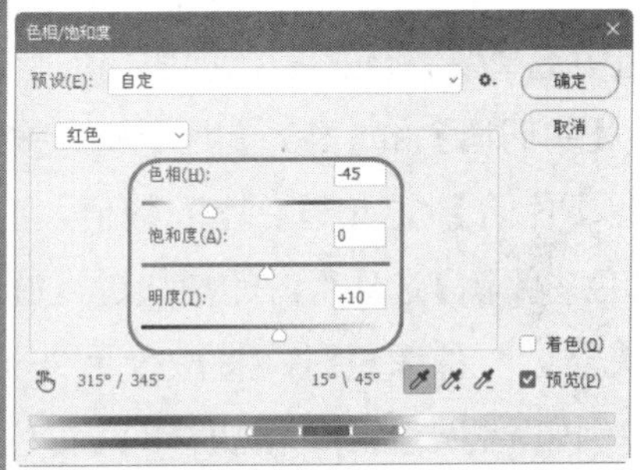

图 9-43 调整颜色

9.2.7 色彩平衡

【色彩平衡】命令可以更改图像的整体颜色，常用来进行普通的色彩校正。下面介绍使用【色彩平衡】命令调整图像整体颜色的操作方法。

（1）打开“素材 \Cha09\009.jpg” 文件，如图 9-44 所示。

图 9-44 打开的素材文件

（2）在菜单栏中选择【图像】|【调整】|【色彩平衡】命令，打开【色彩平衡】对话框，在该对话框中将【色彩平衡】选项组中的【色阶】分别设置为 +40、+80、+100，如图 9-45 所示。

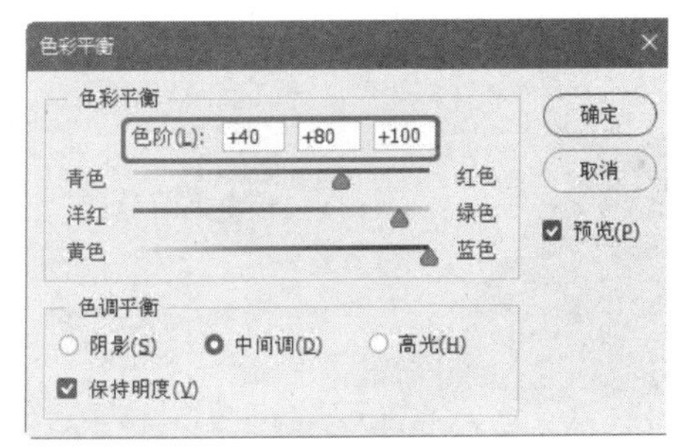

图 9-45 【色彩平衡】对话框

（3）设置完成后单击【确定】按钮，完成后的效果如图 9-46 所示。

图 9-46　完成后的效果

在进行调整时，首先应在【色调平衡】选项组中选择要调整的色调范围，包括【阴影】、【中间调】和【高光】几个单选按钮，然后在【色阶】文本框中输入数值，或者拖动【色彩平衡】选项组内的滑块进行调整。当滑块靠近一种颜色时，将减少另外一种颜色。例如，将最上面的滑块移向【青色】，其他参数保持不变，可以在图像中增加青色，减少红色，如图 9-47 所示。将滑块移向【红色】，其他参数保持不变，则增加红色，减少青色，如图 9-48 所示。

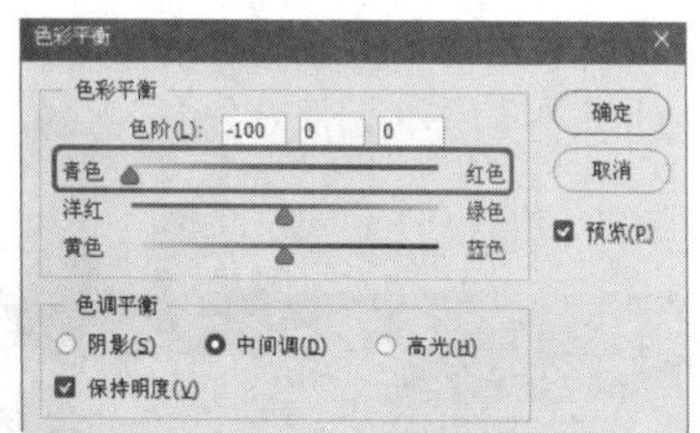

图 9-47　增加青色，减少红色

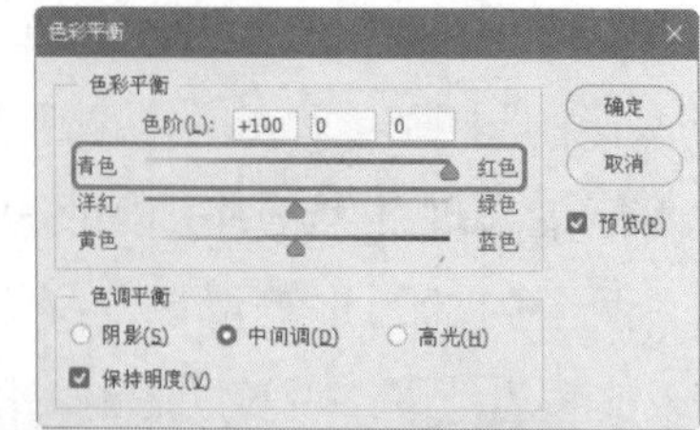

图 9-48　增加红色，减少青色

将滑块移向【洋红】后的效果如图 9-49 所示。将滑块移向【绿色】后的效果如图 9-50 所示。

将滑块移向【黄色】后的效果如图 9-51 所示。将滑块移向【蓝色】后的效果如图 9-52 所示。

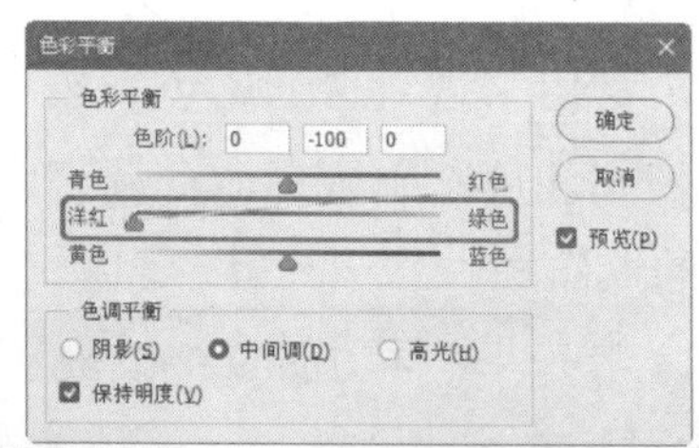

图 9-49　增加洋红，减少绿色

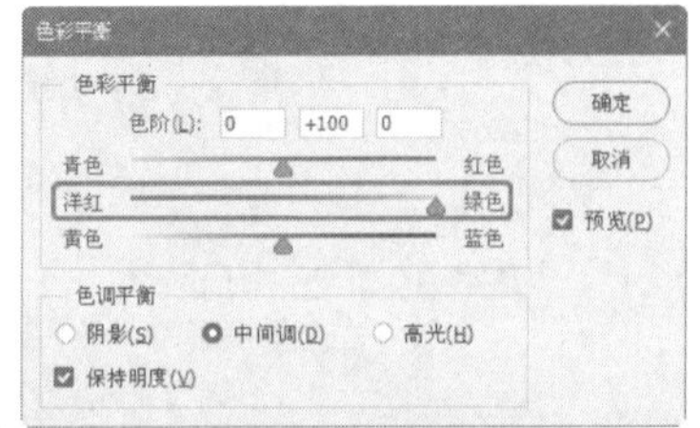

图 9-50 增加绿色，减少洋红

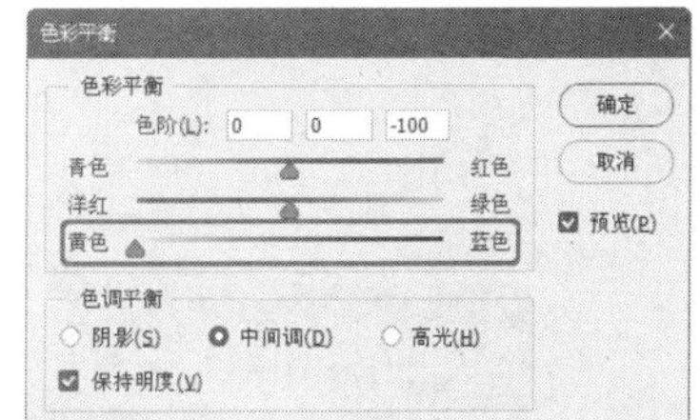

图 9-51 增加黄色，减少蓝色

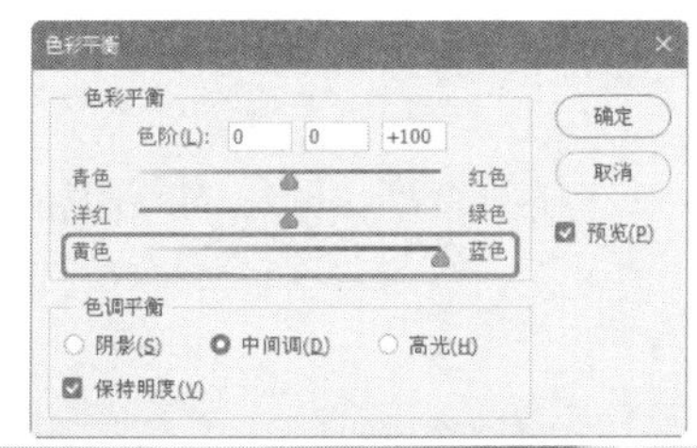

图 9-52 增加蓝色，减少黄色

9.2.8 照片滤镜

【照片滤镜】命令模拟在相机镜头前面加装彩色滤镜，来调整通过镜头传输的光的色彩平衡和色温，或者使胶片曝光，该命令还允许用户选择预设的颜色或者自定义的颜色调整图像的色相。调整方法如下。

（1）打开“素材\Cha09\010.jpg”文件，如图 9-53 所示。

图 9-53 打开的素材文件

（2）在菜单栏中选择【图像】|【调整】|【照片滤镜】命令，打开【照片滤镜】对话框，在该对话框的【滤镜】下拉列表框中选择【深蓝】选项，将【浓度】设置为 75%，如图 9-54 所示。

（3）设置完成后单击【确定】按钮，完成后的效果如图 9-55 所示。

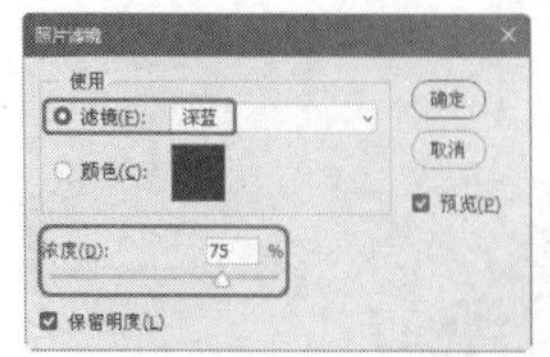

图 9-54 【照片滤镜】对话框

图 9-55 完成后的效果

【照片滤镜】对话框中各个选项的介绍如下。

- 【滤镜】：在该下拉列表框中可以选择要使用的滤镜。加温滤镜（85 和 LBA）及冷却滤镜（80 和 LBB）用于调整图像中白平衡的颜色转换；加温滤镜（81）和冷却滤镜（82）使用光平衡滤镜来对图像的颜色品质进行细微调整，加温滤镜（81）可以使图像变暖（变黄），冷却滤镜（82）可以使图像变冷（变蓝）；其他个别颜色的滤镜则根据所选颜色为图像应用色相调整。
- 【颜色】：单击该选项右侧的颜色块，可以在打开的【拾色器】对话框中设置自定义的滤镜颜色。
- 【浓度】：该文本框可调整应用到图像中的颜色数量，其值越高，颜色的调整幅度就越大，如图 9-56、图 9-57 所示。

图 9-56 【浓度】为 30% 时的效果

图 9-57 【浓度】为 100% 时的效果

- 【保留明度】：选中该复选框，可以保持图像的亮度不变，如图9-58所示；取消选中该复选框时，会由于增加滤镜的浓度而使图像变暗，如图9-59所示。

图9-58 选中【保留明度】复选框时的效果

图9-59 取消选中【保留明度】复选框时的效果

9.2.9 通道混和器

【通道混和器】命令可以使用图像中现有（源）颜色通道的混合来修改目标（输出）颜色通道，从而控制单个通道的颜色量。利用该命令可以创建高品质的灰度、棕褐色调或其他色调图像，也可以对图像进行创造性的颜色调整。在菜单栏中选择【图像】|【调整】|【通道混和器】命令，打开【通道混和器】对话框，如图9-60所示。

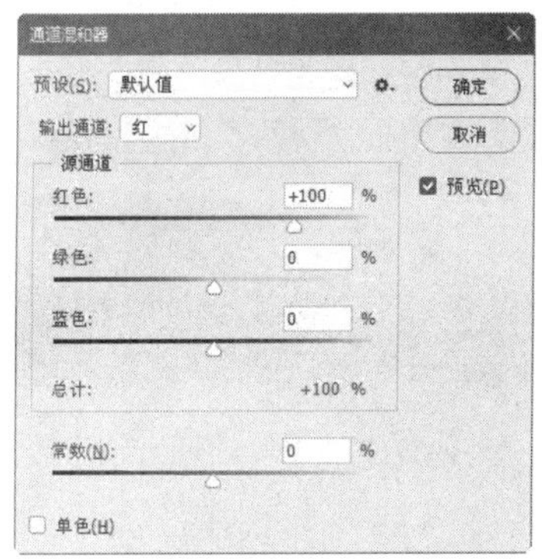

图9-60 【通道混和器】对话框

【通道混和器】对话框中各选项的介绍如下。

- 【预设】：在该下拉列表框中包含了预设的调整文件，可以在其中选择一个文件来自动调整图像，如图 9-61 所示。

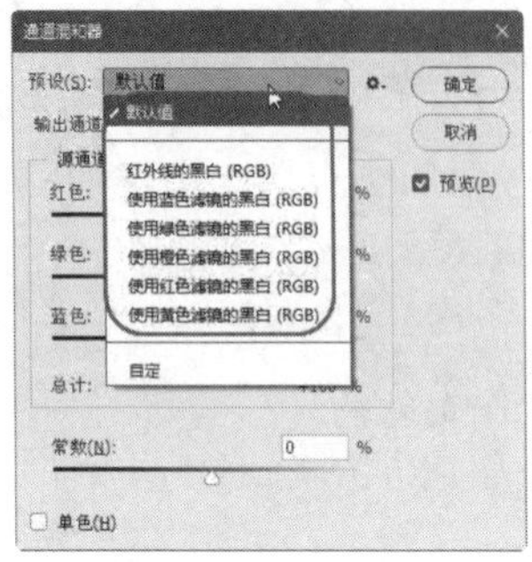

图 9-61 【预设】下拉列表

- 【输入通道】/【源通道】：在【输出通道】下拉列表框中可以选择要调整的通道，选择一个通道后，该通道的源滑块会自动设置为 100%，其他通道则设置为 0%。例如，如果选择【蓝】选项作为输出通道，则会将【源通道】中的蓝色滑块设置为 100%，红色滑块和绿色滑块设置为 0%。如图 9-62 所示，选择一个通道后，拖动【源通道】选项组中的滑块，即可调整此输出通道中源通道所占的百分比。将一个源通道的滑块向左拖动时，可减小该通道在输出通道中所占的百分比；向右拖动则增加百分比，负值可以使源通道在被添加到输出通道之前反相。调整红色通道的效果如图 9-63 所示。调整绿色通道的效果如图 9-64 所示。调整蓝色通道的效果如图 9-65 所示。

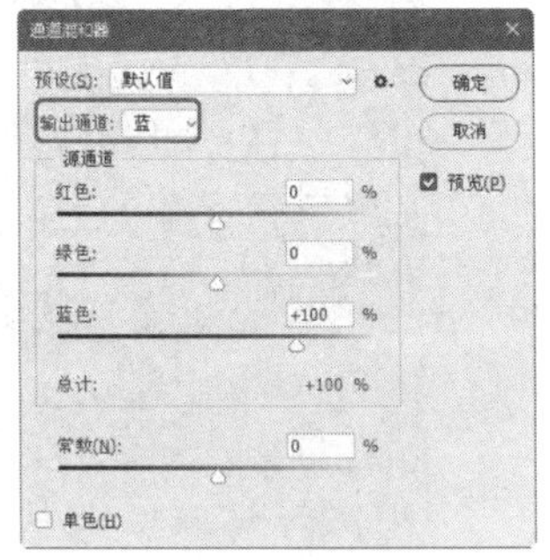

图 9-62 以【蓝】作为输出通道

图 9-63 调整红色通道的效果

图 9-64 调整绿色通道的效果

图 9-65　调整蓝色通道的效果

- 【总计】：如果源通道的总计值高于 100%，则该选项左侧会显示一个警告图标▲，如图 9-66 所示。
- 【常数】：该选项用来调整输出通道的灰度值。负值会增加更多的黑色，正值会增加更多的白色，-200% 会使输出通道成为全黑，如图 9-67 所示；+200% 会使输出通道成为全白，如图 9-68 所示。
- 【单色】：选中该复选框，彩色图像将转换为黑白图像，如图 9-69 所示。

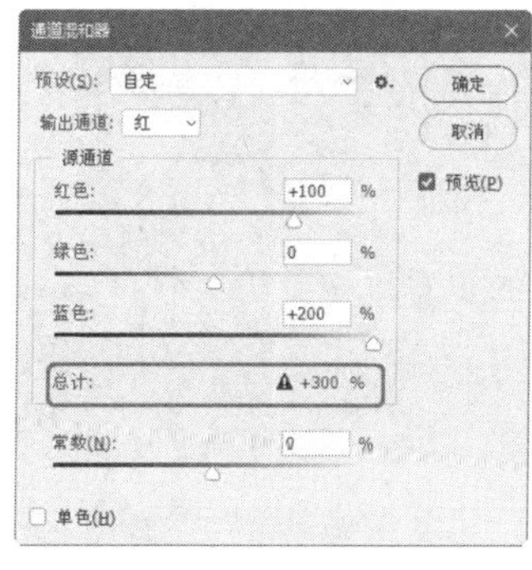

图 9-66　总计值高于 100%

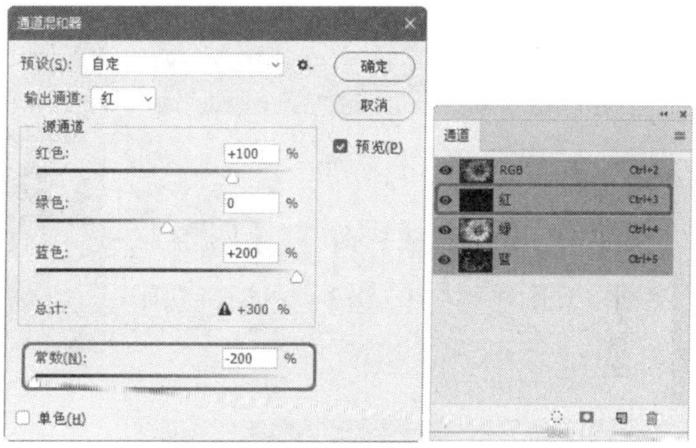

图 9-67　设置【常数】为 -200%

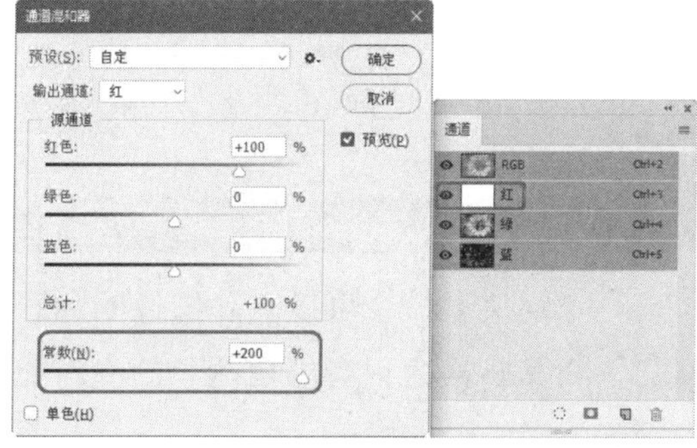

图 9-68　设置【常数】为 +200%

图 9-69　单色效果

9.2.10 反相

选择【反相】命令，可以反转图像中的颜色，通道中每个像素的亮度值都会转换为256级颜色值刻度上相反的值。例如值为255的正片图像中的像素会转换为0，值为5的像素会转换为250。使用【反相】命令的操作方法如下。

（1）打开“素材\Cha09\012.jpg”文件，如图9-70所示。

图9-70 打开的素材文件

（2）在菜单栏中选择【图像】|【调整】|【反相】命令，即可对图像进行反相，如图9-71所示。

图9-71 反相后的效果

提示：用户还可以按Ctrl+I组合键执行【反相】命令。

9.2.11 色调分离

选择【色调分离】命令，可以指定图像中每个通道的色调级（或亮度值）的数目，然后将像素映射为最接近的匹配级别。例如在RGB图像中选取两个色调级可以产生6种颜色：两种红色、两种绿色和两种蓝色。

在照片中创建特殊效果，如创建大的单调区域时【色调分离】命令非常有用。在减少灰度图像中的灰色色阶数时，它的效果最为明显。但它也可以在彩色图像中产生一些特殊的效果。图9-72所示为使用【色调分离】命令前后的效果对比。

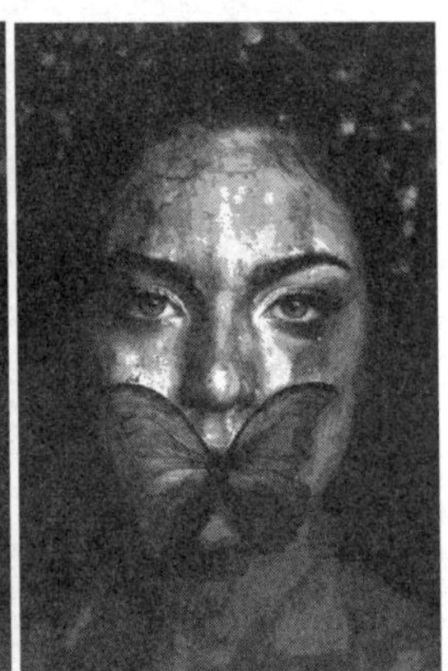

图9-72 使用【色调分离】前后的效果对比

9.2.12 阈值

【阈值】命令可以删除图像的色彩信息，将其转换为只有黑白两色的高对比度图像。操作方法如下。

打开“素材\Cha09\014.jpg”文件，在菜单栏中选择【图像】|【调整】|【阈值】命令，即可打开【阈值】对话框，如图9-73所示。

在该对话框中设置【阈值色阶】文本框，或者拖动直方图下面的滑块，也可以指定某个色阶作为阈值，所有比阈值亮的像素便被转换为白色，相反，所有比阈值暗的像素则被转换为黑色，如图9-74所示为调整阈值前后的效果对比。

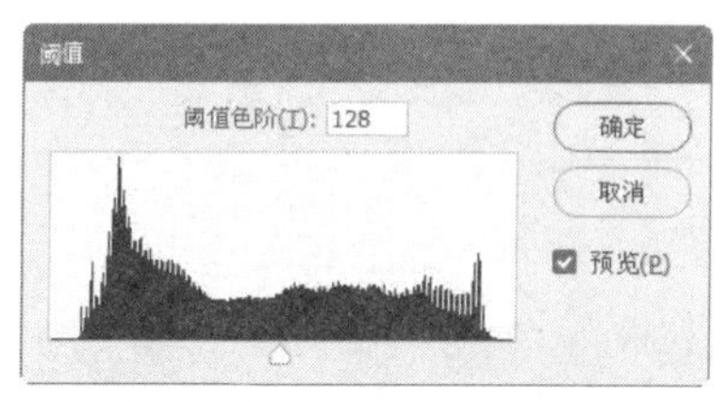

图9-73 【阈值】对话框

图9-74 调整阈值前后的效果对比

9.2.13 渐变映射

选择【渐变映射】命令可以将图像的色阶映射为一组渐变色的色阶。如指定双色渐变填充时，图像中的暗调被映射到渐变填充的一个端点颜色，高光被映射到另一个端点颜色，中间调被映射到两个端点之间的层次。

在菜单栏中选择【图像】|【调整】|【渐变映射】命令，即可打开【渐变映射】对话框，在其中可设置渐变颜色，如图9-75所示。应用【渐变映射】命令前后的效果对比如图9-76所示。

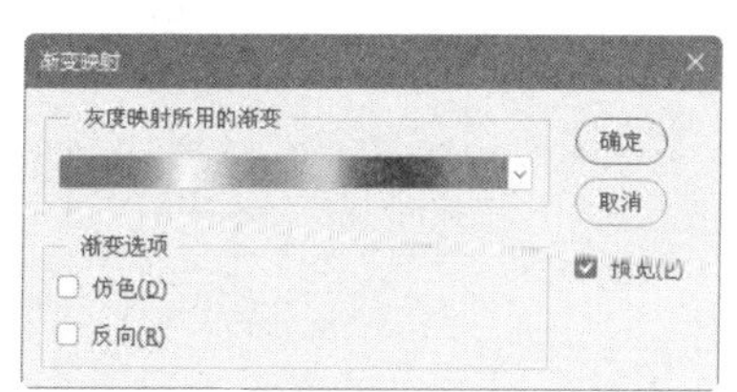

图9-75 【渐变映射】对话框

图9-76 应用【渐变映射】命令前后的效果对比

【渐变映射】对话框中各选项的讲解如下。

- 【灰度映射所用的渐变】：可以在该下拉列表框中选择一种渐变类型。默认情况下，图像的暗调、中间调和高光分别映射到渐变填充的起始（左端）颜色、中间点和结束（右端）颜色。
- 【仿色】：选中该复选框，通过添加随机杂色，可使渐变映射效果的过渡显得更为平滑。
- 【反向】：选中该复选框，颠倒渐变填充方向，以形成反向映射的效果。

9.2.14 可选颜色

【可选颜色】命令是高端扫描仪和分色程序使用的一种技术，用于在图像中的每个主要原色成分中更改印刷色的数量。使用【可选颜色】命令可以有选择性地修改主要颜色中的印刷色的数量，但不会影响其他主要颜色。例如，可以减少图像绿色图素中的青色，同时保留蓝色图素中的青色不变。

（1）打开“素材\Cha09\016.jpg”文件，如图 9-77 所示。

（2）在菜单栏中选择【图像】|【调整】|【可选颜色】命令，打开【可选颜色】对话框。在该对话框中选中【绝对】单选按钮，将【颜色】设置为【黄色】，将【青色】、【洋红】、【黄色】、【黑色】分别设置为 -10、+100、+100、-23，如图 9-78 所示。

（3）设置完成后单击【确定】按钮，完成后的效果如图 9-79 所示。

图 9-77　打开的素材文件

图 9-78　【可选颜色】对话框

图 9-79　应用【可选颜色】命令后的效果

【可选颜色】对话框中各选项的介绍如下。

- 【颜色】：在该下拉列表框中可以选择要调整的颜色，这些颜色由加色原色、减色原色、白色、中性色和黑色组成。选择一种颜色后，可拖动【青色】、【洋红】、【黄色】和【黑色】滑块来调整这四种印刷色的数量。向右拖动【青色】滑块时，颜色向青色转换，向左拖动时，颜色向红色转换；向右拖动【洋红】滑块时，颜色向洋红色转换，向左拖动时，颜色向绿色转换；向右拖动【黄色】滑块时，颜色向黄色转换，向左拖动时，颜色向蓝色转换；拖动【黑色】滑块可以增加或减少黑色。
- 【方法】：用来设置色值的调整方式。选中【相对】单选按钮时，可按照总量的百分比修改现有的青色、洋红、黄色或黑色的含量。例如，从 50% 的洋红像素开始添加 10%，结果为 55% 的洋红（50%+50%×10%=55%）；选中【绝对】单选按钮时，则采用绝对值调整颜色。例如，从 50% 的洋红像素开始添加 10%，则结果为 60% 洋红。

9.2.15 去色

执行【去色】命令可以删除彩色图像的颜色，但不会改变图像的颜色模式，如图 9-80、图 9-81 所示分别为执行该命令前后的图像效果。如果在图像中创建了选区，则执行该命令时，只会删除选区内图像的颜色，如图 9-82 所示。

图 9-80 执行【去色】命令之前的效果

图 9-81 执行【去色】命令之后的效果

图 9-82 去除选区内图像的颜色

9.2.16 匹配颜色

【匹配颜色】命令可以将一个图像（源图像）的颜色与另一个图像（目标图像）的颜色相匹配，该命令比较适合处理多个图片．以使它们的颜色保持一致。

（1）打开“素材\Cha09\018.jpg”、“019.jpg”文件，如图 9-83、图 9-84 所示。

图 9-83 打开的 018.jpg 素材文件

图 9-84 打开的 019.jpg 素材文件

（2）将 018.jpg 素材文件置为要修改的图层，然后在菜单栏中选择【图像】|【调整】|【匹配颜色】命令，弹出【匹配颜色】对话框，在【源】下拉列表框中选择 019.jpg 文件，如图 9-85 所示。

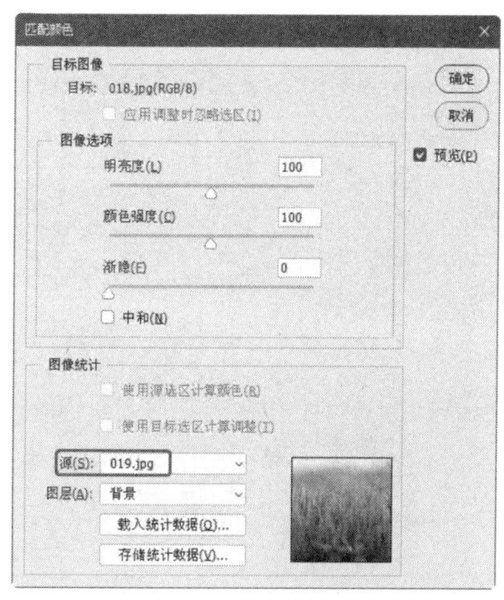

图 9-85 【匹配颜色】对话框

（3）设置完成后，单击【确定】按钮，完成后的效果如图 9-86 所示。

图 9-86　匹配颜色后的效果

【匹配颜色】对话框中各选项的讲解如下。

- 【目标】：显示了被修改的图像的名称和颜色模式等信息。
- 【应用调整时忽略选区】：如果当前的图像中包含选区，选中该复选框，可忽略选区，调整将应用于整个图像，如图 9-87 所示；取消选中该复选框，则仅影响选区内的图像，如图 9-88 所示。

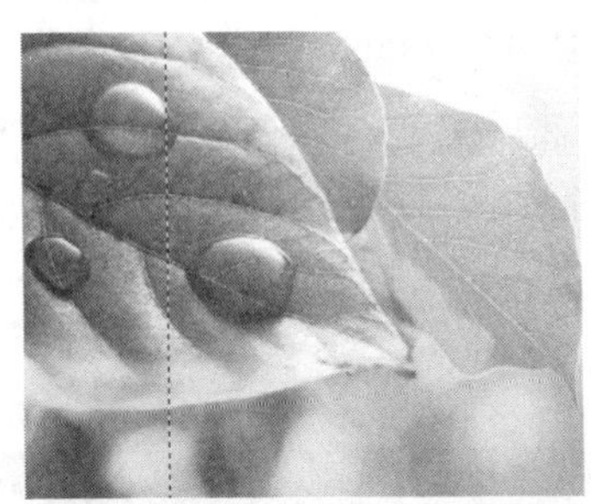

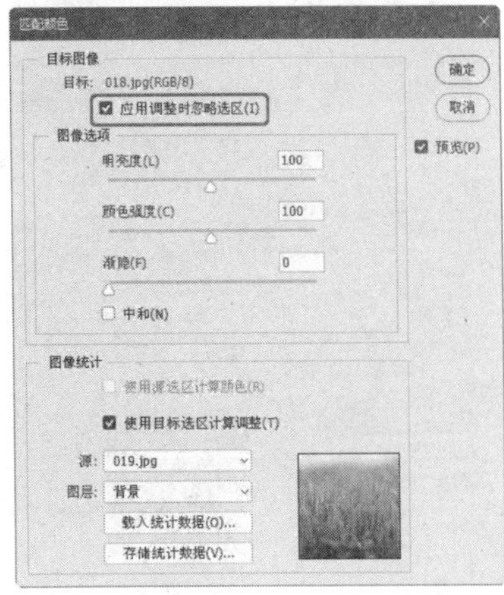

图 9-87　选中【应用调整时忽略选区】时的效果

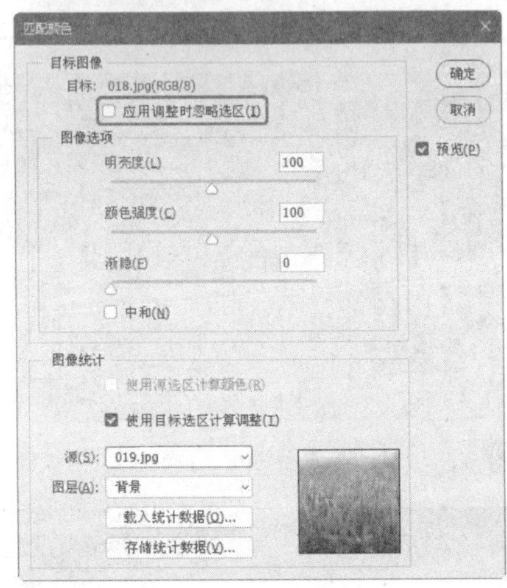

图 9-88　取消选中【应用调整时忽略选区】复选框时的效果

- 【明亮度】：拖动滑块或在文本框中输入数值，可以增加或降低图像的亮度。
- 【颜色强度】：该选项用来调整色彩的饱和度。值为 1 时，可生成灰度图像。
- 【渐隐】：该选项用来控制应用于图像的调整量，值越高，调整的强度越弱，如图 9-89、图 9-90 所示为【渐隐】值分别为 30、70 时的效果。

图 9-89　【渐隐】值为 30 时的效果

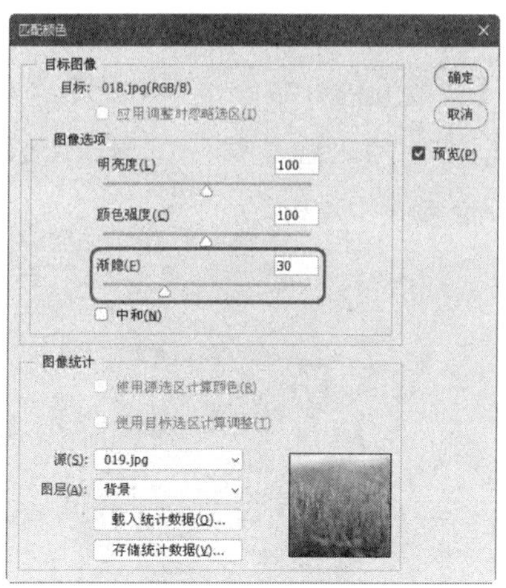

图 9-89　【渐隐】值为 30 时的效果（续）

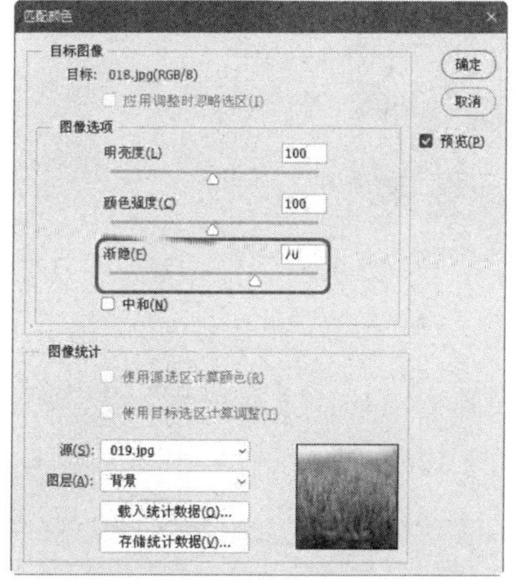

图 9-90　【渐隐】值为 70 时的效果

- 【中和】：选中该复选框，可消除图像中出现的色偏。
- 【使用源选区计算颜色】：如果在源图像中创建了选区，选中该复选框，可使用选区中的图像匹配颜色，如图 9-91 所示；取消选中该复选框，则使用整幅图像进行匹配，如图 9-92 所示。

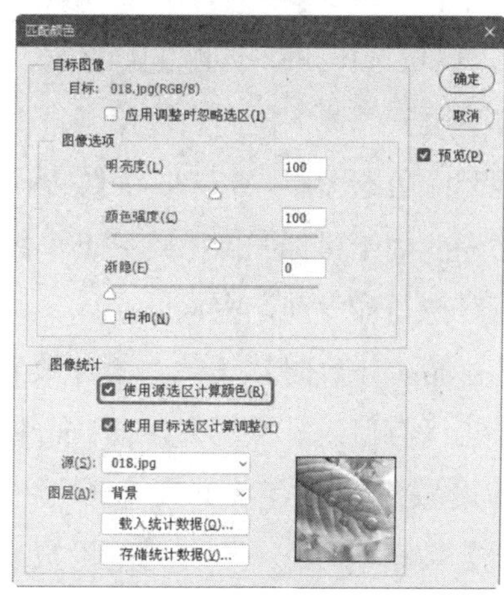

图 9-91　选中【使用源选区计算颜色】复选框时的效果

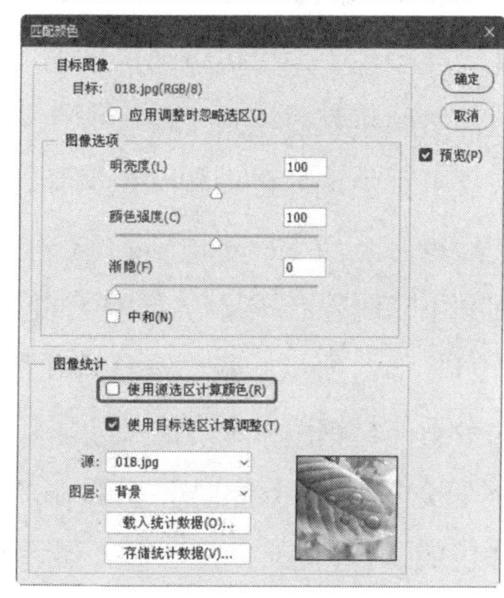

图 9-92　取消选中【使用源选区计算颜色】复选框时的效果

- 【使用目标选区计算调整】：如果在目标图像中创建了选区，选中该复选框，可使用选区内的图像来计算调整；取消选中该复选框，则会使用整个图像中的颜色来计算调整。
- 【源】：该下拉列表框用来选择与目标图像中的颜色进行匹配的源图像。
- 【图层】：该下拉列表框用来选择需要匹配颜色的图层。如果要将【匹配颜色】命令应用于目标图像中的某一个图层，应在执行命令前选中该图层。
- 【存储统计数据】/【载入统计数据】：单击【存储统计数据】按钮，可将当前的设置进行保存；单击【载入统计数据】按钮，可载入已存储的设置。当使用载入的统计数据时，无须在 Photoshop 中打开源图像，就可以完成匹配目标图像的操作。

提示：【匹配颜色】命令仅适用于 RGB 模式的图像。

9.2.17 替换颜色

【替换颜色】命令可以选择图像中的特定颜色，然后将其替换。【替换颜色】对话框中包含了颜色选择选项和颜色调整选项。颜色的选择方式与【色彩范围】命令基本相同，而颜色的调整方式又与【色相/饱和度】命令十分相似，所以，我们暂且将【替换颜色】命令看作是这两个命令的集合。

下面介绍使用【替换颜色】命令替换图像颜色的操作方法。

(1) 打开“素材\Cha09\020.jpg”文件，如图 9-93 所示。

图 9-93　打开的素材文件

(2) 在菜单栏中选择【图像】|【调整】|【替换颜色】命令，打开【替换颜色】对话框，使用吸管工具，在图像上吸取蓝色部分的颜色，如图 9-94 所示。

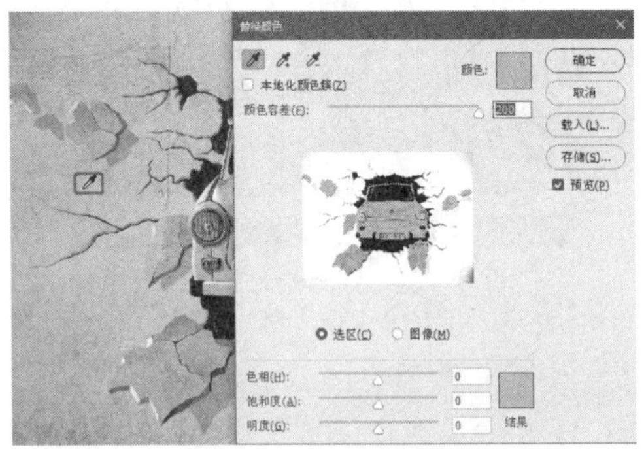

图 9-94　吸取颜色

(3) 将【颜色容差】设置为 180，【色相】设置为 -119，【饱和度】设置为 +63，【明度】设置为 +53，如图 9-95 所示。

图 9-95　设置替换颜色参数

（4）设置完成后单击【确定】按钮，替换颜色后的效果如图 9-96 所示。

图 9-96 替换颜色后的效果

9.2.18 阴影 / 高光

当照片曝光不足时，使用【阴影 / 高光】命令，在打开的如图 9-97 所示的【阴影 / 高光】对话框中，可以轻松校正。这不是简单地将图像变亮或变暗，而是基于阴影或高光区周围的像素，和谐地增亮和变暗。

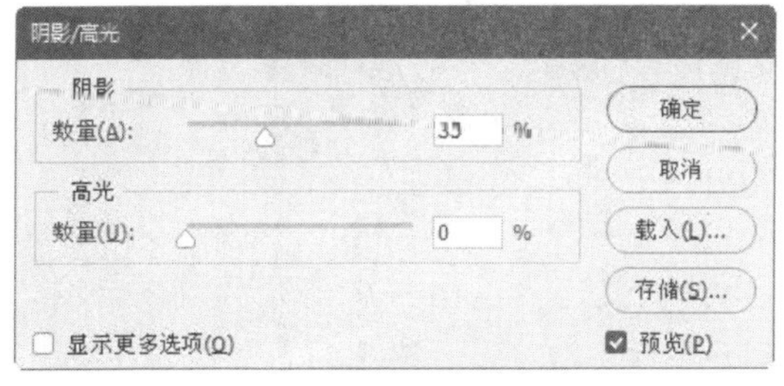

图 9-97 【阴影 / 高光】对话框

9.2.19 黑白

在菜单栏中选择【图像】|【调整】|【黑白】命令，在弹出的【黑白】对话框中可以通过调整参数来控制图像的黑白效果，如图 9-98 所示，黑白图像也被广泛应用，如：传统的艺术照片、纪念照片、医学影像以及计算机视觉等。

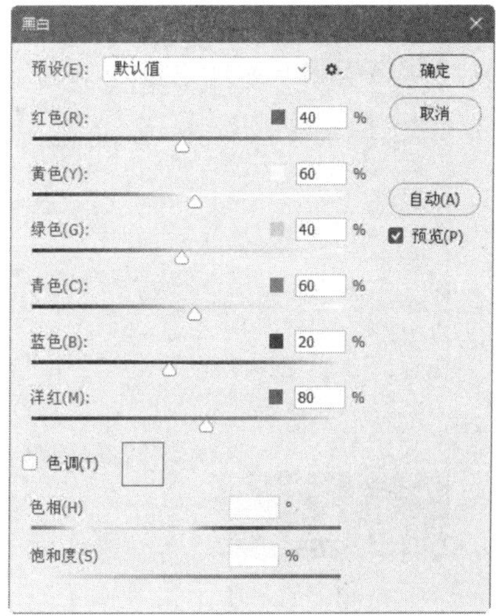

图 9-98 【黑白】对话框

9.2.20 HDR 色调

下面介绍使用 Photoshop 设置图片的 HDR 色调的具体操作方法。

（1）打开“素材 \Cha09\021.jpg”文件，如图 9-99 所示。

图 9-99 打开素材文件

（2）选择【图像】|【调整】|【HDR 色调】命令，如图 9-100 所示。

（3）弹出【HDR 色调】对话框，在【边缘光】选项组中将【半径】设置为 270 像素，将【强度】设置为 2.2，选中【平滑边缘】复选框，单击【确定】按钮，如图 9-101 所示。

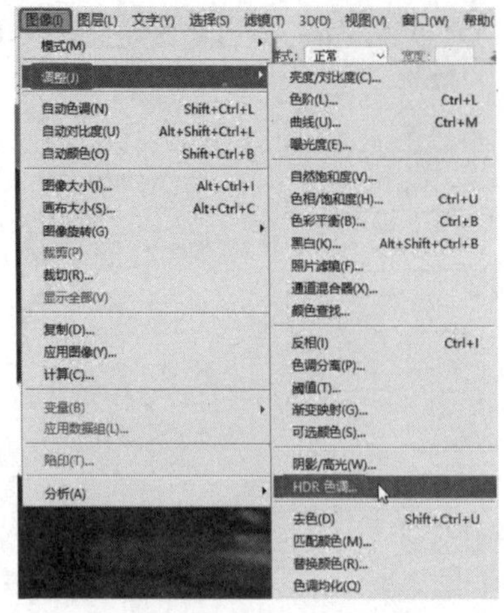

图 9-100　选择【HDR 色调】命令

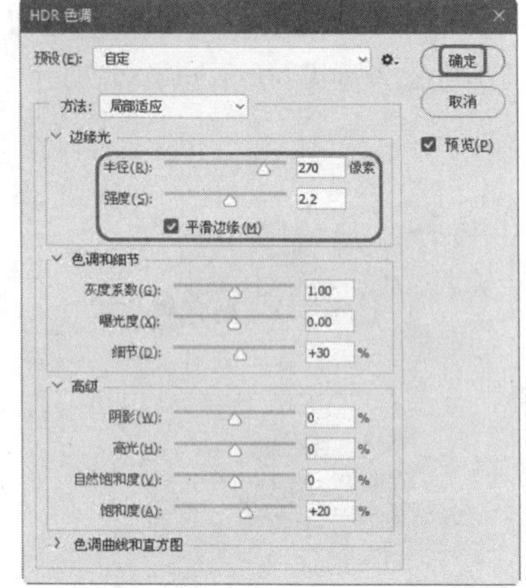

图 9-101　设置【半径】和【强度】参数

（4）返回工作界面中观察效果，如图 9-102 所示。

图 9-102　设置 HDR 色调后的效果

9.3　上机练习

下面通过制作古铜色照片、更换人物衣服颜色和制作模拟焦距脱焦照片效果，学习图像色彩处理的使用方法。

9.3.1　将照片调整为古铜色

扫一扫，看视频

说到古铜色皮肤，我们首先想到的是什么，或者说古铜色皮肤给人传达出来的第一印象是什么呢？没错，就是健康的感觉。下面就教大家使用 Photoshop 调出质感古铜色皮肤的效果，该案例主要通过对素材图片进行复制，然后为照片添加调整图层，并利用橡皮擦工具对人物进行修饰，从而实现古铜色的质感，完成后的效果如图 9-103 所示。

图 9-103 将照片调整为古铜色

（1）按 Ctrl+O 组合键，打开“素材\Cha09\将照片调整为古铜色.jpg”文件，如图 9-104 所示。

图 9-104 打开的素材文件

（2）按两次 Ctrl+J 组合键，对打开的素材文件进行复制，如图 9-105 所示。

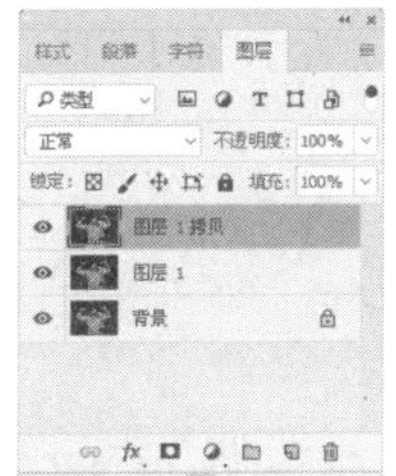

图 9-105 复制图层

（3）在【图层】面板中选择【图层 1】，将【图层 1】的混合模式设置为【柔光】，如图 9-106 所示。

（4）在【图层】面板中选择【图层 1 拷贝】，将其图层混合模式设置为【正片叠底】，将【不透明度】设置为40，如图 9-107 所示。

图 9-106 设置图层的混合模式

图 9-107 设置【图层 1 拷贝】的混合模式

（5）按 Ctrl+Shift+Alt+E 组合键对图层进行盖印，在菜单栏中选择【图像】|【应用图像】命令，如图 9-108 所示。

图 9-108 选择【应用图像】命令

（6）在弹出的【应用图像】对话框中将【通道】设置为【蓝】，将【混合】设置为【正片叠底】，如图 9-109 所示。

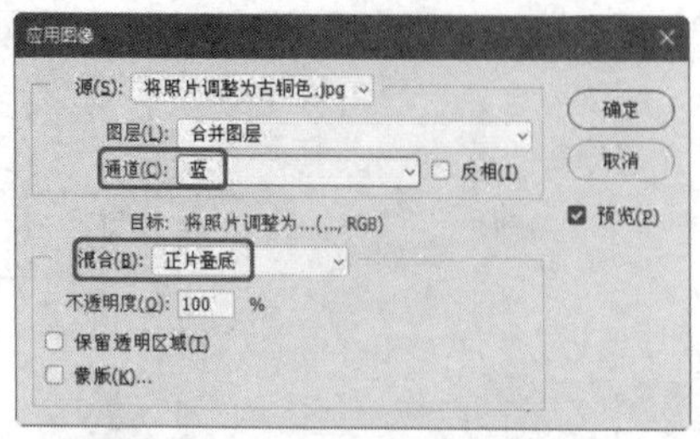

图 9-109　设置应用图像参数

（7）单击【确定】按钮，在菜单栏中选择【图像】|【调整】|【色阶】命令，如图 9-110 所示。

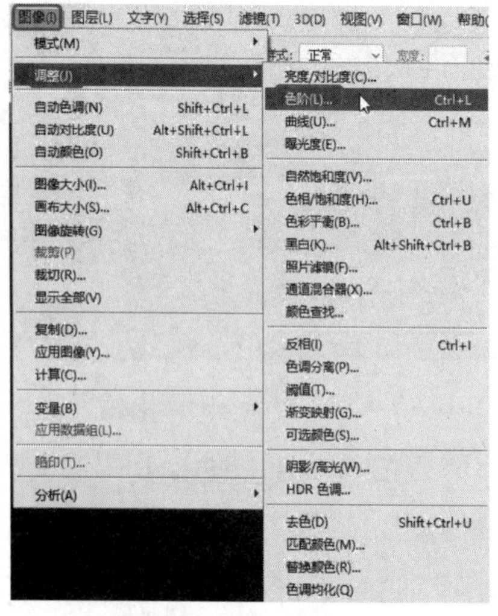

图 9-110　选择【色阶】命令

（8）在弹出的【色阶】对话框中将【色阶】设置为 0、1.9、200，设置完成后，单击【确定】按钮，如图 9-111 所示。

提示：按 Ctrl+L 组合键可快速打开【色阶】对话框。

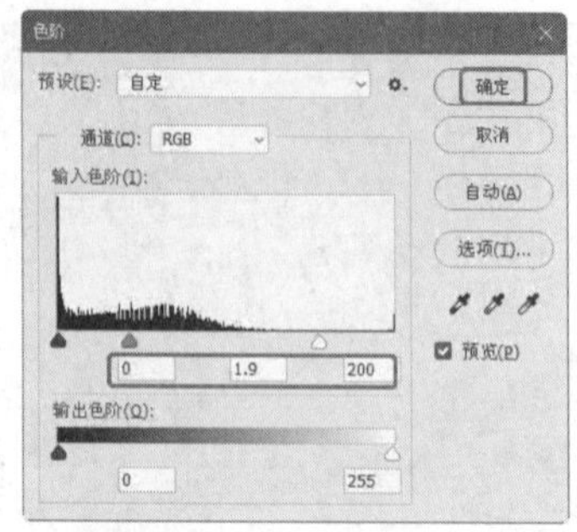

图 9-111　设置色阶参数

（9）在【图层】面板中单击【创建新的填充或调整图层】按钮，在弹出的下拉菜单中选择【可选颜色】命令，如图 9-112 所示。

（10）在弹出的【属性】面板中将【颜色】设置为【红色】，选中【相对】单选按钮，将【青色】、【洋红】、【黄色】、【黑色】分别设置为 20、0、60、0，如图 9-113 所示。

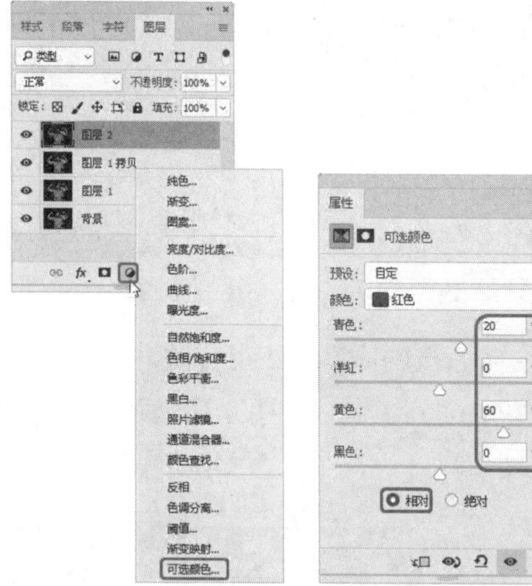

图 9-112　选择【可选颜色】命令　　图 9-113　设置红色的可选颜色

（11）按 Ctrl+Shift+Alt+E 组合键，盖印图层，在菜单栏中选择【滤镜】|【模糊】|【高斯模糊】命令，如图 9-114 所示。

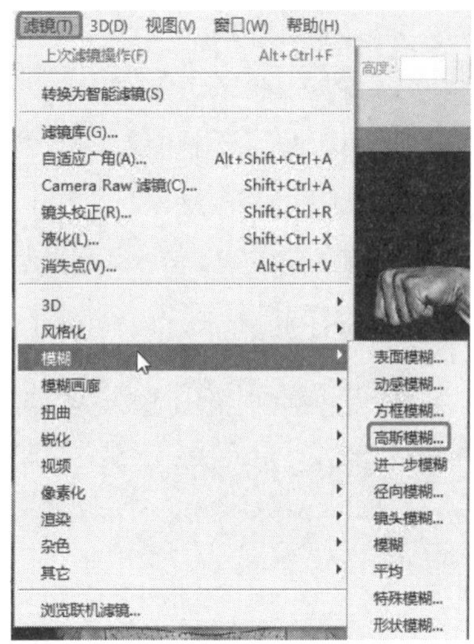

图 9-114　选择【高斯模糊】命令

（12）在弹出的【高斯模糊】对话框中将【半径】设置为 20 像素，设置完成后，单击【确定】按钮，如图 9-115 所示。

图 9-115　设置高斯模糊参数

（13）在【图层】面板中单击【添加图层蒙版】按钮，添加一个蒙版，如图 9-116 所示。

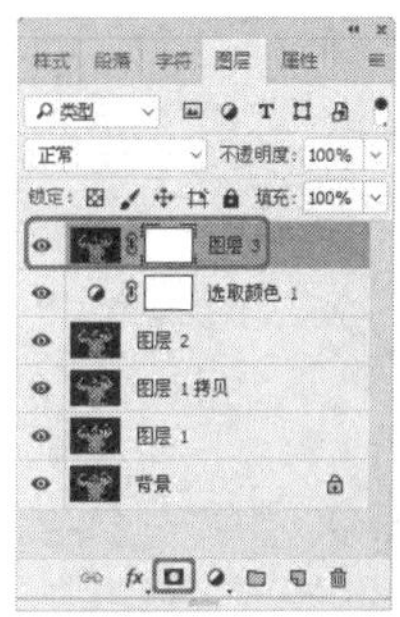

图 9-116　添加蒙版

（14）将前景色设置为黑色，选中画笔工具，在工具选项栏中将【不透明度】设置为 100，适当调整画笔大小，在文档中对人物进行涂抹，效果如图 9-117 所示。

图 9-117　涂抹后的效果

9.3.2　更换人物衣服颜色

扫一扫，看视频

本例主要介绍给人物衣服更换颜色的操作，其中将介绍使用【色相/饱和度】来完成为衣服更换颜色的操作，完成后的效果如图 9-118 所示。

（1）启动 Photoshop 软件，在菜单栏中选择【文件】|【打开】命令，打开“素材\Cha09\更换人物衣服颜色.jpg”文件，如图 9-119 所示。

（2）在【图层】面板中，将【背景】图层拖曳至 按钮上，将【背景】图层进行复制，得到【背景 拷贝】图层，如图 9-120 所示。

图 9-118　更换人物衣服颜色后的效果

图 9-119　打开素材文件

图 9-120　复制背景图层

（3）在菜单栏中选择【图像】|【调整】|【色相 / 饱和度】命令，在弹出的【色相 / 饱和度】对话框中，将当前操作更改为【蓝色】，将【色相】设置为 -67，【饱和度】设置为 -39，【明度】设置为 +70，其他设置不变，如图 9-121 所示。

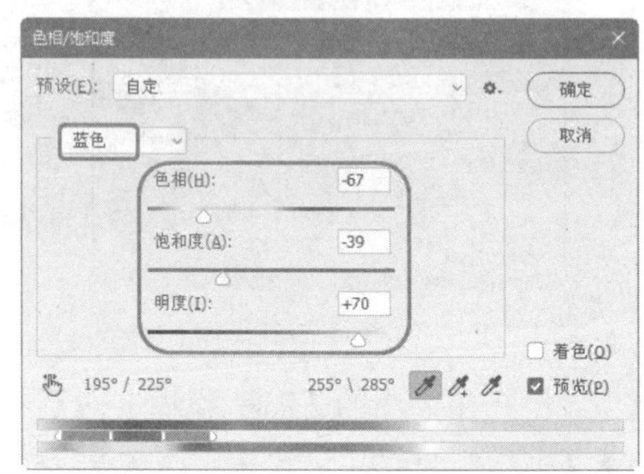

图 9-121　设置【色相 / 饱和度】参数

（4）设置完成后单击【确定】按钮，完成后的效果如图 9-122 所示。

图 9-122　完成后的效果

9.3.3 模拟焦距脱焦效果

扫一扫，看视频

本案例将介绍如何将拍摄好的照片模拟成焦距脱焦效果，该案例主要通过径向模糊、描边、曲线调整图层等来制作焦距脱焦效果，完成后的效果如图 9-123 所示。

图 9-123　模拟焦距脱焦效果

（1）启动 Photoshop，按 Ctrl+O 组合键，打开“素材 \Cha08\ 模拟焦距脱焦效果 .jpg”文件，如图 9-124 所示。

图 9-124　打开的素材文件

（2）按 Ctrl+M 组合键，在弹出的对话框中单击鼠标，添加一个编辑点，然后选中该编辑点，将【输出】和【输入】分别设置为 163、184，如图 9-125 所示。

（3）单击【确定】按钮，在工具箱中选择圆角矩形工具，在工具选项栏中将工具模式设置为【路径】，将【半径】设置为 10 像素，在文档中绘制一个圆角矩形，如图 9-126 所示。

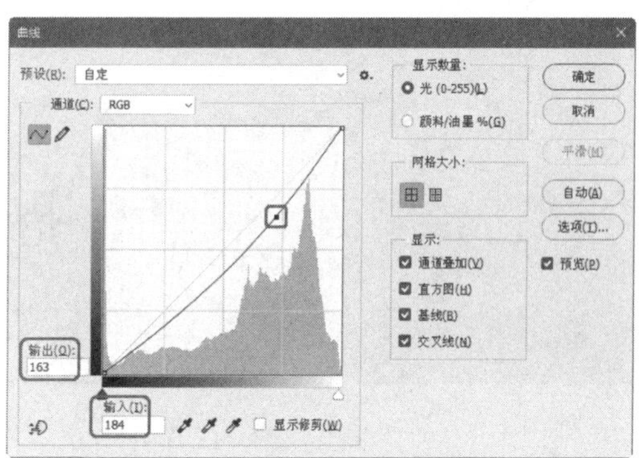

图 9-125　设置曲线参数

图 9-126　绘制圆角矩形

（4）按 Ctrl+T 组合键，在文档中调整该路径的位置，在工具选项栏中将旋转角度设置为 -12.2，如图 9-127 所示。

图 9-127　调整路径的位置和角度

（5）按 Enter 键确认，然后按 Ctrl+ Enter 组合键，将路径载入选区，按 Ctrl+Shift+I 组合键进行反选，效果如图 9-128 所示。

图 9-128　将路径载入选区并进行反选

（6）在菜单栏中选择【滤镜】|【模糊】|【径向模糊】命令，如图 9-129 所示。

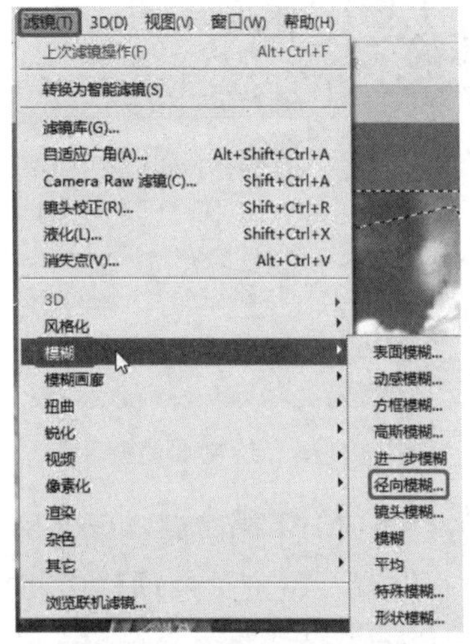

图 9-129　选择【径向模糊】命令

（7）在弹出的【径向模糊】对话框中将【数量】设置为 70，选中【缩放】单选按钮，再选中【好】单选按钮，如图 9-130 所示。

（8）单击【确定】按钮，执行该操作后，即可完成径向模糊，按 Ctrl+Shift+I 组合键进行反选，如图 9-131 所示。

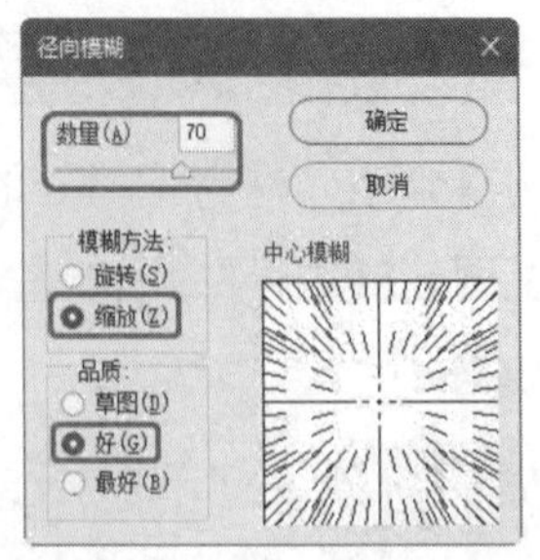

图 9-130　设置径向模糊参数

图 9-131　设置完成并进行反选

（9）按 Ctrl+J 组合键，将选区新建一个图层，在菜单栏中选择【编辑】|【描边】命令，在弹出的【描边】对话框中将【宽度】设置为 15 像素，将【颜色】设置为白色，选中【居中】单选按钮，如图 9-132 所示。

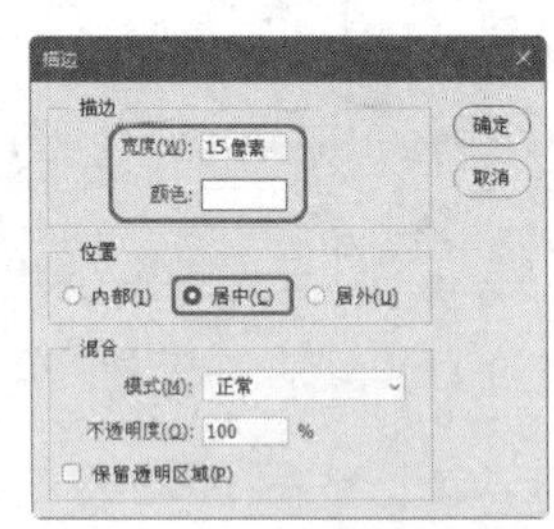

图 9-132　设置描边参数

（10）单击【确定】按钮，按 Ctrl+M 组合键，在弹出的【曲线】对话框中将【通道】设置为【蓝】，在曲线上单击鼠标，添加一个编辑点，将【输出】、【输入】分别设置为 205、188，如图 9-133 所示。

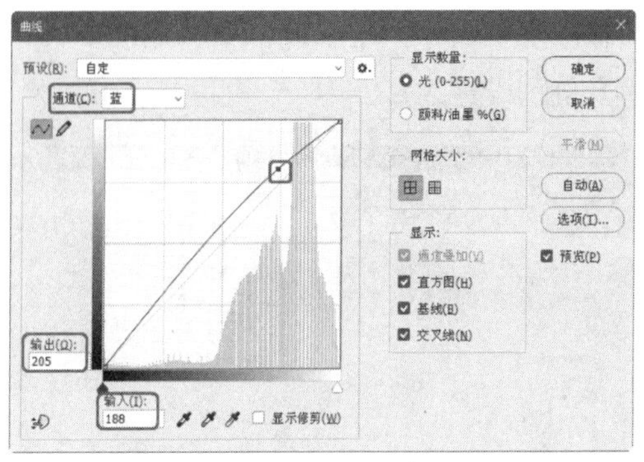

图 9-133 设置蓝色通道的曲线参数

（11）将【通道】设置为【绿】，在曲线上单击鼠标，添加一个编辑点，将【输出】、【输入】分别设置为 97、73，如图 9-134 所示。

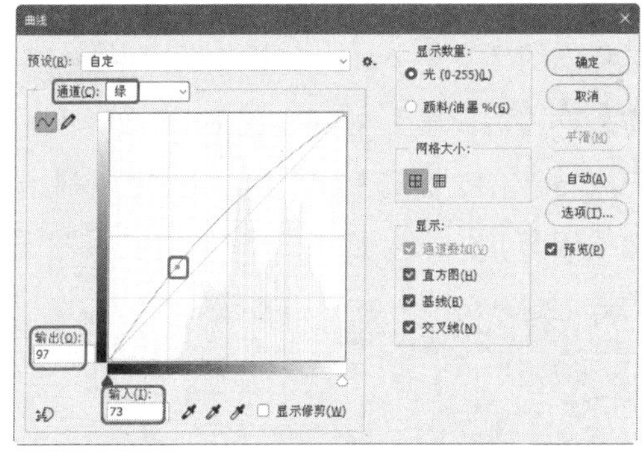

图 9-134 设置绿色通道的曲线参数

（12）将【通道】设置为【红】，在曲线上单击鼠标，添加一个编辑点，将【输出】、【输入】分别设置为 148、110，如图 9-135 所示。

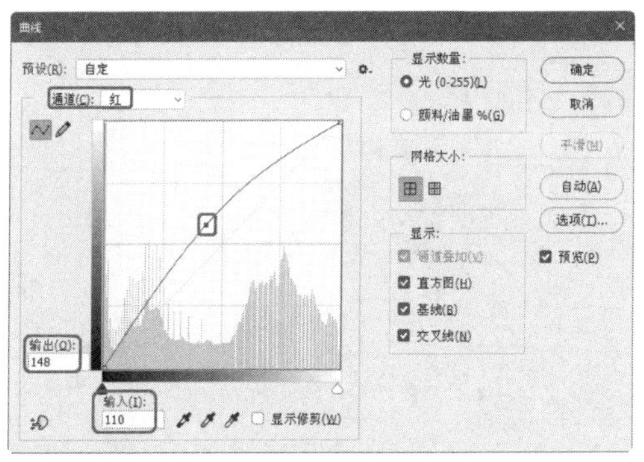

图 9-135 设置红色通道的曲线参数

（13）设置完成后，单击【确定】按钮，在【图层】面板中单击【创建新的填充或调整图层】按钮，在弹出的下拉菜单中选择【可选颜色】命令，如图 9-136 所示。

（14）在弹出的【属性】面板中将【颜色】设置为【红色】，选中【绝对】单选按钮，将可选颜色参数分别设置为 -74、-24、-46、0，如图 9-137 所示。

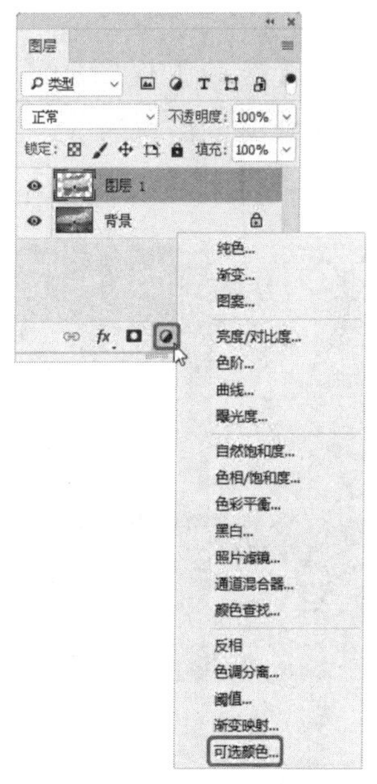

图 9 136 选择【可选颜色】命令

图 9-137 设置红色可选颜色参数

（15）将【颜色】设置为【绿色】，将可选颜色参数分别设置为 78、-25、63、0，如图 9-138 所示。

图 9-138 设置绿色可选颜色参数

（16）将【颜色】设置为【黑色】，将可选颜色参数分别设置为 0、0、0、-5，如图 9-139 所示。

图 9-139 设置黑色可选颜色参数

（17）在【图层】面板中双击【图层 1】，在弹出的【图层样式】对话框中选择【投影】选项，将【混合模式】设置为【正片叠底】，将【颜色】设置为黑色，将【不透明度】设置为 35，将【角度】设置为 30，选中【使用全局光】复选框，将【距离】、【扩展】、【大小】分别设置为 2、11、5，如图 9-140 所示。

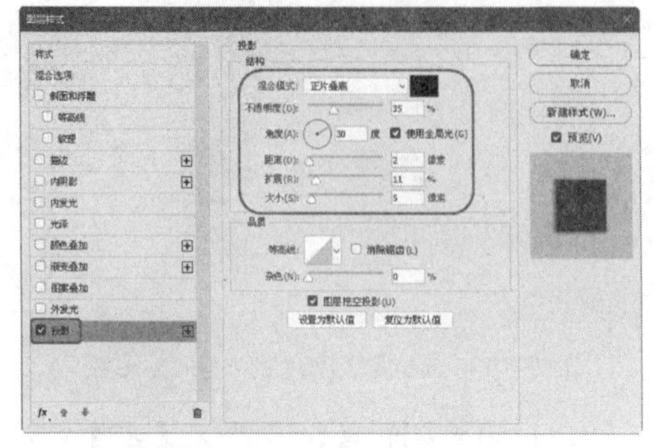

图 9-140 设置投影参数

（18）单击【确定】按钮，在【图层】面板中选择【背景】图层，在菜单栏中选择【图像】|【调整】|【亮度 / 对比度】命令，在弹出的【亮度 / 对比度】对话框中将【亮度】、【对比度】分别设置为 6、27，设置完成后，单击【确定】按钮，即可完成制作，效果如图 9-141 所示。

图 9-141 最终效果

第10章 滤镜在设计中的应用

滤镜是 Photoshop 中独特的工具，其菜单中有 100 多种滤镜，利用它们可以制作出各种各样的效果。本章将介绍滤镜在设计中的应用，在使用 Photoshop 滤镜特效处理图像的过程中，可能会发现滤镜特效太多了，不容易把握，也不知道这些滤镜特效究竟适合处理什么样的图片。要解决这些问题，就必须先了解这些滤镜特效的基本功能和特性，本章将对常用的滤镜进行简单的介绍。

10.1 初识滤镜

滤镜是 Photoshop 中最具吸引力的功能之一，它就像是一个魔术师，可以把普通的图像变为非凡的视觉作品。滤镜不仅可以制作各种特效，还能模拟素描、油画、水彩等绘画效果。

10.1.1 认识滤镜

滤镜原本是摄影师安装在照相机前的过滤器，用来改变照片的拍摄方式，以产生特殊的拍摄效果。Photoshop 中的滤镜则是一种插件模块，能够操纵图像中的像素，我们知道，位图图像是由像素组成的，每一个像素都有其位置和颜色值，滤镜就是通过改变像素的位置或颜色生成各种特殊效果的。如图 10-1 所示为原图像，图 10-2 所示是用【拼贴】滤镜处理后的图像。

Photoshop 的【滤镜】菜单中包含多种滤镜，如图 10-3 所示。其中，【滤镜库】、【镜头校正】、【液化】和【消失点】是特殊的滤镜，被单独列出，而其他滤镜都依据其主要的功能，被放置在不同类别的滤镜组中，如图 10-4 所示。

图 10-1　原图像

图 10-2 【拼贴】滤镜处理后的图像

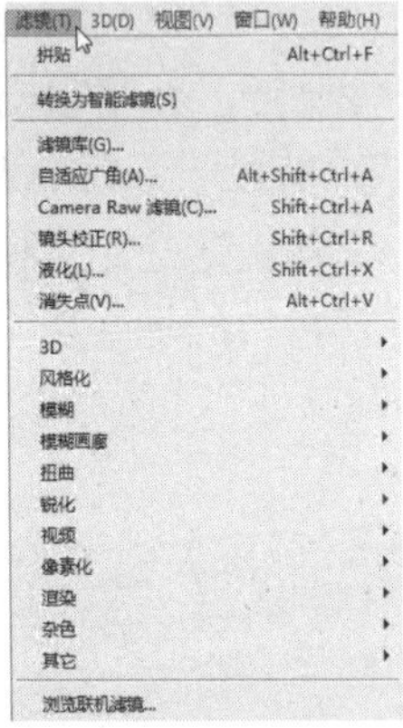

图 10-3 【滤镜】菜单

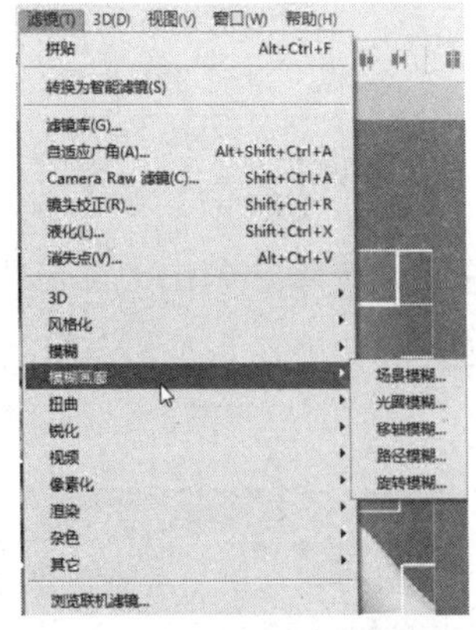

图 10-4 【模糊画廊】滤镜子菜单

10.1.2 滤镜的分类

Photoshop 中的滤镜可分为三种类型，第一种是修改类滤镜，它们可以修改图像中的像素，如【扭曲】、【纹理】、【素描】等滤镜，这类滤镜的数量最多；第二种是复合类滤镜，这类滤镜有自己的工具和独特的操作方法，更像是一个独立的软件，如【液化】、【消失点】和【滤镜库】（见图 10-5）；第三种是创造类滤镜，这类滤镜不需要借助任何像素便可以产生效果，如【镜头光晕】滤镜可以在图层上生成镜头光晕效果，如图 10-6 所示。这类滤镜的数量最少。

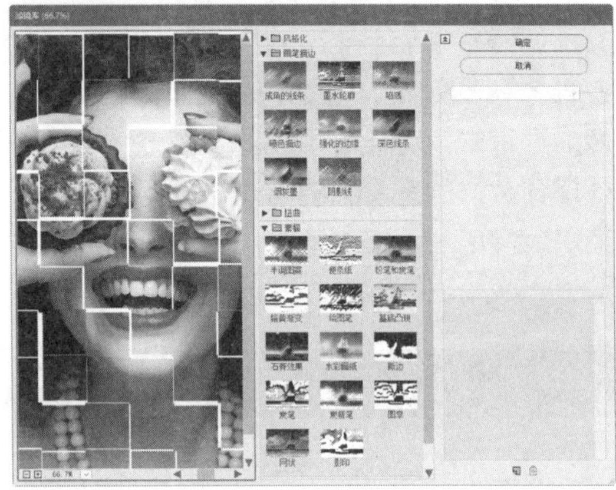

图 10-5 滤镜库

图 10-6 【镜头光晕】滤镜效果

10.1.3 滤镜的使用规则

使用滤镜处理图层中的图像时，该图层必须是可见的。如果创建了选区，滤镜只处理选区内的图像，如图 10-7 所示。若没有创建选区，则处理当前图层中的全部图像，如图 10-8 所示。

图 10-7 对选区内的图像使用滤镜

图 10-8 对全部图像应用滤镜

滤镜可以处理图层蒙版、快速蒙版和通道。

滤镜的处理效果是以像素为单位进行计算的，因此，相同的参数处理不同分辨率的图像，其效果也会不同。

只有【云彩】滤镜可以应用在没有像素的区域，如图 10-9 所示为应用【云彩】滤镜后的效果，其他滤镜都可以应用在包含像素的区域，否则不能使用这些滤镜。例如，图 10-10 所示是在透明的图层上应用【彩色半调】滤镜时弹出的警告。

RGB 模式的图像可以使用全部的滤镜，部分滤镜不能用于 CMYK 模式的图像，索引模式和位图模式的图像则不能使用滤镜。如果要对位图模式、索引模式或 CMYK 模式的图像应用一些特殊滤镜，可以先将其转换为 RGB 模式，再进行处理。

图 10-9 应用【云彩】滤镜后的效果

图 10-10 弹出提示对话框

10.1.4 滤镜的使用技巧

在使用滤镜处理图像时，以下技巧可以帮助我们更好地完成操作。

选择一个滤镜命令后，【滤镜】菜单的第一行便会出现该滤镜的名称，如图 10-11 所示，单击它或者按 Alt+Ctrl+F 组合键，可以快速应用这一滤镜。

在任意滤镜对话框中按住 Alt 键，对话框中的【取消】按钮都会变成【复位】按钮，如图 10-12 所示。单击【复位】按钮，可以将滤镜的参数恢复到初始状态。如果按 Ctrl 键，对话框中的【取消】按钮将会变为【默认】按钮，单击该按钮，则可以恢复到最初的默认状态。

如果在选择滤镜的过程中想要终止滤镜，可以按 Esc 键。

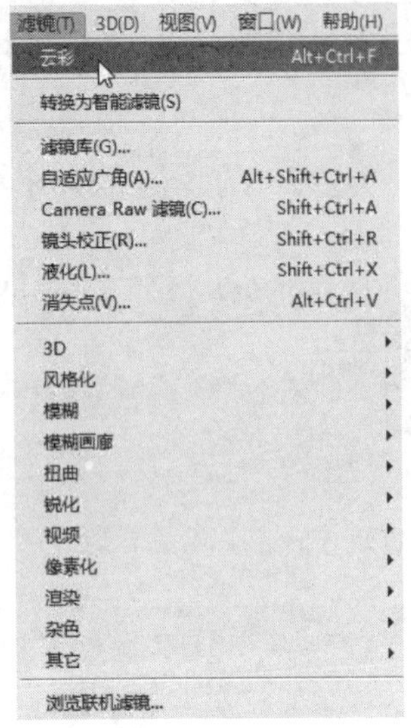

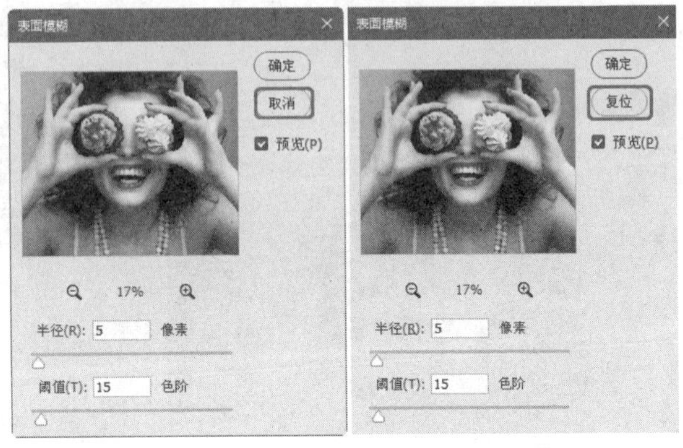

图 10-11　显示滤镜名称　　　图 10-12　【取消】按钮与【复位】按钮的转换

选择滤镜时通常会打开滤镜库或者相应的对话框，在预览框中可以预览滤镜效果，单击⊞和⊟按钮可以放大或缩小图像的显示比例。将光标移至预览框中，单击并拖动鼠标，可移动预览框内的图像，如图 10-13 所示。如果想要查看某一区域内的图像，则可将鼠标移至文档中，光标会显示为方框状，单击鼠标，滤镜预览框内将显示单击处的图像，如图 10-14 所示。

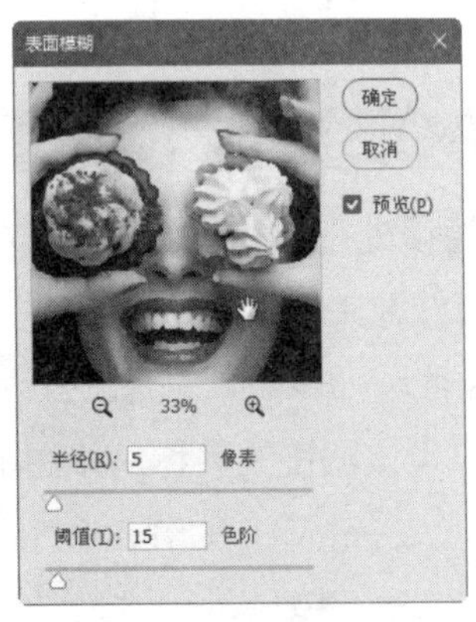

图 10-13　拖动鼠标查看图像　　　图 10-14　在预览框中查看图像

使用滤镜处理图像后，可选择【编辑】|【渐隐】命令修改滤镜效果的混合模式和不透明度。使用【渐隐】命令必须是在进行了编辑操作后的立即选择，如果期间又进行了其他操作，则无法选择该命令。

10.1.5 滤镜库

Photoshop 将【风格化】、【画笔描边】、【扭曲】、【素描】、【纹理】和【艺术效果】滤镜组中的主要滤镜整合在一个对话框中，这个对话框就是【滤镜库】。通过【滤镜库】对话框可以将多个滤镜同时应用于图像，也可以对同一图像多次应用同一滤镜，并且，还可以使用其他滤镜替换原有的滤镜。

选择【滤镜】|【滤镜库】命令，可以打开【滤镜库】对话框，如图 10-15 所示。对话框的左侧是滤镜效果预览区，中间是 6 组滤镜列表，右侧是参数设置区和效果图层编辑区。

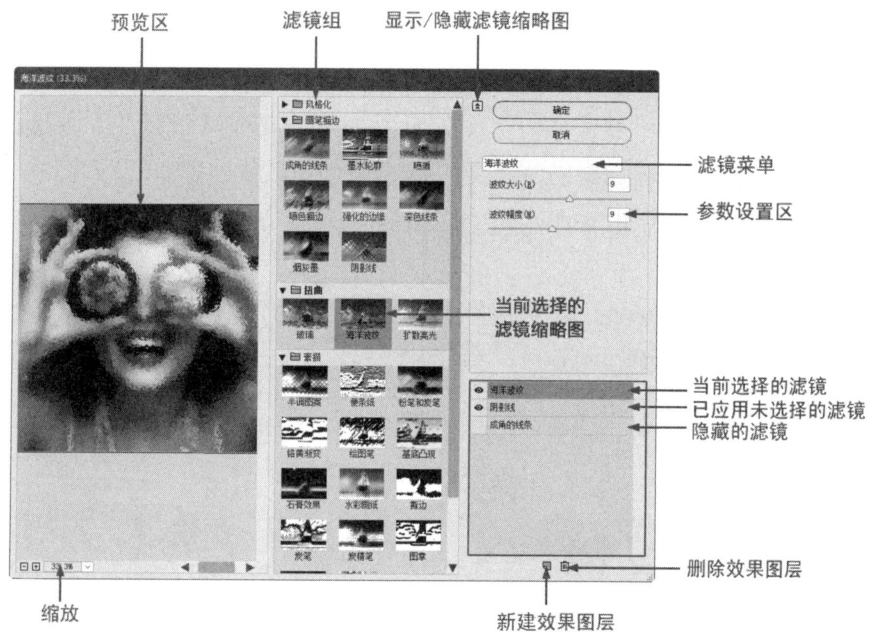

图 10-15 【滤镜库】对话框

- 预览区：用来预览滤镜的效果。
- 滤镜组 / 参数设置区：滤镜库中共包含 6 组滤镜，单击一个滤镜组前的▶按钮，可以展开该滤镜组，单击滤镜组中的一个滤镜即可使用该滤镜，与此同时，右侧的参数设置区内会显示该滤镜的参数选项。
- 【当前选择的滤镜缩略图】：显示了当前使用的滤镜。
- 显示 / 隐藏滤镜缩略图：单击按钮，可以隐藏滤镜组，进而将空间留给图像预览区，再次单击则显示滤镜组。
- 【滤镜菜单】：单击可在打开的下拉列表中选择一个滤镜，这些滤镜是按照滤镜名称拼音的先后顺序排列的，如果想要使用某个滤镜，但不知道它在哪个滤镜组，便可以通过该下拉列表进行选择。
- 【缩放】：单击按钮，可放大预览区图像的显示比例，单击按钮，可缩小图像的显示比例，也可以在文本框中输入数值进行精确缩放。

10.2 智能滤镜

智能滤镜是一种非破坏性的滤镜，它可以单独存在于【图层】面板中，并且可以对其进行操作，还可以随时进行删除或者隐藏，所有的操作都不会对图像造成破坏。

10.2.1 创建智能滤镜

对普通图层中的图像应用滤镜命令后，此效果将直接应用在图像上，源图像将遭到破坏；而对智能对象应用滤镜命令后，将会产生智能滤镜。智能滤镜中保留有为图像选择的任何滤镜命令和参数设置，这样就可以随时修改选择的滤镜参数，且源图像仍保留原有的数据。使用智能滤镜的具体操作如下。

（1）打开“素材\Cha10\003.jpg”文件，如图 10-16 所示。

图 10-16 打开的素材文件

（2）在菜单栏中选择【滤镜】|【转换为智能滤镜】命令，此时系统会弹出提示对话框，如图 10-17 所示。

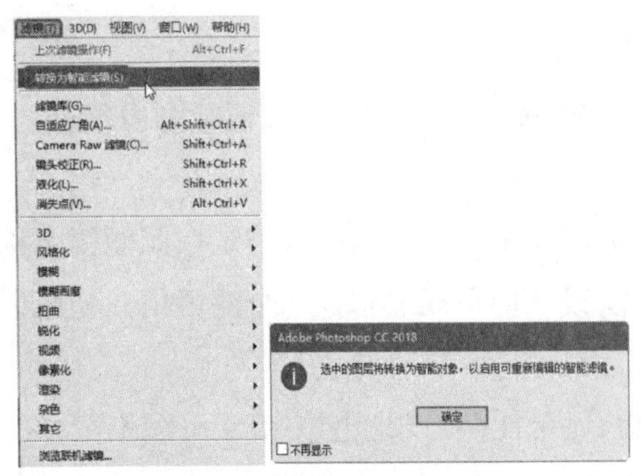

图 10-17 弹出提示对话框

（3）单击【确定】按钮，将图层中的对象转换为智能对象，然后选择菜单栏中的【滤镜】|【风格化】|【拼贴】命令，如图 10-18 所示。

（4）在弹出的对话框中将【最大位移】设置为 15，选中【背景色】单选按钮，其他参数使用默认设置即可，如图 10-19 所示。

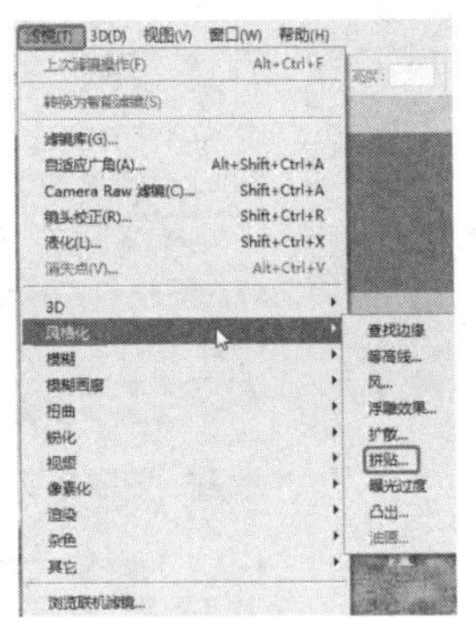

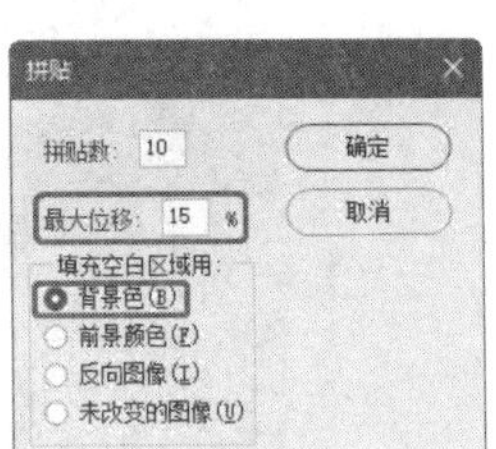

图 10-18 选择【拼贴】命令　　图 10-19 设置拼贴参数

（5）单击【确定】按钮，即可应用该滤镜效果，在【图层】面板中，该图层的下方将会出现智能滤镜效果，如图 10-20 所示，如果用户需要对拼贴进行设置，可以在【图层】面板中双击【拼贴】效果，然后在弹出的对话框中对其进行设置即可。

图 10-20 添加智能滤镜后的效果

10.2.2 停用 / 启用智能滤镜

单击智能滤镜前的👁图标可以使滤镜停用，图像恢复为原始状态，如图 10-21 所示。或者选择菜单栏中的【图层】|【智能滤镜】|【停用智能滤镜】命令，如图 10-22 所示，也可以将该滤镜停用。

图 10-21 停用智能滤镜

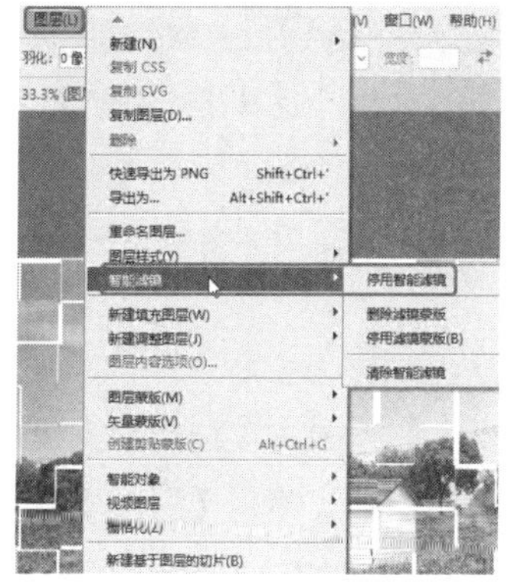

图 10-22 选择【停用智能滤镜】命令

如果我们需要恢复使用滤镜，可选择菜单栏中的【图层】|【智能滤镜】|【启用智能滤镜】命令，如图 10-23 所示。或者在👁图标位置处单击，即可恢复使用。

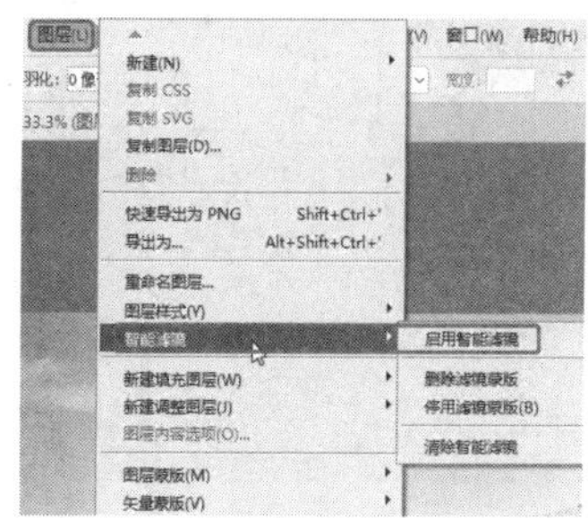

图 10-23 选择【启用智能滤镜】命令

10.2.3 编辑智能滤镜蒙版

当将智能滤镜应用于某个智能对象时，在【图层】面板中，该智能对象下方的智能滤镜上会显示一个蒙版缩略图。默认情况下，此蒙版显示完整的滤镜效果。如果在应用智能滤镜前已建立选区，则会在【图层】面板的【智能滤镜】行上显示适当的蒙版，而非一个空白蒙版。

智能滤镜蒙版的工作方式与图层蒙版非常相似，可以对它们进行绘画，用黑色绘制的滤镜区域将隐藏，用白色绘制的区域将可见，如图 10-24 所示。

图 10-24 编辑蒙版后的效果

10.2.4 删除智能滤镜蒙版

删除智能滤镜蒙版的操作方法有以下 3 种。

- 将【图层】面板中的滤镜蒙版缩略图拖动至面板下方的【删除图层】按钮🗑上，释放鼠标左键。
- 单击【图层】面板中的滤镜蒙版缩略图，将其设置为工作状态，然后单击【蒙版】中的【删除图层】按钮🗑。
- 选择智能滤镜效果，并选择【图层】|【智能滤镜】|【删除滤镜蒙版】命令。

10.2.5 清除智能滤镜

清除智能滤镜的方法有三种，选择菜单栏中的【图层】|【智能滤镜】|【清除智能滤镜】命令，如图 10-25 所示。还可以在【图层】面板中选择智能滤镜，右击鼠标，在弹出的快捷菜单中选择【清除智能滤镜】命令，如图 10-26 所示。或将智能滤镜拖动至【图层】面板下方的【删除图层】按钮 上。

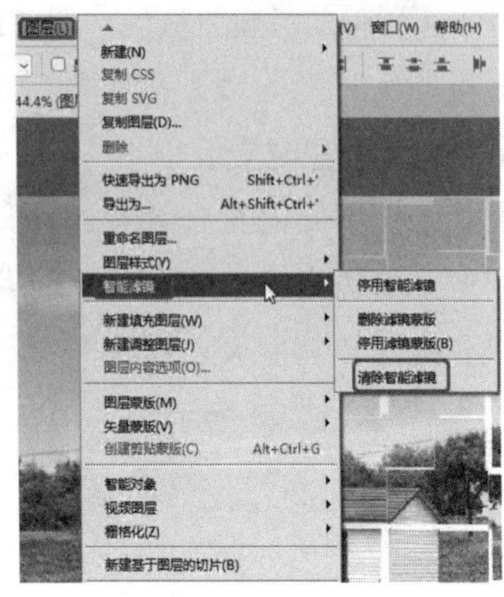

图 10-25 选择【清除智能滤镜】命令

图 10-26 在【图层】面板中选择【清除智能滤镜】命令

10.3 滤镜的应用

下面将讲解 Photoshop 中的【镜头校正】滤镜、【液化】滤镜、【消失点】滤镜、【风格化】滤镜、【画笔描边】滤镜、【模糊】滤镜、【模糊画廊】滤镜、【扭曲】滤镜、【锐化】滤镜、【素描】滤镜、【纹理】滤镜、【像素化】滤镜、【渲染】滤镜、【艺术效果】滤镜、【杂色】滤镜以及【其它】滤镜的使用方法。

10.3.1 【镜头校正】滤镜

【镜头校正】滤镜可修复常见的镜头瑕疵、色差和晕影等，也可以修复由于相机垂直或水平倾斜而导致的图像透视现象。

（1）按 Ctrl+O 快捷键，在弹出的对话框中打开“素材 \Cha10\004.jpg”文件，如图 10-27 所示。

图 10-27 打开的素材文件

（2）在菜单栏中选择【滤镜】|【镜头校正】命令，此时会弹出【镜头校正】对话框，如图 10-28 所示。其中左侧是工具栏，中间部分是预览窗口，右侧是参数设置区域。

图 10-28 【镜头校正】对话框

（3）在【镜头校正】对话框中将【相机制造商】设置为 Canon，选中【晕影】复选框，如图 10-29 所示。

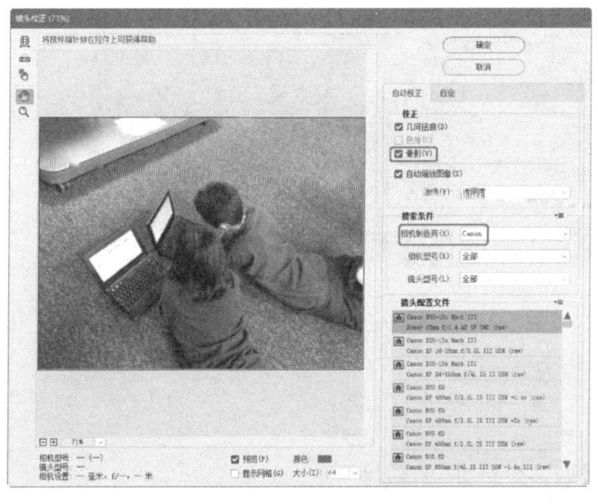

图 10-29 设置校正参数

（4）切换到【自定】选项卡，将【移去扭曲】设置为 90，将【垂直透视】、【水平透视】分别设置为 -13、+30，将【角度】设置为 20，将【比例】设置为 100，如图 10-30 所示。

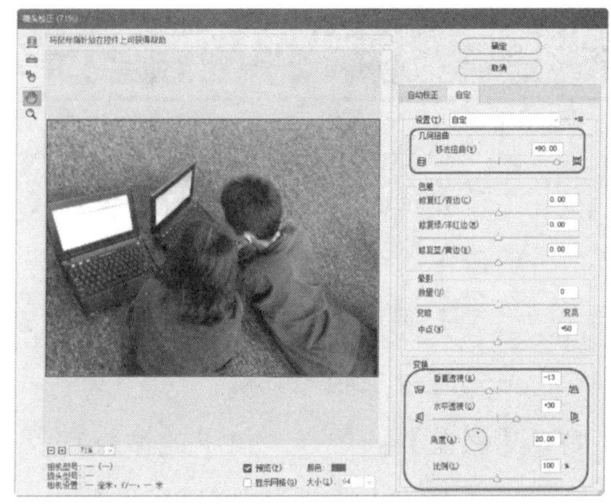

图 10-30 自定义校正参数

提示：用户除了可以通过【自定】选项卡对参数进行设置外，还可以通过左侧工具栏中的各个工具对参数进行调整。

（5）单击【确定】按钮，即可完成对素材文件的校正，对比效果如图 10-31 所示。

图 10-31 校正前后的效果

知识链接：【镜头校正】对话框

【镜头校正】对话框的【自定】选项卡下的各个参数的功能如下。

- 【移去扭曲】：该参数用于校正镜头桶形或枕形失真的图像。移动滑块可拉直从图像中心向外弯曲或向图像中心弯曲的水平和垂直线条。也可以使用【移去扭曲工具】来进行此校正。向图像的中心拖动可校正枕形失真，而向图像的边缘拖动可校正桶形失真。
- 【色差】：该选项组中的参数可以通过相对其中一个颜色通道来调整另一个颜色通道的大小，来补偿边缘。
- 【数量】：该参数用于设置沿图像边缘变亮或变暗的程度，从而校正由于镜头缺陷或镜头遮光处理不正确而导致的拐角较暗、较亮的图像。
- 【中点】：用于指定受【数量】滑块影响的区域的宽度。如果指定较小的数，则会影响较多的图像区域。如果指定较大的数，则只会影响图像的边缘，如图 10-32 中左图为【数量】设置为 100、【中点】设置为 32 时的效果，右图为【数量】设置为 -72、【中点】设置为 18 时的效果。

图 10-32　设置中点参数后的效果

- 【垂直透视】：该参数用于校正由于相机向上或向下倾斜而导致的图像透视。使图像中的垂直线平行。
- 【水平透视】：该参数用于校正图像透视，并使水平线平行。
- 【角度】：该参数用于旋转图像，以针对相机歪斜加以校正，或在校正透视后进行调整。也可以使用【拉直工具】来进行此校正。
- 【比例】：该参数用于向上或向下调整图像缩放。图像像素不会改变。主要用途是移去由于枕形失真、旋转或透视校正而产生的图像空白区域。

10.3.2 【液化】滤镜

【液化】滤镜可用于推、拉、旋转、反射、折叠和膨胀图像的任意区域。【液化】滤镜是修饰图像和创建艺术效果的强大工具，使用该滤镜，可以非常灵活地创建推拉、扭曲、旋转、收缩等变形效果。下面就来学习【液化】滤镜的使用方法。

（1）打开“素材\Cha10\005.jpg”文件，如图 10-33 所示。

图 10-33 打开素材文件

（2）选择【滤镜】|【液化】命令，打开【液化】对话框，如图 10-34 所示。

图 10-34 【液化】对话框

1. 变形工具

【液化】对话框中包含各种变形工具，选择这些工具后，在对话框中的图像上单击并拖动鼠标涂抹，即可进行变形处理，变形效果将集中在画笔区域的中心，并且会随着鼠标在某个区域的重复拖动而得到增强。

- 【向前变形工具】：拖动鼠标时可以向前推动像素，如图 10-35 所示。

图 10-35 使用向前变形工具

- 【重建工具】：在变形的区域单击或者拖动鼠标进行涂抹，可以恢复图像，如图 10-36 所示。

图 10-36　使用重建工具

- 【平滑工具】：在变形的区域单击或拖动鼠标进行涂抹，可以将扭曲的图像变得平滑并恢复图像原样，其效果与重建工具类似。
- 【顺时针旋转扭曲工具】：在图像中单击或拖动鼠标，可以顺时针旋转像素，如图 10-37 所示；按住 Alt 键操作则逆时针旋转扭曲像素。

图 10-37　使用顺时针旋转扭曲工具

- 【褶皱工具】：在图像中单击或拖动鼠标，可以使像素向画笔区域的中心移动，使图像产生向内收缩的效果，如图 10-38 所示。

图 10-38　使用褶皱工具

- 【膨胀工具】：在图像中单击或拖动鼠标，可以使像素向画笔区域中心以外的方向移动，使图像产生向外膨胀的效果，如图 10-39 所示。

图 10-39　使用膨胀工具产生膨胀效果

- 【左推工具】：垂直向上拖动鼠标时，像素向左移动；向下拖动鼠标，则像素向右移动；按住 Alt 键垂直向上拖动鼠标时，像素向右移动；按住 Alt 键向下拖动鼠标时，像素向左移动。如果围绕对象顺时针拖动鼠标，则可增加其大小，如图 10-40 左图所示，逆时针拖动时则减小其大小，如图 10-40 右图所示。

图 10-40　使用左推工具

- 【冻结蒙版工具】：在对部分图像进行处理时，如果不希望影响其他区域，可以使用【冻结蒙版工具】，在图像上绘制出冻结区域（要保护的区域），如图 10-41 左图所示，然后使用变形工具处理图像，被冻结区域内的图像就不会受到影响了，效果如图 10-41 右图所示。

图 10-41　使用冻结蒙版工具

- 【解冻蒙版工具】：该工具可以将冻结的蒙版区域进行解冻。
- 【脸部工具】：通过该工具，可以对人物脸部进行调整。
- 【抓手工具】：可以在图像的操作区域中对图像进行拖动并查看。按住空格键拖动鼠标，可以移动画面。
- 【缩放工具】：可将图像进行放大、缩小显示；也可以通过快捷键来操作，如按Ctrl++ 快捷键，可以放大视图；按 Ctrl+- 快捷键，可以缩小视图。

知识链接：冻结蒙版

通过冻结预览图像的区域，防止更改这些区域。冻结区域会被使用冻结蒙版工具绘制的蒙版覆盖。还可以使用现有的蒙版、选区或透明度来冻结区域。

选择冻结蒙版工具并在要保护的区域上拖动。按住 Shift 键单击，可在当前点和前一次单击的点之间的直线中冻结。

如果要将液化滤镜应用于带有选区、图层蒙版、透明度或 Alpha 通道的图层，可以在【液化】对话框的【蒙版选项】选项组中，在五个按钮中的任意一个按钮的下拉菜单中选择【选区】、【透明度】或【图层蒙版】命令，即可使用现有的选区、蒙版或透明度通道。

其中各个按钮的功能如下。

- 【替换选区】按钮：单击该按钮，可以显示原图像中的选区、蒙版或透明度。
- 【添加到选区】按钮：单击该按钮，可以显示原图像中的蒙版，以便使用冻结蒙版工具添加到选区，将通道中的选定像素添加到当前的冻结区域中。
- 【从选区中减去】按钮：单击该按钮，可以从当前的冻结区域中减去通道中的像素。
- 【与选区交叉】按钮：只使用当前处于冻结状态的选定像素。
- 【反相选区】按钮：使用选定像素使当前的冻结区域反相。

在【液化】对话框的【蒙版选项】选项组中，单击【全部蒙住】按钮，可以冻结所有解冻区域。

在【液化】对话框的【蒙版选项】选项组中，单击【全部反相】按钮，可以反相解冻区域和冻结区域。

在【液化】对话框的【视图选项】选项组中，选中或取消选中【显示蒙版】复选框，可以显示或隐藏冻结区域。

在【液化】对话框的【视图选项】选项组中，从【蒙版颜色】菜单中选取一种颜色，即可更改冻结区域的颜色。

2. 设置工具选项

【液化】对话框中的【画笔工具选项】选项组用来设置当前选择的工具的属性。如图 10-42 所示。

图 10-43 【液化】对话框

- 【大小】：用来设置扭曲工具的画笔大小。
- 【压力】：用来设置扭曲速度，其范围为 1 ～ 100。较低的压力可以减慢变形的速度，因此，更易于对变形效果进行控制。
- 【浓度】：控制画笔如何在边缘羽化。产生的效果是：画笔的中心最强，边缘处最轻。
- 【速率】：设置在您使工具（例如旋转扭曲工具）在预览图像中保持静止时扭曲所应用的速度。该设置的值越大，应用扭曲的速度就越快。
- 【固定边缘】：在使用液化工具时操作，使边缘像素不变形。
- 【光笔压力】：当计算机配置有数位板和压感笔时，选中该项复选框，可通过压感笔的压力控制工具。

3. 设置重建选项

在【液化】对话框中扭曲图像时，可以通过【重建选项】选项组来撤销所做的变形。具体操作方法是：首先在【模式】下拉列表中选择一种重建模式，然后单击【重建】按钮，按照所选模式恢复图像，如果连续单击【重建】按钮，则可以逐步恢复图像。如果要取消所有扭曲效果，将图像恢复为变形前的状态，可以单击【恢复全部】按钮。

10.3.3 消失点

利用消失点将以立体方式在图像中的透视平面上工作。当使用消失点来修饰、添加或移去图像中的内容时，结果将更加逼真，因为系统可正确地确定这些编辑操作的方向，并且将它们缩放到透视平面。

消失点是一个特殊的滤镜，它可以在包含透视平面（如建筑物侧面或任何矩形对象）的图像中进行透视校正编辑。使用【消失点】滤镜时，我们首先要在图像中指定透视平面，然后再进行绘画、仿制、复制或粘贴以及变换等操作，所有的操作都采用该透视平面来处理，Photoshop 可以确定这些编辑操作的方向，并将它们缩放到透视平面，因此，可以使编辑结果更加逼真。【消失点】对话框如图 10-43 所示。其中的各种工具介绍如下。

图 10-43 【消失点】对话框

- 【编辑平面工具】：用来选择、编辑、移动平面的节点以及调整平面的大小。
- 【创建平面工具】：用来定义透视

平面的四个角节点，创建了四个角节点后，可以移动、缩放平面或重新确定其形状。按住 Ctrl 键拖动平面的边节点可以拉出一个垂直平面。

- 【选框工具】：在平面上单击并拖动鼠标可以选择图像。选择图像后，将光标移至选区内，按住 Alt 键拖动，可以复制网像，按住 Ctrl 键拖动选区，则可以用源图像填充该区域。
- 【图章工具】：选择该工具后，按住 Alt 键在图像中单击设置取样点，然后在其他区域单击并拖动鼠标，即可复制图像。按住 Shift 键单击，可以将描边扩展到上一次单击处。

> 提示：选择图章工具后，可以在对话框顶部的选项中选择一种修复模式。如果要绘画而不与周围像素的颜色、光照和阴影混合，应选择【关】选项，如果要绘画并将描边与周围像素的光照混合，同时保留样本像素的颜色，应选择【亮度】选项，如果要绘画并保留样本图像的纹理，同时与周围像素的颜色、光照和阴影混合，应选择【开】选项。

- 【画笔工具】：可在图像上绘制选定的颜色。
- 【变换工具】：使用该工具时，可以通过移动定界框的控制点来缩放、旋转和移动浮动选区，类似于在矩形选区上使用【自由变换】命令。
- 【吸管工具】：可拾取图像中的颜色作为画笔工具的绘画颜色。
- 【测量工具】：可在平面中测量项目的距离和角度。
- 【抓手工具】：放大图像的显示比例后，使用该工具可在窗口内移动图像。
- 【缩放工具】：在图像上单击，可放大图像的视图；按住 Alt 键单击，则缩小视图。

下面让我们通过实际的操作来学习【消失点】滤镜的使用。

（1）按 Ctrl+O 快捷键，打开“素材 \Cha10\007.jpg”文件，如图 10-44 所示。

（2）选择菜单栏中的【滤镜】|【消失点】命令，此时会弹出【消失点】对话框，如图 10-45 所示。

图 10-44　打开的素材文件

图 10-45　【消失点】对话框

（3）在【消失点】对话框中单击【创建平面工具】按钮，然后在图像的四角多次单击鼠标创建一个平面，如图 10-46 所示。

（4）单击【图章工具】按钮，在绘制的矩形框中按住 Alt 键单击仿制源点，如图 10-47 所示。

图 10-46 创建平面

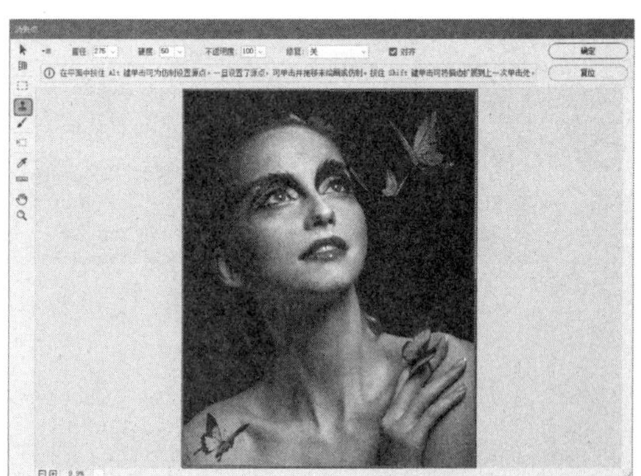

图 10-47 单击仿制源点

（5）将鼠标移至要绘画的位置，单击鼠标，将会对前面所仿制的对象进行绘画，如图 10-48 所示。

（6）继续按住鼠标进行绘画，对仿制的蝴蝶进行复制，单击【确定】按钮，即可完成【消失点】滤镜的应用，效果如图 10-49 所示。

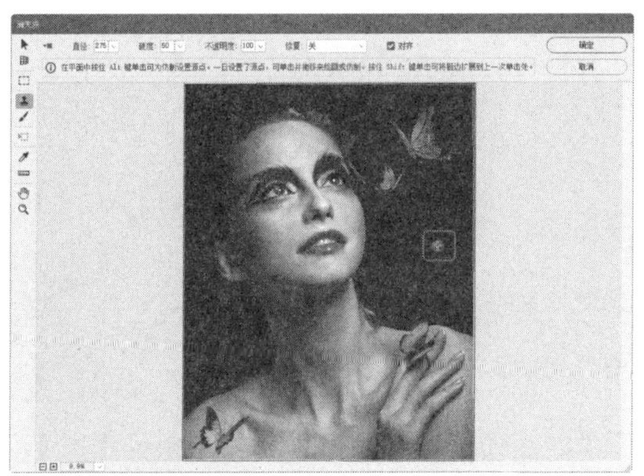

图 10-48 复制对象后的效果

图 10-49 对蝴蝶复制后的效果

10.3.4 风格化滤镜

风格化滤镜组中包含 9 种滤镜，它们可以置换像素、查找并增加图像的对比度，产生绘画和印象派风格的效果。它们分别是查找边缘、等高线、风、浮雕效果、扩散、拼贴、曝光过度、凸出、照亮边缘。下面将介绍几种常用的风格化滤镜。

1. 查找边缘

使用【查找边缘】滤镜可以将图像的高反差区变亮，低反差区变暗，并使图像的轮廓清晰化。像描画【等高线】滤镜一样，【查找边缘】滤镜用相对于白色背景的黑色线条勾勒图像的边缘，这对于生成图像周围的边界非常有用。选择【滤镜】|【风格化】|【查找边缘】命令，【查找边缘】滤镜前后的对比效果如图 10-50 所示。

图 10-50 【查找边缘】滤镜效果前后对比

2.【等高线】

【等高线】滤镜可以查找并为每个颜色通道淡淡地勾勒主要亮度区域的转换，以获得与等高线图中的线条类似的效果。选择【滤镜】|【风格化】|【等高线】命令，在弹出的【等高线】对话框中对图像的色阶进行调整后，单击【确定】按钮，【等高线】滤镜前后的对比效果如图 10-51 所示。

图 10-51 【等高线】滤镜效果前后对比

3. 风

【风】滤镜可在图像中增加一些细小的水平线，来模拟风吹效果，其方法包括【风】、【大风】（用于获得更生动的风效果）和【飓风】（使图像中的风线条发生偏移）几种。选择【滤镜】|【风格化】|【风】命令，在弹出的【风】对话框中进行各项参数设置后，可以为图像制作出风吹的效果。【风】滤镜前后的对比效果如图 10-52 所示。

图 10-52 【风】滤镜效果前后对比

4. 浮雕效果

使用【浮雕效果】滤镜可以将选区的填充色转换为灰色，并用原填充色描画边缘，从而使选区显得凸起或压低。

选择【滤镜】|【风格化】|【浮雕效果】命令，打开【浮雕效果】对话框，在该对话框中进行参数设置。使用该滤镜的前后对比效果如图 10-53 所示。

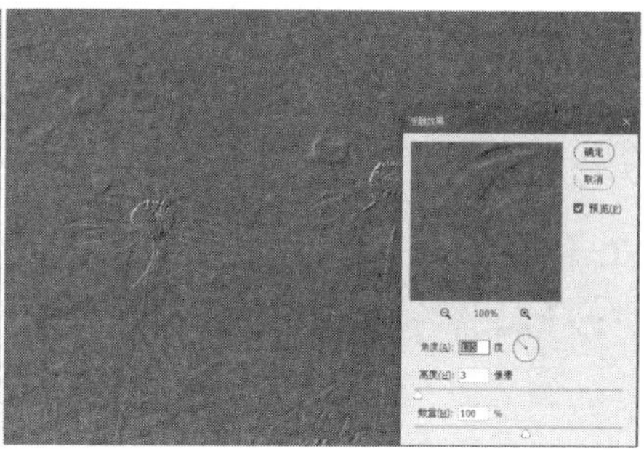

图 10-53 【浮雕效果】滤镜效果前后对比

【浮雕效果】对话框中的选项包括【角度】（从 -360° 使表面压低，到 +360° 使表面凸起）、【高度】和选区中颜色数量的百分比（1%~500%）。

若要在进行浮雕处理时保留颜色和细节，可在应用【浮雕效果】滤镜之后使用【渐隐】命令。

提示：用户可以在菜单栏中单击【编辑】按钮，在弹出的下拉菜单中选择【渐隐】命令。

5. 扩散

根据【扩散】对话框的选项搅乱选区中的像素，可使选区显得十分聚焦。

选择【滤镜】|【风格化】|【扩散】命令，打开【扩散】对话框，在该对话框中进行参数设置。使用【扩散】滤镜前后的效果对比如图 10-54 所示。

图 10-54 【扩散】滤镜效果前后对比

【扩散】对话框中，各项参数功能如下。

- 【正常】：该单选按钮可以将图像的所有区域进行扩散，与原图像的颜色值无关。

- 【变暗优先】：该单选按钮可以对图像中较暗区域的像素进行扩散，用较暗的像素替换较亮的区域。
- 【变亮优先】：该单选按钮与【变暗优先】单选按钮相反，是对亮部的像素进行扩散。
- 【各向异性】：该单选按钮可在颜色变化最小的方向上搅乱像素。

6. 拼贴

【拼贴】滤镜将图像分解为一系列拼贴，使选区偏离原有的位置。可以选取下列对象填充拼贴之间的区域：背景色、前景色、图像的反转版本或图像的未改版本，它们可使拼贴的版本位于原版本之上并露出原图像中位于拼贴边缘下面的部分。

下面将介绍如何使用【拼贴】滤镜，操作步骤如下。

（1）按 Ctrl+O 快捷键，打开“素材\Cha10\008.jpg”文件，如图 10-55 所示。

图 10-55　打开的素材文件

（2）在工具箱中将背景色的 RGB 值设置为 255、255、255，在菜单栏中选择【滤镜】|【风格化】|【拼贴】命令，如图 10-56 所示。

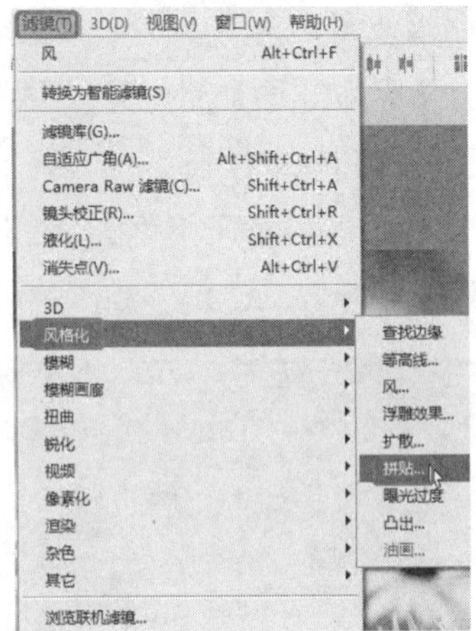

图 10-56　选择【拼贴】命令

（3）在弹出的【拼贴】对话框中将【拼贴数】设置为 10，将【最大位移】设置为 15，选中【背景色】单选按钮，如图 10-57 所示。

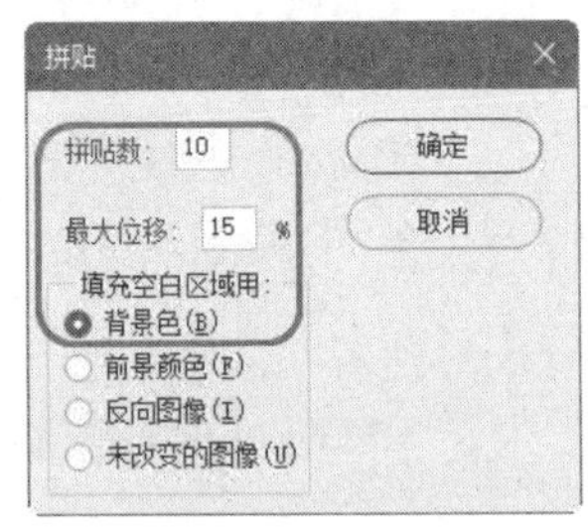

图 10-57　设置拼贴参数

（4）单击【确定】按钮，即可完成【拼贴】滤镜的应用，效果如图 10-58 所示。

图 10-58　添加【拼贴】滤镜后的效果

【拼贴】对话框中各选项的功能如下。

- 【拼贴数】：可以设置在图像中使用的拼贴块的数量。
- 【最大位移】：可以设置图像中拼贴块的间隙大小。

- 【背景色】：可以将拼贴块之间的间隙的颜色填充为背景色。
- 【前景颜色】：可以将拼贴块之间的间隙颜色填充为前景色。
- 【反向图像】：可以将间隙的颜色设置为与原图像相反的颜色。
- 【未改变的图像】：可以将图像间隙的颜色设置为图像汇总的原颜色，设置拼贴后的图像不会有很大的变化。

7. 曝光过度

【曝光过度】滤镜混合负片和正片图像，类似于显影过程中将摄影照片短暂曝光。选择【滤镜】|【风格化】|【曝光过度】命令，使用【曝光过度】滤镜前后的效果对比如图 10-59 所示。

图 10-59 【曝光过度】滤镜效果前后对比

8. 凸出

【凸出】滤镜可以将图像分割为指定的三维立方块或棱锥体（此滤镜不能应用在 Lab 模式下）。下面将介绍如何应用【凸出】滤镜效果，其操作步骤如下。

（1）在菜单栏中选择【滤镜】|【风格化】|【凸出】命令，如图 10-60 所示。

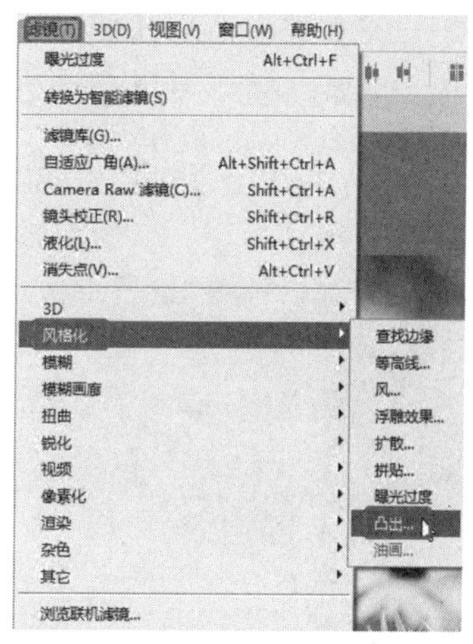

图 10-60 选择【凸出】命令

（2）在弹出的【凸出】对话框中选中【块】单选按钮，将【大小】、【深度】分别设置为 20、20，如图 10-61 所示。

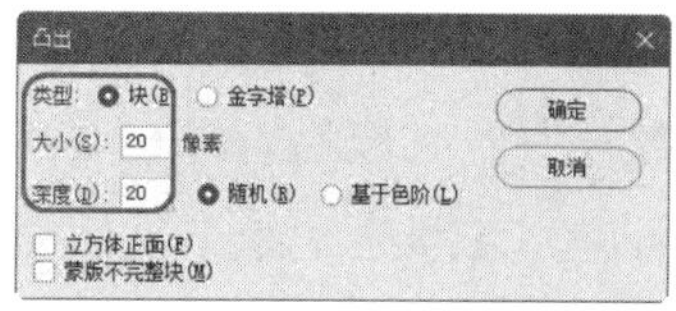

图 10-61 设置【凸出】参数

（3）单击【确定】按钮，即可为素材文件添加【凸出】滤镜效果，如图 10-62 所示。

图 10-62 应用【凸出】滤镜后的效果

9. 照亮边缘

【照亮边缘】滤镜可以标识颜色的边缘，并向其添加类似霓虹灯的光亮。此滤镜可累积使用。下面将介绍如何应用【照亮边缘】滤镜效果，其具体操作步骤如下。

（1）在菜单栏中选择【滤镜】|【滤镜库】命令，在弹出的【照亮边缘】对话框中选择【风格化】下的【照亮边缘】选项，如图 10-63 所示。

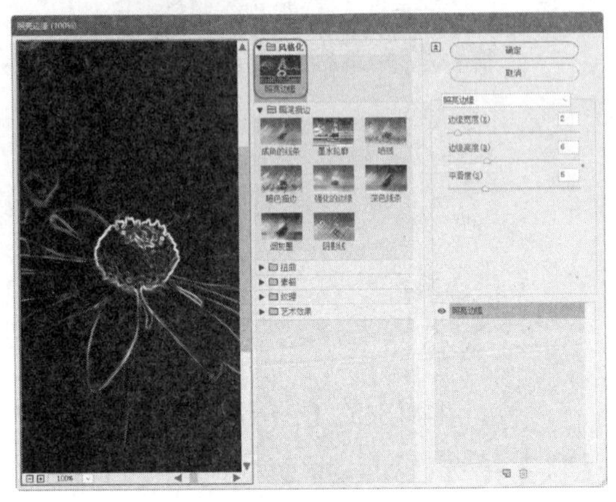

图 10-63　选择【照亮边缘】滤镜

（2）在【照亮边缘】对话框的右侧设置参数，设置完成后，单击【确定】按钮，即可应用【照亮边缘】滤镜效果，如图 10-64 所示。

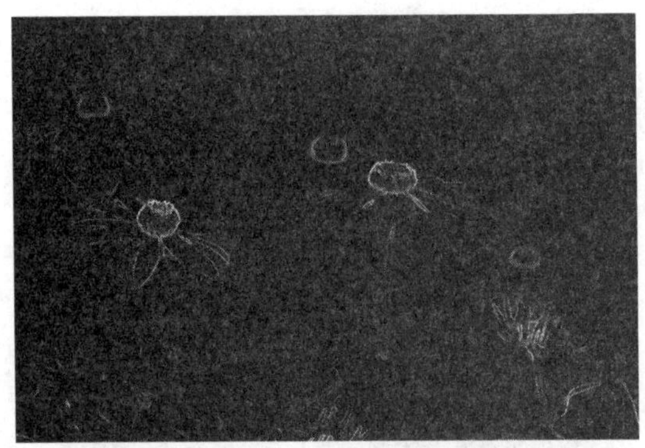

图 10-64　应用【照亮边缘】滤镜后的效果

10.3.5　画笔描边滤镜

画笔描边滤镜组中包含 8 种滤镜，它们当中的一部分滤镜通过不同的油墨和画笔勾画图像产生绘画效果，有些滤镜可以添加颗粒、绘画、杂色、边缘细节或纹理。这些滤镜不能用于 Lab 和 CMYK 模式的图像。使用【画笔描边】滤镜组中的滤镜时，需要打开滤镜库进行选择。下面将介绍如何应用【画笔描边】滤镜组中的滤镜。

1. 成角的线条

【成角的线条】滤镜可以用一个方向的线条绘制亮部区域，用相反方向的线条绘制暗部区域，通过对角描边重新绘制图像，下面来学习【成角的线条】滤镜的使用。

（1）按 Ctrl+O 快捷键，打开“素材\Cha10\009.jpg”文件，在菜单栏中选择【滤镜】|【滤镜库】命令，随即弹出【滤镜库】对话框，选择【画笔描边】下的【成角的线条】滤镜，将【方向平衡】、【描边长度】、【锐化程度】分别设置为 96、23、7，如图 10-65 所示。

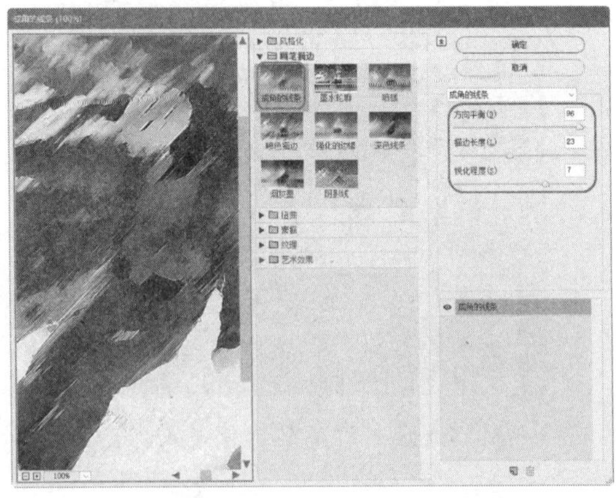

图 10-65　选择滤镜并设置其参数

（2）单击【确定】按钮，即可为素材文件应用【成角的线条】滤镜效果，前后对比效果如图 10-66 所示。

图 10-66 添加滤镜前后的对比效果

2. 墨水轮廓

【墨水轮廓】滤镜效果是以钢笔画的风格，用纤细的线条在原细节上重绘图像，下面将介绍如何使用【墨水轮廓】滤镜效果。

(1)在菜单栏中选择【滤镜】|【滤镜库】命令，在弹出的对话框中选择【画笔描边】下的【墨水轮廓】滤镜，将【描边长度】、【深色强度】、【光照强度】分别设置为 25、0、12，如图 10-67 所示。

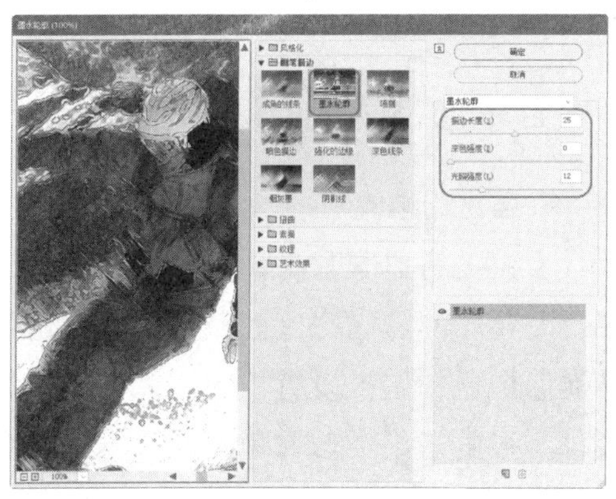

图 10-67 选择滤镜并设置其参数

(2)单击【确定】按钮，即可为素材文件应用【墨水轮廓】滤镜效果，前后对比效果如图 10-68 所示。

图 10-68 添加滤镜前后的对比效果

3. 喷溅

【喷溅】滤镜能够模拟喷枪，使图像产生笔墨喷溅的艺术效果，下面将介绍如何使用【喷溅】滤镜效果。

(1)在菜单栏中选择【滤镜】|【滤镜库】命令，在弹出的对话框中选择【画笔描边】下的【喷溅】滤镜，将【喷色半径】、【平滑度】分别设置为 18、5，如图 10-69 所示。

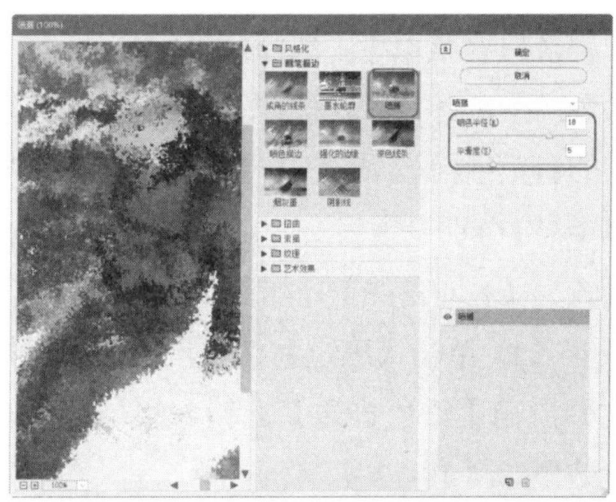

图 10-69 设置【喷溅】滤镜参数

（2）单击【确定】按钮，即可为素材文件应用【喷溅】滤镜效果，前后对比效果如图 10-70 所示。

图 10-70　添加滤镜前后的对比效果

4. 喷色描边

【喷色描边】滤镜可以使用图像的主导色，用成角的、喷溅的颜色线条重新绘画图像，下面将介绍如何使用【喷色描边】滤镜效果。

（1）在菜单栏中选择【滤镜】|【滤镜库】命令，在弹出的对话框中选择【画笔描边】下的【喷色描边】滤镜，将【描边长度】、【喷色半径】分别设置为 15、16，将【描边方向】设置为【右对角线】，如图 10-71 所示。

（2）单击【确定】按钮，即可为素材文件应用【喷色描边】滤镜效果，前后对比效果如图 10-72 所示。

图 10-71　设置【喷色描边】滤镜参数

图 10-72　添加滤镜前后的对比效果

5. 强化的边缘

【强化的边缘】滤镜可以强化图像边缘。设置高的边缘亮度控制值时，强化效果类似白色粉笔；设置低的边缘亮度控制值时，强化效果类似黑色油墨，下面将介绍【强化的边缘】滤镜效果的应用，其操作步骤如下。

（1）在菜单栏中选择【滤镜】|【滤镜库】命令，在弹出的对话框中选择【画笔描边】下的【强化的边缘】滤镜，将【边缘宽度】、【边缘亮度】、【平滑度】分别设置为6、46、12，如图10-73所示。

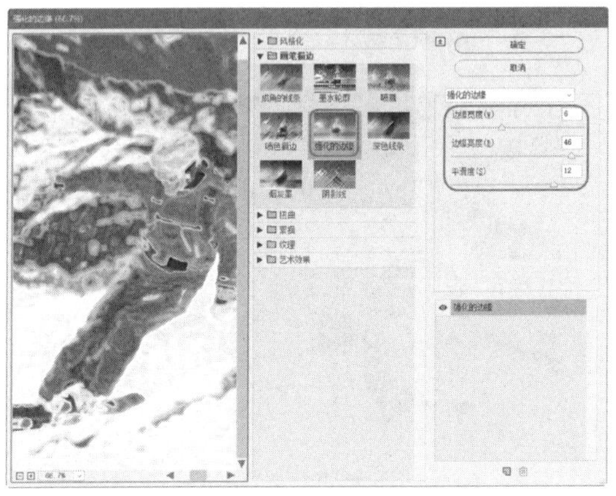

图 10-73 设置【强化的边缘】滤镜参数

（2）单击【确定】按钮，即可为素材文件应用【强化的边缘】滤镜效果，前后对比效果如图10-74所示。

图 10-74 添加滤镜前后的对比效果

6. 深色线条

【深色线条】滤镜会对图像的暗部区域与亮部区域分别进行不同的处理，暗部区域将会用深色线条进行绘制，亮部区域将会用长的白色线条进行绘制。下面将介绍如何使用【深色线条】滤镜效果，其操作步骤如下。

（1）在菜单栏中选择【滤镜】|【滤镜库】命令，在弹出的对话框中选择【画笔描边】下的【深色线条】滤镜，将【平衡】、【黑色强度】、【白色强度】分别设置为10、2、10，如图10-75所示。

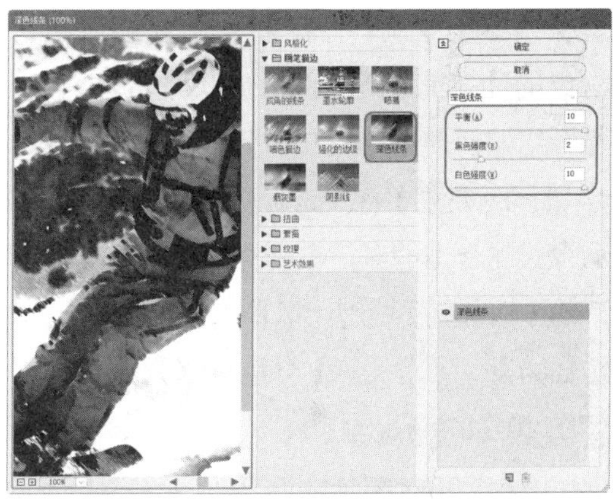

图 10-75 设置【深色线条】滤镜参数

（2）单击【确定】按钮，即可为素材文件应用【深色线条】滤镜效果，前后对比效果如图10-76所示。

图 10-76 添加滤镜前后的对比效果

图 10-76 添加滤镜前后的对比效果（续）

7. 烟灰墨

【烟灰墨】滤镜效果是以日本画的风格进行绘画，看起来像是用蘸满油墨的画笔在宣纸上绘画。【烟灰墨】滤镜使用非常黑的油墨来创建柔和的模糊边缘，下面将介绍如何使用【烟灰墨】滤镜效果。

（1）在菜单栏中选择【滤镜】|【滤镜库】命令，在弹出的对话框中选择【画笔描边】下的【烟灰墨】滤镜，将【描边宽度】、【描边压力】、【对比度】分别设置为 8、2、5，如图 10-77 所示。

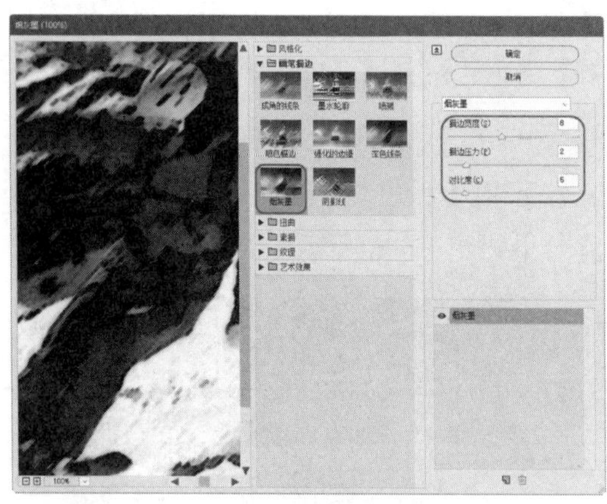

图 10-77 设置【烟灰墨】滤镜参数

（2）单击【确定】按钮，即可为选中的图像应用【烟灰墨】滤镜效果，前后对比效果如图 10-78 所示。

图 10-78 添加滤镜前后的对比效果

8. 阴影线

【阴影线】滤镜效果保留原始图像的细节和特征，同时使用模拟的铅笔阴影线添加纹理，并使彩色区域的边缘变粗糙。下面将介绍如何使用该滤镜效果，其操作步骤如下。

（1）在菜单栏中选择【滤镜】|【滤镜库】命令，在弹出的对话框中选择【画笔描边】下的【阴影线】滤镜，将【描边长度】、【锐化程度】、【强度】分别设置为 21、10、2，如图 10-79 所示。

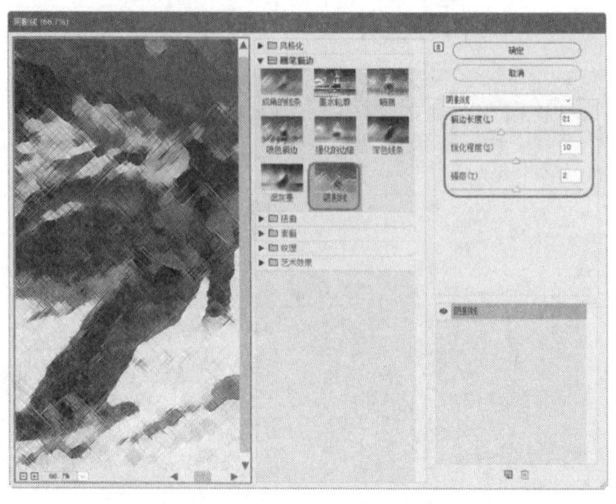

图 10-79 设置【阴影线】滤镜参数

（2）单击【确定】按钮，即可为选中的图像应用【阴影线】滤镜效果，前后对比效果如图 10-80 所示。

图 10-80 添加滤镜前后的对比效果

提示：【强度】选项（使用值 1～3）确定使用阴影线的遍数。

10.3.6 模糊滤镜

模糊滤镜组中包含 11 种滤镜，它们可以使图像产生模糊效果。在去除图像的杂色，或者创建特殊效果时，会经常用到此类滤镜。下面就为大家介绍主要的几种模糊滤镜的使用方法。

1. 表面模糊

【表面模糊】滤镜能够在保留边缘的同时模糊图像，该滤镜可用来创建特殊效果并消除杂色或颗粒，下面介绍【表面模糊】滤镜的使用方法。

（1）按 Ctrl+O 快捷键，打开“素材\Cha10\010.jpg”文件，如图 10-81 所示。

图 10-81 打开的素材文件

（2）在菜单栏中选择【滤镜】|【模糊】|【表面模糊】命令，如图 10-82 所示。

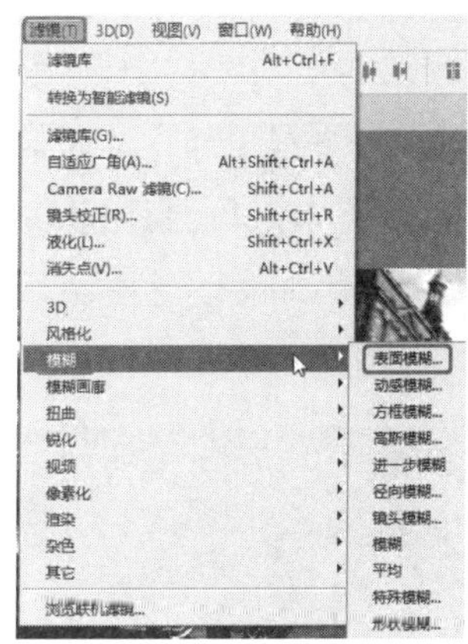

图 10-82 选择【表面模糊】命令

（3）弹出【表面模糊】对话框，将【半径】设置为 63，将【阈值】设置为 61，如图 10-83 所示。

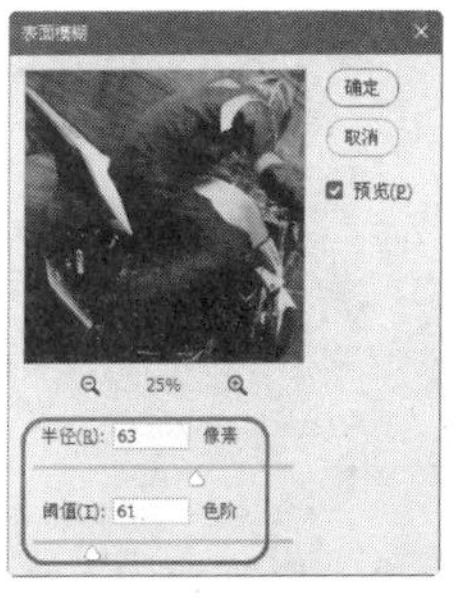

图 10-83 设置【表面模糊】参数

（4）单击【确定】按钮，添加【表面模糊】滤镜后的效果如图 10-84 所示。

图 10-84　添加【表面模糊】滤镜后的效果

2. 动感模糊

【动感模糊】滤镜可以沿指定的方向，以指定的强度模糊图像，产生一种移动拍摄的效果，在表现对象的速度感时，经常会用到该滤镜。在菜单栏中选择【滤镜】|【模糊】|【动感模糊】命令，在弹出的【动感模糊】对话框中进行相应的参数设置，图 10-85 所示为添加【动感模糊】滤镜前后的效果。

图 10-85　添加【动感模糊】滤镜的前后效果

3. 径向模糊

【径向模糊】滤镜可以模拟缩放或旋转相机所产生的模糊效果，该滤镜包含两种模糊方法，选中【旋转】单选按钮，然后指定旋转的数量值，可以沿同心圆环线模糊，选中【缩放】单选按钮，然后指定缩放数量值，则沿着径向线模糊，图像会产生放射状的模糊效果，如图 10-86 所示为【径向模糊】对话框参数设置，图 10-87 所示为完成后的效果。

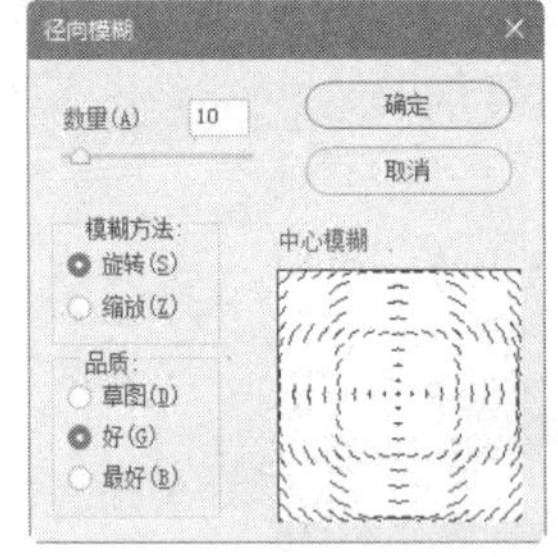

图 10-86　【径向模糊】对话框

图 10-87　添加【径向模糊】滤镜后的效果

4. 镜头模糊

【镜头模糊】滤镜通过图像的 Alpha 通道或图层蒙版的深度值来映射像素的位置，产生带有镜头景深的模糊效果，该滤镜的强大之处是可以使图像中的一些对象在焦点内，另一些区域变得模糊。如图 10-88 所示为【镜头模糊】参数的设置，如图 10-89 所示为完成后的效果。

图 10-88 【镜头模糊】参数设置

图 10-89 添加【镜头模糊】滤镜后的效果

10.3.7 模糊画廊滤镜

使用【模糊画廊】滤镜，可以通过直观的图像控件快速创建截然不同的照片模糊效果。每个模糊工具都提供直观的图像控件来应用和控制模糊效果。

1. 场景模糊

使用【场景模糊】滤镜可以定义具有不同模糊量的多个模糊点，来创建渐变的模糊效果。将多个图钉添加到图像，并指定每个图钉的模糊量，即可设置【场景模糊】滤镜效果。下面将介绍如何应用【场景模糊】滤镜效果，其操作步骤如下。

（1）按 Ctrl+O 快捷键，打开“素材\Cha10\011.jpg”文件，如图 10-90 所示。

图 10-90 打开的素材文件

（2）在菜单栏中选择【滤镜】|【模糊画廊】|【场景模糊】命令，如图 10-91 所示。

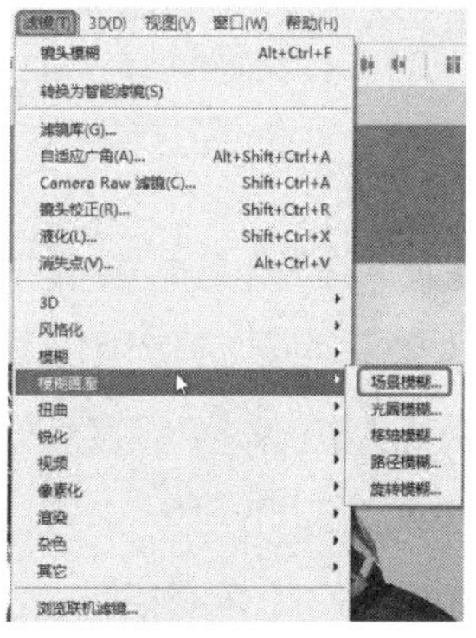

图 10-91 选择【场景模糊】命令

（3）执行【场景模糊】命令后，在工作界面中将添加模糊控制点，选中模糊控制点，然后按住鼠标进行拖动，还可以在选中模糊控制点后，将【模糊】参数设置为 0，在图像的四周添加四个控制点，并将【模糊】设置为 20 像素，如图 10-92 所示。

图 10-92 设置模糊控制点参数

（4）在工具选项栏中单击【确定】按钮，即可应用【场景模糊】滤镜效果，如图 10-93 所示。

图 10-93　应用【场景模糊】滤镜后的效果

2. 光圈模糊

使用【光圈模糊】滤镜可以对图片模拟浅景深效果，而不管使用的是哪种相机或镜头。也可以定义多个焦点，这是使用传统相机技术几乎不可能实现的效果。下面将介绍如何使用【光圈模糊】滤镜效果，其操作步骤如下。

（1）在菜单栏中选择【滤镜】|【模糊画廊】|【光圈模糊】命令，即可为素材文件添加光圈模糊效果，用户可以在工作界面中对光圈进行旋转、缩放、移动等，如图 10-94 所示。

图 10-94　对光圈进行移动、旋转

（2）调整完成后，再在工作界面中单击鼠标，添加一个光圈，并调整其位置与大小，设置完成后的效果如图 10-95 所示。

图 10-95　再次添加光圈后的效果

（3）按 Enter 键即可完成设置。

3. 移轴模糊

【移轴模糊】滤镜可以模拟使用倾斜偏移镜头拍摄的图像。此特殊的模糊效果会定义锐化区域，然后在边缘处逐渐变得模糊，用户可以在添加该滤镜效果后，通过调整线条位置来控制模糊区域，还可以在【模糊工具】面板中设置【倾斜偏移】下的【模糊】与【扭曲度】参数来调整模糊效果，如图 10-96 所示。

图 10-96　【移轴模糊】滤镜效果

添加【移轴模糊】滤镜效果后，在工作界面中会出现多个不同的区域，每个区域所控制的效果也不同，区域含义如图 10-97 所示。

图 10-97　区域的含义

4. 路径模糊

使用【路径模糊】效果可以沿路径创建运动模糊，还可以控制形状和模糊量。Photoshop 可自动合成应用于图像的多路径模糊效果，如图 10-98 所示为应用【路径模糊】滤镜的前后效果对比。

图 10-98　【路径模糊】的前后对比效果

知识链接：路径模糊

应用【路径模糊】滤镜时，用户可以在【模糊工具】面板中设置【路径模糊】下的各项参数，如图 10-99 所示。

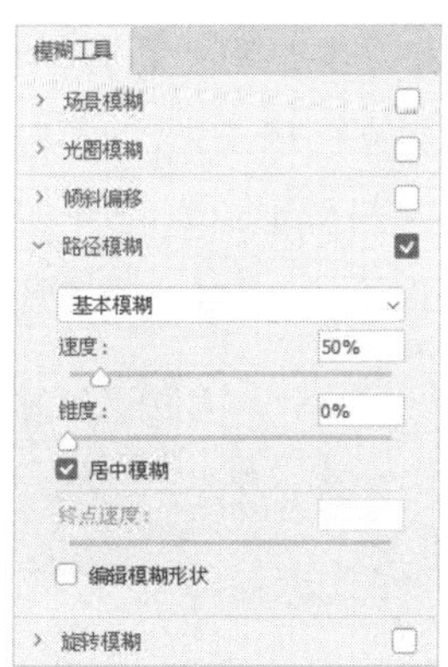

图 10-99　【路径模糊】参数选项

- 【速度】：调整速度滑块，以指定要应用于图像的路径模糊量。该设置将应用于图像中的所有路径模糊，如图 10-100 所示为将【速度】设置为 50 与 200 时的效果。

图 10-100 【速度】为 50 与 200 时的效果

- 【锥度】：调整滑块指定锥度值。较高的值会使模糊逐渐减弱，如图 10-101 所示为将【锥度】设置为 10 与 100 时的效果。

图 10-101 设置【锥度】参数后的效果

- 【居中模糊】：该复选框可通过以任何像素的模糊形状为中心创建稳定模糊。
- 【终点速度】：该参数用于指定要应用于图像的终点路径模糊量。
- 【编辑模糊形状】：选中该复选框后，可以对模糊形状进行编辑。

在应用【路径模糊】与【旋转模糊】滤镜时，可以在【动感效果】面板中进行相应的设置，【动感效果】面板如图 10-102 所示，其中各个选项的功能如下。

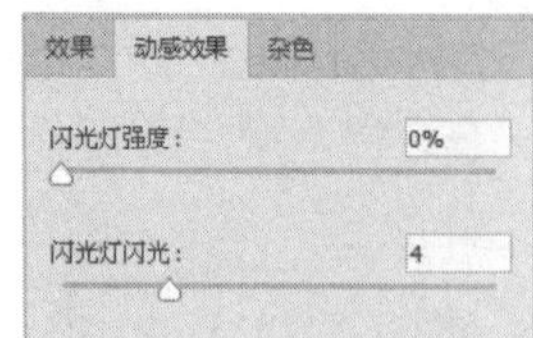

图 10-102 【动感效果】面板

- 【闪光灯强度】：确定闪光灯闪光曝光之间的模糊量。闪光灯强度控制环境光和虚拟闪光灯之间的平衡。
- 【闪光灯闪光】：设置虚拟闪光灯闪光曝光次数。

> 提示：如果将【闪光灯强度】设置为0%，则不显示任何闪光灯效果，只显示连续的模糊。另外，如果将【闪光灯强度】设置为100%，则会产生最大强度的闪光灯闪光，但在闪光曝光之间不会显示连续的模糊。处于中间的闪光灯强度值会产生单个闪光灯闪光与持续模糊混合在一起的效果。

5. 旋转模糊

使用【旋转模糊】滤镜，可以在一个或更多点旋转和模糊图像。旋转模糊是等级测量的径向模糊，如图10-103所示为应用【旋转模糊】滤镜后的效果，A图像为原稿图像，B图像为旋转模糊（模糊角度为15°；闪光灯强度为50%；闪光灯闪光为2；闪光灯闪光持续时间为10°），C图像为旋转模糊（模糊角度为60°；闪光灯强度为100%；闪光灯闪光为4；闪光灯闪光持续时间为10°）时的效果。

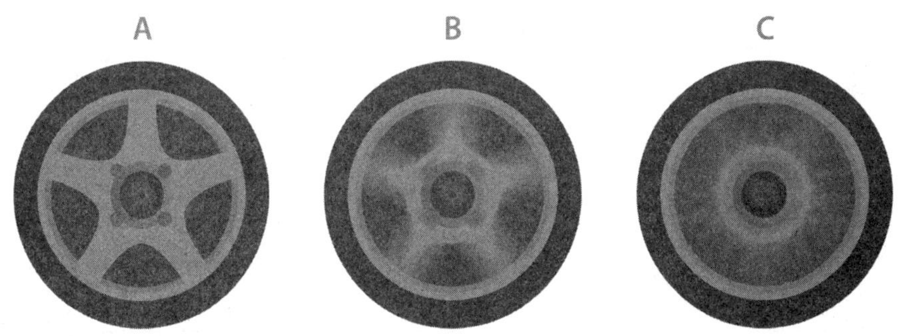

图10-103　应用【旋转模糊】滤镜后的效果

10.3.8　扭曲滤镜

扭曲滤镜可以使图像产生几何扭曲的效果，不同滤镜通过设置可以产生不同的扭曲效果。下面介绍几种常用扭曲滤镜的使用方法。

1. 波浪

【波浪】滤镜可以使图像产生类似波浪的效果，有时波浪的效果需要该滤镜进行设置。下面介绍【波浪】滤镜的使用方法，操作步骤如下。

（1）按Ctrl+O快捷键，打开“素材\Cha10\012.jpg”文件，如图10-104所示。

图10-104　打开的素材文件

（2）在菜单栏中选择【滤镜】|【扭曲】|【波浪】命令，如图10-105所示。

（3）打开【波浪】对话框，在该对话框中调整相应的参数，将【生成器数】设置为5，将【波长】设置为10、141，将【波幅】设置为1、29，如图10-106所示。

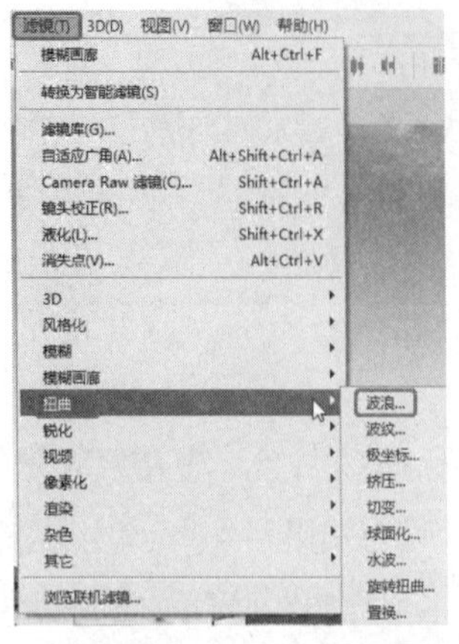

图 10-105　选择【波浪】命令

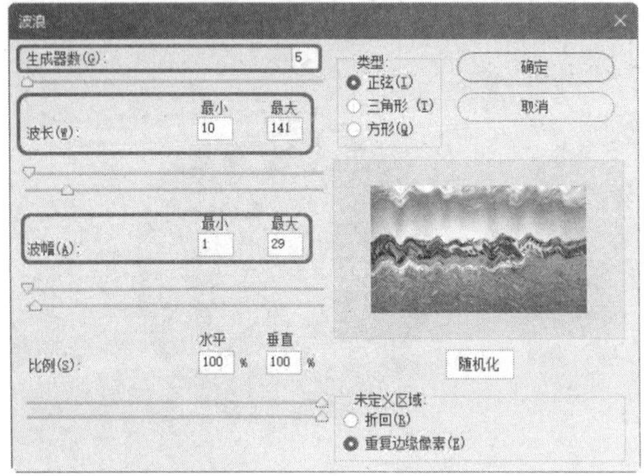

图 10-106　设置【波浪】参数

（4）单击【确定】按钮即可为选中的图像应用【波浪】滤镜效果，如图 10-107 所示。

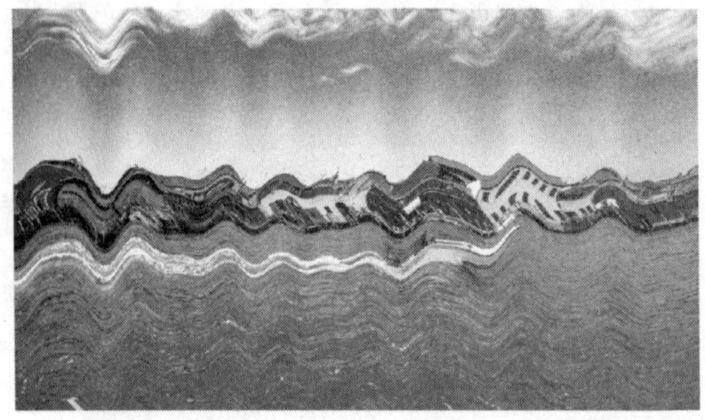

图 10-107　应用【波浪】滤镜后的效果

2. 波纹

【波纹】滤镜用于创建波状起伏的图案，像水池表面的波纹。在菜单栏中选择【滤镜】|【扭曲】|【波纹】命令，在弹出的【波纹】对话框中设置【数量】与【大小】参数。如图 10-108 所示为添加【波纹】滤镜的前后效果。

图 10-108　添加【波纹】滤镜的前后效果

3. 极坐标

【极坐标】滤镜可以将图像从平面坐标转换为极坐标，或者从极坐标转换为平面坐标。使用该滤镜可以创建曲面扭曲效果，如图 10-109 所示为【极坐标】对话框，图 10-110 所示为应用该滤镜的前后效果。

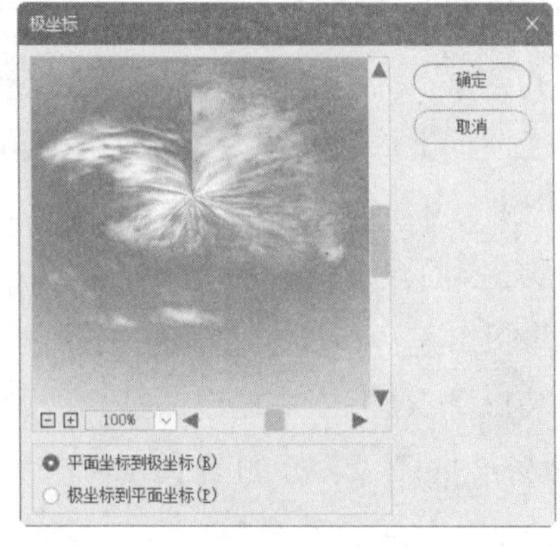

图 10-109　【极坐标】对话框

图 10-110 应用【极坐标】滤镜的前后效果

4. 球面化

【球面化】滤镜可以将选区变形为球形，通过设置不同的模式，可在不同方向产生球面化的效果。如图 10-111 所示为【球面化】对话框，在其中将【数量】设置为 -95，将【模式】设置为【正常】，完成后的效果如图 10-112 所示。

图 10-111 【球面化】对话框

图 10-112 应用【球面化】滤镜的前后效果

5. 水波

【水波】滤镜可以产生水波波纹的效果。在菜单栏中选择【滤镜】|【扭曲】|【水波】命令，即可弹出【水波】对话框，在该对话框中将【数量】设置为 50，将【起伏】设置为 20，将【样式】设置为【水池波纹】，如图 10-113 所示，应用【水波】滤镜后的效果如图 10-114 所示。

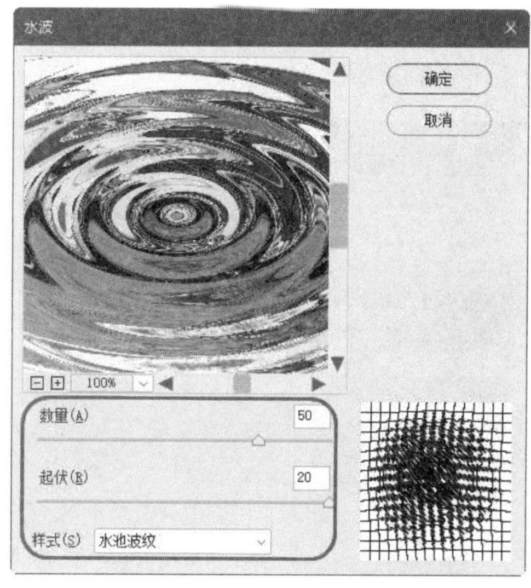

图 10-113 【水波】对话框

图 10-114　添加【水波】滤镜前后的效果

6. 玻璃

【玻璃】滤镜使图像显得像是透过不同类型的玻璃来观看的效果。可以选取玻璃效果或创建自己的玻璃表面（存储为 Photoshop 文件）并加以应用。该滤镜可以进行缩放、扭曲和平滑度设置。

（1）在菜单栏中选择【滤镜】|【滤镜库】命令，在弹出的对话框中选择【扭曲】下的【玻璃】滤镜，将【扭曲度】、【平滑度】分别设置为 10、3，将【纹理】设置为【块状】，如图 10-115 所示。

图 10-115　设置【玻璃】滤镜参数

（2）单击【确定】按钮，即可为选中的图像应用【玻璃】滤镜效果，前后对比效果如图 10-116 所示。

图 10-116　添加【玻璃】滤镜前后的对比效果

7. 海洋波纹

【海洋波纹】滤镜可以将随机分隔的波纹添加到图像表面，使图像看上去像是在水中。下面将介绍如何应用【海洋波纹】滤镜，其操作步骤如下。

（1）在菜单栏中选择【滤镜】|【滤镜库】命令，在弹出的对话框中选择【扭曲】下的【海洋波纹】滤镜，将【波纹大小】、【波纹振幅】分别设置为 5、10，如图 10-117 所示。

图 10-117　设置【海洋波纹】滤镜参数

（2）单击【确定】按钮，即可为选中的图像应用【海洋波纹】滤镜效果，前后对比效果如图 10-118 所示。

图 10-118　添加【海洋波纹】滤镜的前后对比效果

8. 扩散亮光

【扩散亮光】滤镜可以将图像渲染成像是透过一个柔和的扩散滤镜来观看的效果。此滤镜添加透明的白杂色，并从选区的中心向外渐隐亮光。下面将介绍如何应用【扩散亮光】滤镜，其操作步骤如下。

（1）在菜单栏中选择【滤镜】|【滤镜库】命令，在弹出的对话框中选择【扭曲】下的【扩散亮光】滤镜，将【粒度】、【发光量】、【清除数量】分别设置为 7、2、15，如图 10-119 所示。

（2）单击【确定】按钮，即可为选中的图像应用【扩散亮光】滤镜效果，前后对比效果如图 10-120 所示。

图 10-119　设置【扩散亮光】滤镜参数

图 10-120　添加【扩散亮光】滤镜前后的对比效果

10.3.9　锐化滤镜

锐化滤镜包括 6 种滤镜，该滤镜主要通过增加相邻像素之间的对比度来聚焦模糊的图像，使图像变得更加清晰。下面介绍几种常用的锐化滤镜。

1. USM 锐化

【USM 锐化】滤镜可以调整边缘细节

的对比度，并在边缘的每一侧生成一条亮线和一条暗线，此过程将使边缘突出，造成图像更加锐化的错觉。

（1）按 Ctrl+O 快捷键，打开“素材\Cha10\013.jpg”文件，如图 10-121 所示。

图 10-121　打开的素材文件

（2）在菜单栏中选择【滤镜】|【锐化】|【USM 锐化】命令，如图 10-122 所示。

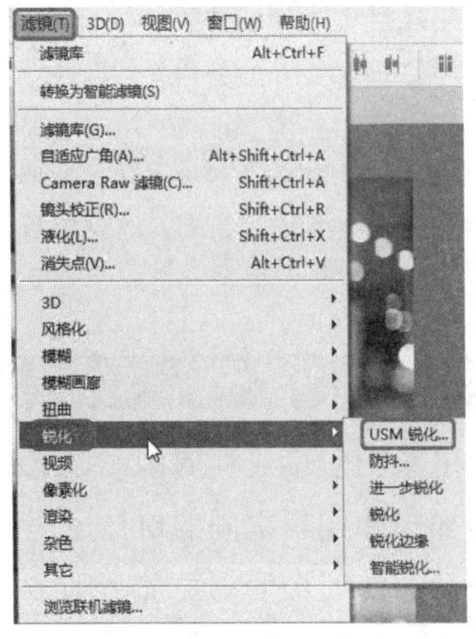

图 10-122　选择【USM 锐化】命令

（3）在弹出的【USM 锐化】对话框中将【数量】、【半径】、【阈值】分别设置为 130、6、5，如图 10-123 所示。

图 10-123　设置【USM 锐化】滤镜参数

（4）单击【确定】按钮，即可完成对图像的锐化处理，效果如图 10-124 所示。

图 10-124　锐化图像后的效果

2. 智能锐化

【智能锐化】滤镜可以对图像进行更全面的锐化，它具有独特的锐化控制功能，通过该功能可设置锐化算法，或控制在阴影和高光区域中进行的锐化量。

（1）在菜单栏中选择【滤镜】|【锐化】|【智能锐化】命令，弹出【智能锐化】对话框，将【数量】设置为 372，将【半径】设置为 2，

将【减少杂色】设置为30，将【移去】设置为【高斯模糊】，将【阴影】下的【渐隐量】、【色调宽度】、【半径】分别设置为26、50、1，将【高光】下的【渐隐量】、【色调宽度】、【半径】分别设置为58、50、17，如图10-125所示。

（2）单击【确定】按钮，即可完成对图像应用【智能锐化】滤镜的效果，如图10-126所示。

图10-125 设置【智能锐化】参数

图10-126 应用【智能锐化】滤镜的效果

知识链接：【智能锐化】对话框

【智能锐化】对话框中各选项的功能如下。

- 【数量】：设置锐化量。较大的值将会增强边缘像素之间的对比度，从而看起来更加锐利。
- 【半径】：决定边缘像素周围受锐化影响的像素数量。半径值越大，受影响的边缘就越宽，锐化的效果也就越明显。
- 【减少杂色】：减少不需要的杂色，同时保持重要边缘不受影响。
- 【移去】：设置用于对图像进行锐化的锐化算法。
  - ◇ 【高斯模糊】是【USM锐化】滤镜使用的方法。
  - ◇ 【镜头模糊】将检测图像中的边缘和细节，可对细节进行更精细的锐化，并减少了锐化光晕。
  - ◇ 【动感模糊】将尝试减少由于相机或主体移动而导致的模糊效果。只有选择【动感模糊】选项，【度】参数才可用。
  - ◇ 【度】：为【移去】下拉列表框中的【动感模糊】选项设置运动方向。

【阴影】和【高光】选项组用来调整较暗和较亮区域的锐化。如果暗的或亮的锐化光晕看起来过于强烈，可以使用这些参数减少光晕，这仅对于 8 位 / 通道和 16 位 / 通道的图像有效。

- 【渐隐量】：该参数用于调整高光或阴影中的锐化量。
- 【色调宽度】：该参数用于控制阴影或高光中色调的修改范围。向左移动滑块会减小【色调宽度】值，向右移动滑块会增加该值。较小的值会限制只对较暗区域进行阴影校正的调整，并只对较亮区域进行高光校正的调整。
- 【半径】：控制每个像素周围区域的大小，该大小用于决定像素是在阴影中还是在高光中。向左移动滑块会指定较小的区域，向右移动滑块会指定较大的区域。

10.3.10 素描滤镜

素描滤镜包括 14 种滤镜，它们可以将纹理添加到图像，常用来模拟素描和速写等艺术效果或手绘外观，其中大部分滤镜在重绘图像时都要使用前景色和背景色，因此，设置不同的前景色和背景色，可以获得不同的效果。可以通过滤镜库来应用所有素描滤镜，下面为大家介绍几种主要的素描滤镜。

1. 半调图案

【半调图案】滤镜在保持连续色调范围的同时，模拟半调网屏的效果，其操作方法如下。

（1）按 Ctrl+O 快捷键，打开“素材\Cha10\014.jpg”文件，将前景色的 RGB 值设置为 255、255、255，将背景色的 RGB 值设置为 116、227、255，如图 10-127 所示。

图 10-127　打开的素材文件

（2）在菜单栏中选择【滤镜】|【滤镜库】命令，如图 10-128 所示。

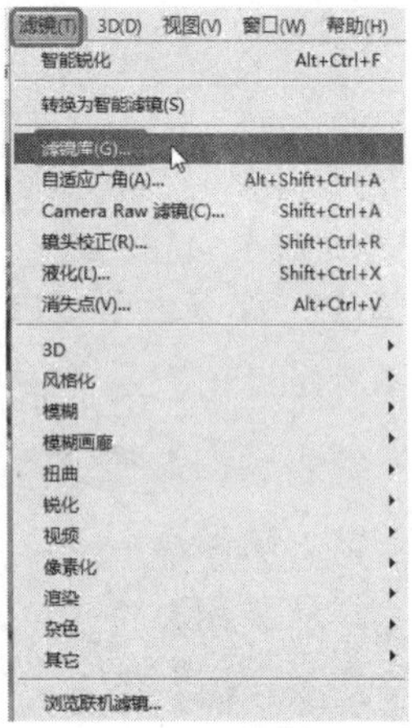

图 10-128　选择【滤镜库】命令

（3）在弹出的对话框中选择【素描】下的【半调图案】滤镜，将【大小】、【对比度】分别设置为1、5，将【图案类型】设置为【网点】，如图10-129所示。

（4）单击【确定】按钮，即可为选中的图像应用【半调图案】滤镜效果，如图10-130所示。

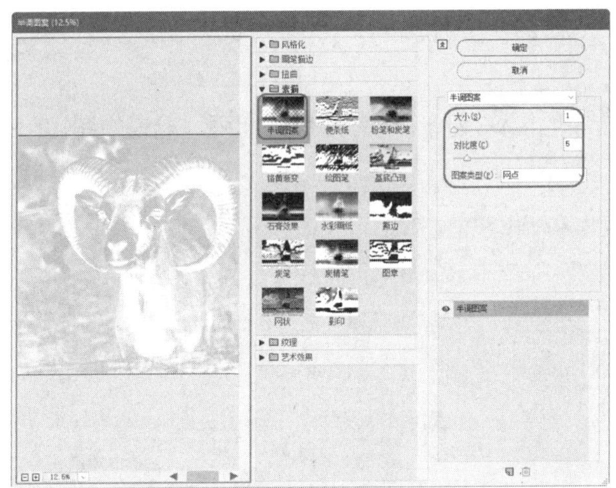

图10-129 设置【半调图案】滤镜参数

图10-130 应用【半调图案】滤镜后的效果

2. 粉笔和炭笔

【粉笔和炭笔】滤镜可以重绘高光和中间调，并使用粗糙粉笔绘制纯中间调的灰色背景。阴影区域用黑色对角炭笔线条替换。炭笔用前景色绘制，粉笔用背景色绘制。

（1）在菜单栏中选择【滤镜】|【滤镜库】命令，在弹出的对话框中选择【素描】下的【粉笔和炭笔】滤镜，将【炭笔区】、【粉笔区】、【描边压力】分别设置为20、20、2，如图10-131所示。

（2）单击【确定】按钮，即可为选中的图像应用【粉笔和炭笔】滤镜，效果如图10-132所示。

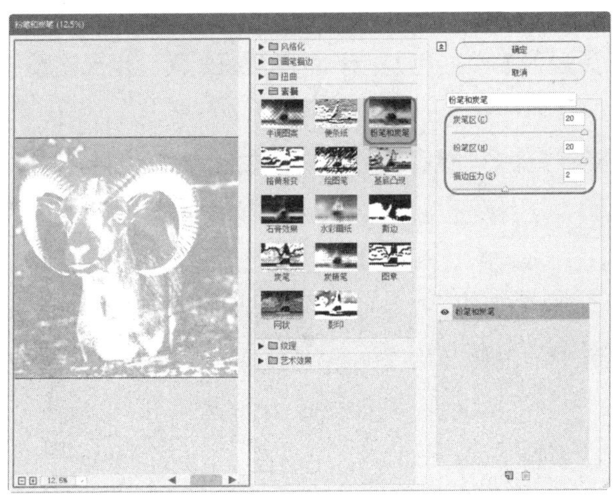

图10-131 设置【粉笔和炭笔】滤镜参数

图10-132 添加【粉笔和炭笔】滤镜后的效果

3. 水彩画纸

【水彩画纸】滤镜利用有污点的、像画在潮湿的纤维纸上的涂抹，使颜色流动并混合，下面介绍如何应用【水彩画纸】滤镜，其操作步骤如下。

（1）在菜单栏中选择【滤镜】|【滤镜库】命令，在弹出的对话框中选择【素描】下的【水彩画纸】滤镜，将【纤维长度】、【亮度】、【对比度】分别设置为 13、55、76，如图 10-133 所示。

（2）单击【确定】按钮，即可为选中的图像应用【水彩画纸】滤镜，效果如图 10-134 所示。

图 10-133　设置【水彩画纸】滤镜参数

图 10-134　添加【水彩画纸】滤镜后的效果

4. 炭精笔

【炭精笔】滤镜可以在图像上模拟浓黑和纯白的炭精笔纹理。【炭精笔】滤镜在暗区使用前景色，在亮区使用背景色。为了获得更逼真的效果，可以在应用滤镜之前将前景色更改为一种常用的炭精笔颜色（黑色、深褐色或血红色）。下面将介绍如何应用【炭精笔】滤镜，其操作步骤如下。

（1）在菜单栏中选择【滤镜】|【滤镜库】命令，在弹出的对话框中选择【素描】下的【炭精笔】滤镜，将【前景色阶】、【背景色阶】分别设置为 14、15，将【纹理】设置为【画布】，将【缩放】、【凸现】分别设置为 100、4，将【光照】设置为【上】，如图 10-135 所示。

（2）单击【确定】按钮，即可为选中的图像应用【炭精笔】滤镜，效果如图 10-136 所示。

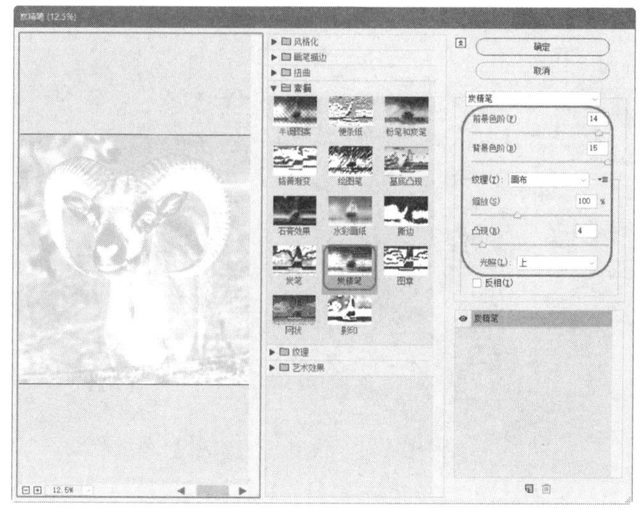

图 10-135　设置【炭精笔】滤镜参数

图 10-136　添加【炭精笔】滤镜后的效果

10.3.11　纹理滤镜

纹理滤镜可以使图像的表面产生深度感和质感，该滤镜组包括 6 种滤镜，下面介绍常用的几种。

1. 龟裂缝

【龟裂缝】滤镜类似于将图像绘制在一个高凸现的石膏表面上，沿着图像等高线生成精细的网状裂缝。使用该滤镜可以对包含多种颜色值或灰度值的图像创建浮雕效果。下面介绍【龟裂缝】滤镜的使用方法。

（1）按 Ctrl+O 快捷键，打开“素材\Cha10\015.jpg”文件，如图 10-137 所示。

图 10-137　打开的素材文件

（2）在菜单栏中选择【滤镜】|【滤镜库】命令，如图 10-138 所示。

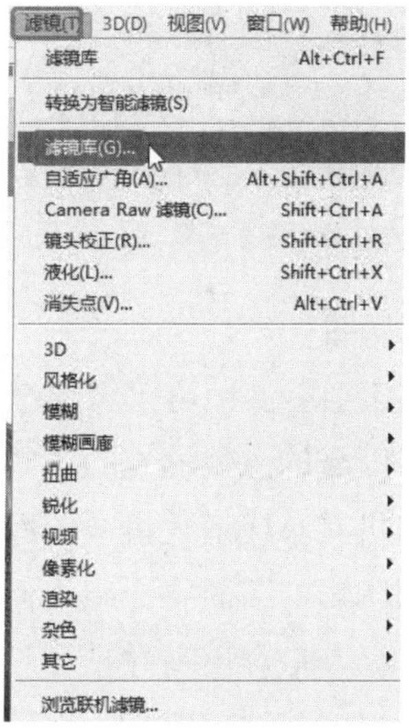

图 10-138　选择【滤镜库】命令

（3）在弹出的对话框中选择【纹理】下的【龟裂缝】滤镜，将【裂缝间距】、【裂缝深度】、【裂缝亮度】分别设置为 33、9、7，如图 10-139 所示。

（4）单击【确定】按钮，即可为图像应用【龟裂缝】滤镜，效果如图 10-140 所示。

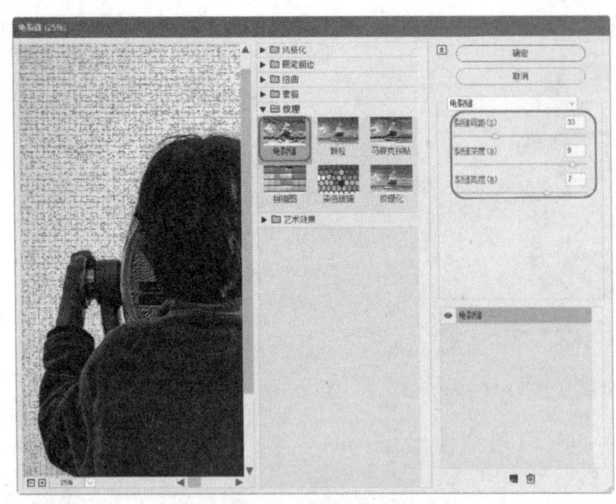

图 10-139　设置【龟裂缝】滤镜参数

图 10-140　应用【军裂缝】滤镜后的效果

2. 拼缀图

【拼缀图】滤镜可以将图像分解为用图像中该区域的主色填充的正方形。该滤镜可以随机减小或增大拼贴的深度，以模拟高光和阴影，下面将介绍如何应用【拼缀图】滤镜，其操作步骤如下。

（1）在菜单栏中选择【滤镜】|【滤镜库】命令，在弹出的对话框中选择【纹理】下的【拼缀图】滤镜，将【方块大小】、【凸现】分别设置为 7、8，如图 10-141 所示。

（2）单击【确定】按钮，即可为选中的图像应用【拼缀图】滤镜，前后对比效果如图 10-142 所示。

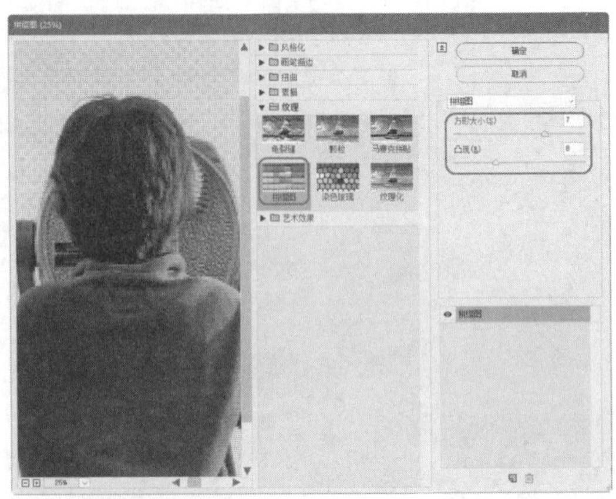

图 10-141　设置【拼缀图】滤镜参数

图 10-142　添加【拼缀图】滤镜前后的对比效果

3. 纹理化

【纹理化】滤镜可以在图像中加入各种纹理，使图像呈现纹理质感，可选择的纹理包括【砖形】、【粗麻布】、【画布】和【砂岩】。下面将介绍如何使用【纹理化】滤镜，其操作步骤如下。

（1）在菜单栏中选择【滤镜】|【滤镜库】命令，在弹出的对话框中选择【纹理】下的【纹理化】滤镜，将【纹理】设置为【画布】，将【缩放】、【凸现】分别设置为100、7，如图10-143所示。

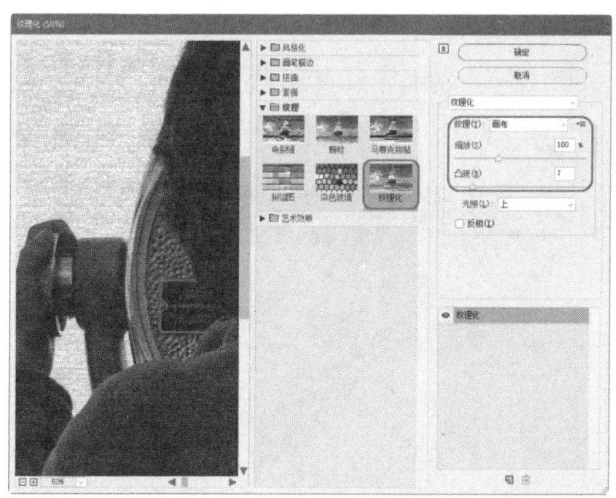

图10-143 设置【纹理化】滤镜参数

> 提示：如果单击【纹理】选项右侧的 ▾≡ 按钮，在打开的下拉菜单中选择【载入纹理】命令，则可以载入一个PSD格式的文件作为纹理文件。

（2）单击【确定】按钮，即可为选中的图像应用【纹理化】滤镜，前后对比效果如图10-144所示。

图10-144 添加【纹理化】滤镜前后的对比效果（续）

10.3.12 【像素化】滤镜

像素化滤镜组包括7种滤镜，这些滤镜主要通过像素颜色而产生块的形状，下面介绍几种常用的滤镜。

1. 彩色半调

【彩色半调】滤镜可以使图像变为网点效果，它先将图像的每一个通道划分出矩形区域，再将矩形区域转换为圆形，圆形的大小与矩形的亮度成比例，高光部分生成的网点较小，阴影部分生成的网点较大。下面介绍【彩色半调】滤镜的使用方法。

（1）按Ctrl+O快捷键，打开“素材\Cha10\016.jpg”文件，如图10-145所示。

图10-145 打开的素材文件

（2）在菜单栏中选择【滤镜】|【像素化】|【彩色半调】命令，如图10-146所示。

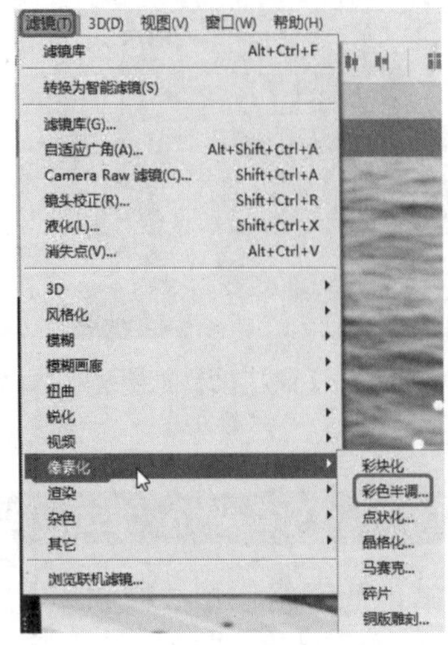

图 10-146 选择【彩色半调】命令

（3）打开【彩色半调】对话框，将【最大半径】、【通道 1】、【通道 2】、【通道 3】、【通道 4】分别设置为 4、108、162、90、45，如图 10-147 所示。

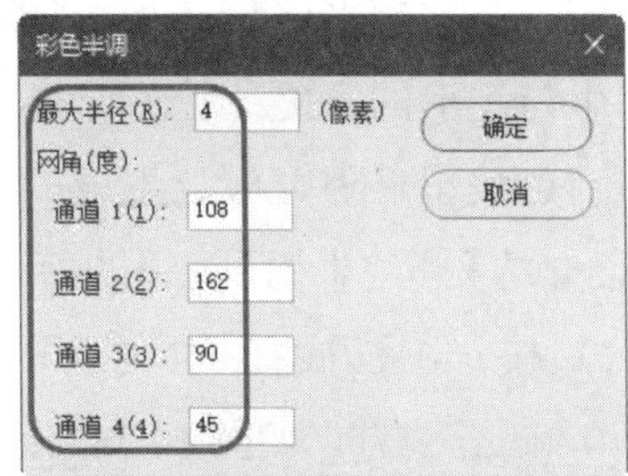

图 10-147 设置【彩色半调】滤镜参数

（4）单击【确定】按钮，即可添加【彩色半调】滤镜，效果如图 10-148 所示。

图 10-148 添加【彩色半调】滤镜后的效果

2. 点状化

【点状化】滤镜可以将图像中的颜色分散为随机分布的网点，如同点状绘画效果，背景色将作为网点之间的画布区域。使用该滤镜时，可通过单元格大小来控制网点的大小。如图 10-149 所示为该滤镜参数的设置，如图 10-150 所示为添加该滤镜后的效果。

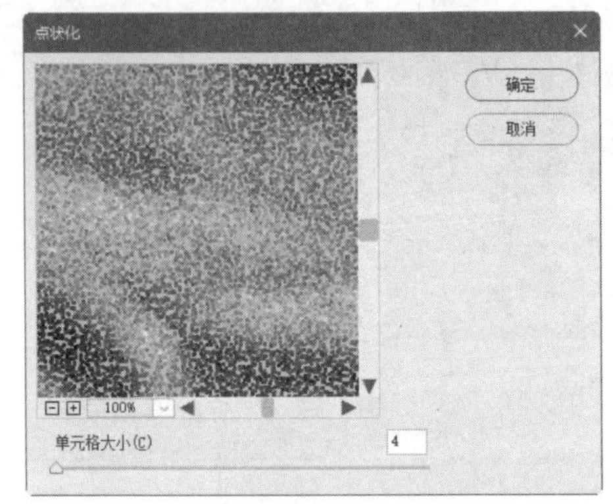

图 10-149 设置【点状化】滤镜参数

图 10-150 应用【点状化】滤镜后的效果

10.3.13 渲染滤镜

渲染滤镜可以处理图像中类似云彩的效果，还可以模拟出镜头光晕的效果，下面介绍几种常用的渲染滤镜。

1. 分层云彩

【分层云彩】滤镜使用随机生成的介

于前景色与背景色之间的值，生成云彩图案。【分层云彩】滤镜可以将云彩数据和现有的像素混合，其方式与【差值】模式混合颜色的方式相同。

2. 镜头光晕

【镜头光晕】滤镜用于模拟亮光照射到相机镜头所产生的折射。通过单击图像缩略图的任一位置或拖动其十字线，便可指定光晕中心的位置。

10.3.14 艺术效果滤镜

艺术效果滤镜组中包含 15 种滤镜，它们可以模仿自然或传统介质效果，使图像看起来更贴近绘画或艺术效果。可以通过滤镜库应用所有艺术效果滤镜，下面就为读者介绍主要的几种。

1. 粗糙蜡笔

【粗糙蜡笔】滤镜可以在带纹理的背景上应用粉笔描边。在亮色区域，粉笔看上去很厚，几乎看不见纹理；在深色区域，粉笔似乎被擦去了，使纹理显露出来。下面将介绍如何应用【粗糙蜡笔】滤镜，其操作步骤如下。

（1）按 Ctrl+O 快捷键，打开“素材\Cha10\017.jpg”文件，在菜单栏中选择【滤镜】|【滤镜库】命令，在弹出的对话框中选择【艺术效果】下的【粗糙蜡笔】滤镜，将【描边长度】、【描边细节】分别设置为 10、8，将【纹理】设置为【画布】，将【缩放】、【凸现】分别设置为 115、25，将【光照】设置为【下】，如图 10-151 所示。

（2）单击【确定】按钮，即可为选中的图像应用【粗糙蜡笔】滤镜，前后对比效果如图 10-152 所示。

图 10-151　设置【粗糙蜡笔】滤镜参数

图 10-152　添加【粗糙蜡笔】滤镜前后的对比效果

2. 干画笔

【干画笔】滤镜使用干画笔技术（介于油彩和水彩之间）绘制图像边缘，并通过将图像的颜色范围降到普通颜色范围，来简化图像。下面将介绍如何应用【干画笔】滤镜，其操作步骤如下。

（1）在菜单栏中选择【滤镜】|【滤镜库】

命令，在弹出的对话框中选择【艺术效果】下的【干画笔】滤镜，将【画笔大小】、【画笔细节】、【纹理】分别设置为 5、10、3，如图 10-153 所示。

图 10-153 设置【干画笔】滤镜参数

（2）单击【确定】按钮，即可为选中的图像应用【干画笔】滤镜，前后对比效果如图 10-154 所示。

图 10-154 添加【干画笔】滤镜的前后对比效果

3. 海报边缘

【海报边缘】滤镜可以根据设置的海报化选项减少图像中的颜色数量（对其进行色调分离），并查找图像的边缘，在边缘上绘制黑色线条。大而宽的区域有简单的阴影，而细小的深色细节遍布图像。下面将介绍如何应用【海报边缘】滤镜，其操作步骤如下。

（1）在菜单栏中选择【滤镜】|【滤镜库】命令，在弹出的对话框中选择【艺术效果】下的【海报边缘】滤镜，将【边缘厚度】、【边缘强度】、【海报化】分别设置为 5、1、4，如图 10-155 所示。

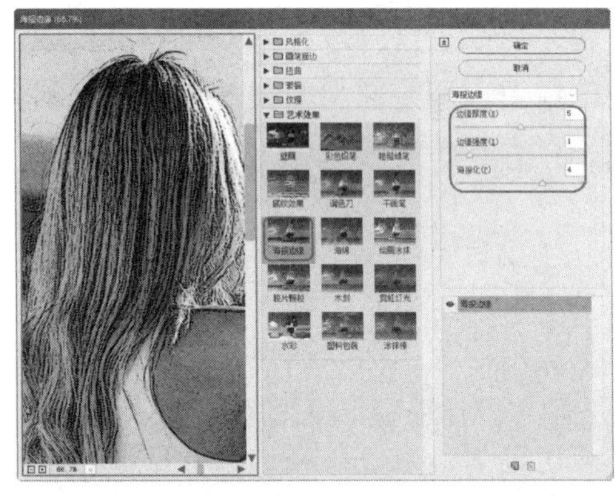

图 10-155 设置【海报边缘】滤镜参数

（2）单击【确定】按钮，即可为选中的图像应用【海报边缘】滤镜，前后对比效果如图 10-156 所示。

图 10-156 添加【海报边缘】滤镜的前后对比效果

图 10-156 添加【海报边缘】滤镜的前后对比效果（续）

4. 绘画涂抹

【绘画涂抹】滤镜可以选取各种大小（从 1 ~ 50）和类型的画笔，来创建绘画效果。画笔类型包括简单、未处理光照、暗光、宽锐化、宽模糊和火花几种。下面将介绍如何应用【绘画涂抹】滤镜，其操作步骤如下。

（1）在菜单栏中选择【滤镜】|【滤镜库】命令，在弹出的对话框中选择【艺术效果】下的【绘画涂抹】滤镜，将【画笔大小】、【锐化程度】分别设置为 22、15，将【画笔类型】设置为【简单】，如图 10-157 所示。

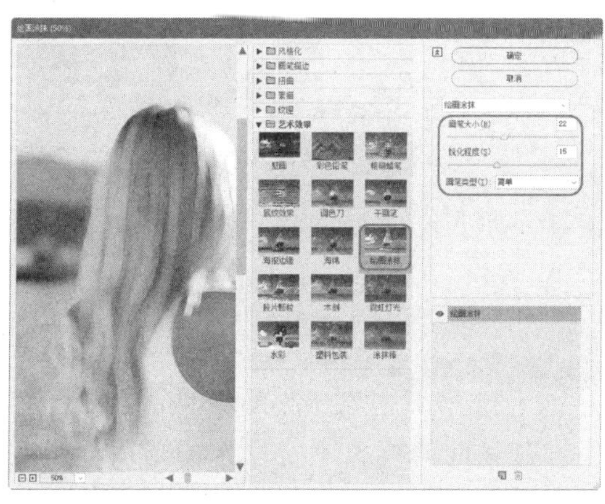

图 10-157 设置【绘画涂抹】滤镜参数

（2）单击【确定】按钮，即可为选中的图像应用【绘画涂抹】滤镜，前后对比效果如图 10-158 所示。

图 10-158 添加【绘画涂抹】滤镜的前后对比效果

10.3.15 杂色滤镜

杂色滤镜可以为图像添加或移除杂色或带有随机分布色阶的像素，可以创建与众不同的纹理效果或移除图像中有问题的区域，该滤镜组包括 5 个滤镜，下面介绍其中的两个。

1. 减少杂色

【减少杂色】滤镜在基于影响整个图像或各个通道的用户设置保留边缘的同时减少杂色。在菜单栏中选择【滤镜】|【杂色】|【减少杂色】命令，将打开【减少杂色】对话框，如图 10-159 所示，在该对话框中进行相应的设置，然后单击【确定】按钮，即可应用【减少杂色】滤镜，效果如图 10-160 所示。

图 10-159 【减少杂色】对话框

图 10-160 应用【减少杂色】滤镜后的效果

【减少杂色】对话框中各个参数的功能如下。

- 【强度】：该参数控制应用于所有图像通道的明亮度杂色减少量。
- 【保留细节】：该参数用于设置保留边缘和图像细节（如头发或纹理对象）。如果值为 100，则会保留大多数图像细节，但会将明亮度杂色减到最少。应平衡设置【强度】和【保留细节】参数的值，以便对杂色减少操作进行微调。
- 【减少杂色】：该参数用于移去随机的颜色像素。该值越大，减少的颜色杂色越多。
- 【锐化细节】：该参数用于对图像进行锐化。移去杂色会降低图像的锐化程度。
- 【移去 JPEG 不自然感】：移去由于使用低 JPEG 品质存储图像而导致的斑驳的图像伪像和光晕。

2. 中间值

【中间值】滤镜通过混合选区中像素的亮度来减少图像的杂色。该滤镜可以搜索像素选区的半径范围以查找亮度相近的像素，扔掉与相邻像素差异太大的像素，并用搜索到的像素的中间亮度值替换中心像素，在消除或减少图像的动感效果时非常有用。如图 10-161 所示为【中间值】对话框，图 10-162 所示为添加【中间值】滤镜后的效果。

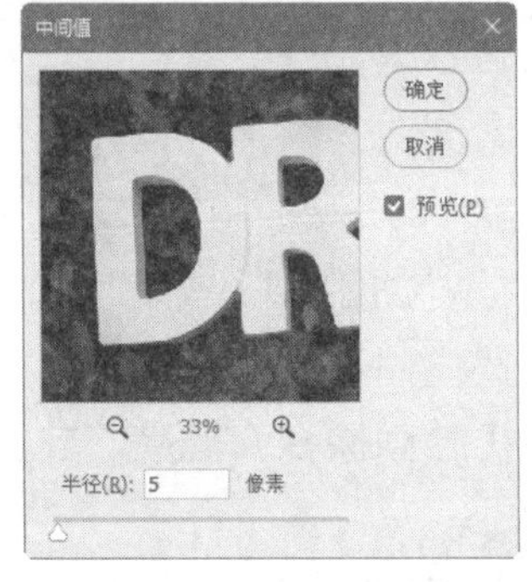

图 10-161 【中间值】对话框

图 10-162 添加【中间值】滤镜后的效果

10.3.16 其他滤镜

在其他滤镜组中包括 5 种滤镜，它们中有允许用户自定义滤镜的命令，也有使用滤镜修改蒙版、在图像中使选区发生位移和快速调整颜色的命令。下面介绍两种常用的滤镜使用方法。

1. 高反差保留

【高反差保留】滤镜可以在有强烈颜色转变发生的地方按指定的半径保留边缘细节，并且不显示图像的其余部分，该滤镜对于从扫描图像中取出艺术线条和大的黑白区域非常有用。如图 10-163 所示为【高反差保留】对话框，通过调整【半径】参数可以改变保留边缘细节，效果如图 10-164 所示。

图 10-163　【高反差保留】对话框

图 10-164　应用【高反差保留】滤镜后的效果

2. 位移

【位移】滤镜可以水平或垂直偏移图像，对于由偏移生成的空缺区域，还可以用不同的方式来填充。在【位移】对话框中，选中【设置为背景】单选按钮，将以背景色填充空缺部分；选中【重复边缘像素】单选按钮，可在图像边界的空缺部分填入扭曲边缘的像素颜色；选中【折回】单选按钮，可在空缺部分填入溢出图像之外的内容，在这里选中【折回】单选按钮，如图 10-165 所示，完成后的效果如图 10-166 所示。

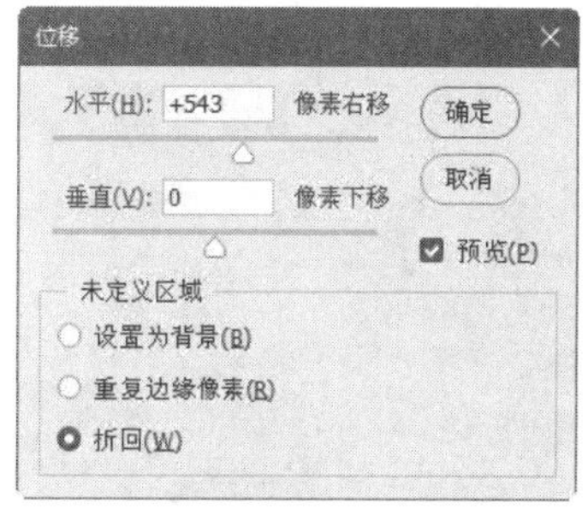

图 10-165　【位移】对话框

图 10-166　应用【位移】滤镜后的效果

10.4　上机练习——人物图像的美化处理

扫一扫，看视频

下面介绍如何利用脸部工具对人物的脸部进行调整，效果如图 10-167 所示。

（1）打开“素材 \Cha10\ 人物图像的美化处理 .jpg”文件，如图 10-168 所示。

（2）在【图层】面板中选择【背景】图层，右击鼠标，在弹出的快捷菜单中选择【转换为智能对象】命令，如图 10-169 所示。

图 10-167　人物图像的美化处理效果

图 10-168　打开的素材文件

图 10-169　选择【转换为智能对象】命令

（3）在菜单栏中选择【滤镜】|【液化】命令，在弹出的【液化】对话框中选中脸部工具，如图 10-170 所示。

图 10-170　选中脸部工具

提示：选中脸部工具后，当照片中有多个人时，照片中的人脸会被自动识别，且其中一个人脸会被选中。被识别的人脸会列在【人脸识别液化】选项组中的【选择脸部】菜单中。可以通过在画布上单击人脸或从弹出菜单中选择人脸来选择不同的人脸。

（4）在【人脸识别液化】选项组中将【眼睛】下的【眼睛大小】设置为 34、34，将【鼻子】下的【鼻子高度】设置为 100，如图 10-171 所示。

图 10-171　设置眼睛与鼻子参数

（5）将【嘴唇】下的【下嘴唇】设置为 53，将【脸部形状】下的【前额】、【下巴高度】、【下颌】、【脸部宽度】分别设置为 -100、100、-48、-10，单击【确定】

按钮，即可完成对人物脸部的修整，如图 10-172 所示。

图 10-172　设置嘴唇与脸部形状

知识链接：脸部工具

作为使用脸部工具的先决条件，首先要确保在 Photoshop 首选项中启用图形处理器。用户可以通过以下操作，查看是否选中【使用图形处理器】复选框。

（1）在菜单栏中选择【编辑】|【首选项】|【性能】命令，如图 10-173 所示。

（2）在弹出的【首选项】对话框中选中【使用图形处理器】复选框，如图 10-174 所示。

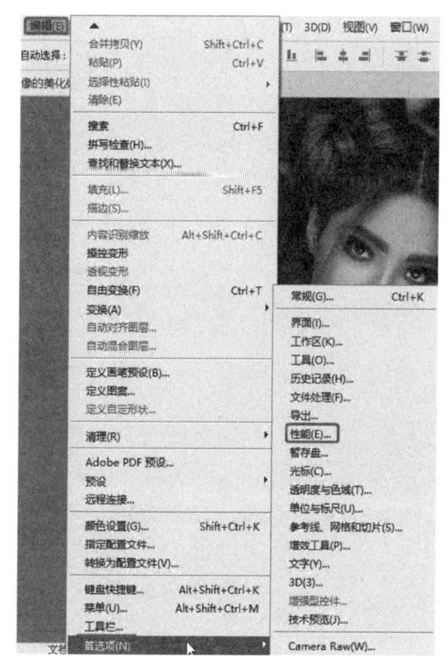

图 10-173　选择【性能】命令

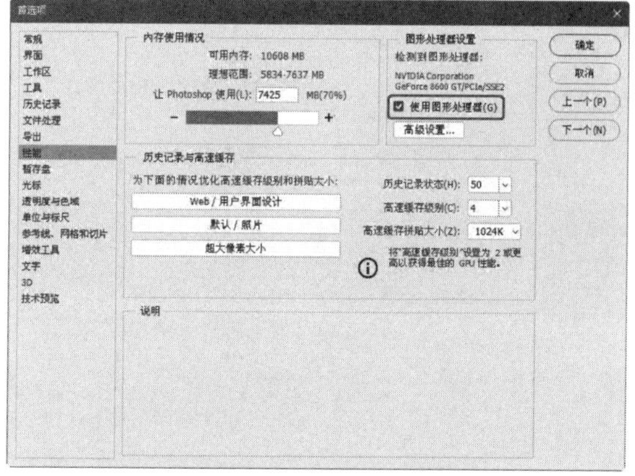

图 10-174　【首选项】对话框

（3）单击【高级设置】按钮，在弹出的【高级图形处理器设置】对话框中确保选中【使用图形处理器加速计算】复选框，如图 10-175 所示。

（4）单击两次【确定】按钮，即可完成设置。

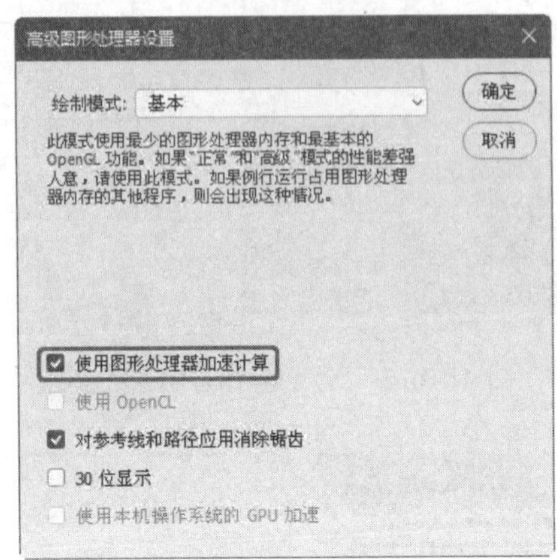

图 10-175 【高级图形处理器设置】对话框

第11章

项目实战指导——CI 设计

CI 的目标是，公司可以设计自己的办公标识，通过 CI 系统，将生产系统、管理系统和营销、包装、广告及促销形象做一个标准化设计和统一管理，从而调动企业员工的积极性、归属感、身份认同感，使各职能部门能够有效地合作。对外，通过符号形式的整合，形成独特的企业形象，以方便人们识别，认同企业形象，推广其产品或服务。

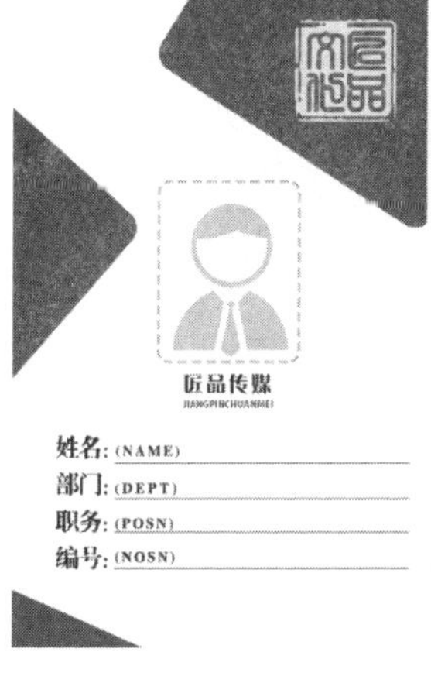

11.1　制作企业 Logo

扫一扫，看视频

Logo 是徽标或者商标的外语缩写，它起到对徽标拥有公司识别和推广的作用，通过形象的徽标，可以让消费者记住公司主体和品牌文化。本节介绍如何制作企业 Logo，效果如图 11-1 所示。

图 11-1　企业 Logo

（1）启动软件，按 Ctrl+N 快捷键，在弹出的【新建文档】对话框中将【宽度】、【高度】分别设置为 831、531，将【分辨率】设置为 72 像素 / 英寸，将【颜色模式】设置为 RGB 颜色 /8 位，将【背景内容】设置为白色，如图 11-2 所示。

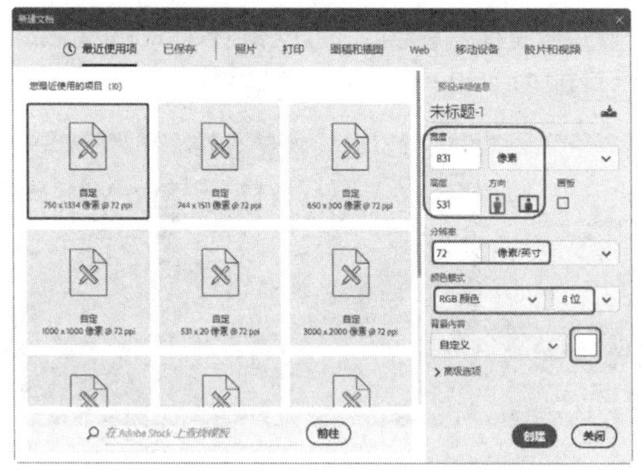

图 11-2　设置新建文档参数

（2）单击【创建】按钮，在工具箱中单击【圆角矩形工具】，在工作区中绘制一个圆角矩形。在【属性】面板中将 W、H 分别设置为 353、348，将 X、Y 分别设置为 240、40，将【填充】设置为 #cd0000，将【描边】设置为无，将所有的角半径都设置为 12，如图 11-3 所示。

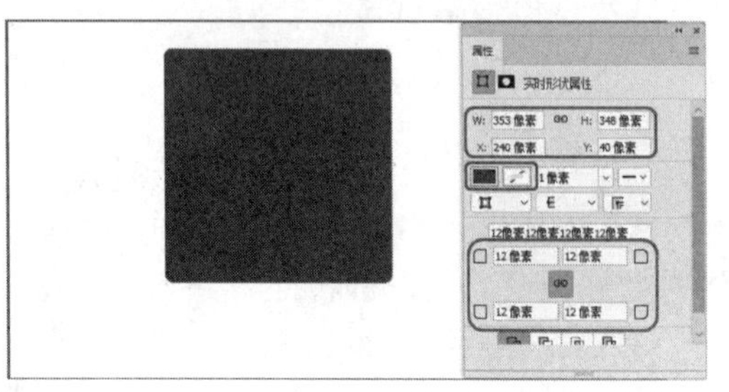

图 11-3　绘制圆角矩形并设置

（3）在【图层】面板中按住 Ctrl 键单击【圆角矩形 1】图层的缩略图，将其载入选区，单击【添加图层蒙版】按钮，如图 11-4 所示。

图 11-4　添加图层蒙版

（4）将前景色设置为 #000000，将背景色设置为 #ffffff，在工具箱中单击【画笔工具】，将【硬度】设置为 100%，在工作区中进行涂抹，效果如图 11-5 所示。

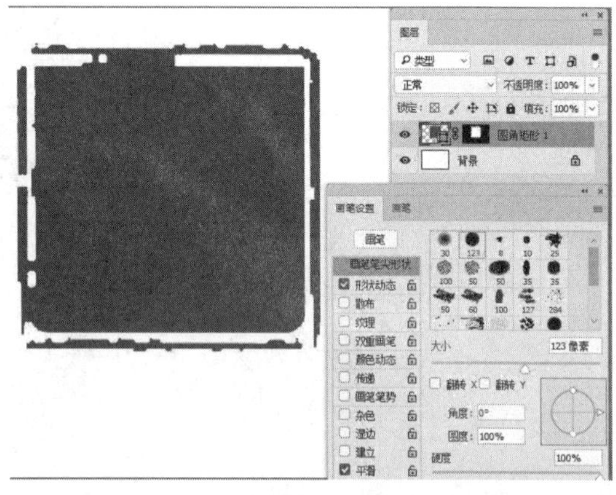

图 11-5　使用画笔工具进行涂抹

提示：在对圆角矩形进行涂抹时，可以借助矩形选框工具进行修饰，使用矩形选框工具在蒙版中创建选区，然后填充前景色即可。

（5）在工具箱中单击【直排文字工具】

T，在工作区中单击鼠标，输入文字，选中输入的文字，在【属性】面板中将【字体】设置为【经典繁方篆】，将【字体大小】设置为 139.45，将【字符间距】设置为 0，将【颜色】设置为 #ffffff，并在工作区中调整其位置，效果如图 11-6 所示。

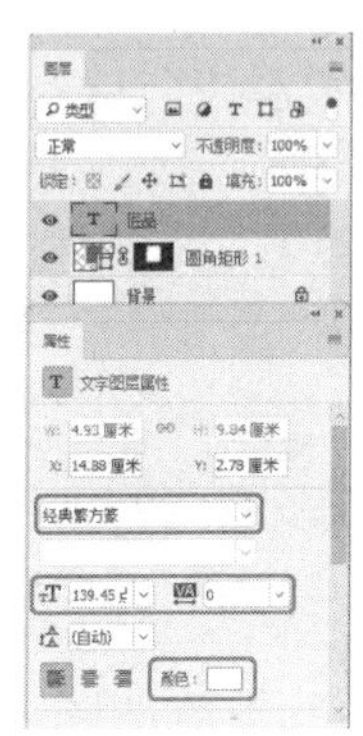

图 11-6 输入文字

（6）在【图层】面板中双击【匠品】文字图层，在弹出的【图层】对话框中选中【描边】复选框，将【大小】设置为 2，将【位置】设置为【外部】，将【颜色】设置为 #ffffff，如图 11-7 所示。

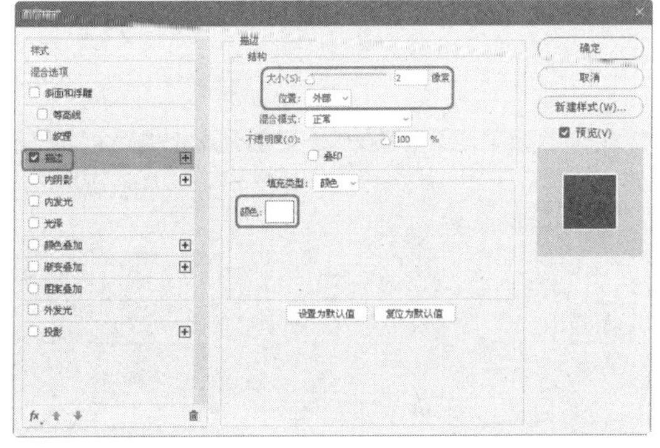

图 11-7 设置描边参数

（7）单击【确定】按钮，在【图层】面板中选择【匠品】文字图层，按住鼠标将其拖曳至【创建新图层】按钮上，进行复制，并对其进行修改，调整其位置，效果如图 11-8 所示。

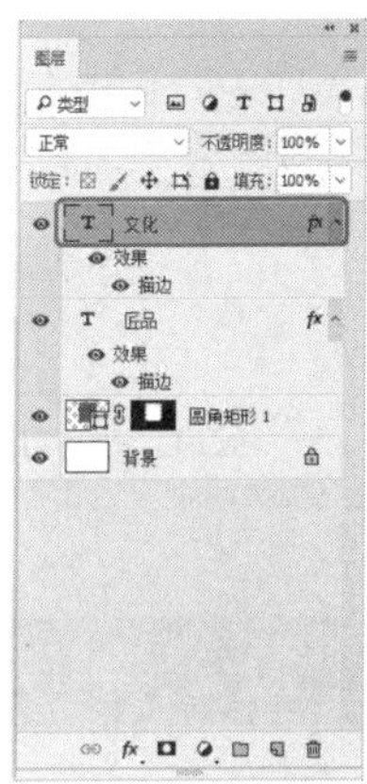

图 11-8 输入文字并修改

（8）在工具箱中选中矩形工具，将【选择工具模式】设置为【形状】，在工作区中绘制一个矩形，在【属性】面板中将 W、H 分别设置为 737、91，将 X、Y 分别设置为 48、408，将【填充】设置为 #cd0000，将【描边】设置为无，如图 11-9 所示。

图 11-9 绘制矩形

（9）在工具箱中单击【横排文字工具】T，在工作区中单击鼠标，输入文字，选中输入的文字，在【字符】面板中将【字体】设置为【经典隶书简】，将【字体大小】设置为 110，将【字符间距】设置为 0，将【垂直缩放】、【水平缩放】都设置为 80，将【颜色】设置为 #ffffff，如图 11-10 所示。

图 11-10　输入文字并进行设置

至此，企业 Logo 就制作完成了，对完成后的文档进行保存即可。

11.2　制作企业名片

扫一扫，看视频

名片是标示姓名及其所属组织、公司单位和联系方法的纸片。名片是新朋友互相认识、自我介绍的最快、最有效方法。交换名片是商业交往的第一个标准官式动作。本节介绍如何制作企业名片，效果如图 11-11 所示。

图 11-11　企业名片

（1）启动软件，按 Ctrl+N 快捷键，在弹出的【新建文档】对话框中将【宽度】、【高度】分别设置为 1134、661，将【分辨率】设置为 300，将【颜色模式】设置为【RGB 颜色】，如图 11-12 所示。

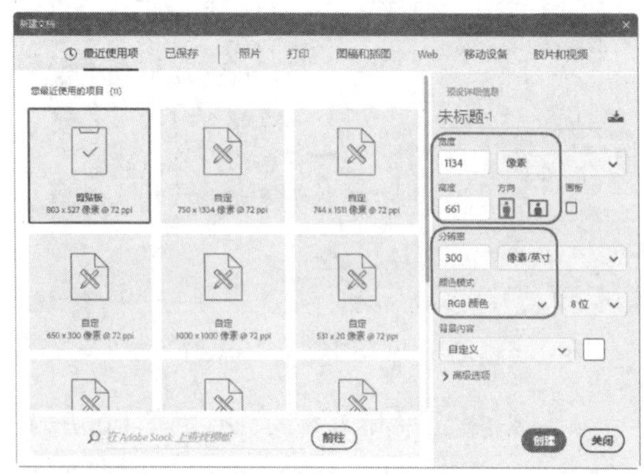

图 11-12　设置新建文档参数

（2）单击【创建】按钮，在工具箱中单击【矩形工具】，在工作区中绘制一个矩形，在【属性】面板中将 W、H 分别设置为 1134、661，将 X、Y 都设置为 0，将【填充】设置为 #fdfdfd，将【描边】设置为无，如图 11-13 所示。

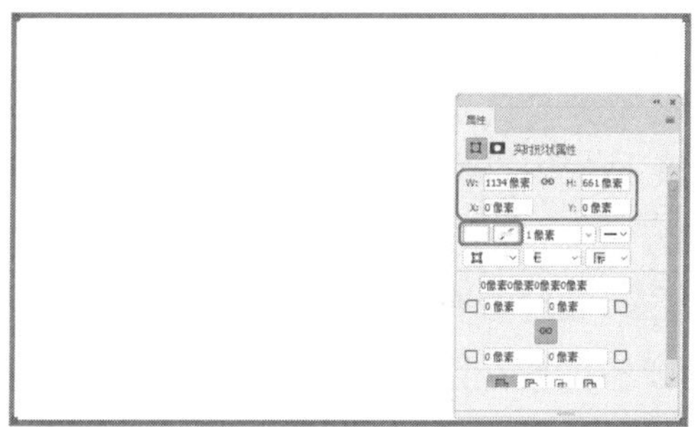

图 11-13 绘制矩形并进行调整

（3）再次使用【矩形工具】，在工作区中绘制一个矩形，在【属性】面板中将 W、H 分别设置为 1134、170，将 X、Y 分别设置为 0、491，将【填充】设置为 #e9e8e8，将【描边】设置为无，如图 11-14 所示。

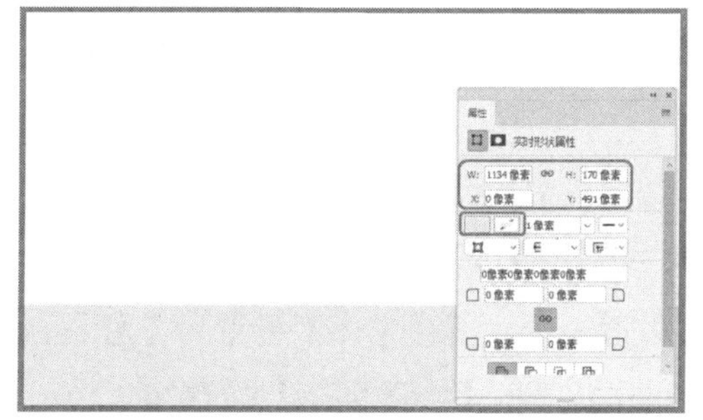

图 11-14 绘制矩形并进行设置

（4）在工具箱中单击【钢笔工具】，将【选择工具模式】设置为【形状】，在工具选项栏中将【填充】设置为 #3f3f3f，将【描边】设置为无，在工作区中绘制一个如图 11-15 所示的图形。

图 11-15 绘制图形

（5）在工具箱中单击【横排文字工具】，在工作区中单击鼠标，输入文字，选中输入的文字，在【字符】面板中将【字体】设置为【经典隶书简】，将【字体大小】设置为 12，将【字符间距】设置为 0，将【垂直缩放】、【水平缩放】都设置为 80，将【颜色】设置为 #ffffff，在【属性】面板中将 X、Y 分别设置为 0.18、4.83，如图 11-16 所示。

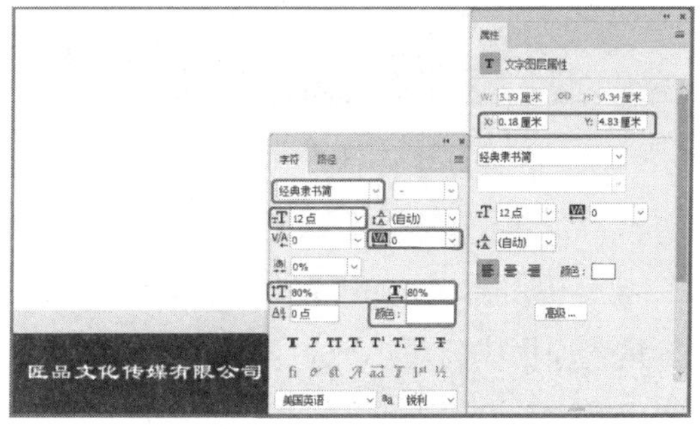

图 11-16 输入文字并进行设置

（6）再次使用【横排文字工具】在工作区中单击鼠标，输入文字，选中输入的文字，在【字符】面板中将【字体】设置为【Adobe 黑体 Std】，将【字体大小】设置为 6，将【字符间距】设置为 95，将【垂直缩放】、【水平缩放】都设置为 80，将【颜色】设置为 #ffffff，单击【全部大写字母】按钮，在【属性】面板中将 X、Y 分别设置为 0.2、5.19，如图 11-17 所示。

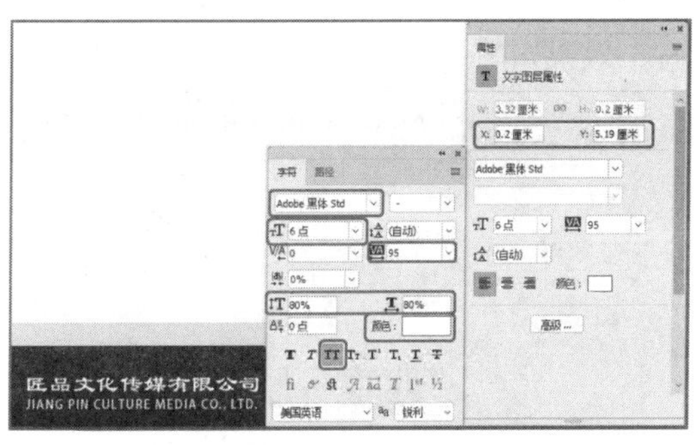

图 11-17 再次输入文字并设置

（7）在工具箱中单击【钢笔工具】

，在工具选项栏中将【填充】设置为#de2330，将【描边】设置为无，在工作区中绘制如图11-18所示的图形。

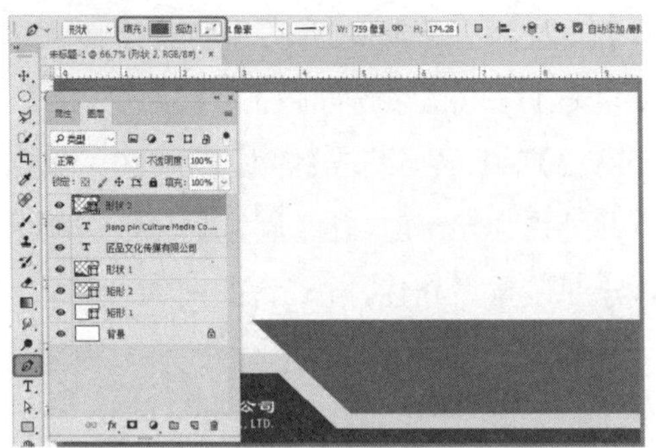

图 11-18　设置并绘制图形

（8）再次使用【钢笔工具】，在工作区中绘制如图11-19所示的图形，并在工具选项栏中将【填充】设置为#a01e28，将【描边】设置为无。

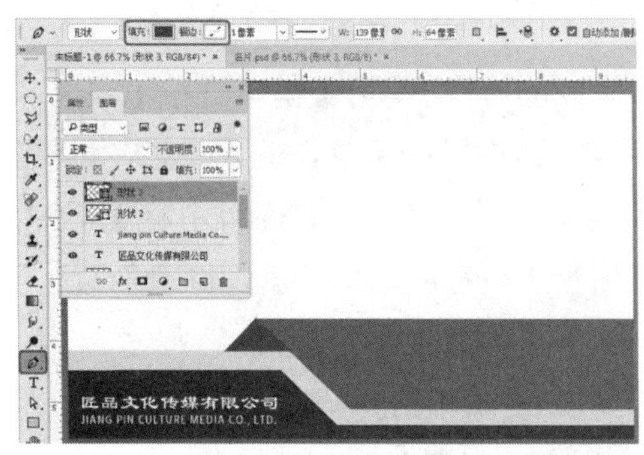

图 11-19　再次绘制图形并进行设置

（9）在【图层】面板中选择【形状3】图层，按住鼠标将其拖曳至【形状2】的下方，效果如图11-20所示。

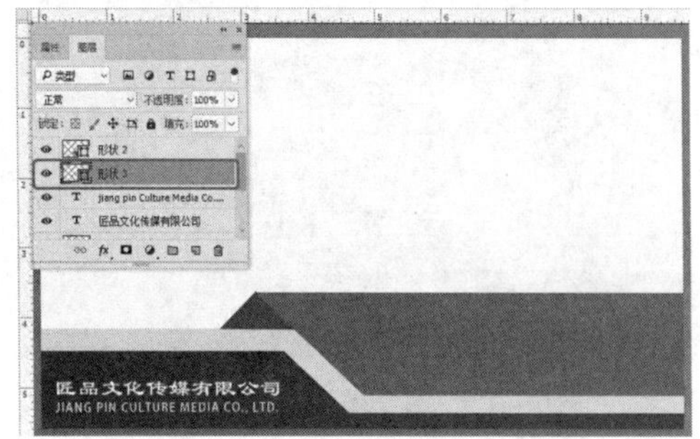

图 11-20　调整图层的排放顺序

（10）在工具箱中单击【横排文字工具】，在工作区中单击鼠标，输入文字，在【字符】面板中将【字体】设置为【Adobe 黑体 Std】，将【字体大小】设置为14.64，将【字符间距】设置为0，将【垂直缩放】、【水平缩放】都设置为100，将【颜色】设置为#ffffff，在工作区中调整其位置，如图11-21所示。

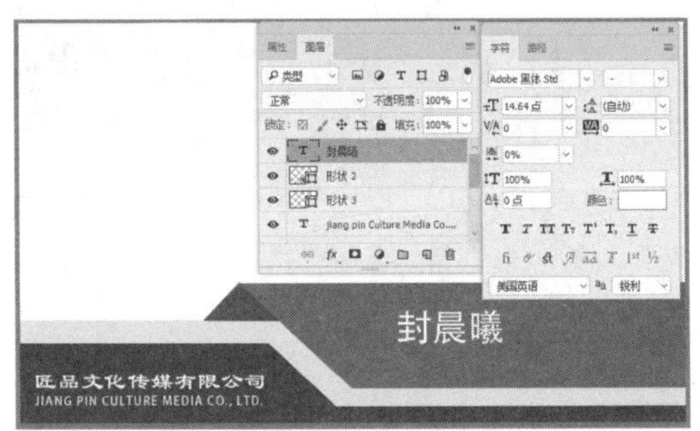

图 11-21　输入文字并进行设置

（11）再次使用【横排文字工具】，在工作区中单击鼠标，输入文字，在【字符】面板中，将【字体】设置为【Adobe 黑体 Std】，将【字体大小】设置为8.19，如图11-22所示。

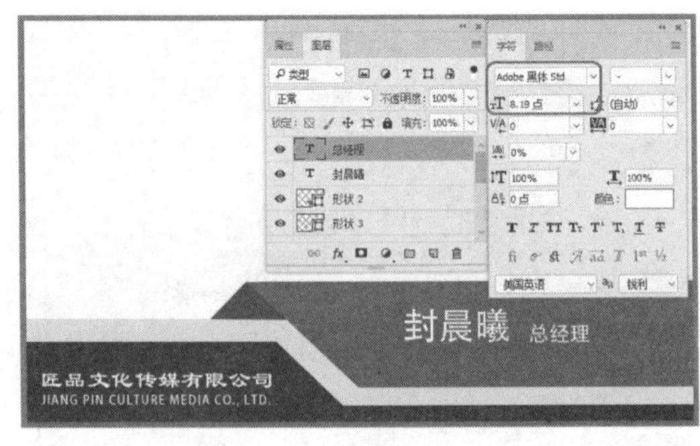

图 11-22　再次输入文字

（12）继续使用【横排文字工具】，在工作区中单击鼠标，输入文字，在【字符】面板中将【字体】设置为【Adobe 黑体 Std】，将【字体大小】设置为4.47，单击【全部大写字母】按钮，如图11-23所示。

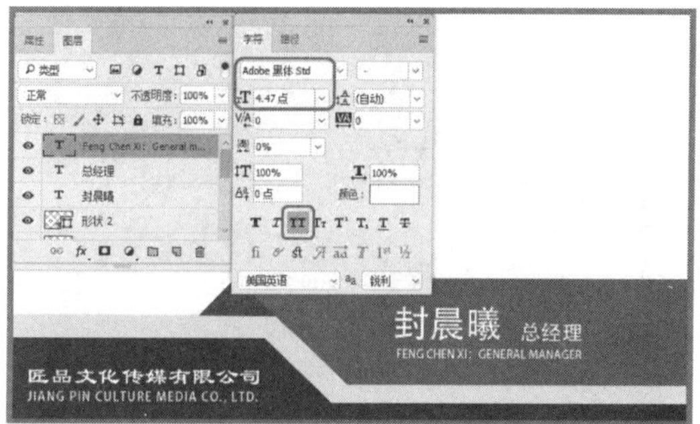

图 11-23 输入文字并进行设置

（13）根据前面介绍的方法，在工作区中输入其他文字，并进行相应的设置，效果如图 11-24 所示。

图 11-24 输入其他文字并设置参数后的效果

（14）使用前面介绍的方法，在工作区中绘制其他图形，并对其进行相应的设置，效果如图 11-25 所示。

图 11-25 绘制其他图形后的效果

（15）打开前面制作的“企业 Logo .psd”场景文件，在工作区中选择【匠品】、【文化】与【圆角矩形 1】对象，按住鼠标将其拖曳至前面制作的文档中，并在工作区中调整其位置与大小，效果如图 11-26 所示。

图 11-26 添加 Logo

（16）使用同样的方法，将其他素材文件添加至文档中，并调整其位置，效果如图 11-27 所示。

图 11-27 添加其他素材文件后的效果

（17）在【图层】面板中选择除【背景】图层外的其他图层，按住鼠标左键将其拖曳至【创建新组】按钮上，将创建的组重新命名为“正面”，如图 11-28 所示。

图 11-28 创建组并重命名

（18）将【正面】图层组隐藏，在工具箱中单击【矩形工具】，在工作区中绘制一个矩形，在【属性】面板中将 W、H 分别设置为 1134、661，将 X、Y 都设置为 0，将【填充】设置为 #ae1416，将【描边】设置为无，如图 11-29 所示。

图 11-29 绘制矩形并进行设置

（19）在【正面】组中选择【形状 4】、【形状 5】、【形状 6】图层，按住鼠标将其拖曳至【创建新图层】按钮上，对其进行复制，并将其调整至【矩形 4】的上方，将【混合模式】设置为【颜色减淡】，将【不透明度】设置为 20，如图 11-30 所示。

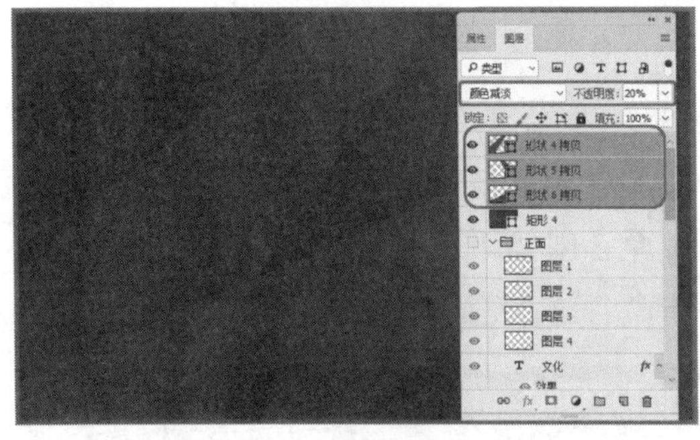

图 11-30 复制图层并进行调整

（20）使用【矩形工具】，在工作区中绘制一个矩形，在【属性】面板中将 W、H 分别设置为 659、76，将 X、Y 分别设置为 475、585，将【填充】设置为 #515151，将【描边】设置为无，如图 11-31 所示。

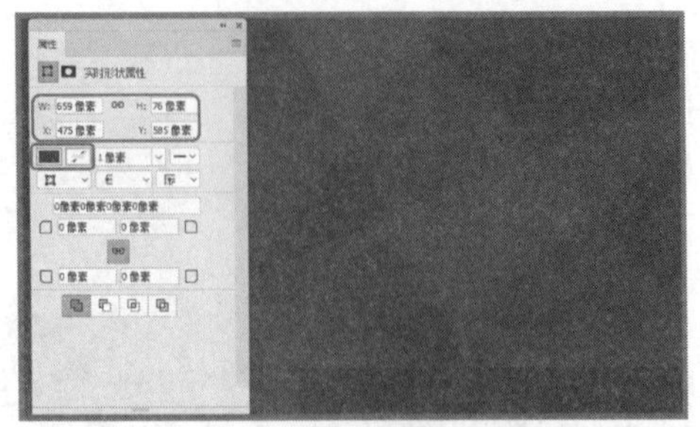

图 11-31 绘制矩形并调整

（21）在工具箱中单击【横排文字工具】，在工作区中单击鼠标，输入文字，选中输入的文字，在【字符】面板中将【字体】设置为【Adobe 黑体 Std】，将【字体大小】设置为 5.5，将【字符间距】设置为 200，将【颜色】设置为 #ffffff，单击【全部大写字母】按钮，并在工作区中调整其位置，效果如图 11-32 所示。

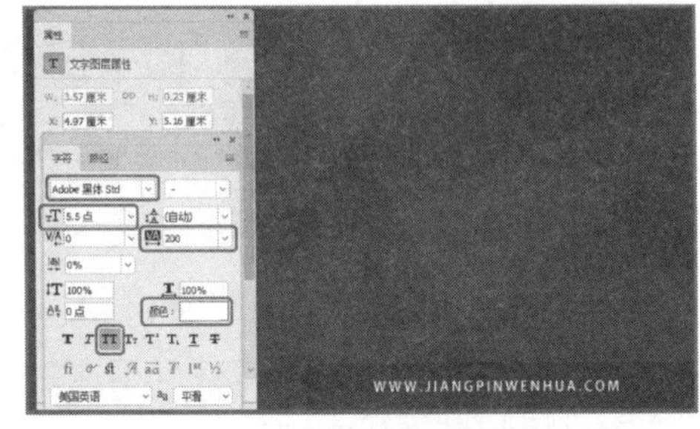

图 11-32 输入文字

（22）继续打开前面制作完成的“企业 Logo.psd”场景文件，将其添加至新文档中，并调整其颜色与位置，效果如图 11-33 所示。

图 11-33 添加 Logo 并修改后的效果

（23）将除【正面】图层组与【背景】图层外的其他图层选中，按住鼠标将其拖曳至【创建新组】按钮上，并将创建的组重新命名为“反面”，对完成后的场景进行保存即可。

11.3 制作企业工作牌

扫一扫，看视频

工作牌一般是由公司发行的、带有相关工作号及佩戴人信息的卡牌，通常用塑料制作而成，能起到增强内部员工归属感等作用。本节介绍如何制作企业工作牌，效果如图 11-34 所示。

图 11-34 企业工作牌

（1）启动软件，按 Ctrl+N 快捷键，在弹出的【新建文档】对话框中将【宽度】、【高度】分别设置为 685、1057，将【分辨率】设置为 300，将【颜色模式】设置为【RGB 颜色】，如图 11-35 所示。

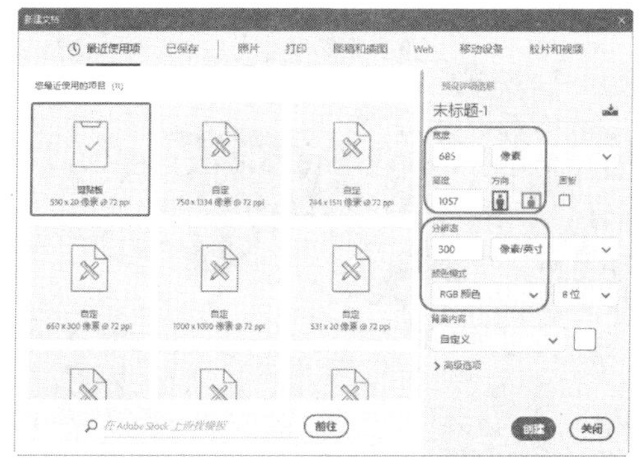

图 11-35 设置新建文档参数

（2）单击【创建】按钮，在工具箱中单击【圆角矩形工具】，在工作区中绘制一个圆角矩形。在【属性】面板中将 W、H 分别设置为 529、521，将【填充】设置为 #c62a34，将【描边】设置为无，将所有角半径都设置为 30，如图 11-36 所示。

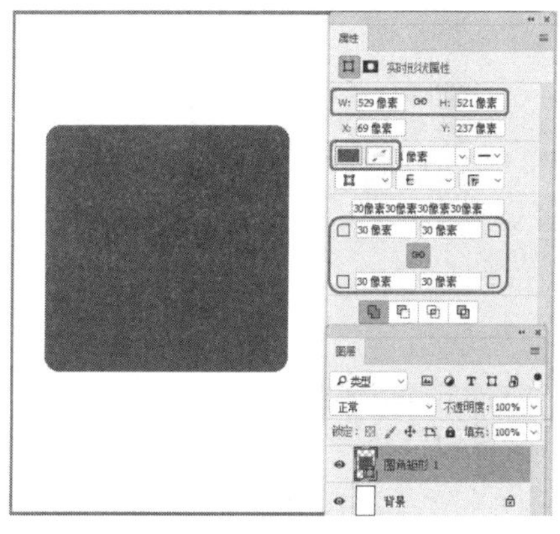

图 11-36 绘制圆角矩形并进行设置

（3）按 Ctrl+T 快捷键变换选择圆角矩形，在工具选项栏中将【旋转】设置为 32.28，如图 11-37 所示。

图 11-37 设置旋转参数

（4）按两次 Enter 键完成变换，在工作区中调整圆角矩形的位置。打开前面制作的“企业名片 .psd”文件，将【匠品】、【文化】、【圆角矩形 1】添加至新文档中，并调整其大小，在【图层】面板中选择【匠品】、【文化】两个文字图层，将【不透明度】设置为 90，并将两个图层的【描边】图层样式的【粗细】设置为 1，如图 11-38 所示。

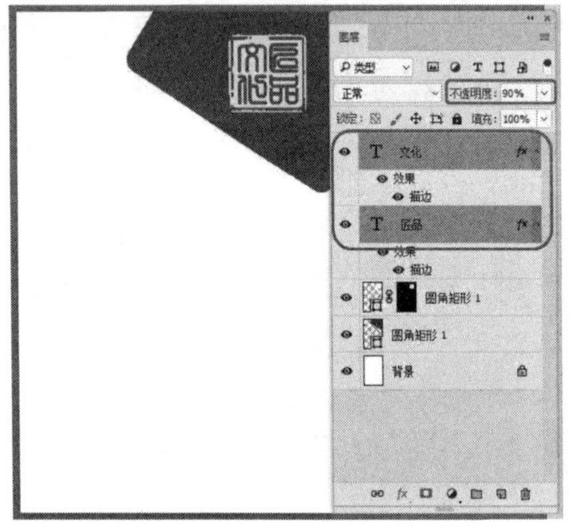

图 11-38　添加对象并进行设置

（5）在【图层】面板中选择前面绘制的红色【圆角矩形 1】，按住鼠标将其拖曳至【创建新图层】按钮上，并在工作区中调整其位置与角度，效果如图 11-39 所示。

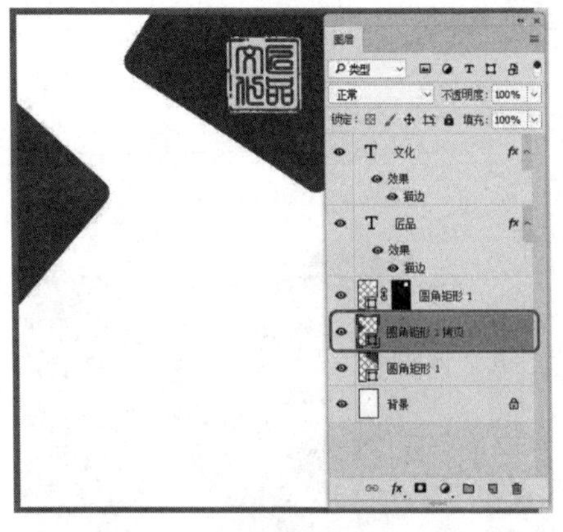

图 11-39　复制圆角矩形并进行调整

（6）在工具箱中单击【钢笔工具】，在工作区中绘制一个图形，在工具选项栏中将【填充】设置为 #c62a34，将【描边】设置为无，如图 11-40 所示。

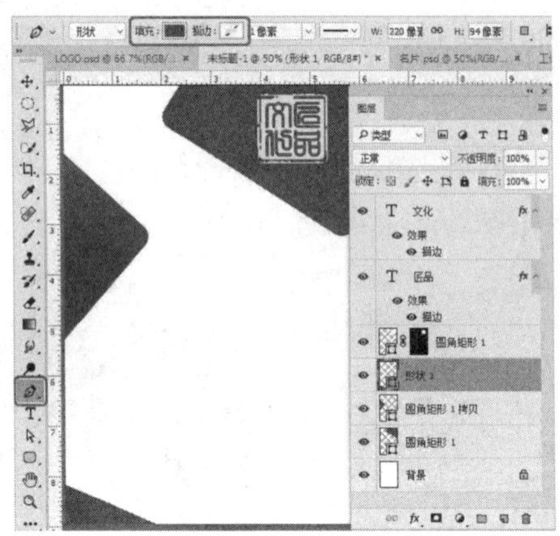

图 11-40　绘制图形并进行设置

（7）在工具箱中单击【圆角矩形工具】，在工作区中绘制一个圆角矩形，在【属性】面板中将 W、H 分别设置为 238、294，将【填充】设置为无，将【描边】设置为 #e85957，将【描边宽度】设置为 4，单击右侧的描边类型，在弹出的下拉列表中选中【虚线】复选框，将【虚线】、【间隙】分别设置为 4、2，将所有的角半径都设置为 20，在【图层】面板中将该图层的【不透明度】设置为 50，并调整其位置，如图 11-41 所示。

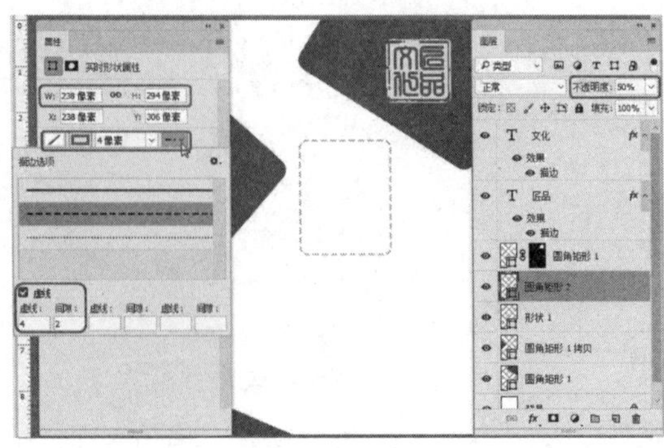

图 11-41　绘制圆角矩形并进行调整

（8）将“头像 .png”素材文件添加到

文档中，并在工作区中调整其位置，在【图层】面板中选中该图层，将【不透明度】设置为 16，如图 11-42 所示。

图 11-42　添加素材文件并进行调整

（9）在工具箱中单击【横排文字工具】T，在工作区中单击鼠标，输入文字，选中输入的文字，在【字符】面板中将【字体】设置为【方正粗倩简体】，将【字体大小】设置为 8，将【字符间距】设置为 100，将【基线偏移】设置为 1，将【颜色】设置为#02050e，如图 11-43 所示。

图 11-43　输入文字并进行设置

（10）使用【横排文字工具】T 在工作区中单击鼠标，输入文字，选中输入的文字，在【字符】面板中将【字体】设置为【Adobe 黑体 Std】，将【字体大小】设置为 3.5，将【字符间距】设置为 75，单击【全部大写字母】按钮，并调整其位置，效果如图 11-44 所示。

图 11-44　再次输入文字

（11）使用同样的方法在工作区中创建其他文字，并对其进行相应的设置，效果如图 11-45 所示。

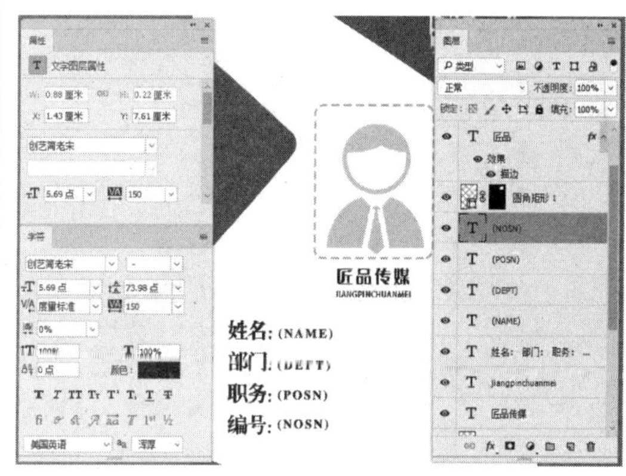

图 11-45　创建其他文字后的效果

（12）在工作区中绘制多条水平直线，在【图层】面板中选择除【背景】图层外的其他图层，按住鼠标将其拖曳至【创建新组】按钮上，并将创建的组重新命名为“正面”，如图 11-46 所示。

（13）将【正面】图层组隐藏，在工具箱中单击【矩形工具】，在工作区中绘制一个矩形，在【属性】面板中将 W、H 分别设置为 685、1057，将 X、Y 都设置为

0，将【填充】设置为 #c72b34，将【描边】设置为无，如图 11-47 所示。

图 11-46 创建组并重命名

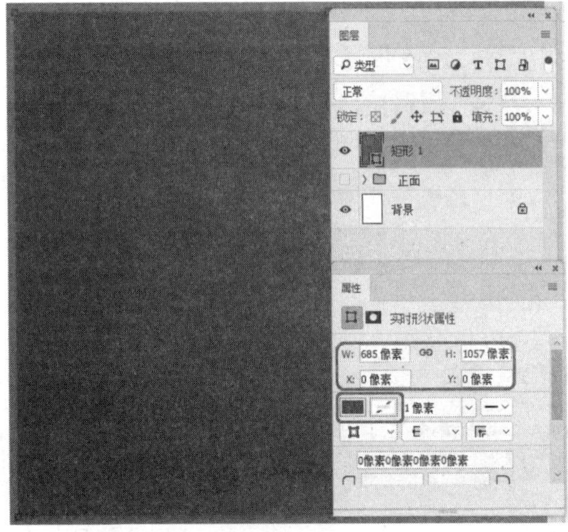
图 11-47 绘制矩形

（14）打开“素材 \Cha10\ 多边形 .psd”文件，在【图层】面板中选择【多边形】图层组，右击鼠标，在弹出的快捷菜单中选择【复制组】命令，如图 11-48 所示。

（15）在弹出的对话框中将【目标】设置为前面创建的文档，单击【确定】按钮，切换至前面创建的文档中，单击【确定】按钮，然后在所创建的文档工作区中调整其位置，效果如图 11-49 所示。

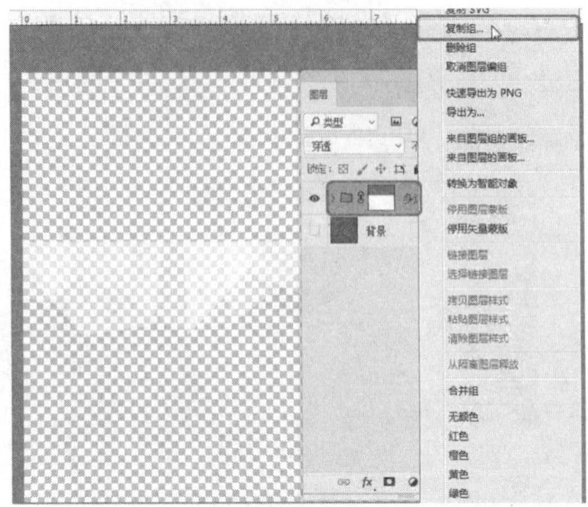
图 11-48 选择【复制组】命令

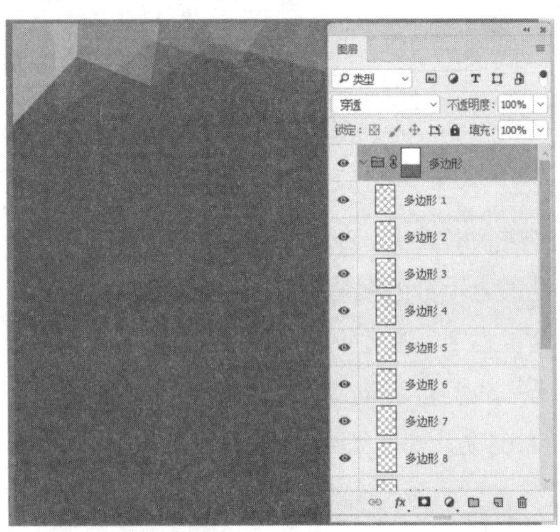
图 11-49 复制多边形并调整其位置

提示：在对复制的多边形进行移动时，需要在工具选项栏中将自动选择类型设置为【组】，选择后即可移动多边形组。

（16）在【图层】面板中选择【多边形】图层组，按住鼠标左键将其拖曳至【创建新图层】按钮上，对其进行复制，按 Ctrl+T 快捷键变换选择，右击鼠标，在弹出的快捷菜单中选择【垂直翻转】命令，如图 11-50 所示。

（17）按 Enter 键完成变换，在工作区中调整其位置，在【图层】面板中选择复制的图层组，将【不透明度】设置为 78%，如图 11-51 所示。

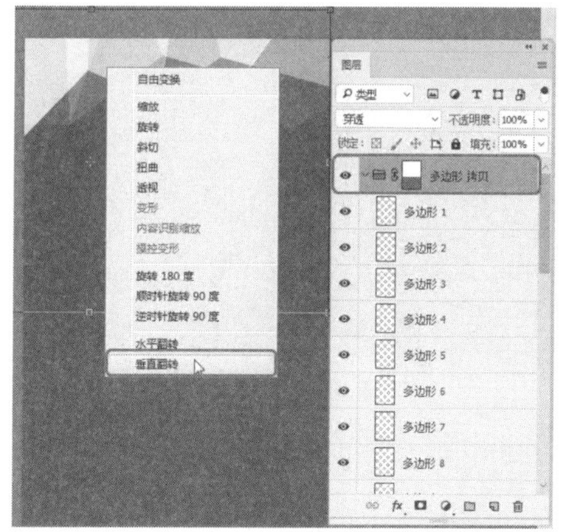

图 11-50 复制图层组并进行变换

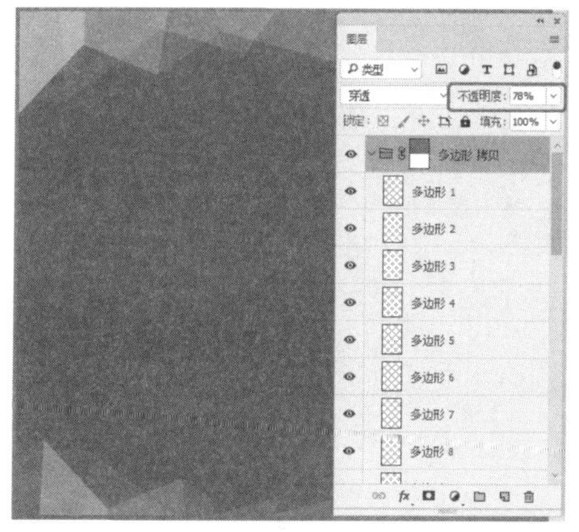

图 11-51 复制图层组并设置不透明度

(18) 在工具箱中单击【横排文字工具】 T，在工作区中单击鼠标，输入文字，选中输入的文字，在【字符】面板中将【字体】设置为【方正大标宋简体】，将【字体大小】设置为 34，将【字符间距】设置为 0，将【基线偏移】设置为 0，将【颜色】设置为 #ffffff，调整其位置，如图 11-52 所示。

(19) 将前面制作的企业名片中的企业标志复制到当前文档中，并对其进行相应的调整，效果如图 11-53 所示。

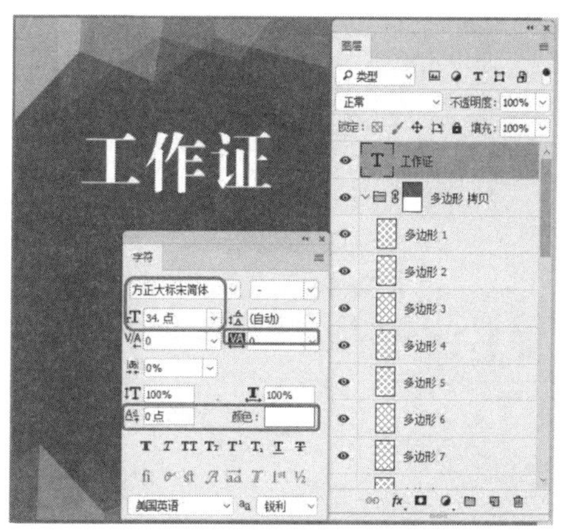

图 11-52 输入文字并进行设置

图 11-53 复制企业标志

(20) 在【图层】面板中选择除【正面】图层组与【背景】图层外的其他图层，按住鼠标左键将其拖曳至【创建组】按钮上，并将组重新命名为“反面”，如图 11-54 所示。

图 11-54 创建组并重命名

第12章 项目实战指导——宣传海报

海报设计是视觉传达的表现形式之一，通过版面的构成，可以在第一时间内吸引人们的目光，并获得瞬间的刺激，这要求设计者要将图片、文字、色彩、空间等要素进行完整的结合，以恰当的形式向人们展示出宣传信息，如图 12-1 所示。

图 12-1 宣传海报

12.1 制作旅游海报

扫一扫，看视频

“旅”是旅行，外出，即为了实现某一目的而在空间上从甲地到乙地的行进过程；“游”是外出游览、观光、娱乐，即为达到这些目的进行的旅行。二者合起来即旅游。所以，旅行偏重于行，旅游不但有“行”，且有观光、娱乐含义，旅游海报制作完成后的效果如图 12-2 所示。

图 12-2　旅游海报

（1）按 Ctrl+O 快捷键，弹出【打开】对话框，选择“素材 \Cha12\ 旅游背景 .jpg”文件，单击【打开】按钮，如图 12-3 所示。

图 12-3　打开的素材文件

（2）使用【横排文字工具】T. 输入文本，将【字体】设置为【方正剪纸简体】，【字体大小】设置为 79，【颜色】设置为黑色，如图 12-4 所示。

图 12-4　设置文本参数

> 提示：输入完文字后，可以使用鼠标单击任意工具或图层确定，如果使用快捷键，可以通过按 Ctrl+Enter 快捷键实现。

（3）打开【图层】面板，在该文本图层上双击鼠标，弹出【图层样式】对话框，选中【颜色叠加】复选框，将【颜色】设置为白色，如图 12-5 所示。

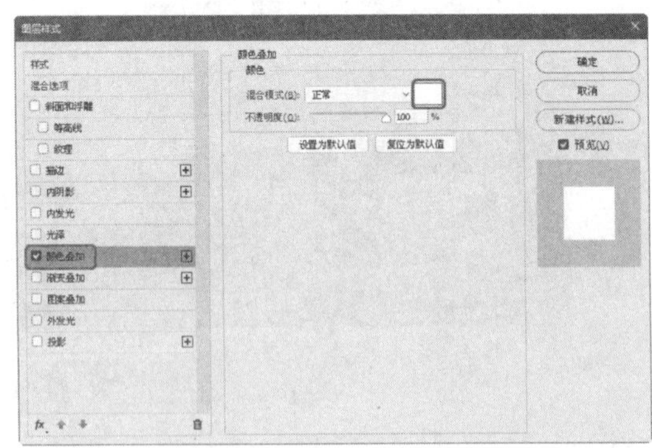

图 12-5　设置【颜色叠加】参数

（4）选中【描边】复选框，将【大小】设置为 17，【位置】设置为外部，【颜色】设置为 #3092cc，单击【确定】按钮，如图 12-6 所示。

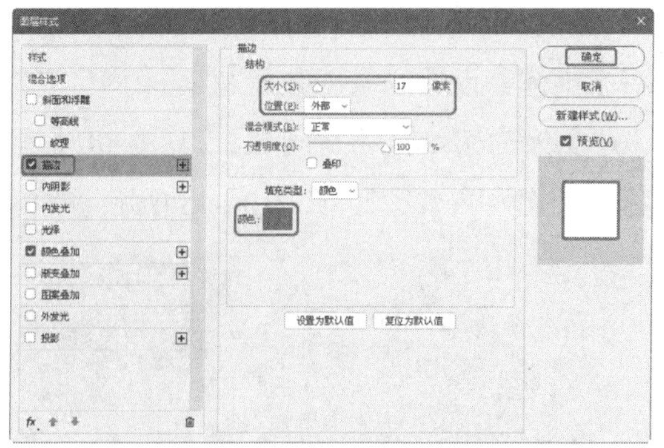

图 12-6 设置【描边】参数

（5）使用【横排文字工具】输入文本，将【字体】设置为【方正剪纸简体】，【字体大小】设置为 79，【颜色】设置为 #eaa100，如图 12-7 所示。

图 12-7 设置文本参数

（6）在该文本图层上双击鼠标，弹出【图层样式】对话框，选中【描边】复选框，将【大小】设置为 17，【位置】设置为【外部】，【颜色】设置为白色，单击【确定】按钮，如图 12-8 所示。

（7）调整文本的位置，效果如图 12-9 所示。

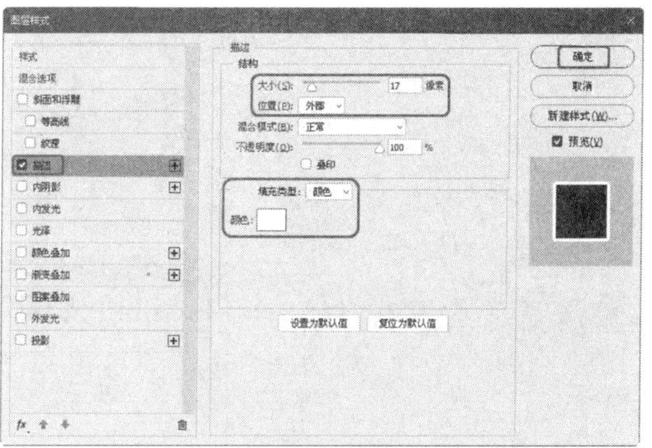

图 12-8 设置【描边】参数

图 12-9 调整文本的位置

（8）使用【横排文字工具】输入文本，将【字体】设置为【方正综艺简体】，【字体大小】设置为 25，【颜色】设置为 #177ab9，如图 12-10 所示。

（9）在该文本图层上双击鼠标，弹出【图层样式】对话框，选中【描边】复选框，将【大小】设置为 4，【位置】设置为【外部】，【颜色】设置为白色，如图 12-11 所示。

图 12-10　设置文本参数

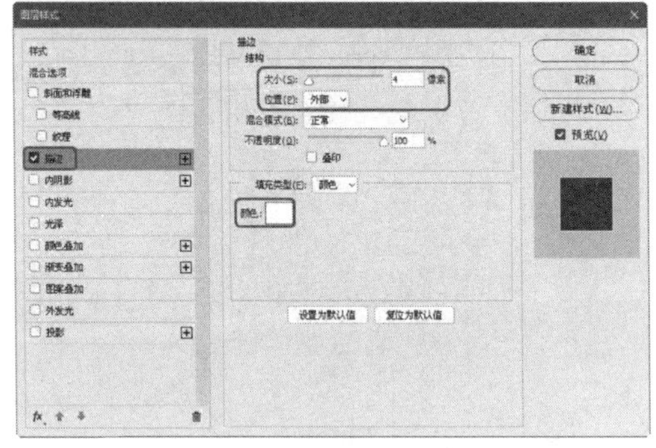

图 12-11　设置【描边】参数

（10）选中【投影】复选框，将【混合模式】设置为【正片叠底】，【颜色】设置为 #1e050a，【不透明度】设置为 16，【角度】设置为 120，【距离】、【扩展】、【大小】分别设置为 5、0、11，单击【确定】按钮，如图 12-12 所示。

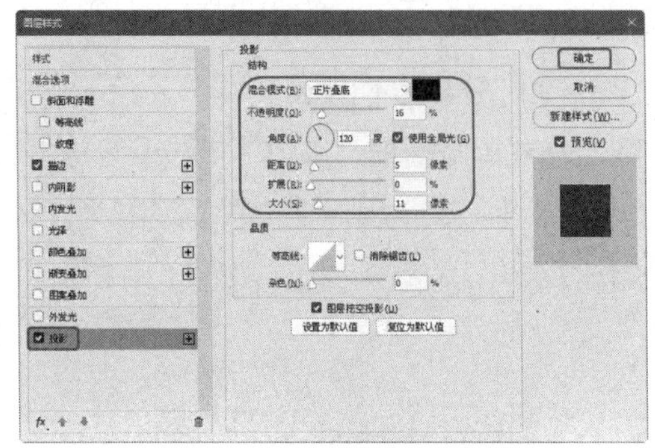

图 12-12　设置【投影】参数

（11）使用【横排文字工具】输入文本，将【字体】设置为【创艺简老宋】，【字体大小】设置为 40，【字符间距】设置为 50，【颜色】设置为 #edb522，如图 12-13 所示。

图 12-13　设置文本参数

（12）在该文本图层上双击鼠标，弹出【图层样式】对话框，选中【描边】复选框，将【大小】设置为 11，【位置】设置为【外部】，【颜色】设置为白色，单击【确定】按钮，如图 12-14 所示。

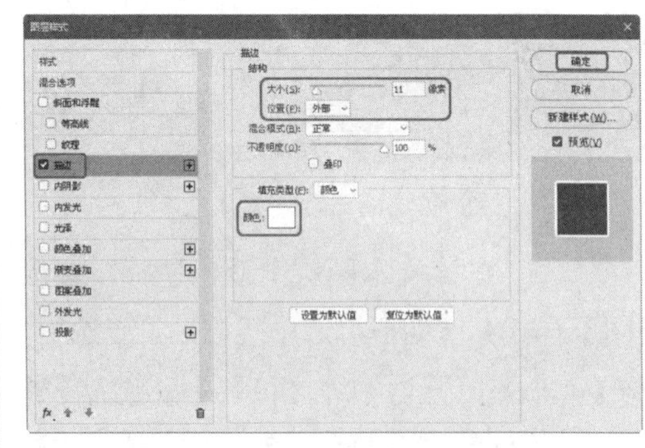

图 12-14　设置【描边】参数

（13）使用【横排文字工具】输入其他文本，对其进行相应的设置，如图 12-15 所示。

（14）使用【矩形工具】绘制矩形，将 W 和 H 分别设置为 450、283，【填充】设置为白色，【描边】设置为 #36a1db，【描边粗细】设置为2.5，【圆角半径】设置为27像素，如图12-16所示。

图 12-15 设置完成后的效果

图 12-16 设置矩形参数

（15）在该图层上双击鼠标，弹出【图层样式】对话框，选中【投影】复选框，将【混合模式】设置为【正片叠底】，【颜色】设置为#1e050a，【不透明度】设置为16，【角度】设置为120，【距离】、【扩展】、【大小】分别设置为4、0、15，单击【确定】按钮，如图12-17所示。

（16）使用矩形工具绘制矩形，将W和H分别设置为433、265，【填充】设置为#46a3dc，【描边】设置为无，【圆角半径】设置为27像素，调整其位置，如图12-18所示。

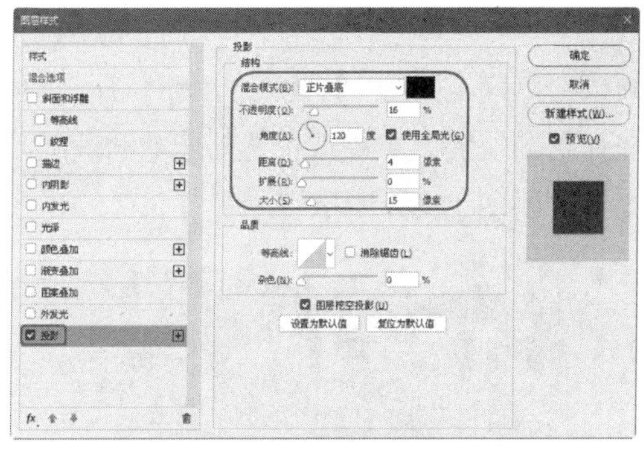

图 12-17 设置【投影】参数

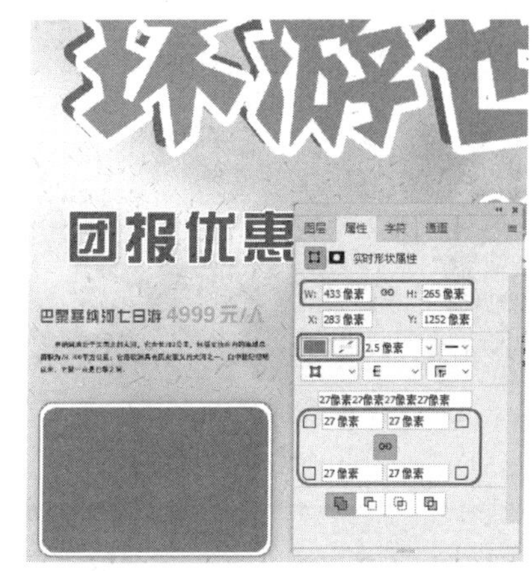

图 12-18 设置矩形参数

（17）在菜单栏中选择【文件】|【置入嵌入对象】命令，弹出【置入嵌入的对象】对话框，选择“旅游1.jpg”素材文件，单击【置入】按钮，如图12-19所示。

图 12-19 置入嵌入对象

（18）调整图片大小及位置，在【图层】面板中选择【旅游 1】图层，单击鼠标右键，在弹出的快捷菜单中选择【创建剪贴蒙版】命令，如图 12-20 所示。

图 12-20　创建剪贴蒙版

提示：按 Ctrl+Alt+G 组合键可以快速创建或释放剪贴蒙版。

（19）使用同样的方法制作如图 12-21 所示的内容。

图 12-21　制作完成后的效果

（20）使用横排文字工具输入文本，将【字体】设置为【方正综艺简体】，【字体大小】设置为 8.5，【字符间距】设置为 -40，【颜色】设置为 #1f6791，如图 12-22 所示。

图 12-22　设置文本参数

（21）使用横排文字工具输入文本，将【字体】设置为【方正综艺简体】，【字体大小】设置为 18.9，【字符间距】设置为 0，【颜色】设置为 #1f6791，如图 12-23 所示。

图 12-23　设置文本参数

（22）使用横排文字工具输入文本，将【字体】设置为【方正综艺简体】，【字体大小】设置为 13.2，【字符间距】设置为 40，【颜色】设置为 #1f6791，单击【全部大写字母】按钮 TT，如图 12-24 所示。

（23）选中【直线工具】，在工具选项栏中将【填充】设置为 #1f6791，【描边】设置为无，【粗细】设置为 5 像素，绘制两条线段，如图 12-25 所示。

图 12-24 设置文本参数

图 12-25 设置线段参数

（24）使用横排文字工具输入文本，将【字体】设置为【创艺简老宋】，【字体大小】设置为 12，【字符间距】设置为 0，【颜色】设置为白色，如图 12-26 所示。

图 12-26 输入文本并设置文本参数

扫一扫，看视频

12.2 制作招聘海报

招聘，一般由主体、载体及对象构成，主体就是用人者，载体是信息的传播体，对象则是符合标准的候选人，三者缺一不可。招聘海报制作完成后的效果如图 12-27 所示。

图 12-27 招聘海报

（1）按 Ctrl+O 快捷键，弹出【打开】对话框，选择“素材 \Cha12\ 招聘背景 .jpg”文件，单击【打开】按钮，如图 12-28 所示。

（2）使用【横排文字工具】输入文本，将【字体】设置为【汉仪尚巍手书 W】，【字体大小】设置为 811，【颜色】设置为 #1d9269，如图 12-29 所示。

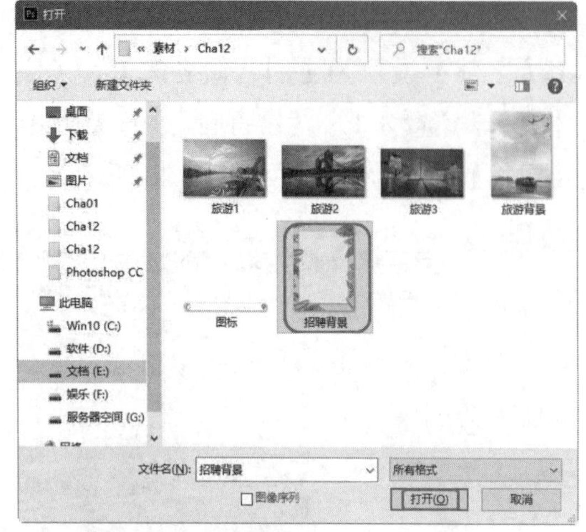
图 12-28 选择素材文件

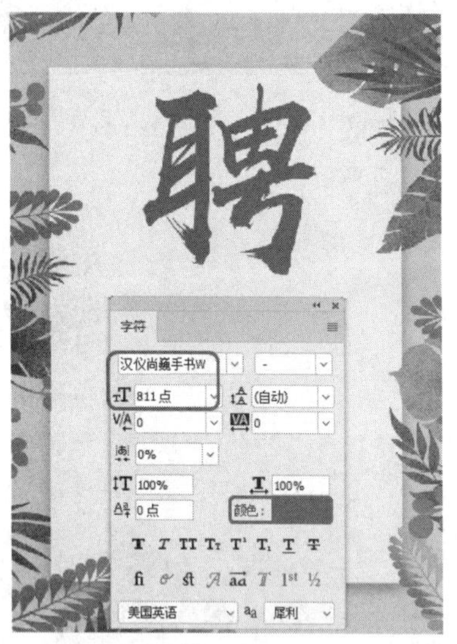
图 12-29 设置文本参数

（3）在文本图层上双击鼠标，弹出【图层样式】对话框，选中【投影】复选框，将【混合模式】设置为正常，【颜色】设置为 #747471，【不透明度】设置为 83，【角度】设置为 156，取消选中【使用全局光】复选框，【距离】、【扩展】、【大小】分别设置为 17、0、3，单击【确定】按钮，如图 12-30 所示。

（4）新建【图层 1】、【图层 2】，使用钢笔工具，将【工具模式】设置为【路径】，绘制颜色为 #fff000 的图形，如图 12-31 所示。

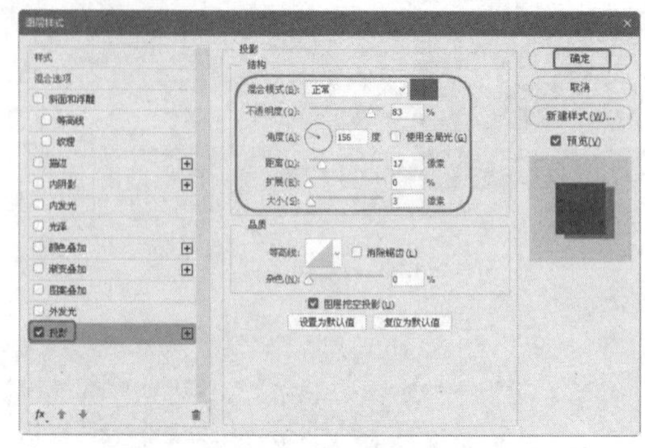
图 12-30 设置【投影】参数

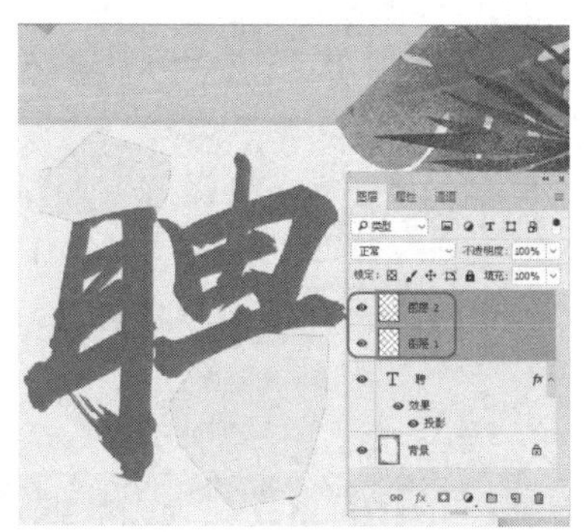
图 12-31 绘制图形

（5）选择【图层 1】、【图层 2】，单击鼠标右键，在弹出的快捷菜单中选择【创建剪贴蒙版】命令，如图 12-32 所示。

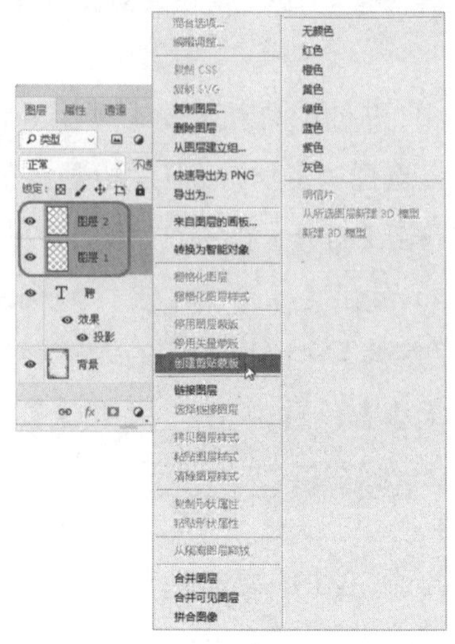
图 12-32 创建剪贴蒙版

（6）使用横排文字工具输入文本，将【字体】设置为【微软雅黑】，【字体大小】设置为85，【颜色】设置为#16885f，单击【仿粗体】按钮，如图12-33所示。

图12-33 设置文本参数

（7）选中【直线工具】，在工具选项栏中将【填充】设置为#16885f，【描边】设置为无，【粗细】设置为5像素，绘制两条线段，如图12-34所示。

图12-34 设置线段参数

（8）选中【钢笔工具】，将【工具模式】设置为【形状】，【填充】设置为#95cb21，【描边】设置为无，绘制如图12-35所示的图形。

（9）使用横排文字工具输入文本，将【字体】设置为【黑体】，【字体大小】设置为60，【颜色】设置为#eaeaea，如图12-36所示。

图12-35 绘制图形后的效果

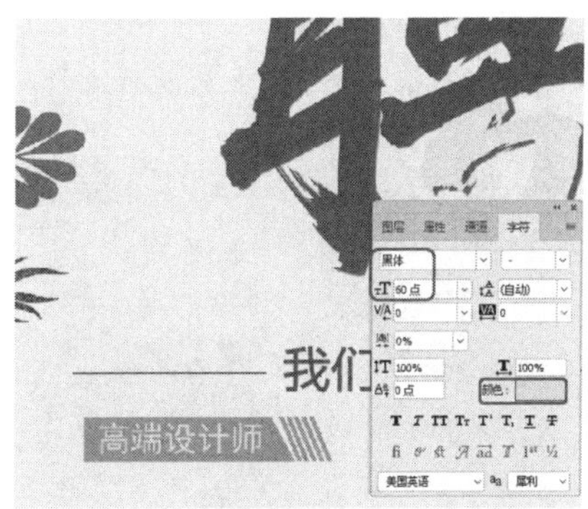

图12-36 设置文本参数

（10）使用横排文字工具输入文本，将【字体】设置为【黑体】，【字体大小】设置为23，【行距】设置为30，【颜色】设置为#16885f，如图12-37所示。

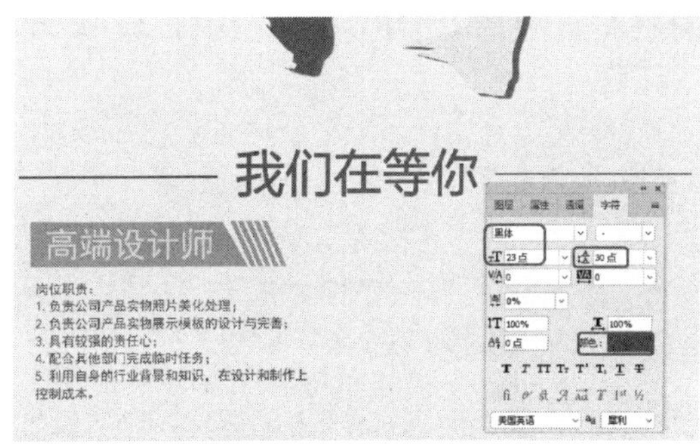

图12-37 设置文本参数

（11）使用同样的方法制作如图12-38所示的内容。

（12）使用横排文字工具输入文本，将

【字体】设置为【创艺简老宋】，【字体大小】设置为 63，【颜色】设置为 #16885f，单击【仿粗体】按钮，如图 12-39 所示。

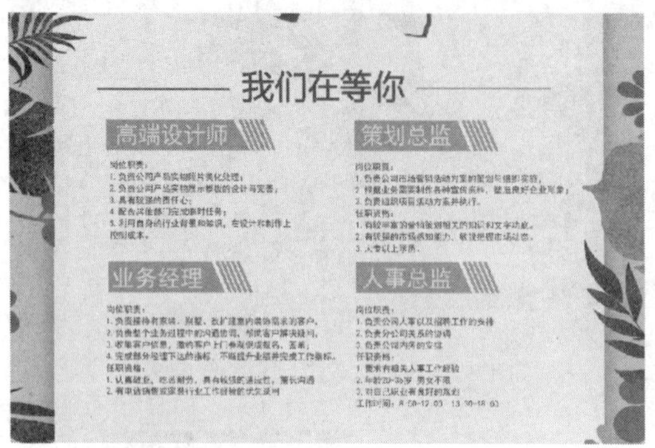

图 12-38　输入完成后的效果

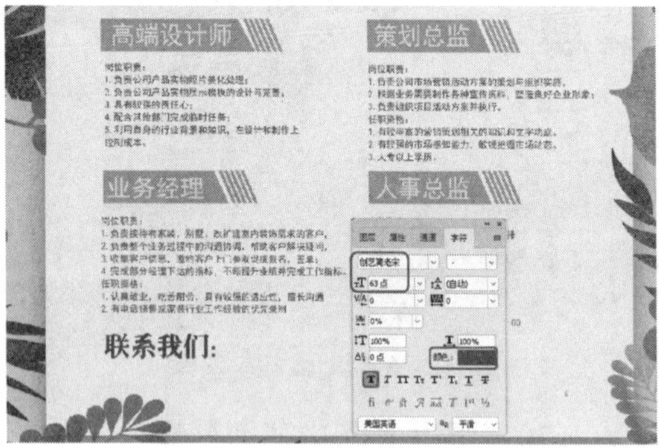

图 12-39　设置文本参数

（13）在菜单栏中选择【文件】|【置入嵌入对象】命令，弹出【置入嵌入的对象】对话框，选择“图标 .png”素材文件，单击【置入】按钮，适当调整置入图标的位置，如图 12-40 所示。

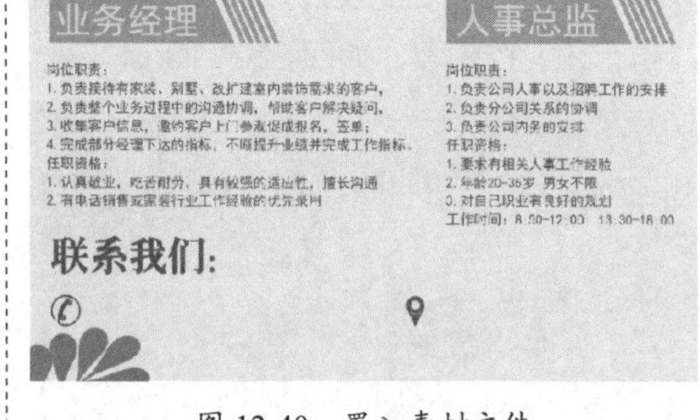

图 12-40　置入素材文件

（14）使用横排文字工具输入文本，将【字体】设置为【黑体】，【字体大小】设置为 35，【颜色】设置为 #16885f，如图 12-41 所示。

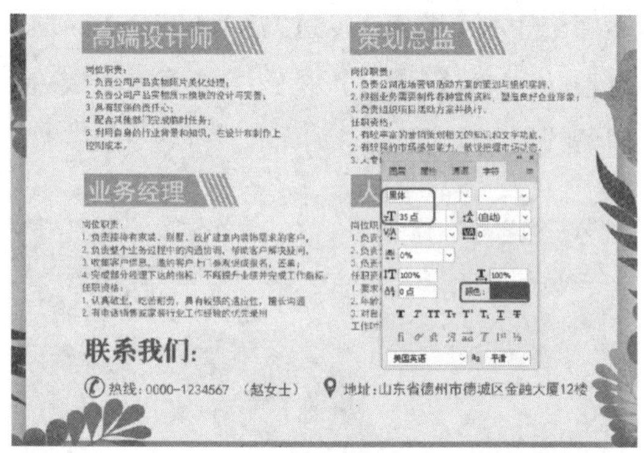

图 12-41　设置文本参数

第13章

项目实战指导——网页宣传图

网页宣传图设计往往是利用图片、文字等元素进行画面构成的，并且通过视觉元素传达信息，将真实的图片展现在人们面前，让观赏者一目了然，使信息传递得更为准确，给人一种真实、直观、形象的感觉，也使信息更具有说服力。在很多网站的宣传图中，为了增强艺术效果，利用了多种颜色以及复杂的图形，让画面看起来色彩斑斓、光彩夺目，使观众对宣传内容产生兴趣，网页的点击率会更多，从而吸引大众的购买欲，这也是网页宣传图的一大特点。本章将介绍如何制作网页宣传图。

图 13-1　网页宣传图

13.1　护肤品网站宣传广告

扫一扫，看视频

护肤品已成为每个女性必备的法宝，随着消费者自我意识的日渐提升，护肤品市场迅速发展，不少商家都选择在网站中制作宣传广告，效果如图 13-2 所示。

图 13-2　护肤品网站宣传广告效果

（1）启动软件，按 Ctrl+O 快捷键，打开“素材 \Cha13\ 护肤品素材 01.jpg”文件，如图 13-3 所示。

图 13-3　打开素材文件

（2）在工具箱中单击【横排文字工具】T，在工作区中单击鼠标，输入文字并选中输入的文字，在【字符】面板中将【字体】设置为【微软雅黑】，将【字体样式】设置为 Bold，将【字体大小】设置为 90，将除“300”、“50”外的文字颜色设置为 #ffffff，将“300”、“50”的文字颜色设置为 #fbff4d，如图 13-4 所示。

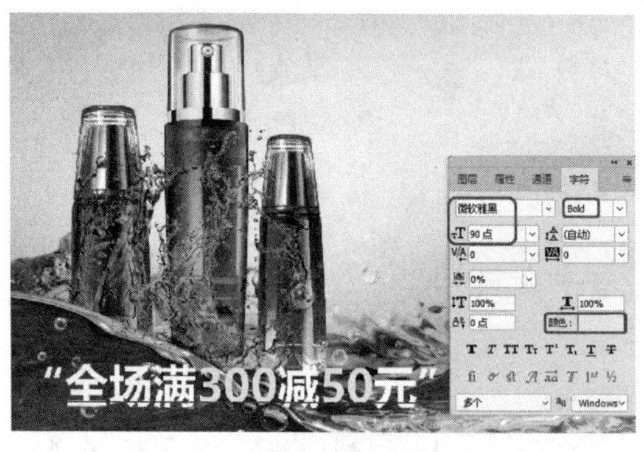

图 13-4　输入文本并设置参数

（3）在【图层】面板中双击文字图层，在弹出的【图层样式】对话框中选中【投影】复选框，将【阴影颜色】设置为 #1339da，将【不透明度】设置为 59，取消选中【使用全局光】复选框，将【角度】设置为 110，将【距离】、【扩展】、【大小】分别设置 6、0、8，如图 13-5 所示。

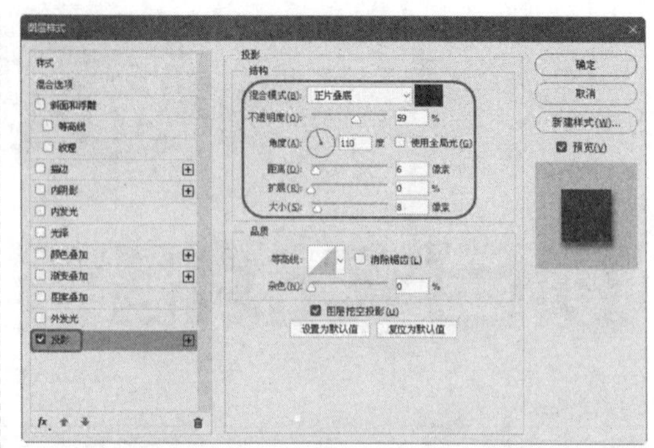

图 13-5　设置【投影】参数

（4）单击【确定】按钮，调整位置，置入“素材 \Cha10\ 护肤品素材 02.png”文件，双击图层，在弹出的【图层样式】对话框中选中【投影】复选框，将【阴影颜色】设置为 #004fd2，将【不透明度】设置为 59，取消选中【使用全局光】复选框，将【角度】设置为 110，将【距离】、【扩展】、【大小】分别设置 10、0、24，如图 13-6 所示。

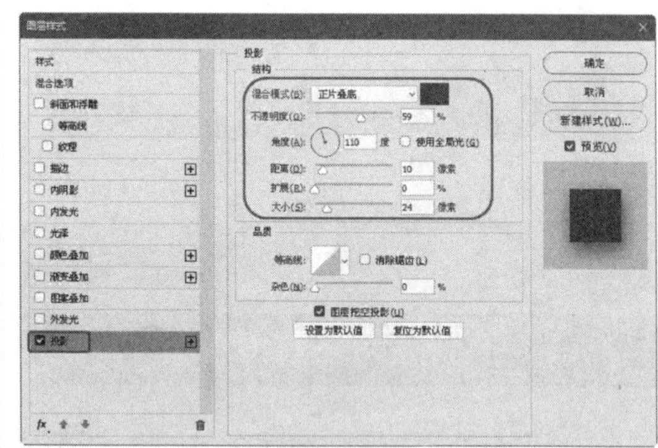

图 13-6　设置【投影】参数

（5）单击【确定】按钮，选中【护肤品素材 02】图层，右击鼠标，在弹出的快捷菜单中选择【栅格化图层】命令，在工具箱中单击【魔棒工具】，在工作区中单击如图 13-7 所示的位置，将其载入选区，将【前景色】设置为 #ffde00，按 Alt+Delete 快捷键填充前景色。

图 13-7 填充颜色

（6）按 Ctrl+D 快捷键取消选区，在工具箱中单击【橡皮擦工具】，在工作区中将“划”字中的点擦除，效果如图 13-8 所示。

图 13-8 擦除对象

（7）继续选中【护肤品素材 02】图层，在工具箱中选中钢笔工具，在工具选项栏中将【工具模式】设置为【路径】，在工作区中绘制如图 13-9 所示的路径。

图 13-9 绘制路径

（8）在工具箱中将【前景色】设置为 #24afb1，按 Alt+Delete 快捷键填充前景色，效果如图 13-10 所示。

图 13-10 填充前景色

（9）按 Ctrl+D 快捷键，取消选区，在工具箱中选中钢笔工具，在工作区中绘制如图 13-11 所示的路径。

图 13-11 绘制路径

（10）在【图层】面板中单击【创建新图层】按钮，在工具箱中单击【渐变工具】，在工具选项栏中单击渐变条，在弹出的【渐变编辑器】对话框中将左侧色标的颜色值设置为 #ff2b60，在位置 33 处添加一个色标，将其颜色值设置为 #ff3f3f，将右侧色标的颜色值设置为 #ff5252，如图 13-12 所示。

图 13-12 设置渐变色

（11）单击【确定】按钮，在工具选项栏中单击【线性渐变】按钮，按Ctrl+Enter快捷键将路径载入选区，在选区的左侧单击鼠标，然后按住鼠标向右侧水平拖曳，释放鼠标，即可填充渐变颜色，效果如图13-13所示。

图 13-13　填充渐变颜色

（12）按Ctrl+D快捷键取消选区，根据前面介绍的方法绘制其他图形并输入文字，效果如图13-14所示。

（13）将“护肤品素材03.png”素材文件添加至文档中，并适当调整位置，如图13-15所示。

图 13-14　绘制图形并输入文字

图 13-15　置入素材文件

13.2　手表网站宣传广告

扫一扫，看视频

本案例将介绍如何制作手表网站宣传广告。可以使用矩形工具、钢笔工具、横排文字工具制作出宣传广告语，效果如图13-16所示。

（1）按Ctrl+O快捷键，在弹出的对话框中选择“素材\Cha13\手表素材01.jpg”文件，单击【打开】按钮，将选中的素材文件打开，效果如图13-17所示。

图 13-16　手表网站宣传广告

图 13-17　打开的素材文件

（2）在工具箱中单击【矩形工具】，在工作区中绘制一个矩形，在【属性】面板中将 W、H 分别设置为 406、509，将【填充】设置为 # 1b6caa，将【描边】设置为无，在工作区中调整矩形的位置，效果如图 13-18 所示。

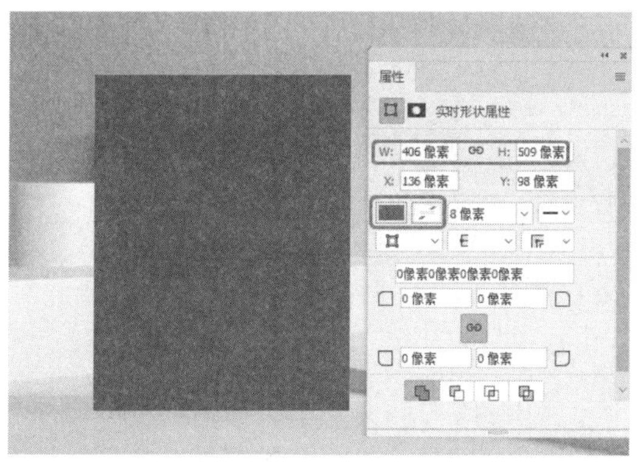

图 13-18 绘制矩形

（3）在【图层】面板中双击【矩形 1】图层，在弹出的【图层样式】对话框中选中【投影】复选框，将【混合模式】设置为【正片叠底】，将【阴影颜色】设置为 #8a8b8d，将【不透明度】设置为 94，取消选中【使用全局光】复选框，将【角度】设置为 90，将【距离】、【扩展】、【大小】分别设置为 10、11、21，效果如图 13-19 所示。

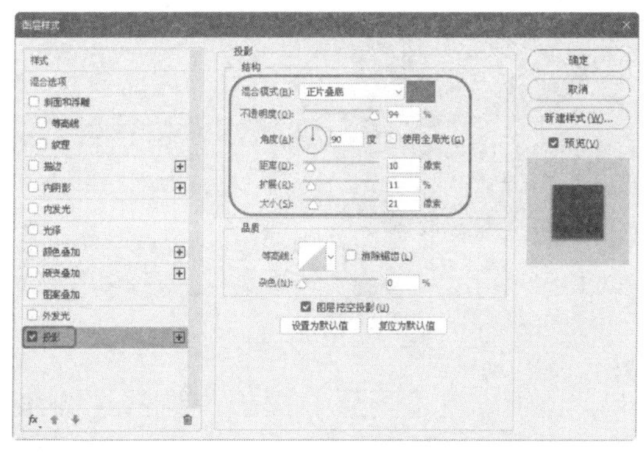

图 13-19 设置投影参数

（4）单击【确定】按钮，选中【矩形工具】，在工作区中绘制一个矩形。在【属性】面板中将 W、H 分别设置为 483、66，将【填充】设置为 #3c89d7，将【描边】设置为无，在工作区中调整矩形的位置，效果如图 13-20 所示。

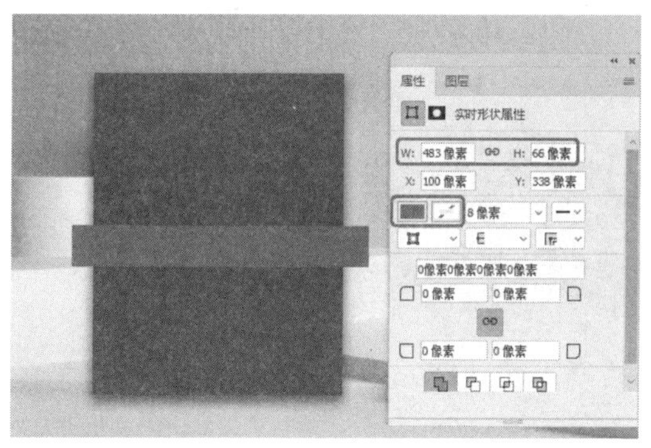

图 13-20 再次绘制矩形

（5）在工具箱中选中【钢笔工具】，在工具选项栏中将【工具模式】设置为【形状】，将【填充】设置为 #330505，将【描边】设置为无，在工作区中绘制如图 13-21 所示的两个图形。

图 13-21 绘制图形

（6）在【图层】面板中选择【形状 1】、【形状 2】图层，按住鼠标左键将其拖曳至【矩形 1】图层的下方，然后在【图层】面板中选择顶层的图层，在工具箱中选中【横排文字工具】T，在工作区中单击，输入文字，选中输入的文字，在【字符】面板中将【字体】设置为【长城新艺体】，将【字体大小】设置为12，将【字符间距】设置为150，将【颜色】设置为 #f2e9c3，在工作区中调整文字的位置，效果如图 13-22 所示。

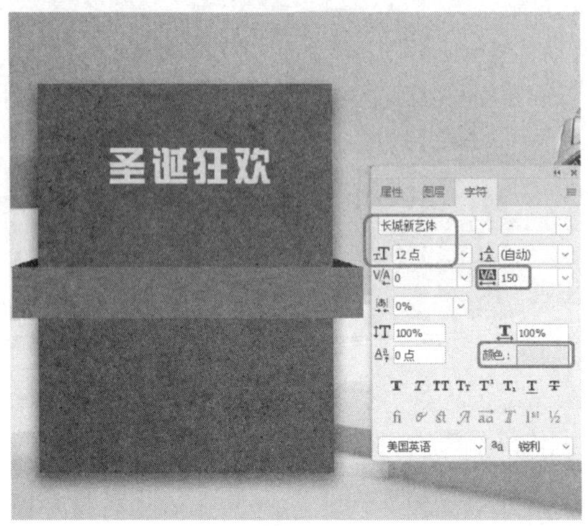

图 13-22　输入文字

（7）再次选中【横排文字工具】T，在工作区中输入文字并选中，在【字符】面板中将【字体】设置为【汉仪菱心体简】，将【字体大小】设置为 16，在工作区中调整文字的位置，效果如图 13-23 所示。

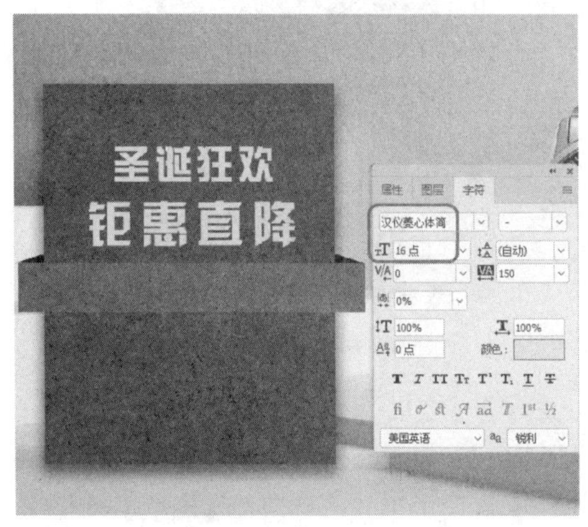

图 13-23　再次输入文字

（8）使用同样的方法，在工作区中输入其他文字内容，并进行相应的设置，效果如图 13-24 所示。

图 13-24　输入其他文字内容后的效果

（9）在工具箱中选中【圆角矩形工具】，在工作区中绘制一个圆角矩形。在【属性】面板中将 W、H 分别设置为 201、53，将【填充】设置为 #f5e4ca，将【描边】设置为无，将所有的角半径均设置为 26.5，并在工作区中调整其位置，效果如图 13-25 所示。

图 13-25　绘制圆角矩形

（10）在【图层】面板中选择【圆角矩形 1】图层，按 Ctrl+J 快捷键对其进行拷贝，然后选中【圆角矩形 1 拷贝】图层，在【属性】面板中将 W、H 分别设置为 190、50，将【填充】设置为无，将【描边】设置为 #3c89d7，将【描边宽度】设置为 1.6，将所有的角半径均设置为 25，并在工作区中调整其位置，效果如图 13-26 所示。

（11）根据前面介绍的方法，在工作区中输入其他内容，并绘制其他图形，效果如图 13-27 所示。

图 13-26 复制图层并修改后的效果

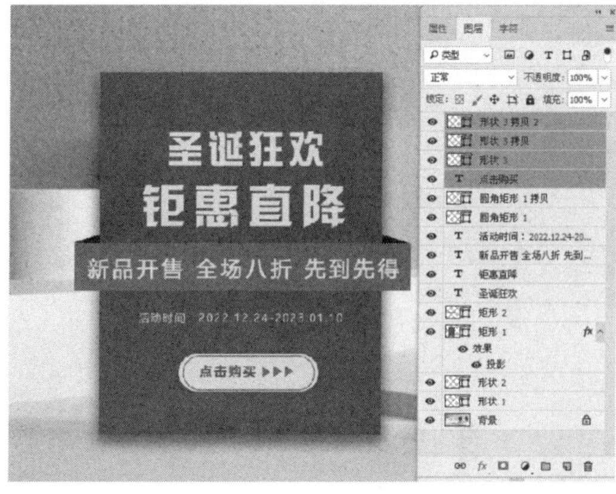

图 13-27 制作其他内容后的效果

（12）至此，手表网站宣传广告就制作完成了，最终效果如图 13-28 所示。

图 13-28 最终效果图

第 14 章

项目实战指导——手机 UI 界面

UI 即 User Interface（用户界面）的简称，泛指用户的操作界面，包含移动 App、网页、智能穿戴设备等的界面。UI 设计主要指界面的样式以及美观程度。而在使用上，对软件的人机交互、操作逻辑、界面美观的整体设计则同样是重要的。

在人和机器的互动过程中，有一个层面，即我们所说的界面（Interface）。从心理学意义上来说，界面可分为感觉（视觉、触觉、听觉等）和情感两个层次。用户界面设计是屏幕产品的重要组成部分。界面设计是一个复杂的有不同学科参与的工程，认知心理学、设计学、语言学等在此都扮演着重要的角色。用户界面设计的三大原则是：置界面于用户的控制之下；减少用户的记忆负担；保持界面的一致性，如图 14-1 所示。

图 14-1　手机 UI 界面

14.1　商品详情页面 UI 界面

扫一扫，看视频

在漫长的软件发展过程中，界面设计工作一直没有被重视起来。其实软件界面设计就像工业产品中的造型设计一样，是产品的重要卖点。一个友好美观的界面，会给人带来舒适的视觉享受，拉近人与电脑的距离，为商家创造卖点。这里将介绍购物车 UI 界面效果，如图 14-2 所示。

图 14-2　购物车 UI 界面

（1）按 Ctrl+N 快捷键，弹出【新建文档】对话框，将【单位】设置为【像素】，【宽度】和【高度】分别设置为 744、1511，【分辨率】设置为 72 像素 / 英寸，【背景内容】设置为【白色】，单击【创建】按钮，如图 14-3 所示。

（2）在菜单栏中选择【文件】|【置入嵌入对象】命令，弹出【置入嵌入的对象】对话框，选择“素材 \Cha14\ 封面 .jpg”文件，单击【置入】按钮，如图 14-4 所示。

图 14-3　新建文档

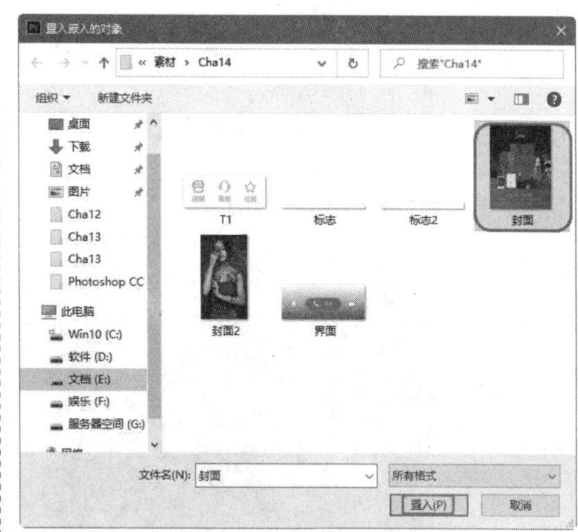

图 14-4　选择素材文件

（3）调整素材文件的位置，如图 14-5 所示。

（4）按 Enter 键确认，在菜单栏中选择【文件】|【置入嵌入对象】命令，弹出【置入嵌入的对象】对话框，选择“素材 \Cha14\ 标志 .png”文件，单击【置入】按钮，如图 14-6 所示。

图 14-5 调整素材位置

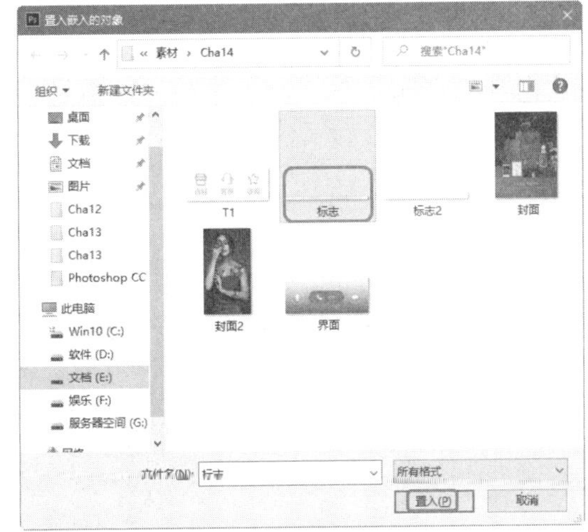

图 14-6 选择素材文件

（5）置入素材文件后调整大小及位置，按 Enter 键确认，选中【椭圆工具】，在工具选项栏中将【工具模式】设置为【形状】，将【填充】设置为 #eeeeee，【描边】设置为无，绘制正圆，将 W 和 H 均设置为 60，如图 14-7 所示。

（6）在【图层】面板中选择【椭圆 1】图层，将【不透明度】设置为 50%，如图 14-8 所示。

图 14-7 设置椭圆参数

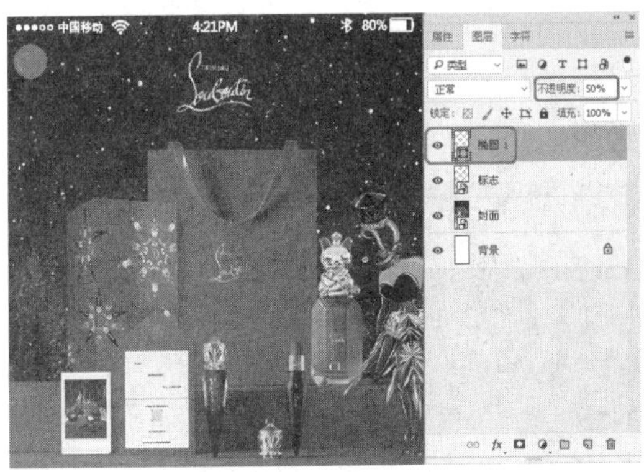

图 14-8 设置椭圆的不透明度

（7）将【椭圆 1】图层复制两次并调整其位置，选中【钢笔工具】或其他工具，绘制如图 14-9 所示的图形，通过转换点工具调整对象。

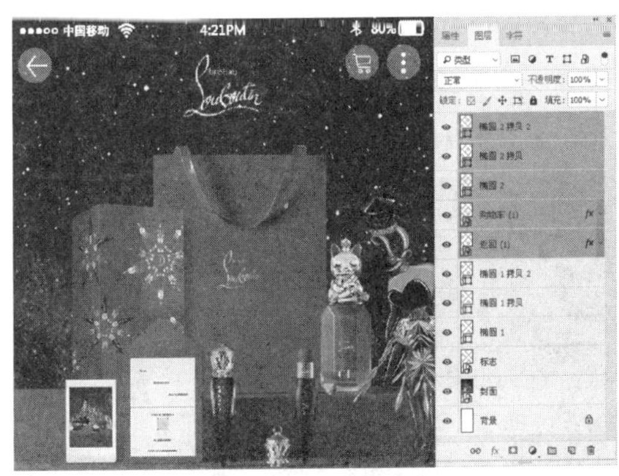

图 14-9 绘制图形

（8）选中【圆角矩形工具】，绘制圆角矩形。将 W 和 H 分别设置为 70、40，【填充】设置为黑色，【描边】设置为无，将【圆角半径】设置为20，如图14-10所示。

图 14-10　设置圆角矩形参数

（9）选择【圆角矩形1】图层，将【不透明度】设置为50%，如图14-11所示。

图 14-11　设置圆角矩形的不透明度

（10）选中【横排文字工具】T，输入文本，将【字体】设置为【微软雅黑】，【字体大小】设置为24，【字符间距】设置为25，【颜色】设置为白色，如图14-12所示。

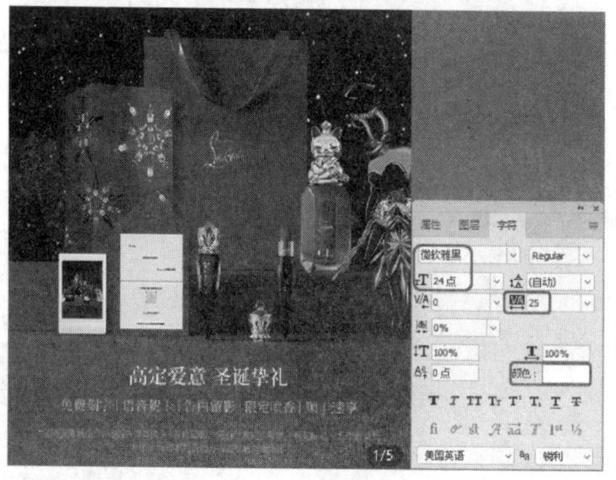

图 14-12　设置文本参数

（11）使用同样的方法制作如图14-13所示的内容。

图 14-13　制作完成后的效果

（12）选中【矩形工具】□，绘制矩形。将W和H分别设置为750、25，【填充】设置为#f1f1f1，【描边】设置为无，如图14-14所示。

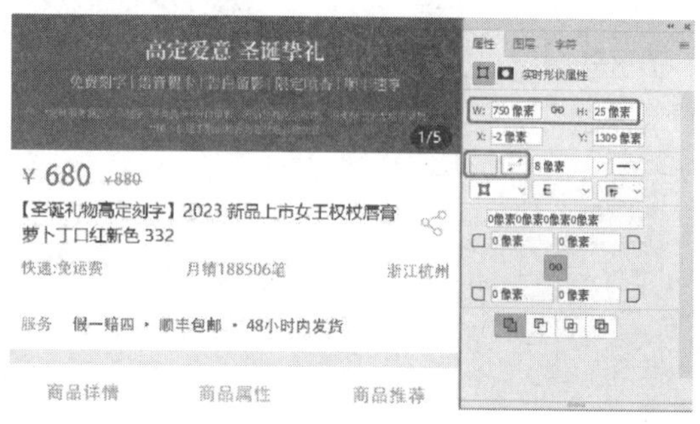

图 14-14　设置矩形参数

（13）选中【直线工具】／，将【工具模式】设置为【形状】，【填充】设置为无，【描边】设置为#c8c8c8，【描边宽度】设置为5像素，绘制直线段，如图14-15所示。

> 提示：若要对矩形进行调整，在锚点上单击并拖动鼠标，即可将角点转换成平滑点，相邻的两条线段也会变为曲线，如果按住Alt键进行拖动，可以将单侧线段变为曲线。

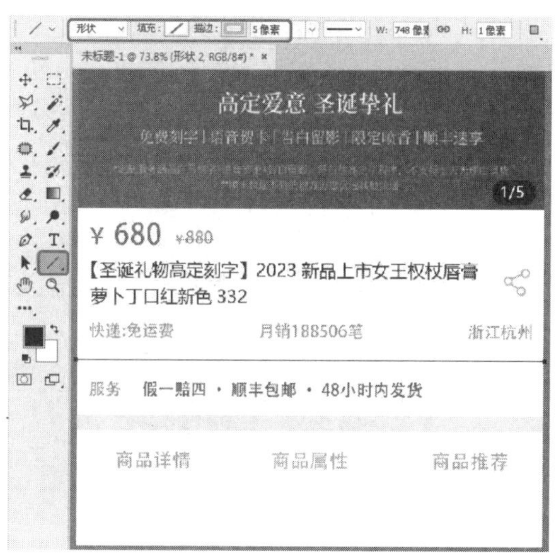

图 14-15 设置线段参数并绘制直线

（14）在菜单栏中选择【文件】|【置入嵌入对象】命令，弹出【置入嵌入的对象】对话框，选择“素材 \Cha14\T1.jpg”文件，单击【置入】按钮，如图 14-16 所示。

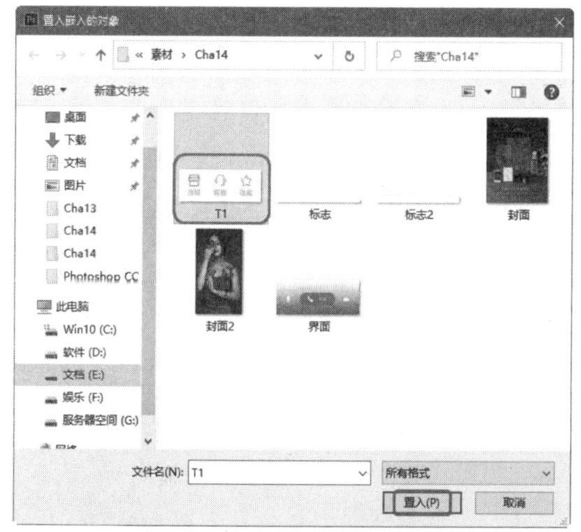

图 14-16 选择素材文件

（15）调整素材图片的大小及位置，效果如图 14-17 所示。

（16）选中【矩形工具】，绘制矩形，将 W 和 H 分别设置为 240、100，【填充】设置为 #fcb758，【描边】设置为无，如图 14-18 所示。

图 14-17 调整图片大小及位置

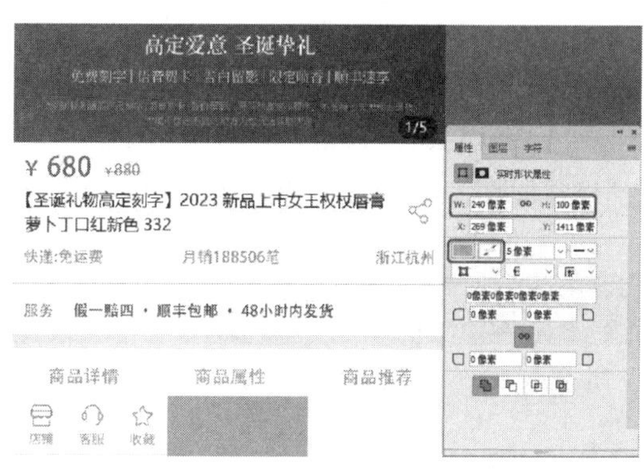

图 14-18 设置矩形参数

（17）选中矩形工具，绘制矩形，将 W 和 H 分别设置为 240、100，【填充】设置为 #ff3855，【描边】设置为无，如图 14-19 所示。

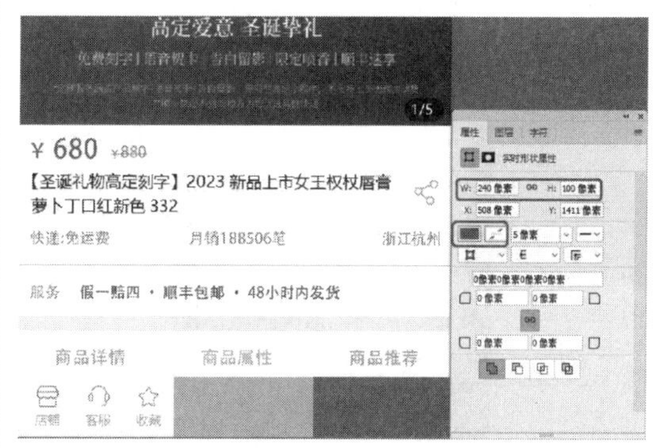

图 14-19 继续设置矩形参数

（18）选中【横排文字工具】T，

输入文本，将【字体】设置为【黑体】，【字体大小】设置为 34，【颜色】设置为 #fefefe，如图 14-20 所示。

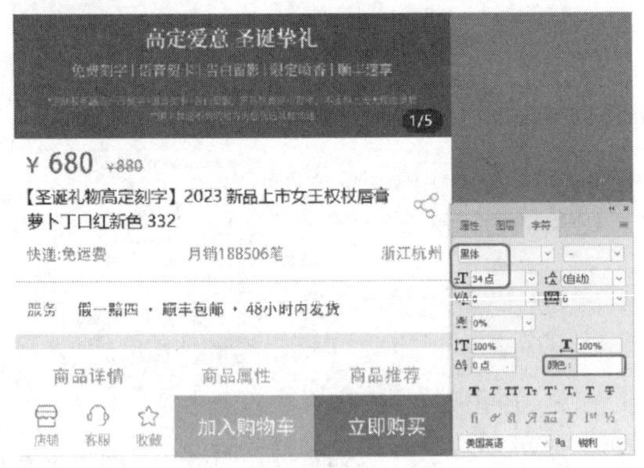

图 14-20 设置文本参数

（19）至此，商品详情页面 UI 界面就制作完成了，最终效果如图 14-21 所示。

图 14-21 最终效果图

14.2 视频录制 UI 界面

扫一扫，看视频

随着 UI 热的到来，近几年国内很多从事手机、软件、网站、增值服务的企业和公司都设立了 UI 部门。还有很多专门从事 UI 设计的公司也应运而生。软件 UI 设计师的待遇和地位也逐渐上升。这里要介绍的视频录制 UI 界面的效果如图 14-22 所示。

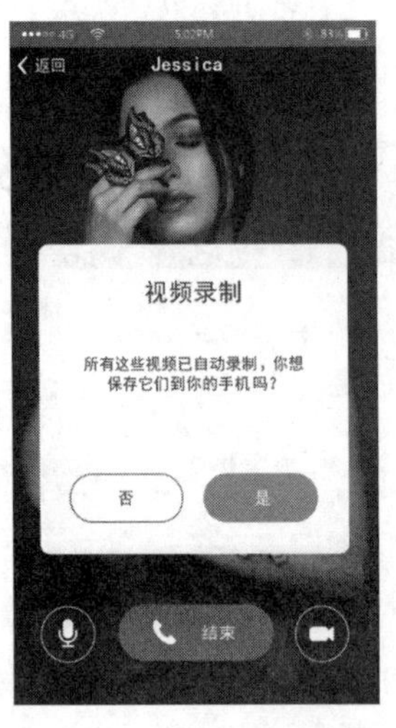

图 14-22 视频录制 UI 界面

（1）按 Ctrl+N 快捷键，弹出【新建文档】对话框，将【单位】设置为【像素】，【宽度】和【高度】分别设置为 750、1334，【分辨率】设置为 72 像素 / 英寸，【背景内容】设置为白色，单击【创建】按钮，如图 14-23 所示。

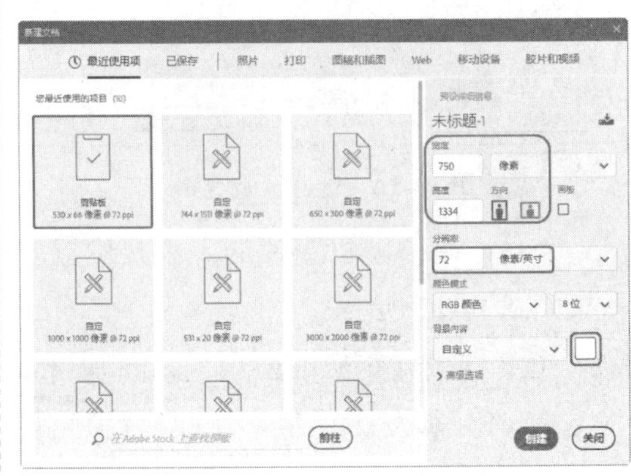

图 14-23 新建文档

（2）在菜单栏中选择【文件】|【置入嵌入对象】命令，弹出【置入嵌入的对象】对话框，选择“素材\Cha14\封面 2.jpg”文件，单击【置入】按钮，如图 14-24 所示。

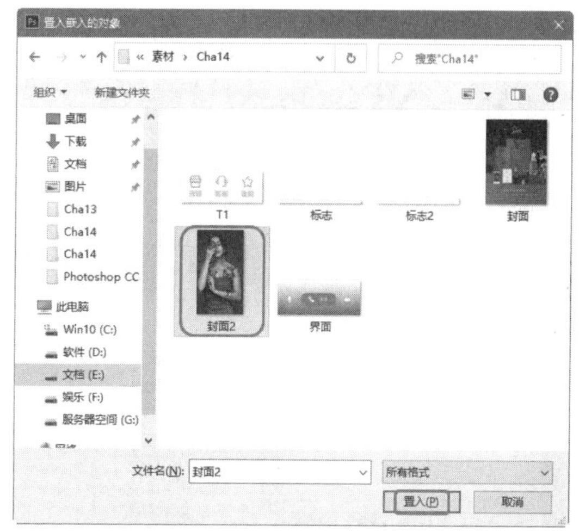

图 14-24　选择素材文件

（3）调整素材文件的大小及位置，效果如图 14-25 所示。

图 14-25　调整素材文件的位置

（4）按 Enter 键确认，选中【矩形工具】，绘制矩形，将 W 和 H 分别设置为 750、50，【填充】设置为 #fe0036，【描边】设置为无，并调整其位置，如图 14-26 所示。

图 14-26　设置矩形参数

（5）在菜单栏中选择【文件】|【置入嵌入对象】命令，弹出【置入嵌入的对象】对话框，选择“素材\Cha14\标志 2.png”文件，单击【置入】按钮，如图 14-27 所示。

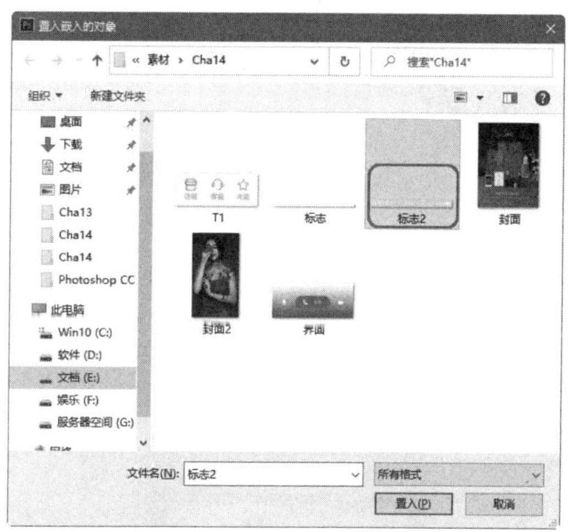

图 14-27　选择素材文件

（6）调整“标志 2.png”素材的大小及位置，按 Enter 键确认，选中【横排文字工具】T，输入文本，将【字体】设置为【黑体】，【字体大小】设置为 32，【颜色】设置为白色，并调整其位置，如图 14-28 所示。

（7）选中横排文字工具，输入文本，将【字体】设置为【黑体】，【字体大小】

设置为40，【颜色】设置为白色，单击【仿粗体】按钮，并调整其位置，如图14-29所示。

图 14-28　设置32号字的文本参数

图 14-29　设置40号字的文本参数

（8）选中钢笔工具，在工具选项栏中将【工具模式】设置为【形状】，【填充】设置为无，【描边】设置为白色，【描边宽度】设置为5像素，绘制如图14-30所示的形状。

图 14-30　绘制形状

（9）选中【圆角矩形工具】，绘制矩形，将W和H分别设置为636、606，【填充】设置为白色，【描边】设置为无，【圆角半径】设置为20像素，并调整其位置，如图14-31所示。

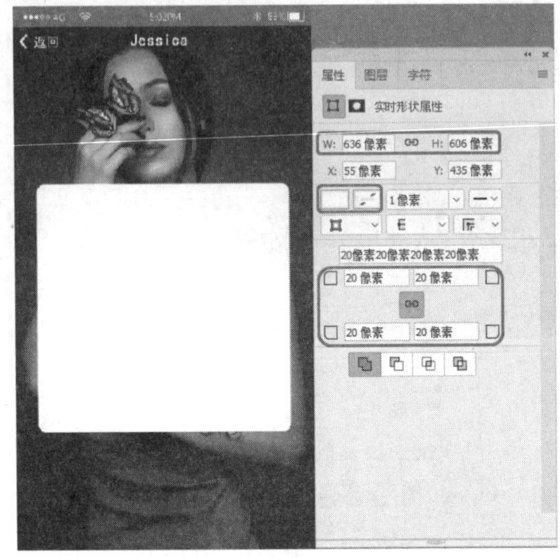

图 14-31　设置圆角矩形参数

（10）选中横排文字工具，输入文本，将【字体】设置为【黑体】，【字体大小】设置为48，【字符间距】设置为50，【颜色】设置为#38474f，并调整其位置，如图14-32所示。

图 14-32　设置文本参数

（11）选中横排文字工具，输入文本，将【字体】设置为【黑体】，【字体大小】设置为 32，【字符间距】设置为 25，单击【居中对齐文本】按钮，【颜色】设置为 #4c4c4c，并调整其位置，如图 14-33 所示。

图 14-33 设置文本参数

（12）选中圆角矩形工具，绘制圆角矩形，将 W 和 H 分别设置为 235、95，【填充】设置为无，【描边】设置为 #607d8b，【描边宽度】设置为 2 像素，【圆角半径】设置为 45.5 像素，并调整其位置，如图 14-34 所示。

图 14-34 设置圆角矩形参数

（13）选中圆角矩形工具，绘制圆角矩形，将 W 和 H 分别设置为 235、95，【填充】设置为 #00baff，【描边】设置为无，【圆角半径】设置为 47.5 像素，并调整其位置，如图 14-35 所示。

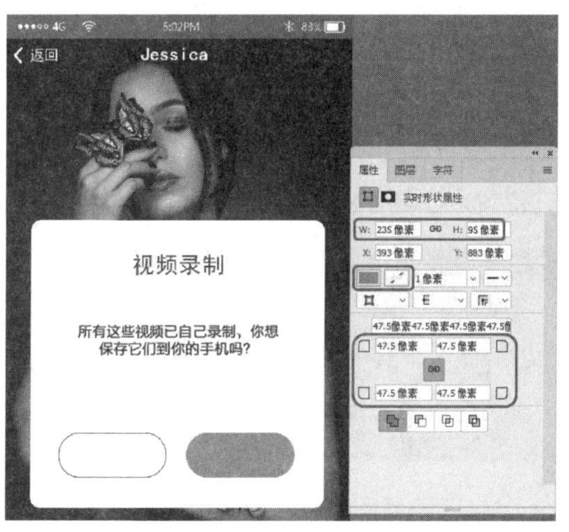

图 14-35 设置圆角矩形参数

（14）选中横排文字工具，输入文本，将【字体】设置为【黑体】，【字体大小】设置为 34，【颜色】设置为 #607d8b，并调整其位置，如图 14-36 所示。

图 14-36 设置文本参数

> 提示：圆角矩形工具用来创建圆角矩形，其创建方法与矩形工具相同，只是比矩形工具多了一个【半径】选项，用来设置圆角的半径，该值越大，圆角就越大。

（15）选中横排文字工具，输入文本，将【字体】设置为【黑体】，【字体大小】设置为34，【颜色】设置为白色，并调整其位置，如图14-37所示。

图 14-37　设置文本参数

（16）在菜单栏中选择【文件】|【置入嵌入对象】命令，弹出【置入嵌入的对象】对话框，选择“素材\Cha14\界面.png”文件，单击【置入】按钮，如图14-38所示。

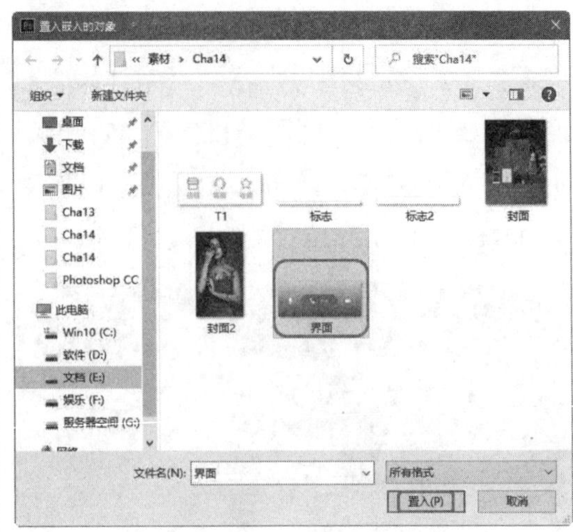

图 14-38　选择素材文件

（17）置入素材文件后，调整对象的位置，按Enter键确认，效果如图14-39所示。

图 14-39　置入素材文件

最终效果如图14-22所示。